Die Kohlenwasserstoff-Synthese nach Fischer-Tropsch

von

Dipl.-Ing. Dr. techn. Franz Kainer

Patentanwalt in Reicholzheim / Tauber

Mit 40 Abbildungen

Springer-Verlag Berlin Heidelberg GmbH
1950

ISBN 978-3-642-49125-2   ISBN 978-3-642-86291-5 (eBook)
DOI 10.1007/978-3-642-86291-5

Vorwort.

Die beschränkten Vorräte an Erdöl und der ständig ansteigende Bedarf an Mineralölprodukten bedingten, daß man gerade in Deutschland Treibstoffe auf synthetischem Wege herzustellen versuchte, wobei die großen Kohlevorkommen als Rohstoffquelle dienen sollten.

Es ist rückschauend erfreulich, festzustellen, daß dieses Problem fast zu gleicher Zeit und zwar auf zwei grundsätzlich verschiedenen Wegen auch in technisch einwandfreier Weise gelöst wurde.

Nach dem ersten Verfahren wurden auf Grund der von F. Bergius festgestellten günstigen Wirkung der Verwendung von hohen Drucken bei der Hydrierung von Kohle von M. Pier und anderen Mitarbeitern der Firma I.G. Farbenindustrie A.G. flüssige und feste Kohlenwasserstoffe durch katalytische Druckhydrierung der Kohle erhalten.

Während bei dieser Druckhydrierung die Herstellung der Kohlenwasserstoffe durch Einlagerung von Wasserstoff und Aufspaltung der Kohlesubstanz erfolgt, haben F. Fischer und H. Tropsch den umgekehrten Weg gewählt und Kohlenwasserstoffe aus dem durch Vergasung der Kohle erhaltenen Wassergas aufgebaut.

Von F. Fischer und H. Tropsch sowie weiteren Mitarbeitern vom Kaiser-Wilhelm-Institut für Kohlenforschung Mülheim-Ruhr wurden jedoch nicht nur die theoretischen Grundlagen dieser interessanten Synthese mit einer seltenen Präzision festgelegt, sondern auch die technischen Bedingungen erforscht, die die spätere Überführung dieser Kohlenwasserstoff-Synthese in den Großbetrieb ermöglichten.

Diese unter dem Namen Fischer-Tropsch-Synthese in die Literatur eingegangene Darstellung von Kohlenwasserstoffen hat ursprünglich die Sicherstellung des Treibstoffbedarfes in Deutschland ermöglicht. Heute besitzt diese Synthese eine noch größere Bedeutung, da man mit ihrer Hilfe außer Treibstoffen auch hochwertige Schmieröle und wertvolle Ausgangsstoffe für die chemische und Kunststoff-Industrie gewinnen kann. Die gleichfalls bei der Kohlenoxyd-Hydrierung anfallenden Paraffine finden nicht nur als solche, sondern auch als Ausgangsmaterial zur Herstellung von Seifen und synthetischen Fettsäuren Verwendung.

Die bei der Fischer-Tropsch-Synthese oder der von ihr abgeleiteten Synol-Synthese erhaltenen Alkohole stellen hochwertige Lösungsmittel für die chemische und Lackindustrie dar. Produkte dieser Art werden auch bei der Oxo-Synthese erhalten. Durch Veresterung dieser Alkohole, besonders der höhermolekularen, mit den Oxydationsprodukten der Synthese-Paraffine werden hochmolekulare wachsartige Körper gewonnen.

Auch die bei der Synthese anfallenden Restgase finden ihre nutzbringende Verwertung, sei es zur Herstellung von Synthese-Gas, Kohlendioxyd oder nach Methanisierung als Zusatz zum Stadtgas.

Die Tatsache, daß die Herstellung so wertvoller Rohstoffe und Produkte auf relativ einfache und elegante Weise möglich ist, läßt es verständlich erscheinen, daß die Fischer-Tropsch-Synthese von einer Reihe anderer Länder in unveränderter oder abgewandelter Form zu technischer Verwertung übernommen wurde, und zwar auch in solchen Ländern, die über ausreichende Erdölvorkommen verfügen, wie z. B. die Vereinigten Staaten von Nordamerika. Hier bietet die Fischer-Tropsch-Synthese die Möglichkeit einer wirtschaftlichen Verwertung der bei der Aufarbeitung von Mineralölen anfallenden Spaltgase sowie der in großen Mengen vorhandenen Erd- oder Naturgase.

Es ist zu wünschen, daß Deutschland, das Geburtsland der Fischer-Tropsch-Synthese, auch künftig an den Früchten seiner großen Forschungsarbeit teilhaben kann.

Eine zusammenfassende Darstellung der Fischer-Tropsch-Synthese hat der Verfasser erstmals in seinem vor mehr als 10 Jahren erschienenen Werk „Technische Adsorptionsstoffe in der Kontakt-Katalyse" gegeben. Seit dieser Veröffentlichung sind jedoch gerade die für die reibungslose großtechnische Durchführung der Kohlenwasserstoff-Synthese notwendigen Erfindungen gemacht worden.

Es erscheint, bei der Bedeutung, die der Fischer-Tropsch-Synthese heute zukommt, gerechtfertigt, auch diese letzten Verbesserungen und Verfeinerungen und die wichtigsten Verwertungen der Synthese-Produkte im Rahmen einer zusammenfassenden Übersicht zur Darstellung zu bringen.

Diesen Versuch hat der Verfasser trotz großer, zeitbedingter Schwierigkeiten unternommen und die nachstehende Darstellung der für die chemische Technik und darüber hinaus für die Allgemeinheit so wertvollen Synthese gegeben.

Herrn Dr. H. Kölbel verdankt der Verfasser eine Reihe wertvoller Hinweise. Beim Lesen der Korrekturen wurde der Verfasser von Frau Ilse Wagenknecht und seinem Sohn Helmuth unterstützt. Für diese Hinweise und Unterstützung sei auch an dieser Stelle gedankt.

Reicholzheim, Sommer 1949.

Der Verfasser.

Inhaltsverzeichnis.

Anhang.

Einleitung.

I. Kohlenoxyd-Hydrierung.

Die katalytische Hydrierung von Kohlenoxyd führt je nach den angewandten Versuchsbedingungen zu verschiedenen Reaktionsprodukten[1].

Nach B. Neumann und F. Biljcevics[2] führt die katalytische Reduktion von Kohlenoxyd mit Wasserstoff gemäß der Gleichung

$$CO + H_2 = HCHO \tag{1}$$

zu Formaldehyd.

Von bedeutend größerem technischen Wert ist die im Jahre 1913 von Mitarbeitern der Firma Badische Anilin- und Sodafabrik[3] entdeckte und nach 10jähriger Forscherarbeit im technischen Umfange durchgeführte Methanol-Synthese, bei welcher die Umsetzung von Kohlenoxyd mit Wasserstoff in Gegenwart von Katalysatoren, die vornehmlich aus Gemischen von schwer reduzierbaren Oxyden von Metallen aus verschiedenen Gruppen des periodischen Systems, wie Chromoxyd-Zinkoxyd, bestehen, unter Drucken von 200 atü nach der Gleichung

$$CO + 2\,H_2 = CH_3OH \tag{2}$$

verläuft.

Leitet man ein Gemisch von 1 Mol Kohlenoxyd und zwei oder mehreren Molen Wasserstoff unter höherem Druck über einen hydrierend wirkenden und anschließend über einen wasserabspaltenden Katalysator[4], so wird der primär gebildete Methylalkohol unter Abspaltung von Wasser in Dimethyläther übergeführt, wobei sich diese Reaktionen nach der Gleichung

$$2\,CO + 4\,H_2 = CH_3 \cdot O \cdot CH_3 + H_2O \tag{3}$$

vollziehen.

In einer Arbeitsstufe gelingt die Überführung von Kohlenoxyd in Dimethyläther, wenn man die Reduktion von Kohlenoxyd bei hohen Drucken von über 600 at und einer Temperatur von 450° in Gegenwart bestimmter Metalloxyde, vornehmlich Thoriumoxyd, vornimmt[5].

---

[1] Krczil, F.: Techn. Adsorptionsstoffe in der Kontaktkatalyse, Leipzig 1938, 300.

[2] Neumann, B. u. F. Biljcevics: Z. angew. Chem. 40 (1927) 1469.

[3] D.R.P. 293787, D.R.P. 295202, D.R.P. 295203, Badische Anilin- und Sodafabrik.

[4] F.P. 653554, H. Dreyfuß.

[5] Pichler, H. u. K.-H. Ziesecke: Brennstoff-Chem. 30 (1949) 60.

Die am längsten bekannte katalytische Hydrierung von Kohlenoxyd führt nach P. Sabatier und J. B. Senderens[1] in Gegenwart von Nickel-Kontakten nach der Gleichung

$$CO + 3\,H_2 = CH_4 + H_2O \qquad\qquad (4)$$

zur Bildung von Methan.

Von F. Fischer und H. Tropsch[2] ist im Jahre 1924 festgestellt worden, daß man bei der katalytischen Druckhydrierung von Kohlenoxyd bei höheren Temperaturen Gemische von in Wasser schwer- oder unlöslichen, aus Alkoholen, Aldehyden, Ketonen usw. bestehende, unter der Bezeichnung „Synthol" zusammengefaßte sauerstoffhaltige Produkte erhalten kann.

Ein Jahr später haben diese Forscher[3] beim Überleiten von Kohlenoxyd und Wasserstoff über bestimmte Kontakte bei Atmosphärendruck und Temperaturen von etwas unter 200° Kohlenwasserstoffe, vom Methan angefangen bis zu den höchsten Paraffinkohlenwasserstoffen, erhalten.

Von F. Fischer und H. Pichler[4] ist später gefunden worden, daß diese Kohlenwasserstoff-Bildung in Gegenwart der gleichen Katalysatoren und Temperaturbedingungen auch im mittleren Druckgebiet erfolgen kann.

Wendet man an Stelle der Metalle der achten Gruppe des periodischen Systems als Katalysatoren Metalloxyde, insbesondere Thoriumoxyd, an und arbeitet bei hohen Drucken von 300 bis 600 at und einer Temperatur von 450°, so erhält man als Hydrierungsprodukt gleichfalls Kohlenwasserstoffe, die im Gegensatz zu den bei Normaldruck oder Mitteldruck erhaltenen Kohlenwasserstoffen eine verzweigte Kette besitzen[5].

Nach gleichfalls neueren Feststellungen kann man bei Verwendung sehr leistungsfähiger Kontakte, vor allem auf Eisen-Basis, bei relativ niedrigen Temperaturen von etwa 180° und Drucken von 18 bis 25 at die Kohlenoxyd-Hydrierung in der Weise lenken, daß von den Synthese-Produkten etwa 55 Prozent gesättigter aliphatischer Alkohole mit 2 bis 20 Kohlenstoffatomen im Molekül neben wenig Prozenten anderer sauerstoffhaltiger Reaktionsprodukte und als Rest Kohlenwasserstoffe in den entsprechenden Siedebereichen entstehen[6].

---

[1] Sabatier, P. u. J. B. Senderens: C. R. hebd. Acad. Sci. Paris 134 (1902) 514, 689.

[2] Fischer, F. u. H. Tropsch: Brennstoff-Chem. 5 (1924) 201, 217.

[3] D.R.P. 484337, D.R.P. 531004, E.P. 255818, F.P. 613200, Fischer, F. u. H. Tropsch; Fischer, F. u. H. Tropsch: Ber. dtsch. chem. Ges. 59 (1926) 830; Brennstoff-Chem. 7 (1926) 79.

[4] Fischer, F. u. H. Pichler: Brennstoff-Chem. 20 (1939) 41, 221.

[5] Fischer, F.: Öl, Kohle, Erdöl und Teer, Brennstoff-Chem. 39 (1943) 517; Pichler, H. u. K.-H. Ziesecke: Brennstoff-Chem. 30 (1949) 15, 60.

[6] Wenzel, W.: Angew. Chem. B. 20 (1948) 225.

Über die bei der katalytischen Reduktion von Kohlenoxyd mit Wasserstoff in Abhängigkeit von den Versuchsbedingungen erhaltenen Reaktionsprodukte hat F. Fischer die folgende Übersicht gegeben:

Ansteigender Druck ···········> sauerstoffhaltige Produkte,
steigender Wasserstoffgehalt ··········> Methan,
fallender Wasserstoffgehalt ··········> Olefine,
steigende Temperatur ··········> Methan und Kohlenstoff,
Metallkontakte in der Reihenfolge,
  Eisen, Kobalt, Nickel ··········> steigende Absättigung, d. h. wenig Olefine,
steigendes Betriebsalter der Kontakte ···········> relativ mehr Benzin, mehr Olefine.

Dieser Übersicht ist zu entnehmen, daß die katalytische Reduktion von Kohlenoxyd mit Wasserstoff unter Druck zu sauerstoffhaltigen Produkten führt; dabei bestimmt lediglich der Katalysator, ob bei der Hochdruck-Hydrierung des Kohlenoxyds, dieses zu Methylalkohol oder zu seinen höheren Homologen (Synthol) führt.

Bei der Reduktion des Kohlenoxyds mit Wasserstoff bei normalem Druck erhält man entweder Methan oder dessen höhere Homologe. Auch hier bestimmt neben der Reduktionstemperatur in erster Linie der angewandte Reduktionskontakt die Art der Hydrierungsprodukte.

II. Kohlenwasserstoff-Synthese.

Von F. Fischer und H. Tropsch[1] sind nicht nur in grundlegenden und exakten Untersuchungen die experimentellen Bedingungen ermittelt worden, unter denen sich die Bildung von Kohlenwasserstoffen bei der Kohlenoxyd-Hydrierung vollzieht, sondern diese Forscher haben auch eine Theorie dieser Kohlenwasserstoff-Synthese entwickelt.

Nach Ansicht dieser Forscher erfolgt die Bildung von Kohlenwasserstoffen in der Weise, daß zunächst aus Kohlenoxyd und dem Metallkontakt Carbide gebildet werden. Der Kohlenstoff dieser Carbide wird durch den Wasserstoff in Form von Methylen-Radikalen herausgelöst.

Zusammengefaßt verlaufen beide Reaktionen nach dem Formelbild

$$MeC + H_2 + CO = MeC_2 + H_2O \qquad (5)$$
$$MeC_2 + H_2 = MeC + CH_2 \qquad (6)$$
$$CO + 2 H_2 = CH_2 + H_2O. \qquad (7)$$

Diese Methylen-Radikale unterliegen dann der Polymerisation und schließlichen Hydrierung.

---

[1] Fischer, F. u. H. Tropsch: Ber. dtsch. chem. Ges. 59 (1926) 830; Brennstoff-Chem. 7 (1926) 79.

Nach dieser Theorie muß sich somit bei der Bildung höherer Kohlenwasserstoffe bei der Kohlenoxyd-Hydrierung die Polymerisation schneller vollziehen als die Hydrierung. Im anderen Falle ist die alleinige Bildung von Methan zu erwarten.

Eine bestimmte Rolle sollen nach F. Fischer hierbei die Alkalizusätze der Kontakte spielen. Dieselben sollen durch Erhöhung der Polymerisationsgeschwindigkeit die Hydrierung der Methylen-Radikale zu Methan bzw. einen vorzeitigen Abbruch der Kohlenwasserstoff-Ketten verhindern.

Diese von F. Fischer und H. Tropsch[1] gegebene Erklärung für den Verlauf der Bildung von Kohlenwasserstoffen bei der Hydrierung von Kohlenoxyd ist auch von japanischen Forschern[2] angenommen worden.

Nach ihren Anschauungen erfolgt ebenfalls zunächst die Carbid-Bildung und aus den Carbiden mit dem aktivierten Wasserstoff eine Methylenbildung. Die Methylengruppen werden polymerisiert, reduziert und vom Katalysator desorbiert, wobei sich zwischen diesen Reaktionen ein Gleichgewichtszustand herausbildet.

Auf Grund von röntgenographischen Untersuchungen nehmen auch L. J. Hofer und W. C. Peebles[3] an, daß die durch Kobalt-Thoriumoxyd-Kieselgur und Kobalt-Thoriumoxyd-Magnesiumoxyd-Kieselgur katalysierte Fischer-Tropsch-Reaktion auf der intermediären Bildung von Kobaltcarbid beruht.

An Kobalt als Synthese-Kontakt setzt die Kohlenwasserstoff-Bildung erst oberhalb 160° ein, da erst dann eine starke aktivierte Wasserstoff-Adsorption erfolgt.

Bei Kobalt- und Nickel-Kontakten erfolgte die Hydrierung des Carbids wesentlich leichter als dessen Bildung aus Metall und Kohlenoxyd. Bei Eisen-Kontakten entspricht die Geschwindigkeit der Carbidbildung derjenigen der anschließenden Hydrierung[4].

Die bei Eisen-Kontakten erforderliche höhere Synthese-Temperatur ist auf die höhere Bildungstemperatur des Eisencarbids zurückzuführen.

Die Erscheinung, daß an Kobalt-Kontakten Wasser als Reaktionsprodukt auftritt, wird auf die große Desorptionsgeschwindigkeit von Wasser an diesen Kontakten zurückgeführt.

Ja. T. Eidus und K. W. Pusitzki[5] begründen die Auffassung, daß die Polymerisation der Methylen-Radikale am Kontakt unter Einhaltung des Valenz-Winkels derart erfolgt, daß zwei in nächster Entfernung

---

[1] Fischer, F. u. H. Tropsch: Ber. dtsch. chem. Ges. 59 (1926) 830; Brennstoff-Chem. 7 (1926) 79.

[2] Matsumura, S., Tarama, K. u. S. Kodama: Sci. Pap. Inst. physic. chem. Res. 37 (1940) 302.

[3] Hofer, L. J. u. W. C. Peebles: J. Amerik. chem. Soc. 69 (1947) 2497.

[4] Eidus, Ja. T.: Bull. Acad. Sci. URSS. 1946, 447.

[5] Eidus, Ja. T. u. K. W. Pusitzki: C. R. [Doklady] Acad. Sci. URSS 54 (1946) 36.

(2,47Å) voneinander adsorbierte Methylengruppen ein nach M. Polanyi[1] als Doublette adsorbiertes Äthylenmolekül bilden, indem die Doppelbindung in eine einfache übergeht.

Da das Äthylen mit anderen Radikalen an beiden Seiten des Moleküls reagieren kann, erscheint es erklärlich, wenn Äthylen nur in geringster Menge in den Reaktionsprodukten zu finden, aber andererseits auch durch Zusatz zu den Ausgangsgasen leicht in die Reaktion einzuführen ist[2].

Bei Gegenwart von Äthylen wurden nämlich etwa 3 bis 3,5 mal so große Ausbeuten an flüssigen Produkten wie mit Kohlenoxyd und Wasserstoff allein erhalten, während die Menge des gebildeten Reaktionswassers sich um das drei- bis sechsfache verringerte. Unter den Reaktionsprodukten werden aber auch sauerstoffhaltige Produkte erhalten.

Die Methylenradikale reagieren auch mit den primär gebildeten Kohlenwasserstoffen, wobei eine Kettenverlängerung erzielt wird, wie H. Kölbel, P. Ackermann und E. Ruschenburg[3] erstmalig nachgewiesen haben.

Auch gesättigte, flüssige Kohlenwasserstoffe werden bei der Synthese im flüssigen Medium zu festen Kohlenwasserstoffen aufgebaut[4]. Später hat auch W. Herbert diese Angaben bestätigt[5].

Die Methylen-Radikale müssen jedoch auch mit höheren Olefinen unter den Bedingungen der Kohlenwasserstoff-Synthese reagieren, da W. Herbert[5] in Gegenwart dieser, größere Ausbeuten an höhermolekularen Kohlenwasserstoffen erhalten hat.

Mit Hilfe dieser Carbid-Theorie läßt sich jedoch die Kohlenwasserstoff-Bildung bei der Kohlenoxyd-Hydrierung nicht befriedigend erklären. Auf Grund der Tatsache, daß einerseits die Hydrierung von Carbiden vorwiegend zur Bildung von Methan führt, und andererseits die Geschwindigkeit dieser Reaktion bei Synthese-Temperaturen viel zu gering ist, führte zu der Annahme, daß es sich nicht um bekannte, bei höheren Temperaturen beständige Carbide, sondern um kohlenstoffreiche, nur bei niedrigen Temperaturen beständige Percarbide handle.

Nach S. R. Craxford[6] verläuft die Carbidbildung mit reinem Kohlenoxyd wesentlich langsamer als die Hydrierreaktion, so daß für die notwendige schnellere Carbidbildung die Mitwirkung von Wasserstoff erforderlich ist.

<hr>

[1] Polanyi, M.: Trans. Faraday Soc. 29 (1935) 2431.

[2] Craxford, S. R.: Brennstoff-Chem. 20 (1939) 221; D. F. Smith, C. O. Hawk, u. P. L. Golden: J. Amer. Chem. Soc. 52 (1930) 3221.

[3] Dissertation Ruschenburg, Dresden 1940 und Brennstoffchemie 31 (1950) im Druck.

[4] Kölbel H. und Ackermann, P.: Angew. Chem. 61, 38 (1949).

[5] D.R.P. 748 156, Metallgesellschaft A. G.

[6] Craxford, S. R.: Brennstoff-Chem. 20 (1939) 221.

Der Kieselgur wird eine chemische Bindung mit Kobalt zu Kobalt-Silikaten und eine damit verbundene Carbid-Bildung mit der Struktur von Kobalt-Silikat zugeschrieben; andererseits soll sie zusammen mit Thoriumoxyd und Magnesiumoxyd die einzelnen Teilreaktionen mit einer Bevorzugung der Carbidbildung beschleunigen.

Abweichend von der Carbid-Theorie wurden schon im Jahre 1926 andere Ansichten über den Reaktionsverlauf vertreten. O. C. Elvins und A. W. Nash[1] nehmen die Bildung von sauerstoffhaltigen Zwischenprodukten an. Solche sauerstoffhaltige Produkte entstehen, wie noch später gezeigt wird, tatsächlich bei der technischen Durchführung der Kohlenwasserstoff-Synthese; in geringen Mengen bei Normaldruck, in größeren Mengen bei den unter höherem Druck arbeitenden Verfahren.

Von D. F. Smith, C. Hawk und P. L. Golden[2] ist die Bildung von sauerstoffhaltigen Verbindungen beim Zusatz von Äthylen zum Synthese-Gas beobachtet worden. Sie nehmen folgenden Mechanismus an:

Kohlenoxyd und Wasserstoff assoziieren an der Kontaktoberfläche; der gebildete Komplex zerfällt unter Bildung von Olefinen und Wasser, die Olefine verbinden sich mit dem Kohlenoxyd-Wasserstoff-Assoziationsprodukt zu sauerstoffhaltigen Verbindungen, die entweder als solche erscheinen oder unter Abspaltung von Wasser in höhere Olefine übergehen, die dann zum Teil hydriert werden.

Eine ähnliche Auffassung wird auch von Ja. T. Eidus[3] geteilt.

Nach einer von P. Robinet[4] vertretenen Auffassung ist die Synthese höherer Kohlenwasserstoffe aus Kohlenoxyd und Wasserstoff bei etwa Normaldruck als eine komplexe, Wasser abspaltende

$$2\,CO + 4\,H_2 \cdots\!\!\longrightarrow C_2H_4 + 2\,H_2O \qquad (8)$$

und Kohlendioxyd abspaltende

$$4\,CO + 2\,H_2 \cdots\!\!\longrightarrow C_2H_4 + 2\,CO_2 \qquad (9)$$

Hydropolymerisation anzusehen, während bei höheren Drucken eine vorwiegend anlagernde Hydropolymerisation

$$2\,CO + 2\,H_2 \cdots\!\!\longrightarrow CH_2OH\text{-}CHOH_2 \cdots\!\!\longrightarrow CH_2OH\text{-}CH_2OH \qquad (10)$$

unter Bildung sauerstoffhaltiger Verbindungen stattfindet.

Der Abspaltung von Wasser und Kohlendioxyd geht eine Kondensation voraus. Auf dem Katalysator findet zuerst die Bildung eines Primärkomplexes statt, der bei Normaldruck nach Maßgabe seiner Entstehung im wesentlichen zu Methan zerfällt. Unter dem Einfluß des kondensierend wirkenden Katalysatorzusatzes kommt es schließlich zu einer zusätzlichen Anlagerung auf gewissen aktiven Zentren, d. h. zu einem Anwachsen des Komplexes, wobei die Reaktion stark exotherm wird. Wenn das Größerwerden des Komplexes nicht rechtzeitig durch Abspaltung von Wasser oder Kohlendioxyd unterbunden wird, wird die Wärmeentwicklung so groß,

---

[1] Elvins, O. C. und A. W. Nash: Nature (London) 118 (1926) 154.

[2] Smith, D. F., C. Hawk und P. L. Golden: J. Amer. Chem. Soc. 52 (1930) 3221.

[3] Eidus, Ja. T.: Bull. Acad. Sci. URSS. 1946, 447.

[4] Robinet, P.: Chim. et Ind. 47 (1942) 480.

daß ein plötzlicher Zerfall des Komplexes stattfindet, so daß alle aktiven Zentren nur stetig Methan, Wasser und Kohlendioxyd zu bilden vermögen.

Es ist möglich, daß der Komplex nicht unter dem Einfluß des Kohlenoxyds und Wasserstoff, sondern auch unter dem Einfluß freier Radikale wächst, die gleichzeitig auf anderen aktiven Zentren entstanden sind. Es findet demnach keine Polymerisation der Radikale, sondern eine Art Copolymerisation auf den aktiven Zentren statt.

H. Kölbel und F. Engelhardt[1] vertreten neuerdings die Auffassung, daß die Chemosorption von Kohlenoxyd und Wasserstoff im Sinne der Ausbildung einer chemischen Bindung zwischen den Gasmolekülen und den Atomen bzw. Ionen der Kontaktoberfläche als erste Reaktionsstufe die Annahme definierter Carbide als Zwischenstufe überflüssig macht. Der nächste Schritt der Synthese ist der Zerfall dieser Addukte, wobei unter dauernder Regenerierung der reaktionsfähigen Oberfläche je nach den angewandten Betriebsbedingungen und Verfahrensarten die verschiedensten Produkte der Kohlenoxyd-Hydrierung entstehen können.

Führt dieser Zerfall zur Spaltung der Kohlenstoff-Sauerstoffbindung, so kommt es zur Bildung von Kohlenwasserstoff und damit zur Kohlenwasserstoff-Synthese.

Bleibt die Kohlenstoff-Sauerstoffbindung erhalten, resultieren sauerstoffhaltige Verbindungen, wobei es nicht ausgeschlossen ist, daß dieselben durch Wasserabspaltung in Olefine übergehen.

Auch die Bildung von Methan über atomaren Wasserstoff kann hierdurch gedeutet werden. In vielen Fällen aber wird in den Metallen, die zur Carbidbildung neigen, ein Kohlenstoff-Einbau als Nebenreaktion in Erscheinung treten.

Eine allen Kohlenoxyd-Hydrierungs-Verfahren gemeinsame Voraussetzung ist zunächst die weitgehende Herabsetzung der Aktivierungsenergie der reagierenden Bestandteile Kohlenoxyd und Wasserstoff durch Chemosorption an der Kontaktoberfläche unter Mitwirkung freier Valenzkräfte.

Neben der reinen Oberflächenentwicklung ist somit die Erhaltung eines metallischen Bindungszustandes der Katalysatoren für die Aktivität wesentlich, die im besonderen Maße an der Oberfläche die Ausbildung freier, zur Chemosorption befähigter Valenzkräfte erlaubt. Carbide und einige Oxyde können als Einlagerungsstrukturen angesehen werden, die den metallischen Bildungszustand nicht aufheben, sondern nur stören.

Für den idealen Ablauf der Synthese scheint ferner ein ganz bestimmtes Verhältnis der aktivierenden Adsorption zwischen Wasserstoff

---

[1] Kölbel, H.: Vortrag gehalten auf der Hauptversammlung der Ges. Deutscher Chemiker, München 23. Sept. 1949; wiedergegeben mit Genehmigung von Dr. H. Kölbel. Chemie-Ing.-Techn. 21 (1950).

und Kohlenoxyd von großer Bedeutung zu sein, wobei in der Konkurrenz dieser Moleküle um die Kontaktoberfläche mehrere Faktoren eine Rolle spielen.

Hohe Temperaturen und hohe Wasserstoffpartialdrucke verschieben dieses Verhältnis zugunsten des Wasserstoffs. Hierbei können die Carbide als Inhibitoren für eine übermäßige Wasserstoffaktivierung fungieren. Erhöhter Kohlenoxyd-Partialdruck bewirkt eine bevorzugte Aktivierung des Kohlenoxyds. Bei Eisen führt dieses unter Normaldruck zur Kontaktlähmung durch Kohlenstoffabscheidung.

Durch erhöhten Betriebsdruck kann erfahrungsgemäß das Kohlenoxyd-Wasserstoff-Sorptionsverhältnis wieder auf den idealen Wert gebracht werden, so daß die Eisen-Kontakte auch mit kohlenoxydreichen Gasen eine lange Lebensdauer haben.

Diese neuere Auffassung, daß sich die Kohlenwasserstoff-Bildung nicht über die Carbid-Zwischenstufe vollzieht, deckt sich auch mit reaktionskinetischen Überlegungen von W. Brötz[1].

Für die unter technischen Bedingungen verlaufende Kohlenoxyd-Hydrierung läßt sich eine allgemeingültige Bruttoformel nicht aufstellen.

Nach W. Wenzel[2] läßt sich aber für die mit Kobalt-Katalysatoren synthetisierte Kohlenwasserstoff-Bildung die Gleichung

$$6\ CO + 13\ H_2 = C_6H_{14} + 6\ H_2O \tag{11}$$

und für die mit Eisen-Kontakten katalysierte Reaktion die Gleichung

$$12\ CO + 7\ H_2 = C_6H_{14} + 6\ CO_2 \tag{12}$$

anschreiben.

Die Gasausnutzung ist nach beiden Gleichungen dieselbe.

An Kobalt-Kontakten wird bei praktisch 80prozentiger Verwirklichung der angegebenen Gleichung der Kohlenstoff in Form von Kohlenoxyd weitgehend in nutzbare Produkte übergeführt und läßt als Nebenprodukt unter starkem Wasserstoff-Verbrauch nur Wasser erscheinen.

Über Eisen-Kontakten wird der Sauerstoff-Gehalt des Kohlenoxyds vorwiegend als Kohlendioxyd ausgeschieden.

Nach beiden Gleichungen entstehen aus gleichen Gasvolumina, aber verschiedener Zusammensetzung, gleiche Mengen Kohlenwasserstoffe.

Nach neueren Feststellungen von H. Kölbel und F. Engelhardt[3] verläuft die Kohlenwasserstoff-Synthese in der ersten Stufe immer über Wasser, und zwar sowohl an Nickel, Kobalt und Ruthenium, als auch an Eisen. Die Bildung von Kohlendioxyd ist auf eine Sekundärreaktion des Reaktionswassers mit dem Kohlenoxyd zurückzuführen. Beim Eisen ist diese Konvertierung wegen der höheren Betriebs-

[1] Brötz, W.: Z. Elektrochem. 53 (1949) 301.

[2] Wenzel, W.: Angew. Chem. B 20 (1948) 225.

[3] Kölbel, H. und F. Engelhardt: Vortrag gehalten auf der Hauptversammlung der Ges. Deutscher Chemiker München 23. Sept. 1949. Erdöl u. Kohle 2 (1949) 52.

temperatur vorherrschend, beim Kobalt ist sie aber auch möglich, und zwar sowohl an metallischen als auch an carbidischen Kontakten.

Bei der Fischer-Tropsch-Synthese entstehen die Kohlenwasserstoffe zwar in einer lückenlosen Reihe aller Molekülgrößen von Methan bis zu Kohlenwasserstoffen mit 100 und mehr Kohlenstoffatomen. Die technische Beherrschung der Kohlenwasserstoff-Synthese ermöglicht, wie noch später gezeigt wird, die Reaktion so zu lenken, daß bestimmte Kohlenwasserstoff-Fraktionen bevorzugt gebildet werden.

Der chemischen Zusammensetzung nach stellen die gebildeten Synthese-Produkte gesättigte oder bis zu einem bestimmten Anteil auch ungesättigte geradkettige aliphatische Kohlenwasserstoffe dar. In beachtlichem Umfange werden aber auch methylverzweigte, aliphatische Kohlenwasserstoffe gebildet.

F. Fischer, H. Pichler und K.-H. Ziesecke[1] haben weiter gefunden, daß man bei Anwendung eines bestimmten Katalysators, und zwar Thoriumoxyd bei völligem Ausschluß von Eisen, aus Kohlenoxyd und Wasserstoff unmittelbar verzweigtkettige Kohlenwasserstoffe erhalten kann.

Diese Reaktion verläuft bei Drucken von über 100 at und bei Temperaturen von oberhalb 200°, vorteilhaft bei 400°. Man erhält keine festen Kohlenwasserstoffe, dagegen viel flüssige und Gasolkohlenwasserstoffe.

Beispielsweise besteht die Kohlenwasserstoff-Fraktion mit 4 Kohlenstoffatomen zu 90 Prozent aus Isobutan.

Unter abgeänderten Synthese-Bedingungen liefert der gleiche Kontakt bei der Kohlenoxyd-Hydrierung Naphthene und Aromaten.

Bei der Fischer-Tropsch-Synthese an Kobalt- oder Eisen-Kontakten werden neben den geradkettigen aliphatischen Kohlenwasserstoffen auch geringe Mengen sauerstoffhaltiger Synthese-Produkte mitgebildet.

An besonderen Katalysatoren, vorwiegend auf Eisen-Basis, kann unter bestimmten Reaktionsbedingungen, wie noch später gezeigt wird, die Hydrierung von Kohlenoxyd etwa gemäß der Gleichung

$$17\ CO + 20\ H_2 = C_6H_{14} + C_6H_{13}OH + 5\ CO_2 + 6\ H_2O \tag{13}$$

verlaufen, wobei unter Zurückdrängung der Ausbeute an Kohlenwasserstoffen etwa 55 Prozent der Synthese-Produkte aus Alkoholen bestehen.

---

[1] Fischer, F.: Öl und Kohle, 39 (1943) 520.

Erster Teil

A. Herstellung von Synthese-Kontakten.

Grundlegend für die technische Durchführbarkeit der Kohlenwasserstoff-Synthese aus Kohlenoxyd und Wasserstoff sind die von F. Fischer und H. Tropsch im Kaiser-Wilhelm-Institut für Kohlenforschung in Mülheim ausgeführten Untersuchungen über die Eignung verschiedener Kontakte und die Erforschung der näheren Bedingungen, unter welchen die Reduktion von Kohlenoxyd mit Wasserstoff zu Kohlenwasserstoffen erfolgt.

Eine Katalysierung dieser Kohlenoxyd-Hydrierung bewirken nach Feststellungen der genannten Forscher Metalle der achten Gruppe des periodischen Systems, insbesondere Metalle der Eisengruppe, wie Eisen, Kobalt und Nickel, in bestimmten Fällen auch Ruthenium. Neben diesen Grundmetallen enthalten die Synthese-Kontakte noch metallische oder oxydische Verstärker.

Der Vorteil der neben dem Grundmetall vorhandenen Metallsauerstoffverbindungen liegt nach F. Fischer und H. Tropsch[1] darin, daß die, infolge der zur Vermeidung der Methanbildung erforderlichen niedrigeren Reduktionstemperatur, verringerte Reaktionsgeschwindigkeit durch die Anwesenheit des Metalloxyds bedeutend gesteigert wird.

Nach Anschauungen von Waxford[2] wird die Rolle der oxydischen Verstärker, wie Thoriumoxyd oder Magnesiumoxyd darin gesehen, daß diese Verbindungen die Sinterung der als bimolekular angenommenen Kobalt-Schicht verhindern.

Die Gefahr der Sinterung besteht dabei sowohl bei der Reduktion des Kontaktes als auch während der Synthese.

Die Wirksamkeit der aus Metallen der Eisengruppe und metallischen oder oxydischen Verstärkern bestehenden Synthese-Kontakte hängt in hohem Maße von der Herstellung der Kontakte und vor allem von der Verteilung des Grundmetalls im Synthese-Kontakt ab.

Die zur Katalysierung der Kohlenoxyd-Hydrierung erforderliche feine Verteilung des katalytisch wirkenden Grundmetalls und der oxydischen

---

[1] D.R.P. 531004, F. Fischer und H. Tropsch.
[2] Waxford: Chem. Abstr. 42 (1942) 737.

Verstärker kann man entweder durch eine besondere Art der Ausfällung oder durch Niederschlagen der Metalle und Metalloxyde auf geeignete Trägerstoffe erreichen.

Man kann somit zwischen trägerfreien und trägerhaltigen Synthese-Kontakten unterscheiden.

1. Trägerfreie Kontakte.

Die für die Katalysierung der Kohlenwasserstoff-Bildung bei der Hydrierung von Kohlenoxyd erforderliche feine Verteilung der Kontakt-Metalle der achten Gruppe des periodischen Systems kann ohne Verwendung von Trägerstoffen auf verschiedene Weise erreicht werden.

Nach dem erstmals von F. Fischer und K. Meyer[1] vorgeschlagenen Verfahren kann man zur Kohlenwasserstoff-Synthese geeignete Kontakte dadurch herstellen, daß man Eisen, Nickel oder Kobalt mit Aluminium oder Silicium legiert und aus den Legierungen das Aluminium oder Silicium mit Natriumhydroxyd herauslaugt. Hierbei werden allerdings das Aluminium oder Silicium nicht völlig entfernt; es bleiben 5 bis 10 Prozent des Siliciums zurück.

Bei den Metall-Aluminium-Legierungen muß das Aluminium weitgehendst entfernt werden.

Legierungen aus Nickel und Aluminium im Verhältnis 1 zu 1 geben nach dem Herauslösen des Aluminiums Legierungs-Skelett-Kontakte, die aus einem Kubikmeter Synthese-Gas (23 Prozent Kohlenoxyd, 46 Prozent Wasserstoff) optimal 75 Kubikzentimeter flüssige Produkte liefern.

Zusätze von Mangan sind ohne Wirkung, von Kupfer schädlich, nachherige Imprägnierung mit Kaliumcarbonat schädigt, Thoriumnitrat aktiviert schwach. Der Kontakt wird vor der Verwendung bei 350° mit Wasserstoff behandelt.

Kobalt-Aluminium-Legierungskontakte geben optimal nur 43 Kubikzentimeter flüssige Produkte. Die schlechte Wirksamkeit ist auf zurückgebliebenes Aluminium zurückzuführen. Zusatz von Kupfer (10 Prozent) vernichtet die katalytische Aktivität völlig.

Die Skelett-Kontakte aus Legierungen mit Aluminium neigen zum Zerfall.

Zur Herstellung eines Kobalt- oder Nickel-Skelett-Kontaktes hat F. Fischer[2] nach der von M. Raney[3] angegebenen Methode das Metall in einem Hochfrequenzofen mit Silicium zu Silicid zusammengeschmolzen. Das Silicid wurde in erbsengroße Stücke gebrochen und mit Kalilauge so lange erwärmt, bis aus der Menge des entwickelten Wasserstoffes erkennbar, alles Silicium herausgelöst war.

Ein aus einer Nickel-Silicium-Legierung (im Verhältnis 1 zu 1) hergestellter Nickelkontakt gab 54 Kubikzentimeter flüssige Produkte; durch nachträgliche Imprägnierung mit Thoriumnitrat konnte die Ausbeute an flüssigen Kohlenwasserstoffen auf 68 Kubikzentimeter gesteigert werden.

---

[1] Fischer, F. u. K. Meyer: Ber. dtsch. Ges. 67 (1934) 253.

[2] Fischer, F.: Ber. dtsch. chem. Ges. A 71 (1938) 56.

[3] Raney, M.: Journ. Amer. chem. Soc. 54 (1932) 4116.

Kobalt-Silicium-Legierungen (1 zu 1) geben nach dem Herauslösen des Siliciums einen Skelett-Kontakt, der bei der Kohlenoxyd-Hydrierung optimal 90 Kubikmeter flüssige Produkte liefert.

Neben diesen Einmetall-Kontakten können in gleicher Weise auch Zwei-Metall-Kontakte, z. B. Nickel-Kobalt-Kontakte, hergestellt werden. Zu deren Herstellung müssen aber reine Metalle verwendet werden, da technische Metalle infolge ihres Eisengehaltes Katalysatoren mit geringer Aktivität ergeben.

Die durch Herauslösen von Silicium aus Kobalt-Nickel-Silicium-Legierungen (1 zu 1 zu 2) erhaltenen Skelett-Kontakte bleiben nach dem Herauslösen des Siliciums stückig und geben bei der Kohlenoxyd-Hydrierung optimal 100 Kubikzentimeter flüssige Produkte.

Zusatz von Mangan zur Legierung bewirkt eine Verbesserung der Aktivität um 10 Prozent.

Das Kobalt ist bis etwa ein Drittel durch Nickel ersetzbar; mit mehr Nickel werden schlechtere Kontakte erhalten.

Kupfer wirkt schädigend, ebenso eine Imprägnierung mit Kaliumcarbonat.

Diese Legierungs-Skelett-Kontakte stellen kompakte Massen dar und besitzen ein scheinbares spezifisches Gewicht von etwa 4,5.

In Nacharbeitung dieser Legierungs-Skelett-Kontakte hat S. Tsuneoka[1] ebenfalls Nickel-Kobalt-Kontakte hergestellt, mit welchen er aus einem Synthese-Gas (32,8 Prozent Kohlenoxyd, 64,4 Prozent Wasserstoff) bei 180° 108 Kubikzentimeter flüssige Kohlenwasserstoffe erhielt.

Für die Herstellung der Skelett-Kontakte ist wesentlich, daß die Metallschmelze wirklich homogen ist, was nur durch Schmelzen im Hochfrequenzofen, nicht im Tamann-Ofen erreicht werden kann[2].

Von den aus diesen Legierungen hergestellten Skelett-Kontakten (Nickel-Aluminium, Nickel-Silicium, Nickel-Mangan-Silicium und Nickel-Kobalt-Silicium bzw. Nickel-Eisen-Silicium) ist der aus Nickel-Kobalt-Silicium im Verhältnis 1 zu 1 zu 2 hergestellte der beste[3].

Die Auslaugung des Siliciums aus diesen Legierungen gelang auch diesen Forschern nicht vollständig. Nach der Extraktion mit Natriumhydroxyd verbleiben immer noch 4 Prozent Silicium im Skelett zurück[4].

Der Nickel-Kontakt arbeitet bei tieferen Temperaturen als der Kobalt-Kontakt, leistet aber weniger. Der aus Nickel-Aluminium hergestellte Kontakt gibt viel Methan.

Das beste Verfahren zur Gewinnung von Nickel-Kobalt-Kontakten durch Herauslösen des Siliciums aus den entsprechenden Legierungen besteht in einer 24 stündigen Behandlung mit kochender Natrium-

---

[1] Tsuneoka, S.: Sci. Pap. Inst. physic. chem. Res. 25 (1934) 144.

[2] Tsuneoka, S. u. Y. Murata: J. Soc. chem. Ind. Japan (Suppl.) 39 (1936) 267 B.

[3] Tsuneoka, S. u. Y. Murata: Sci. Pap. Inst. physic. chem. Res. 30 (1936) 15.

[4] Tsuneoka, S. u. Y. Murata: Sci. Pap. Inst. physic. chem. Res. 33 (1937) 305.

hydroxydlösung. Man muß jedoch anschließend das Alkali so weit wie möglich entfernen, da es bei der Synthese die Methanbildung begünstigt[1].

Mit einem auf vorbeschriebene Weise aus einer Nickel-Kobalt-Silicium-Legierung (1 zu 1 zu 2) erhaltenen Kontakt konnte aus einem Synthese-Gas (1 Kohlenoxyd zu 2 Wasserstoff) eine Benzinausbeute von 130 Kubikzentimeter erzielt werden[2].

Von Y. Murata und S. Tsuneoka[3] sind eine Reihe von Faktoren studiert worden, die die katalytische Leistung dieses Nickel-Kobalt-Kontaktes beeinflussen.

Im allgemeinen steigt die Ausbeute etwa mit fallender Korngröße der Kontakte. Die besten Ergebnisse werden erhalten, wenn die Kontakte eine Korngröße von 1,2 bis 4 mm besitzen. Feinere Kontakte geben wieder schlechtere Ausbeuten.

Eine Vorbehandlung mit Wasserstoff ergab bei 220° eine geringe Verbesserung der Ausbeute. Eine Oxydation vor oder nach der Wasserstoffbehandlung wirkt ungünstig.

Verwendet man Legierungs-Skelett-Kontakte oberhalb ihrer optimalen Temperatur, so wird zwischen 240 und 250° nur Methan gebildet. Bei höheren Temperaturen wird der Kontakt geschädigt, bei 450° gänzlich inaktiviert.

Beim Studium der Ausbeute an flüssigen Kohlenwasserstoffen in Abhängigkeit von der Kontakt-Menge bei gleichbleibender Gasgeschwindigkeit wurde eine optimale Menge ermittelt, die ihrerseits abhängig ist vom Rohrquerschnitt, in welchem der Kontakt sich befindet[4].

Größere Kontaktmengen führen zu stärkerer Hydrierung des Benzins und zu weitgehenderer Polymerisation; daneben nehmen Kohlendioxyd und gasförmige Kohlenwasserstoffe zu.

Nach F. Fischer[5] konnte mit einem Kobalt-Skelett-Kontakt annähernd die gleiche Wirkung erreicht werden wie mit den komplizierten Mehrstoff-Kontakten.

Bei der Mitteldruck-Synthese geben Nickel-Legierungsskelett-Kontakte trotz relativ niedrigen Temperaturen (170°) nur flüssige Kohlenwasserstoffe.

Eine weitere Möglichkeit brauchbare Synthese-Kontakte herzustellen besteht darin, daß man Metallsalze, besonders aber Metallcarbonyle einer thermischen Zersetzung unterwirft[6].

Bei dieser thermischen Zersetzung wird gleichfalls die zur Katalysierung der Kohlenoxyd-Hydrierung erforderliche feine Verteilung der Metallkontakte erreicht.

Auf diese Weise haben C. Müller, L. Schlecht und W. Schubardt[7] Synthese-Kontakte hergestellt.

---

[1] Tsuneoka, S. u. Y. Murata: Sci. Pap. Inst. physic. chem. Res. 27 (1935) 13.

[2] Tsuneoka, S. u. Y. Murata: J. Soc. chem. Ind. Japan (Supp.)39(1936)267B.

[3] Murata, Y. u. S. Tsuneoka: Sci. Pap. Inst. physic. chem. Res. 27 (1935) 23.

[4] Murata, Y. u. S. Tsuneoka: Sci. Pap. Inst. physic. chem. Res. 30 (1936) 40.

[5] Fischer, F.: Ber. dtsch. chem. Ges. A. 71 (1938) 56.

[6] Roelen, O. in K. Ziegler, Naturforschung und Medizin Bd. 36 1. Teil, 158.

[7] D.R.P. 505319, I.G. Farbenindustrie A.G.

Zweckmäßig werden die aus den Metallcarbonylen abgeschiedenen Metalle gemeinsam mit schwerreduzierbaren Oxyden verwendet.

An Stelle der durch Zersetzung der Carbonyle der Eisengruppe erhaltenen Metalle verwenden neuerdings J. Elian und die Firma Syndicat d'Etude & l'Exploitation des Carburants de Synthese[1] diese Carbonyle selbst, zweckmäßig gemeinsam mit Verstärkern, wie Kupfer, Thoriumoxyd usw., zur Katalysierung der Kohlenoxyd-Hydrierung.

Dem Synthese-Gas setzt auch E. Linckh[2] Metallcarbonyle zu, die bei der Synthese-Temperatur zersetzt werden.

H. V. Atwell[3] verwendet ebenfalls als Katalysatoren Metalle, wie Kobalt, Nickel oder Eisen, die mit Kohlenoxyd Carbide unter Abspaltung von Kohlendioxyd zu bilden vermögen.

In einer ersten Verfahrensstufe wird durch Einleiten von Kohlenoxyd Metallcarbid gebildet, das in der zweiten Verfahrensstufe dann mit Wasserstoff unter gleichzeitiger Bildung von flüssigen Kohlenwasserstoffen zersetzt wird.

Eine breitere Verwendung haben diese aus Metallcarbonylen hergestellten Kontakte aber nicht erlangen können.

Brauchbare Synthese-Kontakte können erhalten werden, wenn man andere leicht zersetzbare Metallverbindungen, z. B. Metallnitrate durch Erhitzen in das Oxyd bzw. Oxydgemisch überführt und letztere reduziert.

Gewöhnlich geht man aber bei der Herstellung von aus einem Grundmetall und oxydischen Verstärkern bestehenden Synthese-Kontakten in der Weise vor, daß man aus den entsprechenden Metallsalzlösungen die Carbonate fällt, diese in Oxyde überführt und das Oxydgemisch reduziert.

Einen aus Metall und Metalloxyden bestehenden Synthese-Kontakt erhalten W. H. Groombridge und J. E. Newns[4] in folgender Weise:

Ein feingepulvertes Metalloxyd wird mit einem Metall in Form von Feilspänen, das eine größere Aktivität zu Sauerstoff als das Metall des Oxyds aufweist, innig gemischt, die Mischung auf Temperaturen oberhalb 500°, z. B. 750 bis 850° oder höher, erhitzt, wobei ein Austausch von Sauerstoff stattfindet. Hierauf wird bei Temperaturen zwischen 300 und 700°, z. B. 350 bis 550°, mittels Wasser- oder Generatorgas reduziert.

Nach einem neueren Verfahren[5] werden die Metalle oder ihre Oxyde, vorteilhaft nach dem Vermischen mit weiteren aktivierenden Zusätzen, mit wasserstoffhaltigem Wasserdampf bei höheren Temperaturen zweckmäßig über 600° behandelt und anschließend reduziert. Besonders wirksam ist die Verwendung eines Wasserstoffes, der sich im Bildungszustand befindet und durch Überleiten von Wasserdampf über rotglühendes Eisen erhalten wird.

[1] F.P. 879959, Ital. P. 392831, J. Elian und Syndicat d'Etude & d'Exploitation des Carburants de Synthese. — [2] D.R.P. 708512, I. G. Farbenindustrie A.G.
[3] A.P. 2409235, Texas Co. — [4] A.P. 2234246, Celanese Corp. of America.
[5] Ital. P. 383206, I.G. Farbenindustrie A.G.

Die katalytische Aktivität der aus dem Grundmetall der Eisengruppe und den oxydischen Verstärkern erhaltenen Synthese-Kontakte ist jedoch nicht groß. Darüber hinaus zeigen diese Katalysatoren eine rasche Abnahme der Aktivität.

Eine gewisse Steigerung der katalytischen Aktivität kann man aber erreichen, wenn man Synthese-Kontakten noch Alkali zusetzt, wodurch die Bildung höhersiedender Kohlenwasserstoffe gefördert wird.

Alkali wirkt in der Hauptsache bei Eisen in Richtung der Bildung höhersiedender Kohlenwasserstoffe; bei Kobalt und Nickel kann dagegen der Alkaligehalt schädigend wirken.

Das Alkali wird den Kontakten gewöhnlich in der Weise zugesetzt, daß man die aus Lösungen gefällten oder durch Zersetzung von Nitraten oder dgl. gewonnenen oxydischen Metallverbindungen vor der Reduktion zu Metallen mit wäßrigen Lösungen von Alkalihydroxyden oder Alkalicarbonaten tränkt, so daß beim nachfolgenden Trocknen die gewünschte Menge Alkali im Rohkontakt zurückbleibt.

Nach einem anderen Verfahren kann man den geformten Rohkontakt vor der Reduktion mit Lösungen von Natrium- oder Kaliumcarbonat in etwa 45 prozentigem Äthylalkohol tränken. Auf diese Weise lassen sich jedoch nur die nichtreduzierten Kontakte mit alkalischen Lösungen imprägnieren, weil frisch reduzierte Kontakte, auf diese Weise behandelt, eine Einbuße an Festigkeit erleiden, unter Umständen sogar zerfallen.

Nimmt man nach E. Sauter[1] die Tränkung mit Lösungen von Alkalien in wasserarmen oder wasserfreien Lösungsmitteln, insbesondere Alkoholen, vor, so können auch reduzierte Kontakte mit Alkali imprägniert werden. Zur Beladung der Kontakte eignen sich besonders n/100 bis n/10 Lösungen von Ätzalkalien in 96 prozentigem Alkohol. Der Wassergehalt dieser Lösungen soll etwa 25 bis 30 Prozent betragen.

Nach A. Braune[2] begünstigt auch ein Zusatz von Halogeniden der Erdalkalimetalle zu einem aus Metallen der Eisengruppe bestehenden Metall-Kontakt die Bildung von Kohlenwasserstoffen. Die mit diesen Zusätzen aktivierten Katalysatoren ergeben Kohlenwasserstoffe, die keine Säuren enthalten. Ferner wird die Neigung des Kohlenoxyds, sich unter Kohlenstoffabscheidung zu zersetzen, weitgehend gemindert und die Bildung von paraffinartigen Produkten herabgesetzt.

Neben diesen allgemeinen Verfahren sind auch besondere Verfahren zur Herstellung von Kobalt- oder Eisen-Synthese-Kontakten ausgearbeitet worden.

---

[1] D.R.P 738 368, Braunkohle-Benzin A.G.
[2] D.R.P. 597 515, Gewerkschaft Victor.

a) Kobalt-Kontakte.

Von den Metallen der Eisengruppe vermag Kobalt, wie schon F. Fischer und H. Tropsch[1] gefunden haben, die Kohlenoxyd-Hydrierung zu katalysieren.

Als besonders wirksam erwiesen sich, nach späteren Feststellungen dieser Forscher[2], solche Kobalt-Kontakte, die noch Verstärker in Form von Metallsauerstoffverbindungen enthalten. Eine solche verstärkende Wirkung übt Zinkoxyd aus; es wird jedoch durch andere, später beschriebene Metalloxyde in seiner verstärkenden Wirkung übertroffen.

Einen durch Metalle oder Metalloxyde verstärkten Kobalt-Kontakt kann man nach dem bereits erwähnten Verfahren von W. H. Groombridge und J. E. Newns[3] erhalten.

Die katalytische Aktivität von mit Metalloxyden verstärkten Kobalt-Katalysatoren kann man durch Alkalisierung, z. B. nach dem schon auf S. 15 erwähnten Verfahren von E. Sauter[4] vor oder während der Inbetriebnahme der Kontakte steigern.

Durch Metalloxyde verstärkte Kobalt-Katalysatoren haben bei der Kohlenoxyd-Hydrierung große technische Bedeutung erlangt; allerdings werden bei der großtechnischen Kohlenwasserstoff-Synthese diese Kontakte nicht in trägerfreier Form, sondern auf großoberflächigen Stoffen niedergeschlagen, verwendet.

b) Nickel-Kontakte.

Zur Katalysierung der Kohlenwasserstoff-Bildung bei der Hydrierung von Kohlenoxyd verwendet M. M. Oscherowa[5] einen durch Fällung der Nitrate mit Kaliumcarbonat erhaltenen Kontakt, der aus Nickeloxyd mit 10 Prozent Aluminiumoxyd und 20 Prozent Manganoxyd besteht. Das Oxydgemisch wird langsam getrocknet, dann bei einer Temperatur von 200 bis 450° mit einer Mischung von Wasserstoff und Kohlenoxyd reduziert. Der Kontakt wird dann im Kohlendioxyd-Strom erkalten gelassen.

c) Eisen-Kontakte.

Im Gegensatz zu Kobalt-Kontakten vermögen Katalysatoren auf Eisen-Basis in trägerfreier Form die Kohlenoxyd-Hydrierung zu Kohlenwasserstoffen in technischem Umfange zu beschleunigen.

Die katalytische Wirkung des Eisens kann durch Zusätze von Metallen, Metalloxyden oder Metallverbindungen günstig beeinflußt werden.

---

[1] D.R.P. 484337, F. Fischer u. H. Tropsch.

[2] D.R.P. 531004, F. Fischer u. H. Tropsch.

[3] A.P. 2234246, Celanese Corp. of America.

[4] D.R.P. 738368, Braunkohle-Benzin A.G. — [5] Russ. P. 47287, M. M. Oscherowa.

So haben schon F. Fischer und H. Tropsch[1] darauf hingewiesen, daß zur Verstärkung der katalytischen Wirkung dem Eisen Kupfer oder Zinkoxyd zuzusetzen sind.

Die neben Eisen im Synthese-Kontakt vorhandenen Verstärker bestimmen sowohl hinsichtlich ihrer Art als auch ihrer Menge die Wirksamkeit des Kontaktes bei der katalytischen Reduktion von Kohlenoxyd zu Kohlenwasserstoffen. Nach Y. Murata, S. Makino und S. Tsuneoka[2] ist z. B. für den von ihnen untersuchten Eisen-Kontakt ein Kupfergehalt von 20 bis 40 Prozent wesentlich. Nach Untersuchungen von H. Kölbel und P. Ackermann[3] genügen bereits weniger als 0,1 Prozent Kupfer zur Aktivierung. Völlig kupferfreie Eisenkontakte sind dagegen inaktiv.

Nach O. Roelen und Mitarbeiter[4] ist auch Zinkoxyd ein guter Verstärker. Schon die einfache Zusammensetzung von 100 Teilen Eisen und 30 Teilen Zinkoxyd gibt unterhalb 225° gute Umsätze.

Die Herstellung von brauchbaren Synthese-Kontakten auf Eisen-Basis kann nach verschiedenen Verfahren erfolgen. Man erhält diese Kontakte entweder durch thermische Zersetzung oder Fällung von Verbindungen des Eisens und der als Verstärker zuzusetzenden Metalle oder Metalloxyde sowie auch aus metallischem Eisen. Bei der Herstellung der Kontakte kann man von handelsüblichem Eisen ausgehen. Die daraus erhaltenen Salzlösungen brauchen nicht gereinigt zu werden[3].

Die durch thermische Zersetzung oder Fällung erhaltenen Eisen-Kontakte können schon während der Herstellung auf Temperaturen erhitzt werden, bei denen das Eisen sintert oder schmilzt.

Vor der Verwendung müssen die Eisen-Kontakte aus ihrer Oxydform durch Behandlung mit Wasserstoff reduziert werden.

Im reduzierten Zustand sind die Eisen-Kontakte empfindlich gegen Sauerstoff. Man muß deshalb von der Reduktion bis zur Beschickung mit Synthese-Gas im Ofen jede Spur von Luft peinlich fernhalten oder ein sehr sauberes Inertgas zum Aufbewahren und Umfüllen der Kontakte benützen.

1. Zersetzungs-Kontakte.

Einen zur Kohlenwasserstoff-Synthese brauchbaren Eisen-Kontakt haben C. Müller, L. Schlecht und W. Schubardt[5] durch thermische Zersetzung von Eisencarbonyl erhalten.

Ein auf 250° erhitzter Schachtofen wird mit watteartigen Flocken von Eisen gefüllt, die durch Zersetzung von mit Kohlenoxyd verdünntem Eisencarbonyldampf erzeugt worden sind. Durch den Ofen wird ein aus gleichen Volumina Kohlenoxyd

[1] D.R.P. 484337, F. Fischer u. H. Tropsch.

[2] Murata, Y., S. Makino u. S. Tsuneoka: Sci. Pap. Inst. physic. chem. Res. 35 (1939) 348. — [3] D R.P. 763 307, Steinkohlenbergwerk Rheinpreußen.

[4] Roelen, O. u. Mitarbeiter, in K. Ziegler: Naturforschung und Medizin in Deutschland, 1948 Bd. 36, 1. Teil, 164. — [5] D.R.P. 505 319, I.G. Farbenindustrie A.G.

und Wasserstoff bestehendes Gasgemisch geleitet. Aus dem den Ofen verlassenden Gas scheiden sich beim Abkühlen und bei gewöhnlicher Temperatur flüssige Kohlenwasserstoffe ab.

Beim Nachlassen der Kohlenwasserstoffbildung kann der Katalysator entfernt und durch Einführen von Eisencarbonyldampf in den vorübergehend etwas höher geheizten Reaktionsraum leicht von neuem erzeugt werden.

Auch durch Oxydation von Eisencarbonyl mit Sauerstoff lassen sich nach H. Kölbel und R. Langheim hochaktive Eisenkontakte erhalten[1].

Solche aus Eisencarbonyl hergestellten Synthese-Kontakte sind auch von anderen Forschern empfohlen worden, ohne daß diese Kontakte technisches Interesse erlangt haben.

An Stelle von Eisencarbonyl hat man auch andere thermisch zersetzbare Eisenverbindungen, besonders Eisennitrat, als Ausgangsstoffe zur Herstellung von Synthese-Kontakten auf Eisen-Basis vorgeschlagen.

2. Fällungs-Kontakte.

Von größerer Bedeutung für die technische Durchführung der Kohlenwasserstoff-Synthese aus Kohlenoxyd sind die durch Fällung von wasserlöslichen Eisenverbindungen erhaltenen Katalysatoren.

Auf diese Weise werden sowohl reine Eisen-Kontakte als auch Eisen-Mischkontakte hergestellt[2].

Zur Bereitung eines brauchbaren Eisen-Kontaktes läßt man eine Lösung von Eisen- und Nickelsalzen, z. B. Nitraten, bei einer unterhalb 40°, vorzugsweise unterhalb 30° liegenden Temperatur im Verlauf von mehr als 1 Stunde, z. B. 12 Stunden, derart in eine Kaliumcarbonatlösung eintropfen, daß die Lösung während der Fällung einen p_H-Wert von 8 oder mehr aufweist[3]. Der Niederschlag wird abfiltriert, gewaschen, bei 110° getrocknet und zwecks Reduktion 5 Stunden bei 350° mit Wasserstoff behandelt.

Falls die Eisen- oder Nickelsalze enthaltende Lösung auch noch Aluminium- oder Magnesiumsalze als Kontaktverstärker enthält, fügt man zwecks Erleichterung der Reduktion vor oder nach der Fällung etwas Silber oder eine Silberverbindung hinzu.

Die so hergestellten Eisen-Kontakte zeichnen sich durch sehr lang anhaltende Aktivität aus.

Wie bei den anderen Metallen der Eisengruppe bewirkt auch beim Eisen-Kontakt ein Zusatz von Alkali eine beträchtliche Erhöhung der katalytischen Aktivität.

Die Beladung der Eisen-Kontakte mit Alkali kann nach dem auf S. 15 beschriebenen Verfahren oder in der Weise erfolgen, daß man die mit aus löslichen Eisensalzen, wie z. B. Eisennitrat, oder Lösungen von

---

[1] D.R.P. 766149, Steinkohlenbergwerk Rheinpreußen.

[2] F.P. 841043, Ital. P. 363948, Studien- und Verwertungs G.m.b.H.

[3] F.P. 863473, Ital. P. 382921, N.V. Internationale Koolwaterstoffen Synthese Mij.; International Hydrocarbon Synthesis Co.

Eisen-, Kupfer- und gegebenenfalls auch Mangansalzen mit Alkalicarbonat erhaltenen Kontakte bis zur Alkalifreiheit wäscht, dann mit 0,1 bis 0,5 Prozent, besonders 0,125 bis 0,25 Prozent, bezogen auf Eisen, an Kaliumcarbonat oder Natriumcarbonat imprägniert[1].

Bei den nach der Fällungsmethode erhaltenen, durch Kupfer und Alkali aktivierten Eisen-Katalysatoren liegt das Eisen vor der Formierung (s. S. 86) als α-Fe_2O_3 vor, dessen Kristallgitter um so unvollkommener durchgebildet und dessen Oberflächenentwicklung um so größer ist, je schonendere Bedingungen bei der Herstellung angewendet worden sind, während die Aktivatoren Kupfer und Alkali ohne Einfluß auf den Kristallisationszustand sind[2].

Bei Normaldruck mit Kohlenoxyd und Wasserstoff enthaltendem Gas formierte und im Betrieb gewesene Kontakte bestehen anfangs in der Hauptsache aus Magnetit und enthalten, unabhängig vom Vorhandensein der Aktivatoren Kupfer oder Alkali, immer Eisencarbid.

Einen alkalisierten Eisen-Kontakt stellt die Firma Metallgesellschaft A.G.[3] aus Ferriten, besonders Alkaliferriten durch chemische Umwandlung, besonders durch Hydrolyse, her. Geeignete Ausgangsstoffe sind die Rückstände des Aufschlusses von Bauxit.

Die Herstellung der Kontakte erfolgt in der Weise, daß man die Ferrite mit Alkali, und gegebenenfalls noch mit Säuren behandelt, um einen Teil des Eisens herauszulösen. Der fertige Kontakt soll außerdem viel Alkali, etwa 30 bis 40 Prozent Alkalicarbonat oder Alkalisilikat in Mengen von 5 bis 30 Prozent, bezogen auf Eisen, enthalten. Daneben können auch noch Oxyde anderer Metalle, wie Chrom, Aluminium, Kupfer oder seltene Erden, vorhanden sein. Vor der Verwendung werden die Katalysatoren bei 250 bis 400° reduziert und gegebenenfalls anschließend einer milden Reoxydation, z. B. mit Wasserdampf bei 200 bis 400°, unterworfen.

Als Verstärker für den Eisen-Kontakt eignet sich ferner Calcium in Form von sauerstoffhaltigen Verbindungen.

Eisen-Kontakte, die mindestens 5 Prozent Calcium (bezogen auf den Eisengehalt) in Form von sauerstoffhaltigen Verbindungen enthalten, erhält man durch gemeinsame Fällung von Eisen- und Calciumsalzlösungen mit Alkalihydroxyd[4].

Diese durch Zusätze von Calciumoxyd bedingte Steigerung der katalytischen Aktivität von Eisen-Kontakten haben erstmals O. Roelen und Mitarbeiter[5] beobachtet.

---

[1] F.P. 841043, Ital. P. 363948, Studien- und Verwertungs G.m.b.H.

[2] Kölbel, H., P. Ackermann, R. Juza und H. Tenschert: Erdöl und Kohle 2 (1949) 278.

[3] F.P. 871536, Metallgesellschaft A.G.

[4] Belg. P. 440411, N. V. Internationale Koolwaterstoffe Synthese Mij.; International Hydrocarbon Synthesis Co.

[5] Roelen, O. in K. Ziegler: Naturforschung und Medizin in Deutschland, 1948, Bd. 36, 1. Teil, 163.

3. Sinter-Kontakte.

Durch Fällung aus Eisensalzen werden sehr aktive Eisen-Kontakte erhalten. Sie haben aber häufig den Nachteil zu geringer Raumbeständigkeit und Härte. Ihre Herstellung ist auch durch die Aufwendungen für das Auswaschen der Kontakte kostspielig und zeitraubend.

Diese Nachteile zeigen die sogenannten Sinter-Kontakte nicht.

Sinter-Kontakte werden bei einer Temperatur oberhalb 500°, besonders 700 bis 1000°, gegebenenfalls in Gegenwart von Stickstoff oder Wasserstoff oder im Vakuum gesintert, wobei eine Volumverminderung von mehr als 100 Prozent, jedoch kein Schmelzen eintritt[1]. Die Sinterung kann auch bei stufenweise ansteigendem Druck durchgeführt werden.

Zur Bereitung dieser Sinterungs-Kontakte geht man von Eisenpulver, das durch Zersetzung des Carbonyls gewonnen ist, oder von reduzierbaren pulverförmigen Eisenverbindungen, wie Salzen, Oxyden, Hydroxyden, aus und bewirkt entweder erst die Reduktion bei 400 bis 500° und dann die Sinterung oder in einer Operation die Reduktion mittels reduzierender Gase und die Sinterung des dabei erzeugten Metalls.

Dem Eisenpulver bzw. den Eisenverbindungen kann man vor, während oder nach der Sinterung Alkaliverbindungen, die in wäßriger Lösung neutrale oder saure Reaktion haben und sich bei Temperaturen bis 1000° nicht zersetzen, wie z. B. Halogenide oder Phosphate, zusetzen[2].

Eine verstärkende Wirkung üben auch Zusätze von 1 bis 15 Prozent Alkaliborat aus[3].

Zur Herstellung von Eisen-Katalysatoren kann auch von Eisenblech, z. B. in Form von Raschigringen, ausgegangen werden[4]. Dieses wird bei Temperaturen zwischen 700 und 800° mit einem oxydierenden Gas, z. B. Luft, behandelt, und das gebildete Eisenoxyd dann bei 500° oder höherer Temperatur mittels Wasserstoff reduziert. Um die mechanische Festigkeit des Katalysators zu erhöhen, setzt man nach erfolgter Reduktion die Behandlung mit Wasserstoff bei der gleichen oder höheren Temperatur, die jedoch unterhalb des Schmelzpunktes des Eisens liegen muß, noch eine Zeitlang fort.

Dem Katalysator können vor oder nach der Reduktion Verstärker, wie Alkalisalze, z. B. Halogenide, Phosphate, Borate oder Verbindungen des Kupfers, Titans, Mangans, Wolframs, Molybdäns, Chroms, Thoriums, Zirkoniums, Cers oder anderer seltener Erden zugesetzt werden.

---

[1] F.P. 841030, E.P. 502542, I.G. Farbenindustrie A.G.

[2] F.P. 842507, E.P. 506604, I.G. Farbenindustrie A.G.

[3] Ital. P. 379250, N.V. Internationale Koolwaterstoffen Synthese Mij.; International Hydrocarbon Synthesis Co.

[4] F.P. 862870, N.V. Internationale Koolwaterstoffen Synthese Mij.; International Hydrocarbon Synthesis Co.

Sehr hohe Umsatzausbeuten des Kohlenoxyds von etwa 80 zu 82
Prozent Benzin werden erhalten, wenn man vor der Reduktion die
Kontaktform, z. B. durch Mahlen, verändert oder gar nicht von kom-
paktem Eisen, sondern pulvrigen Massen, z. B. von ausgebrauchten
Kontaktmassen, ausgeht[1].

Besonders vorteilhaft wird hierbei das oxydative Glühen in einer
Atmosphäre vorgenommen, die Wasserdampf, besonders zwischen 30
und 70 Prozent, enthält.

Zur Verstärkung der Eisen-Kontakte hat A. Braune[2] geringe Zusätze von Halogeniden der Erdalkalimetalle vorgeschlagen.

Als Ausgangsmaterial zur Herstellung des Katalysators dient Eisenoxyduloxyd,
das mit Wasserstoff bei etwa 500 bis 1000° reduziert wird.

100 g des so erhaltenen metallischen Eisens, das eine große Oberfläche aufweist,
werden dann mit einer Lösung, die 0,1 bis 10 Prozent, zweckmäßigerweise 2,5 Prozent, Calciumchlorid, bezogen auf das Eisen, enthält, zur Trocknung gebracht.

Der so behandelte Katalysator wird in ein Kontaktrohr eingeführt und über
denselben ein Synthese-Gas geleitet, das Kohlenoxyd und Wasserstoff, z. B. im
Verhältnis 1 zu 2 enthält. Man arbeitet zweckmäßig mit einem Druck von etwa
100 at, jedoch kann dieser auch niedriger gehalten werden oder höher liegen. Die
Temperatur wählt man nicht über 300 bis 350° bei einem stündlichen Durchsatz
von 100 Liter Gas der Zusammensetzung 0,8 Prozent Kohlendioxyd, 31,0 Prozent
Kohlenoxyd, 66,8 Prozent Wasserstoff und 1,4 Prozent Stickstoff.

Es werden rund 40 Prozent des als Kohlenoxyd eingebrachten Kohlenstoffes
als Kohlenwasserstoffe, vorwiegend vom Benzincharakter, erhalten.

Nach älteren Angaben der Firma I.G. Farbenindustrie A.G.[3] kann
man Sinter-Kontakte durch Wärmezersetzung von Verbindungen, z. B.
von Hydroxyden oder Nitraten der achten Gruppe des periodischen
Systems oberhalb 500°, vorzugsweise oberhalb 600°, aber unterhalb des
Schmelzpunktes erhalten.

Man erhält einen brauchbaren Kontakt, z. B. in der Weise, daß man gefälltes
Eisenhydroxyd unter Zuschlag von 5 Prozent Aluminiumhydroxyd im Wasserstoffstrom auf 850° erhitzt.

Nach dem Erkalten wird über den Kontakt bei 12 at und 220 bis 325° ein
Kohlenoxyd-Wasserstoff-Gemisch im Verhältnis 2 zu 1 geleitet.

Der gleichen Behandlung können auch Gemische aus Verbindungen
von Eisen und Kobalt bzw. Eisen und Nickel unterworfen werden[4].

Zur Herstellung eines Eisen-Kontaktes wird nach einem abgeänderten Verfahren gefälltes Eisenhydroxyd mit 3 Prozent Aluminiumhydroxyd zuerst bei Temperaturen unter 500°, besonders bei 300 bis
450°, ohne Sinterung in Gegenwart von reduzierenden Gasen, wie
Wasserstoff, Kohlenoxyd, Methan, reduziert und darauf einer Wärme-
behandlung bei oberhalb 500°, besonders 600 bis 1000° in Gegenwart

<hr>

[1] F.P. 53200, Zusatz zu F.P. 862870, N.V. Internationale Koolwaterstoffen
Synthese Mij.; International Hydrocarbon Synthesis Co.

[2] D.R.P. 597515, Gewerkschaft Victor.

[3] F.P. 814636, E.P. 473932, Ital. P. 345671, I.G. Farbenindustrie A.G.

[4] Belg. P. 418406, I.G. Farbenindustrie A.G.

nicht oxydierender Gase, wie Stickstoff oder Wasserstoff, oder im Vakuum während so langer Zeit unterworfen, daß zumindestens teilweise Sinterung des reduzierten Kontaktes, jedoch kein Schmelzen eintritt[1].

Mit diesen Kontakten wird die Synthese bei 150 bis 450° und unter Drucken von 5 bis 100 at durchgeführt.

Zur Herstellung von Sinter-Kontakten nach dem vorbeschriebenen Verfahren kann man auch von Eisenmetall ausgehen, das durch Zersetzung von Eisencarbonyl erhalten und in Kugelform gepreßt ist[2]. Man erhitzt das Metall vorzugsweise in einem reduzierenden Gas, z. B. Wasserstoff, oder im Vakuum auf 600 bis 1000°, gegebenenfalls nach oberflächlicher Oxydation.

4. Schmelz-Kontakte.

Neben den Fällungs- und Sinter-Kontakten wurden von der Firma I.G. Farbenindustrie A.G.[3] zur Katalysierung der Kohlenwasserstoff-Bildung durch Reduktion von Kohlenoxyd Eisen-Kontakte entwickelt, die durch Schmelzen von Eisen im Sauerstoffstrom unter Zusatz von Verstärkern gewonnen werden.

Die Herstellung dieser Schmelz-Kontakte ist von der Ammoniak-Synthese her bekannt und erfolgt in der Weise[4], daß man Eisen oder Eisenoxyd, die noch als Verstärker wirkende Zusätze enthalten, zunächst auf hohe Temperaturen bis zum Schmelzen bei Gegenwart von Luft, Sauerstoff oder Sauerstoff abgebenden Mitteln erhitzt, derart, daß das resultierende Produkt im wesentlichen aus Oxyden besteht.

Vor der Verwendung müssen diese Schmelz-Kontakte reduziert werden, und zwar mit vorerhitztem Wasserstoff[5]. Die Reduktion erfolgt bei Temperaturen von 450 bis 650°, zweckmäßig in der Weise, daß man den Wasserstoff im Kreislauf führt und das jeweils gebildete Reduktionswasser nach Kühlung mittels Kieselsäuregel abscheidet. Der Wasserstoff wird dann wieder aufgeheizt und erneut über den Kontakt geleitet.

Durch geeignete Wahl der Verstärker läßt sich mit Hilfe der Schmelz-Kontakte die Kohlenwasserstoff-Synthese in verschiedenen Richtungen, und zwar auch im Sinne der Synol-Synthese[5] lenken.

Mit Magnesiumoxyd aktivierte Schmelzkontakte sind wenig geeignet, um ungesättigte geradkettige Paraffine zu bilden[3]. Sie sind aber dort am Platze, wo man auf ungesättigte Produkte mittlerer Kettenlänge Wert legt. Der Olefingehalt ist dabei von dem Verhältnis Kalium zu

---

[1] F.P. 49333, Zusatz zu F.P. 814636, E.P. 496880, Ital. P. 361595, Ital. P. 245671, Belg. P. 427233, Zusatz zu Belg. P. 418406, I.G. Farbenindustrie A.G.

[2] E.P. 490090, Zusatz zu E.P. 473932, I.G. Farbenindustrie A.G.

[3] Scheuermann, A.: Angew. Chem. A. 60 (1948) 211.

[4] D.R.P. 254437, Badische Anilin- & Soda Fabrik.

[5] Wenzel, W.: Angew. Chem. B. 20 (1948) 225.

Magnesiumoxyd abhängig und nähert sich schon bei geringen Alkaligehalten schnell einem optimalen Olefingehalt von etwa 75 bis 80 Prozent in der Gatsch-Fraktion.

Eisen-Schmelzkontakte, die unter Zusatz von Titan oder bzw. und Silicium oder deren Verbindungen bestehen, und noch einen oder mehrere Verstärker enthalten, geben nach E. Linckh[1] hohe Ausbeuten an Kohlenwasserstoffen.

Diese Schmelz-Kontakte werden mit reduzierenden Gasen, vorteilhaft mit Wasserstoff oder wasserstoffhaltigen Gasen bei Temperaturen über 300° behandelt.

Ein brauchbarer Kontakt enthält außer Eisen zweckmäßig bis zu 20 Prozent Silicium oder Titan oder beide Elemente, gegebenenfalls in Form ihrer Verbindungen, ferner ein von Eisen verschiedenes Schwermetall und ein Alkalimetall, insbesondere Kalium; vorteilhaft ist außerdem noch ein Erdalkalimetall und gegebenenfalls als weiterer Zusatz eine geringe Menge Kobalt oder Nickel. Dieser Kontakt eignet sich sowohl zur Normaldruck- als auch zur Hochdruck-Synthese.

Die Hydrierung von Kohlenoxyd zu Kohlenwasserstoffen beschleunigen ferner Kontakte, die durch Einwirken von reduzierenden Gasen, besonders Wasserstoff, auf geschmolzenes magnetisches Eisenoxyd oberhalb 300° erhalten werden[2].

Während des Schmelzens der Bestandteile des Kontaktes wird Luftzutritt ermöglicht und die Masse indirekt mit Wasser gekühlt.

Man behandelt z. B. ein Gemisch von 1000 g Eisenpulver, erhalten durch Zersetzung von Eisencarbonyl, 50 g Uranylnitrat und 50 g Titanoxyd nach Erkalten der Schmelze und Zerkleinern mit Wasserstoff bei 460°.

Der Kontakt liefert bei 370 bis 410° unter 75 bis 80 at mit einem Synthese-Gas enthaltend Kohlenoxyd und Wasserstoff im Verhältnis 1 zu 1 (300 Liter je Stunde) pro Kubikmeter 73 ccm Öl und 157 ccm bei normalem Druck und Temperaturen von —80° sich verflüssigende Kohlenwasserstoffe.

Zur Kohlenwasserstoff-Synthese durch Hydrierung von Kohlenoxyd eignet sich auch ein Eisen-Kontakt, der aus granuliertem oder kompaktem Eisen, gegebenfalls unter Alkalisierung und unter Verwendung von gut leitenden Trägerstoffen, wie Aluminium, Zink oder Silber, gewonnen wird[3].

Man erzielt gute Ausbeuten an Benzin ohne störende Rußbildung.

Die Vorteile der Schmelzkontakte bestehen in der guten Reproduzierbarkeit ihrer Herstellung, unvergleichlicher mechanischer Festigkeit, Unempfindlichkeit gegen kurzandauernde Störungen während der Synthese und leichte Regenerierbarkeit[4].

---

[1] D.R.P. 708512, I.G. Farbenindustrie A.G.

[2] F.P. 812290, E.P. 465668, Ital. P. 345513, I.G. Farbenindustrie A.G.

[3] Ital. P. 384545, N.V. Internationale Koolwaterstoffen Synthese Mij.; Internat. Hydrocarbon Synthesis Co. — [4] Scheuermann, A.: Angew. Chem. A. 60 (1948) 211.

Nachteile dieser Schmelz-Kontakte sind das hohe Schüttgewicht und die erforderliche hohe Reduktionstemperatur. Der Nachteil der bei hohen Temperaturen durchzuführenden Reduktion läßt sich durch hohe Volumengeschwindigkeit des Reduktionsgases beheben. Besonders günstige Verhältnisse hinsichtlich der Gewinnung sehr aktiver Kontakte erzielt man durch große Strömungsgeschwindigkeiten des Reduktionsgases bei möglichst niederen Reduktionstemperaturen.

d) Ruthenium-Kontakte.

Als Katalysator für die Kohlenwasserstoff-Synthese ist von F. Fischer und H. Pichler[1] auch Ruthenium vorgeschlagen worden.

Zur Herstellung eines brauchbaren Kontaktes wird metallisches Ruthenium durch Schmelzen mit Ätzkali und Kaliumnitrat in Kaliumruthenat übergeführt. Dieses wird in Wasser gelöst und in der Siedehitze mit Methylalkohol versetzt. Es fällt Rutheniumoxyd aus, das filtriert, gewaschen und getrocknet wird.

Der frisch gefällte Kontakt wird zunächst reduziert, beispielsweise mit einem Synthesegas mit einem Kohlenoxyd-Wasserstoff-Verhältnis von 1 zu 2 bei etwa 150° und Atmosphärendruck.

Der auf diese oder andere Weise hergestellte, gegebenenfalls mit Alkalien versetzte Ruthenium-Kontakt hat jedoch für die technische Kohlenwasserstoff-Synthese nur eine untergeordnete Bedeutung erlangt.

II. Trägerhaltige Kontakte.

Die Hydrierung von Kohlenoxyd zu Kohlenwasserstoffen katalysieren, wie bereits F. Fischer und H. Tropsch[2] erkannt haben, in besonders hohem Maße solche Mehrstoff-Kontakte, die neben einem Grundmetall der achten Gruppe des periodischen Systems und metallischen oder oxydischen Verstärkern auch noch poröse Stoffe als Träger enthalten.

Von der Firma Ruhrchemie A.G.[3] sind später als Träger solche Stoffe vorgeschlagen worden, die keine von Natur aus löslichen Bestandteile enthalten oder deren löslichen Anteile durch Extraktion entfernt oder durch Reaktion unlöslich gemacht sind. Als in Säure wenig lösliche Träger kann man z. B. verwenden: Bariumsulfat, Carborundum, Chromoxyd, Aluminiumoxyd, Steatit und dgl., wobei diese eine möglichst der Kieselgur ähnliche Struktur haben sollen. Eine Forderung, die im übrigen infolge der spezifischen Eigenart der Kieselgur nicht zu erreichen ist.

---

[1] D.R.P. 705528, Studien- und Verwertungs G.m.b.H.
[2] Fischer, F. u. H. Tropsch: Brennstoff-Chem. 7 (1926) 79.
[3] F.P. 819701, Ruhrchemie A.G.

Als wirklich brauchbare, die Reaktion mitbestimmende Träger kommen hier großoberflächige Stoffe und von diesen wieder in erster Linie Kieselgur in Betracht. Neben der Kieselgur findet die schon von den genannten Forschern[1] ebenfalls auf ihre Brauchbarkeit geprüfte Aktivkohle neuerdings bei bestimmten Kontakten als Trägerstoff Verwendung, während von anderen oberflächenaktiven Stoffen Aluminiumoxyd als Verstärker eine gewisse Rolle spielt, als Träger ebenso wie Bleicherde jedoch von untergeordneter Bedeutung ist.

Diese von F. Fischer und H. Tropsch[1] entwickelten Mehrstoff-Kontakte haben sich auch bei der Übertragung der Kohlenwasserstoff-Synthese im Großbetrieb bestens bewährt. In den letzten Jahren wurden, besonders von den Mitarbeitern der Firmen Ruhrchemie A.G. und Metallgesellschaft A.G., von letzterer besonders von W. Herbert, die Herstellung von Synthese-Kontakten verbessert und verfeinert.

Die katalytische Wirksamkeit dieser Synthese-Kontakte hängt in besonders hohem Maße von dem zur Herstellung der Kontakte benützten Verfahren ab.

Diese zur Herstellung von Synthese-Kontakten vorgeschlagenen Verfahren lassen sich in drei Gruppen einteilen:

Bei der ersten Verfahrensgruppe werden das Grundmetall und die als Verstärker dienenden Metalloxyde aus entsprechenden Metallverbindungen, meist Nitraten, durch Erhitzen auf hohe Temperaturen auf den Träger niedergeschlagen.

Kontakte dieser Art werden z. B. erhalten, wenn man Nitrate des Kobalts, Nickels oder Eisens in Gegenwart von Trägern, wie Kieselgur, und Verstärkern, z. B. Kupfer, Mangan, Chrom, Thoriumoxyd, oberhalb 500°, jedoch unterhalb des Schmelzpunktes der Metalle erhitzt[2].

Nach diesem „Röstverfahren" werden jedoch, wie noch später mehrfach gezeigt wird, nur wenig brauchbare Synthese-Kontakte erhalten, d. h. Kontakte, die geringe Ausbeuten an Kohlenwasserstoffen bei Normaldruck ergeben, was wahrscheinlich darauf zurückzuführen sein dürfte daß die beim Erhitzen der Metallsalze frei werdende Säure eine Sinterung der feinsten Poren des Metalls und bzw. oder der Kieselgur bedingt.

Ein Röstkontakt, der diesen Nachteil nicht zeigt, kann nach einem neueren Verfahren von F. Stöwener[3] dadurch erhalten werden, daß man solche Verbindungen des Grundmetalles, wie Kobalt, mit solchen eines mit Wasserstoff schwer reduzierbaren Metalloxyds, wie Thorium, die mit stickstoffhaltigen Derivaten der Kohlensäure, insbesondere Harnstoff, unter Bildung unlöslicher Metallverbindungen zu reagieren

---

[1] Fischer, F. u. H. Tropsch: Brennstoff-Chem. 7 (1926) 79.
[2] F.P. 814636, Ital. P. 345671, I.G. Farbenindustrie A.G.
[3] D.R.P. 740634, I.G. Farbenindustrie A.G.

vermögen, mit den genannten Stickstoffverbindungen in Gegenwart der Trägerstoffe, wie Kieselgur, aber auch Kieselgel, erhitzt.

Besonders wertvolle Synthese-Kontakte werden jedoch nach den Verfahren der zweiten Gruppe erhalten, bei welchen das Grundmetall und die oxydischen Verstärker aus den entsprechenden löslichen Metallverbindungen auf der Kieselgur bzw. einem anderen Träger niedergeschlagen werden.

Die bei diesen „Fällungsverfahren" erhaltenen Kontakte müssen dann vor ihrer Verwendung, meist mit Wasserstoff reduziert werden.

Ein weiteres Verfahren zur Herstellung von Synthese-Kontakten hat neuerdings H. Brendlein[1] beschrieben. Nach diesem Verfahren erfolgt die Herstellung von Synthese-Kontakten auf Kobalt- oder Nickel-Basis in der Weise, daß man eine Lösung des katalytisch wirkenden Metalls mit einem oder mehreren Metallen, die in einer das katalytisch wirkende Metall nicht lösenden Flüssigkeit löslich sind, in schmelzflüssigem Zustand auf den Trägerstoff aufbringt. Hierauf trennt man das bzw. die Metalle durch Behandeln mit der lösend wirkenden Flüssigkeit von dem katalytisch wirkenden Metall, das seinerseits fest auf dem Träger haften bleibt.

Von diesen vorbeschriebenen Verfahren haben für die Herstellung von Synthese-Kontakten die Fällungs-Verfahren die größte Bedeutung erlangt. Die katalytische Aktivität hängt aber, wie noch später gezeigt wird, nicht nur von der Art des angewandten Grundmetalles und der oxydischen Verstärker sowie der Art des mitverwendeten Trägerstoffes, sondern auch von dem Verhältnis der im Mischkontakt vorhandenen einzelnen Komponenten und vor allem aber auch von den Fällungsbedingungen ab.

In den folgenden Abschnitten sind nun die bekannt gewordenen älteren und neueren Verfahren[2] zur Herstellung von Synthese-Kontakten behandelt.

a) Kieselgur-Kontakte.

Die den Misch-Katalysatoren zuzusetzende Kieselgur übt nicht nur die Funktion eines indifferenten oder lediglich oberflächenvergrößernd wirkenden Trägers aus; vielmehr muß man annehmen, daß der Kieselgur selbst eine katalytische oder doch zumindestens eine verstärkende Wirkung zukommt, da vielfach beobachtet wurde, daß man Kontakten, die selbst keinerlei katalytische Eigenschaften besitzen, durch Anwesenheit von Kieselgur eine beträchtliche katalytische Aktivität erteilen kann.

---

[1] D.R.P. 738090, Deutsche Gold- und Silber-Scheideanstalt vorm. Roessler.

[2] Siehe auch bei F. Krczil: Techn. Adsorptionsstoffe in der Kontaktkatalyse, Leipzig 1938, 300; F. Kainer: Kolloid. Z. 102 (1943) 112.

Die Aufgabe der Kieselgur besteht darin, die Kontaktmetalle bei der Reduktion in feinverteiltem Zustande zu erhalten und die Porosität der einzelnen Kontaktkörner hervorzurufen und zu bewahren[1].

Nach neueren Feststellungen von R. B. Anderson, W. K. Hall und L. J. E. Hofer[2] verhindert die Kieselgur eine Verkleinerung der Kontaktoberfläche und vor allem ein Absinken des Schüttvolumens des Misch-Kontaktes bei der Reduktion.

In dieser Hinsicht verhalten sich aber nicht alle Kieselgur-Sorten gleich; vielmehr machen sich hier große Unterschiede bemerkbar, deren Ursache auf verschiedene Umstände zurückzuführen ist.

Zunächst üben Herkunft, Struktur, Zusammensetzung, Vorbehandlung und Reinheit[3] einen großen Einfluß auf die katalytische Aktivität der Synthese-Kontakte aus.

Die Eignung von Kieselgur aus deutschen Vorkommen zur Herstellung von Synthese-Kontakten haben bereits F. Fischer und Mitarbeiter eingehend studiert.

Das Interesse, das von amerikanischer Seite der Fischer-Tropsch-Synthese in der allerletzten Zeit entgegengebracht wird, hatte auch zur Folge, daß sich neuerdings auch amerikanische Forscher eingehend mit der Frage der Eignung von Kieselguren aus amerikanischen Vorkommen auf ihre Verwendbarkeit als Kontakt-Träger befaßt haben.

Die in Deutschland zur Herstellung von Synthese-Kontakten verwendete Kieselgur entstammt den Vorkommen in der Lüneburger Heide, während in den Vereinigten Staaten von Nordamerika brauchbare Kieselgur-Sorten der Vorkommen Lompoc, Kalifornien und Terrebonne, Oregon sind.

Von R. B. Anderson, J. T. McCartney, W. K. Hall und L. J. E. Hofer[4] wurden kürzlich elektronenmikroskopische Aufnahmen (2000-fache Vergrößerung) von als Kontakt-Träger geeigneten Kieselgur-Sorten mitgeteilt.

In den Bildseiten sind einige dieser Aufnahmen wiedergegeben[5], und zwar zeigt Bild 1 eine elektronenmikroskopische Aufnahme einer

---

[1] Fischer, F. und K. Meyer: Brennstoff-Chem. 12 (1931) 225.

[2] Anderson, R. B., W. K. Hall u. L. J. E. Hofer: J. Amer. chem. Soc. 70 (1948) 2465.

[3] Siehe näheres bei F. Krczil: Kieselgur, ihre Gewinnung, Veredlung und Anwendung, Stuttgart 1936; F. Krczil: Techn. Adsorptionsstoffe in der Kontakt-Katalyse, Leipzig 1938. 314.

[4] Anderson, R. B., J. T. McCartney, W. K. Hall u. L. J. E. Hofer: Ind. Engng. Chem. 39 (1947) 1618.

[5] Für die Überlassung der reproduktionsfähigen Unterlagen möchte der Verfasser dem Bureau of Mines, U. S. Department of the Interior an dieser Stelle danken.

Elektronenmikroskopische
Aufnahmen von verschiedenen Kieselgur-Sorten.
2000 fache Vergrößerung.

10 μ

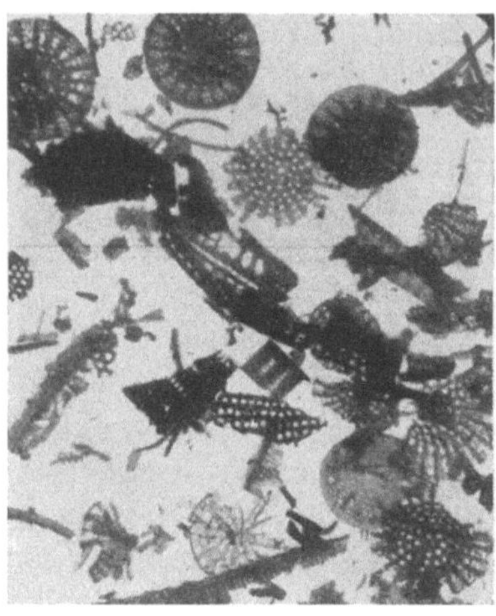

Bild 1.
Deutsche Kieselgur aus der Katalysatoren-
fabrik der Ruhrchemie A.G.

Bild 2.
Deutsche Kieselgur aus der Lüneburger
Heide (Nähe Hannover).

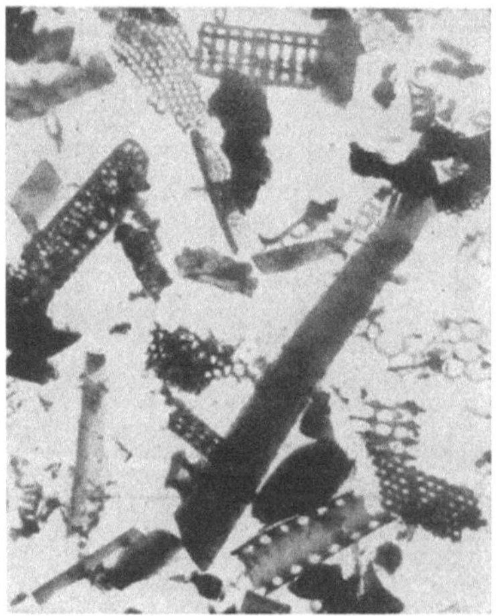

Bild 3.
Amerikanische Kieselgur
aus dem Lager Lompoc, Kalifornien.
Filter-Cel.

Bild 4.
Amerikanische Kieselgur
aus dem Lager Lompoc, Kalifornien.
Filter-Cel mit Säure extrahiert.

Elektronenmikroskopische
Aufnahmen von verschiedenen Kieselgur-Sorten.

2000fache Vergrößerung.

10 µ

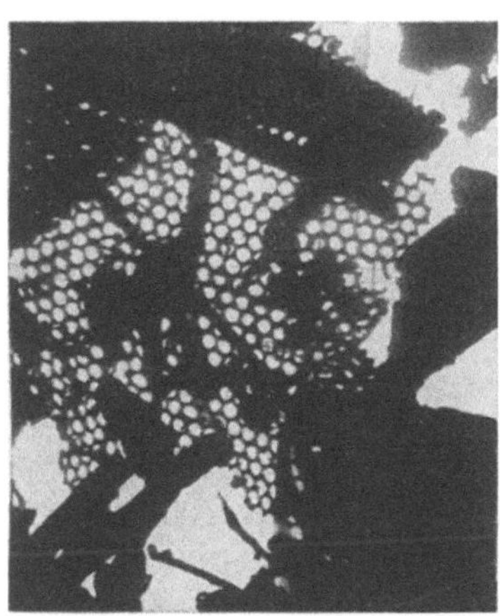

Bild 5.
Hyflo Super-Cel.
Amerikanische Kieselgur aus dem Lager
Lompoc, Kalifornien, durch Alkali-Hitze-
behandlung (fluxing agent) aktiviert.

Bild 6.
Hyflo Super-Cel.
Amerikanische Kieselgur aus dem Lager
Lompoc, Kalifornien, durch Alkali-Hitze-
behandlung (fluxing agent) aktiviert.

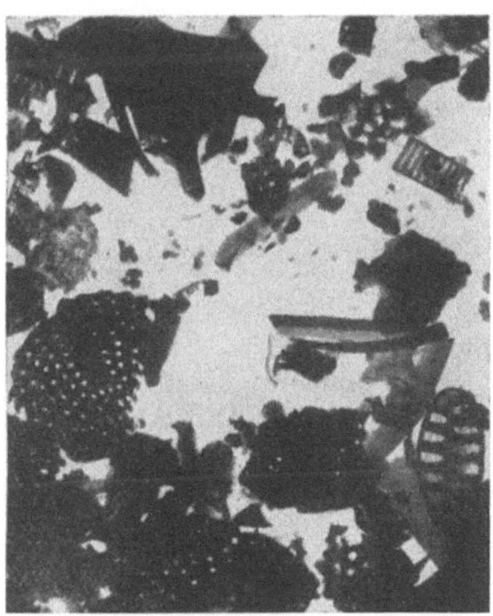

Bild 7.
Dicalite 911.
Amerikanische Kieselgur aus dem Lager
Terrebone, Oregon.

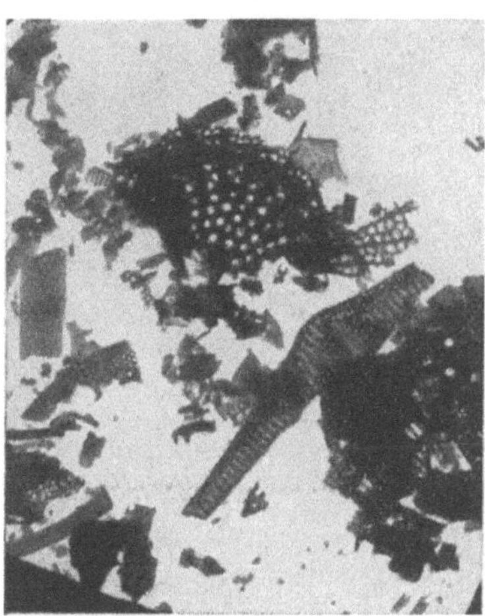

Bild 8.
Dicalite SA 5.
Amerikanische Kieselgur aus dem Lager
Nevada.

deutschen Kieselgur aus einem Vorkommen in der Nähe von Hannover, während Bild 2 eine Kieselgur-Probe, entnommen der Katalysatoren-Fabrik der Ruhrchemie A.G. in Sterkerade wiedergibt.

Die Bilder 3 und 4 zeigen wieder Aufnahmen der unter dem Namen Filter-Cel als Filter-Hilfsmittel bekannten Kieselguren aus Lompoc, Kalifornien; und zwar stellt Bild 3 ein unbehandeltes und Bild 4 ein mit Säure extrahiertes Filter-Cel[1] dar.

Elektronenmikroskopische Aufnahmen von dem durch eine Alkalibehandlung (flux calcined) bei hohen Temperaturen aus Filter-Cel hergestellten Hyflo-Super-Cel zeigen die Bilder 5 und 6.

Die Bilder 7 und 8 zeigen schließlich zwei Kieselgur-Sorten aus amerikanischen Süßwasser-Ablagerungen, und zwar Dicalite 911 aus dem Lager Terrebone, Oregon und Dicalite SA 5 aus dem Vorkommen Nevada.

Die Struktur der Kieselgur kann nach O. Roelen[2] die Synthese-Richtung beeinflussen. Lockere und feinteilige Kieselgur begünstigt die Bildung höhermolekularer Kohlenwasserstoffe; durch Sinterung vergröberte Kieselgur gibt mehr leichtsiedende Kohlenwasserstoffe.

Neben der durch die Diatomeen-Art und Diatomeen-Form bedingten äußeren Struktur bestimmen auch andere physikalische Eigenschaften wie Schüttgewicht, scheinbare und wirkliche Dichte, Porosität und Oberfläche den Grad der Eignung als Träger für Synthese-Kontakte.

In der Tab. 1 sind diese physikalischen Eigenschaften von deutschen und amerikanischen Kieselguren nach den Untersuchungen von R. B. Anderson und Mitarbeitern[3] zusammengestellt.

Die in Tabelle 1 mitgeteilten Werte beziehen sich auf Kieselgurproben, die zuvor 1 Stunde bei 100° getrocknet waren.

Das Schüttgewicht wurde in folgender Weise bestimmt: Kieselgur wurde in einem 100-ccm-Meßgefäß eingefüllt und letzteres 100mal auf einer Platte aufgeklopft. Das Gewicht des nach dieser Behandlung von 100 ccm Kieselgur eingenommenen Volumens entspricht dem Schüttgewicht.

Das scheinbare spez. Gewicht wurde mit Quecksilber als Verdrängungsmittel bei einem absoluten Druck von 1140 mm ermittelt.

Das wirkliche spez. Gewicht wurde mit Helium bei 30° nach der von Smith und Roßmann[4] beschriebenen Methode bestimmt.

Das Makroporenvolumen wurde aus Schüttgewicht und scheinbarer Dichte, und das Mikroporenvolumen aus der scheinbaren und wirklichen Dichte berechnet. Ersteres entspricht Poren größer als 5 Mikron, letzteres kleiner als 5 Mikron.

Die Oberfläche wurde berechnet aus der Stickstoff-Adsorptionsisotherme bei —195°.

---

[1] Das Filter-Cel wurde 6 Stunden mit heißer Salpetersäure behandelt, dann ausgewaschen, filtriert, bei 120° getrocknet und schließlich 2 Stunden bei 650° erhitzt.

[2] Ziegler, K.: Naturforschung und Medizin in Deutschl., 1948, Bd. 36, Teil 1, 162.

[3] Anderson, R. B., J. T. McCartney, W. K. Hall u. L. J. E. Hofer: Ind. Engng. Chem. 39 (1947) 1618.

[4] Smith u. Roßmann: Ind. Engng. Chem. 35 (1943) 972.

Tabelle 1. *Physikalische Eigenschaften von Kieselgur-Sorten.*

	Deutsche Kieselgur	Filter-Cel	Hyflo Super-Cel	Dicalite 911	Dicalite SA 5
Schüttgewicht g/100 ccm..............	13,7	14,9	22,0	24,5	20,3
scheinbares spez. Gewicht g/ccm	0,272	0,299	0,361	0,348	0,372
wirkliches spez. Gewicht g/ccm.........	2,29	2,19	2,27	2,25	2,05
Makroporenvolumen ccm/g	3,63	3,32	1,77	1,41	2,23
Mikroporenvolumen ccm/g	3,24	2,81	2,33	2,29	2,20
Oberfläche qm/g	14,9	22,8	1,90	29,7	37,7

Eine wichtige Rolle spielt auch die Teilchengröße der Kieselgur. So ist z. B. der aus Kieselgur durch Vermischen mit einem Bindemittel, Formen und Glühen erhaltene Diatomit nach F. Fischer und K. Meyer[1] als Träger für den Synthese-Kontakt nicht geeignet. Mit Diatomit als Trägerstoff erhält man nicht nur bei Synthese-Kontakten auf Kobalt-, sondern auch auf Eisen-Basis nur geringe Ausbeuten an Kohlenwasserstoffen, weil auch im Falle des Zusetzens von Alkali, z. B. bei den Eisen-Kontakten nach W. Herbert[2] eine überwiegende Methan- und Gasol-Bildung nicht unterdrückt werden kann.

Nach F. Fischer und K. Meyer[3] erfüllt eine pulverförmige Kieselgur· mit einem möglichst geringen Schüttgewicht am besten ihren Zweck.

Während z.B. eine Kieselgur mit einem Schüttgewicht von 0,1 einen guten Kontakt gab, erwies sich eine andere mit einem Schüttgewicht von 0,337 als völlig ungeeignet.

Diese Feststellung ist durch Bekanntgabe der Forschungsarbeiten der Firma Ruhrchemie A. G. und durch Nacharbeitung von R. B. Anderson und Mitarbeitern[4] bestätigt worden.

Nach O. Roelen[5] ist für die Herstellung hochwertiger Kobalt-Katalysatoren die Verwendung feinteiliger Kieselguren eine unerläßliche Voraussetzung.

Diese feinteiligen Kieselguren verhalten sich in mehrfacher Hinsicht günstiger als die gröberen Glühguren: Sie geben ein härteres Korn, liefern mehr höhersiedende Produkte und weniger Methan und lassen sich vollständiger mit Wasserstoff entparaffinieren.

Von großem Einfluß ist auch die chemische Zusammensetzung der Kieselgur, die bekanntlich neben Kieselsäure und mechanischen Beimengungen oxydische Bestandteile enthält[6].

---

[1] Fischer, F. u. K. Meyer: Brennstoff-Chem. 14 (1933) 47.

[2] D.R.P. 742376, Metallgesellschaft A.G.

[3] Fischer, F. u. K. Meyer: Brennstoff-Chem. 12 (1931) 225.

[4] Anderson, R. B., J. T. McCartney, W. K. Hall u. L. J. E. Hofer: Americ. chem. Soc. 39 (1947) 1618.

[5] Roelen, O.: Vortrag gehalten auf der Hauptversammlung der Ges. deutscher Chemiker, München 23. Sept. 1949.

[6] Krczil, F.: Kieselgur, ihre Gewinnung, Veredlung und Anwendung, Stuttgart 1936, 43.

In der Tab. 2 ist die chemische Zusammensetzung der von R. B. Anderson und Mitarbeitern[5] auf ihre Eignung als Kontakt-Trägern untersuchten Kieselguren wiedergegeben.

Die Zahlen in dieser Tabelle beziehen sich auf die getrockneten Proben (1 Stunde bei 100°).

Tabelle 2. *Chemische Zusammensetzung von Kieselgur-Sorten.*

Zusammensetzung	Deutsche Kieselgur	Filter-Cel	Hyflo Super-Cel	Dicalite 911
			in Prozent	
Glühverlust	1,66	3,47	0,33	4,28
Aluminium[a]	0,58	1,87	1,90	2,29
Eisen[a]	3,86[b]	0,85	0,87	1,49
Phosphor[a] ..:.....	0,01	0,10	0,07	0,01
Titan[a]	0,08	0,13	0,12	0,16
Calcium[a]	0,27	0,31	0,19	0,46
Schwefel	0,19	0,03	0,03	0,31

a in gebundener Form.
b erscheint ungewöhnlich hoch.

Von den oxydischen Beimengungen beeinflußt besonders das Eisen-oxyd die katalytische Aktivität der Kieselgur-Kontakte. Nach R. B. Anderson, A. Krieg, B. Seligman und W. Tarn[1] ist die katalytische Aktivität von Kobalt-Thoriumoxyd-Magnesiumoxyd-Kieselgur-Kontakten mehr oder weniger umgekehrt proportional dem Prozentgehalt an Eisen in der Kieselgur. Bei diesen Misch-Kontakten wurde eine Wechselbeziehung gefunden zwischen Aktivität und dem Prozentsatz von aus der Kieselgur entfernbarem Eisen. Die aktiveren Katalysatoren enthielten Kieselguren mit kleineren Mengen von durch zweistündige Behandlung mit achtfach normaler Salpetersäure entfernbarem Eisen.

Hingegen wird die Aktivität der Kontakte nicht durch ziemlich große Mengen von ausscheidbarem Aluminium gehindert. Ebenso beeinflussen andere Verunreinigungen der Kieselgur, wie Calciumoxyd, die katalytische Aktivität der Kieselgur in keiner Weise.

Neben diesen oxydischen Verunreinigungen der Kieselgur-Substanz enthalten die natürlichen Kieselguren noch mechanische Beimengungen, wie Sand und Ton.

Nach F. Fischer und K. Peters[2] muß eine solche Kieselgur zunächst durch mehrmaliges Aufschlämmen von den leichter sedimentierbaren Anteilen, besonders von Sand, befreit werden.

---

[1] Anderson, R. B., A. Krieg, B. Seligman u. W. Tarn: Ind. Engng. Chem. 40 (1948) 2347.
[2] Fischer, F. u. K. Peters: Brennstoff-Chem. 12 (1931) 286.

Später haben F. Fischer und H. Koch[1] festgestellt, daß man an Stelle des an sich umständlichen Aufschlämmens eine ausreichende Reinigung erzielen kann, wenn man die Kieselgur einer Windsichtung unterwirft.

In vielen Fällen muß die Kieselgur vor ihrer Verwendung als Kontakt-Träger einer weiteren Aufbereitung oder Veredlung unterworfen werden. Das jeweils anzuwendende Aufbereitungsverfahren richtet sich dabei nach dem Reinheitsgrad der Kieselgur, der je nach dem Vorkommen natürlich ein gänzlich verschiedener sein kann.

Eine Aufbereitung der Kieselgur wird nur dann in Fortfall kommen können, wenn diese von Natur aus sehr rein ist. Solche Kieselgur-Sorten sind z. B. die bereits erwähnten Sorten Filter-Cel oder Dicalite amerikanischer Herkunft, sowie eine russische Kieselgur aus der Lagerstätte Parbi[2]. Diese können ohne jedwede Vorbehandlung als solche als Kontakt-Träger für Synthese-Kontakte verwendet werden.

In anderen Fällen müssen aber die störenden oxydischen Verunreinigungen aus der Kieselgur entfernt werden, was durch eine Behandlung mit Säure bei höherer Temperatur gelingt.

F. Fischer und K. Peters[3] nehmen diese Reinigung durch Auskochen der Kieselgur mit Salzsäure vor, wobei die Säurebehandlung so lange erfolgt, bis kein Eisen mehr in Lösung geht. Nach dem Auswaschen wird die Kieselgur nochmals mit verdünnter Salpetersäure gekocht und anschließend abermals mit destilliertem Wasser gewaschen.

Die Reinigung der als Kontakt-Träger zu verwendenden Kieselgur wird nach einem neueren Verfahren[4] dadurch erzielt, daß man die Kieselgur zunächst mit einer bei 120° oder niedriger siedenden Säure, wie Salpetersäure, Salzsäure, Kohlensäure, behandelt. Die Kieselgur wird dann gewaschen, getrocknet und hierauf zur Beseitigung organischer Stoffe auf Temperaturen zwischen 500 und 550° erhitzt.

Durch eine Säurebehandlung, z.B. mit Salpetersäure, wird die katalytische Aktivität auch solcher Kieselgur-Mischkontakte verbessert, die eine an sich als Träger für Synthese-Kontakte geeignete Kieselgur enthalten.

So kann z. B. die katalytische Aktivität von Kobalt-Thoriumoxyd- bzw. Kobalt-Thoriumoxyd-Magnesiumoxyd-Kontakten erhöht werden, wenn man die als Träger verwendete Kieselgur (Filter-Cel) einer Behandlung mit Säure unterwirft[5].

---

[1] Fischer, F. u. H. Koch: Brennstoff-Chem. 13 (1932) 61.

[2] Rubinstein, A. M., N. A. Pribytkowa, B. A. Kasanski u. N. D. Zelinsky: Bull. Acad. Sci. URSS, A. Sci. chim. 1941, 41.

[3] Fischer, F. u. K. Peters: Brennstoff-Chem. 12 (1931) 286.

[4] F.P. 862105, Norweg. P. 63292, N.V. Internationale Koolwaterstoffen Synthese Mij.; International Hydrocarbon Synthesis Co.

[5] Anderson, R. B., A. Krieg, B. Seligman u. W. Tarn: Ind. Engng. Chem. ind. Edit. 40 (1948) 2347.

Kieselguren, die stark durch organische Verunreinigungen durchsetzt sind, müssen zur Beseitigung dieser einem Glühprozeß unterworfen werden.

Nach dem von O. Roelen und W. Feist[1] beschriebenen Verfahren wird zur Unschädlichmachung bzw. zur Entfernung der unerwünschten Bestandteile die Kieselgur bei Temperaturen oberhalb 1000° geglüht und dann gegebenenfalls noch mit Säure behandelt.

Durch eine solche thermische Behandlung wurde aus der in der Lüneburger Heide vorkommenden natürlichen Kieselgur eine sogenannte Röstgur hergestellt, die bei den von der Ruhrchemie A. G. benützten Kobalt-Katalysatoren als Trägerstoff diente und sich sehr gut bewährt hat[2].

Die Verschiedenartigkeit der Kieselgur hinsichtlich Struktur, Reinheit usw. läßt es erklärlich erscheinen, daß dieser bei den natürlichen Kieselguren aus deutschen Vorkommen unbedingt erforderliche Röstprozeß bei Kieselgur-Sorten aus anderen Lagerstätten nicht erforderlich oder umgekehrt sogar schädlich ist. Dies gilt z. B. für die wesentlich reineren Roh-Kieselguren aus bestimmten amerikanischen Vorkommen.

Durch das Glühen der Kieselgur wird z. B. die Aktivität von aus Kobalt-Thoriumoxyd-Magnesiumoxyd bestehenden Synthese-Kontakten gegenüber den mit nicht behandelter Kieselgur hergestellten gleichen Kontakten herabgesetzt, wie R. B. Anderson und Mitarbeiter[3] für Filter-Cel festgestellt haben.

Zur Beseitigung unerwünschter Bestandteile muß in bestimmten Fällen die Kieselgur einer chemischen Behandlung unterworfen werden.

Man kann hier die von M. Pier, W. Simon und P. Jakob[4] oder von F. Krczil[5] entwickelten Verfahren benützen.

Während nach den vorbeschriebenen Verfahren eine Minderung der katalytischen Aktivität der mit diesen Kieselguren hergestellten Synthese-Kontakte nicht erfolgt, trifft dies bei dem von der Firma Johns Manville Corp. entwickelten Veredlungsverfahren zu. Das durch eine alkalische Behandlung bei hohen Temperaturen (Flux calcined) aus Filter-Cel hergestellte Hyflo Super-Cel gibt Kontakte bedeutend schlechterer Aktivität.[2]

---

[1] E.P. 500182, F.P. 819701, Austral. P. 103630, Ruhrchemie A.G.; F.P. 862105, N.V. Internationale Koolwaterstoffen Synthese Mij.; International Hydrocarbon Synthesis Co.

[2] Roelen, O.: Vortrag, gehalten auf der Hauptversammlung der Ges. deutscher Chemiker, München, 23. Sept. 1949.

[3] Anderson, R. B., A. Krieg, B. Seligman u. W. Tarn: Ind. Engng. Chem. ind. Edit. 40 (1940) 2347. — [4] D.R.P. 695925, I.G. Farbenindustrie A.G.

[5] D.R.P. 581123, D.R.P. 596093, F.P. 748584, Span. P. 129625, Tschech. P. 60124, F. Krczil.

So hatten z. B. schon F. Fischer und K. Meyer[1] bei der Prüfung dieser amerikanischen Kieselguren festgestellt, daß die mit diesen Kieselgur-Sorten hergestellten Nickel-Normal-Kontakte unter Verwendung von Hyflo Super-Cel geringere Ausbeuten an flüssigen Kohlenwasserstoffen ergeben, wie die Tab. 3 zeigt.

Tabelle 3.
Abhängigkeit der Bildung flüssiger Kohlenwasserstoffe von der Vorbehandlung amerikanischer Kieselguren.

Kieselgur-Sorte	Kubikzentimeter flüssige Kohlenwasserstoffe je Kubikmeter Synthese-Gas
Filter-Cel	137
Standard-Cel	125
Hyflo-Cel	110

Zu gleichen Ergebnissen kamen neuerdings R. B. Anderson und Mitarbeiter[2] bei Verwendung dieser Kieselgur-Sorten bei Kobalt-Thoriumoxyd-Magnesiumoxyd-Mischkontakten.

Die Ursache für dieses Verhalten dürfte darin zu suchen sein, daß durch das angewandte Veredlungsverfahren sowohl die Porosität als auch die Oberfläche und das Schüttgewicht eine Minderung erfahren.

Diese niedrigere Aktivität der mit Hyflo Super-Cel hergestellten Kobalt-Thoriumoxyd-Magnesiumoxyd-Kontakte wird auch nicht verbessert, wenn man diese Kieselgur einer Säurebehandlung unterwirft[3].

Die Verschiedenartigkeit der Kieselgur an sich oder deren Vorbehandlung machen es erforderlich, immer die gleiche Kieselgur-Sorte zu verwenden, wenn man Katalysatoren mit gleichbleibenden Eigenschaften erhalten will. Andererseits muß jede neu zu verwendende Kieselgur-Sorte erst eingehend geprüft werden, und es ergibt sich oft die Notwendigkeit, das Herstellungsverfahren grundlegend zu ändern, damit man gute Katalysatoren erhält.

Die zur Kohlenwasserstoff-Synthese geeigneten Mehrstoff-Katalysatoren werden erhalten durch Zersetzen der entsprechenden Metallnitrate oder durch Fällung der Carbonate aus löslichen Metallverbindungen in Gegenwart von Kieselgur.

Die Wirksamkeit von Kieselgur-Mischkontakten, welche die Kohlenoxyd-Hydrierung im Sinne der Bildung von flüssigen Kohlenwasserstoffen katalysieren, ist bei der zuletzt angeführten Herstellungsweise nicht nur von der Art und Reinheit der verwendeten Kieselgur, sondern auch von der Reinheit der benützten Metallsalzlösungen ab-

---

[1] Fischer, F. u. K. Meyer: Brennstoff-Chem. 12 (1931) 225.

[2] D.R.P. 695925, I.G. Farbenindustrie A.G.

[3] Anderson, R. B., A. Krieg, B. Seligman u. W. Tarn: Ind. Engng. Chem. ind. Edit. 40 (1948) 2347.

hängig. Letztere dürfen keine schädlichen, von der Kieselgur adsorbierbare Stoffe enthalten. Gegebenenfalls in den Metallsalzlösungen vorhandene Verunreinigungen müssen durch eine zweckentsprechende Vorbehandlung entfernt werden[1].

Die Aktivität der Kieselgur-Mischkontakte ist ferner auch abhängig von der Art der Fällung der Metalle, wie noch später mehrfach gezeigt wird. Die alkalische Fällungslösung kann unter Umständen schädlich auf die Kieselgur einwirken. Sie wird daher[2] erst kurz vor oder kurz nach der Beendigung der Fällung in die Lösung eingetragen, damit Stoffe, wie Kieselsäure, die mit den Kontaktmetallen nichtreduzierbare Silikate bilden, die Kontaktwirkung nicht herabsetzen.

Auf Grund eingehender Untersuchungen ergibt sich, daß alle diejenigen Maßnahmen die Aktivität des späteren Katalysators erhöhen, welche sogleich bei der Entstehung des Niederschlages dessen Koagulation fördern, und welche bei der weiteren Behandlung eine Verringerung der Teilchengröße vermeiden[3].

Es kommt somit darauf an, mittels der Fällung ein Maximum an ungeordneter Verteilung der wirksamen Bestandteile zu erzielen, diesen Zustand festzuhalten und ihn durch die nachfolgenden Arbeitsvorgänge in die fertig reduzierte Masse hinüberzuretten.

In den folgenden Abschnitten sind nun die zur Herstellung von Kieselgur-Mischkatalysatoren geeigneten Verfahren beschrieben.

1. Kobalt-Kieselgur-Kontakte.

Von den die Kohlenwasserstoff-Bildung aus Kohlenoxyd und Wasserstoff katalysierenden Metallen der achten Gruppe des periodischen Systems der Elemente ist Kobalt auch in Verbindung mit Kieselgur an erster Stelle zu nennen.

Auf die Brauchbarkeit dieses Metalles als Basis für Kieselgur-Mischkatalysatoren zur Hydrierung von Kohlenoxyd haben bereits F. Fischer und H. Tropsch[4] in ihren ersten Veröffentlichungen hingewiesen.

Von den zur Herstellung von brauchbaren Kohlenoxyd-Hydrierungs-Kontakten benutzten Metallen, insbesondere von Kobalt, sowie des als Verstärker verwendeten Thoriums, wurde ursprünglich eine besonders hohe Reinheit verlangt, welche naturgemäß die Herstellungskosten des Katalysators beträchtlich erhöhten.

---

[1] E.P. 500182, F.P. 819701, Ruhrchemie A.G.; F. Kainer: Kolloid. Z. 102 (1943) 106.

[2] Austral. P. 103630, Ruhrchemie A.G.

[3] Roelen, O.: Vortrag, gehalten auf der Hauptversammlung der Ges. deutscher Chemiker, München, 23. Sept. 1949.

[4] Fischer, F. u. H. Tropsch, Brennstoff-Chem. 7 (1926) 79.

Nach neueren Feststellungen von O. Roelen[1] werden aber in jeder Hinsicht befriedigende Kontakte erhalten, wenn man zu ihrer Herstellung solche Ausgangsstoffe benutzt, deren Gesamtmenge an Verunreinigungen, wie Eisen, Kupfer, Aluminium und Calcium, in der Fällungslösung bis zu etwa 1 Prozent, bezogen auf das katalytisch wirksame Metall, beträgt. Das Vorhandensein der genannten Menge an Verunreinigungen in den Fällungslösungen übt einen irgendwie beachtlichen Einfluß auf die Wirksamkeit des aus ihnen durch Fällung gewonnenen Kontaktes nicht aus, während eine Überschreitung dieser Menge in der Fällungslösung einen sehr nachteiligen Einfluß auf die Wirksamkeit der aus ihnen hergestellten Kontakte hat.

Bei Verwendung von Kobalt oder Mischungen von Kobalt und Nickel als katalytisch wirksames Metall soll der Gehalt an Kupfer, bezogen auf das katalytisch wirksame Metall, im allgemeinen niedriger als 0,1 Prozent sein.

Durch die Möglichkeit der Verwendung von Kontakten, die die vorgenannten Verunreinigungen in der angegebenen Höhe enthalten, ist eine ganz wesentliche Vereinfachung und Verbilligung der Großherstellung der Synthese-Kontakte bedingt, da bekanntlich die Entfernung der letzten Anteile von Beimengungen in der Großtechnik den meisten Schwierigkeiten begegnet.

Zur Verstärkung der katalytischen Wirkung werden dem Kobalt metallische oder oxydische Verstärker zugesetzt.

An Stelle des ursprünglich dem Kobalt als Verstärker zugesetzten Zinkoxyds hat sich später Thoriumoxyd als besser geeignet erwiesen. Der beste oxydische Verstärker neben Thoriumoxyd ist Magnesiumoxyd[2].

Die als Verstärker dienenden Metalloxyde, wie Thoriumoxyd und bzw. oder Magnesiumoxyd verhüten eine übermäßige Verringerung der Kontaktoberfläche bei der Reduktion[3].

Auch Mangan kann die katalytische Aktivität von Kobalt beträchtlich verstärken. Ferner wurde festgestellt, daß auch Uranoxyd, gegebenenfalls in Verbindung mit Kupfer aktivierend auf den Kobalt-Kontakt wirken.

Brauchbare Kohlenoxyd-Reduktions-Kontakte werden aber in jedem Falle nur dann erhalten, wenn man diese aktivierten Kobalt-Kontakte gemeinsam mit Trägerstoffen, vor allem Kieselgur, verwendet.

Um aber die Reduktion von Kohlenoxyd in der Richtung der Bildung flüssiger und fester Kohlenwasserstoffe zu lenken, müssen bei der Her-

---

[1] D.R.P. 729060, Ruhrchemie A.G.

[2] Roelen, O. u. Mitarbeiter in K. Ziegler: Naturforschung und Medizin in Deutschland, 1948, Bd. 36, 1. Teil 162.

[3] Anderson, R. B., W. K. Hall u. L. J. E. Hofer: J. Amer. chem. Soc. 70 (1948) 2465.

stellung dieser Kontakte bestimmte Arbeitsbedingungen eingehalten werden, die anschließend für die einzelnen Kontakte besprochen werden sollen.

Synthese-Kontakte auf Kobalt-Basis haben sich bei der großtechnischen Herstellung von Kohlenwasserstoffen durch Hydrierung von Kohlenoxyd nicht nur in Deutschland, sondern in den letzten Jahren auch in den Vereinigten Staaten von Nord-Amerika bewährt[1].

α) Kobalt-Thoriumoxyd-Kieselgur-Kontakte.

Von den dem Kobalt zuzusetzenden Oxydverstärkern hat das Thoriumoxyd infolge seiner günstigen katalytischen Wirkung die größte Bedeutung erlangt.

Das Thoriumoxyd wirkt deutlich selektiv: Die Methanbildung wird unterdrückt und die Bildung höherer Kohlenwasserstoffe begünstigt[2]. Außerdem bewirkt das Thoriumoxyd eine gewisse Unempfindlichkeit gegen Verunreinigungen in der Kobaltnitratlösung und im Synthese-Gas. Eine eigenartige Wirkung besteht schließlich noch darin, daß thoriumoxydhaltige Katalysatoren bei tixotroper Verflüssigung im Zustand des feuchten Filterkuchens nicht geschädigt werden im Gegensatz zum Beispiel zu Kobalt-Magnesiumoxyd-Katalysatoren. Aus allen diesen Gründen hat sich das Thoriumoxyd bei der Kohlenoxyd-Hydrierung als unentbehrlich erwiesen.

Bei der Herstellung eines wirksamen Kobalt-Thorium-Kieselgur-Kontaktes sind nach F. Fischer und H. Koch[3] bestimmte Regeln einzuhalten, denn nicht alle Herstellungsverfahren führen zu brauchbaren Kontakten.

Von den genannten Forschern[3] wurde bereits festgestellt, daß zwischen der katalytischen Aktivität von durch thermische Zersetzung der Nitrate in Gegenwart von Kieselgur und der durch Ausfällung in Gegenwart des gleichen Trägerstoffes erhaltenen Kontakte große Unterschiede bestehen. Nach ihren Angaben sind die durch thermische Zersetzung der Nitrate erhaltenen Kontakte für die Katalysierung der Kohlenwasserstoff-Synthese aus Kohlenoxyd nicht geeignet.

Spätere Untersuchungen von S. Tsutsumi[4] bestätigten dies.

Auch durch Steigerung der Reduktionstemperatur von 250 auf 300° konnte bei einem Kobalt-Thoriumoxyd-Kieselgur-Röstkontakt mit einem Gehalt von 18 Prozent Thoriumoxyd, auf Kobalt bezogen, im Gegensatz zu den Fällungskontakten nur eine geringe Aktivitätssteigerung erreicht werden.

---

[1] Anderson, R. B. u. Mitarbeiter: Ind. Engng. Chem. ind. Edit. 39 (1947) 548.

[2] Roelen, O.: Vortrag, gehalten auf der Hauptversammlung der Ges. deutscher Chemiker, München, 23. Sept. 1949.

[3] Fischer, F. u. H. Koch: Brennstoff-Chem. 13 (1932) 61.

[4] Tsutsumi, S.: Sci. Pap. Inst. physic. chem. Res. 36 (1939) 47.

Die größte Kontraktion des Synthesegases wurde bei einem Kieselgur-Kobalt-verhältnis von 2 zu 3 oder 1 zu 1 bei 300° gegenüber Fällungskontakten bei 350 oder 400° gefunden.

Bei einer Steigerung des Verhältnisses von Kieselgur zu Kobalt auf 2 zu 1 oder 3 zu 1 wurde die höchste Kontraktion bei 350° erhalten.

Die katalytische Aktivität der bei der Ausfällung erhaltenen Kontakte hängt, wie bereits von F. Fischer und H. Koch[1] festgestellt wurde, von den angewandten Fällungsbedingungen ab.

So haben sich zur Fällung der Metallnitrate Ätzalkalien als unbrauchbar erwiesen. Verwendet man zur Fällung Carbonate, so kann man ebenfalls weitgehende Unterschiede in der Leistung der Kontakte beobachten: Mit Ammoniumcarbonat gefällte Kontakte geben die schlechteste Ausbeute, mit Kaliumcarbonat die höchste Ausbeute an flüssigen Kohlenwasserstoffen.

Auf Grund dieser Feststellungen erfolgt die Bereitung eines Kobalt-Thoriumoxyd-Kieselgur-Kontaktes zweckmäßig in der Weise, daß man die Lösung der Nitrate des Kobalts und Thoriums mit windgesichteter Kieselgur versetzt und dann mit der Lösung der äquivalenten Menge Kaliumcarbonat in der Kälte fällt. Man erhitzt dann eben zum Sieden, saugt auf einer Porzellannutsche ab und wäscht mehrere Male aus. Dann wird bei 110° getrocknet. Um für die katalytische Umsetzung verwendbar zu werden, muß man diesen Kontakt dann noch reduzieren. Bei Verwendung von Wasserstoff hat sich eine Temperatur von 350° als günstigste Reduktionstemperatur erwiesen.

In diesem nach F. Fischer hergestellten Kobalt-Thoriumoxyd-Kieselgur-Kontakt (Verhältnis 100 zu 18 zu 100) zeigten die Röntgenbeugungsanalysen das Thoriumoxyd und die Kieselgur in einer amorphen Form, die auch das Kobaltoxyd vor der Reduktion aufwies. Nach der Reduktion herrscht die kubische β-Form vor, das die stabile Form über 360° ist; es konnten jedoch keine hexagonalen α-Kobalt-Linien entdeckt werden.

Wenn der Kontakt nun bei 210° mit Kohlenoxyd behandelt wird, erscheint eine neue Phase. Nach der Reduktion des karburierten Katalysators erscheinen die Linien des hexagonalen α-Kobalts[2].

Nach diesem Verfahrensprinzip werden die zur technischen Durchführung der Kohlenoxyd-Hydrierung erforderlichen Kobalt-Thoriumoxyd-Kieselgur-Kontakte hergestellt[3]. Aus Gründen der Wirtschaftlichkeit wird die bei der Umsetzung erhaltene Nitratlösung nach der später beschriebenen Methode wieder zu Salpetersäure aufgearbeitet.

Ein auf diese Weise bereiteter Kontakt ist, wie F. Fischer[4] mitgeteilt hat, ein hervorragender Katalysator, mit dem die Ausbeute an

---

[1] Fischer, F. u. H. Koch: Brennstoff-Chem. 13 (1932) 61.

[2] Hofer, L. J. E. und W. C. Peebles: Bureau of Mines 1 E 1/15.

[3] F.P. 859198, N.V. Internationale Koolwaterstoffen Synthese Mij.; International Hydrocarbon Synthesis Co.

[4] Fischer, F.: Brennstoff-Chem. 16 (1935) 1.

flüssigen Kohlenwasserstoffen auf 153 Kubikzentimeter je Kubikmeter Synthese-Gas (bei Normaldruck) gesteigert werden konnte.

Nach O. Roelen[1] hat sich bei der Ruhrchemie A. G. folgendes Herstellungsverfahren bestens bewährt:

Die siedende Lösung der Nitrate läßt man schnell in eine siedend heiße Sodalösung einlaufen. Dann wird die Kieselgur eingerührt, die Mutterlauge schnellstens abfiltriert und mit heißem Wasser gewaschen. Jede Abweichung von dieser Fällungsmethode ist nachteilig.

Der gefällte Kontakt muß dann nach dem Trocknen reduziert werden. Auf Grund eingehender Versuche, welche die Ermittlung der günstigsten Reduktionsbedingungen zum Gegenstande hatten, wurde die Einhaltung folgender Bedingungen als wesentlich erkannt: Die Verwendung von möglichst trockenem Wasserstoff und möglichst hohen Wasserstoff-Geschwindigkeiten, damit die Konzentration des bei der Reduktion von Kobaltoxyd gebildeten Wasserdampfes gering bleibt, sowie die Verwendung dünner Schichten, weil der gebildete Wasserdampf die Reduktion in den nachfolgenden Schichten erschwert.

Bei der großtechnischen Reduktion von Kobalt-Katalysatoren wird bei der Firma Ruhrchemie A.G. diskontinuierlich gearbeitet, wobei Katalysator-Schichtdicken von 20 bis 30 cm einer einstündigen Reduktion bei 400° mit im Kreislauf geführtem Wasserstoff behandelt werden.

Die optimalen Reduktionsbedingungen sind keineswegs für alle Katalysatoren gleich und müssen deshalb bei der Erprobung neuer Katalysatoren zunächst ermittelt werden. Dabei hat sich eine wichtige Regel ergeben: In Kontaktreihen mit gleichartiger Zusammensetzung ergibt dasjenige Mengenverhältnis die beste Aktivität, welches am schwersten reduzierbar ist.

Vollständige Reduktion bis zu 100 Prozent ergibt nicht die besten Kontakte. Am günstigsten sind Kontakte, die 60 bis 70 Prozent freies Kobalt-Metall enthalten. Dieser Gehalt stellt sich bei stärkerer oder schwächerer Reduktion im Laufe der Reduktion auch von selbst ein. Reduktion über 70 Prozent Metall hinaus bringt unnötige Temperaturbeanspruchung und vernichtet den Oxydrest, welcher möglicherweise ebenfalls als Störsubstanz wirkt.

Nach einem neueren Verfahren[2] wird zur Herstellung eines Kontaktes für die Synthese von Kohlenwasserstoffen aus Kohlenoxyd und Wasserstoff eine Lösung eines Kobaltsalzes, z. B. Kobaltnitrat, mittels tropfenweisen Zusatzes einer Kaliumcarbonatlösung so langsam gefällt, daß die Fällung mindestens 3 Stunden, vorzugsweise 12 Stunden und mehr in Anspruch nimmt.

---

[1] Roelen, O.: Vortrag, gehalten auf der Hauptversammlung der Ges. deutscher Chemiker, München, 23. Sept. 1949. — [2] F.P. 863311, N.V. Internationale Koolwaterstoffen Synthese Mij.; International Hydrocarbon Synthesis Co.

Man kann auch umgekehrt die Kobaltlösung in die Kaliumcarbonatlösung eintropfen lassen. Der Niederschlag wird gewaschen, getrocknet
und bei etwa 350° mittels Wasserstoff reduziert.

Außer Kobalt kann die Ausgangslösung noch ein Eisen- oder Nickel-
salz enthalten. Vor, während oder nach der Fällung können aktivierende
Zusätze, wie Thoriumoxyd, Magnesiumoxyd, Aluminiumoxyd,
zugesetzt werden.

Der Katalysator liefert hohe Ausbeuten an flüssigen Kohlenwasserstoffen und ist sehr lange haltbar.

Zur Herstellung eines Kobalt-Thoriumoxyd-Katalysators
suspendiert G. Roberts jr.[1] in einer Lösung des Nitrats des katalytisch
wirkenden Metalls feinteilige kieselsäurehaltige Träger, besonders Kieselgur, und fällt das Metallcarbonat aus, das sich auf der Kieselsäure
niederschlägt. Man fügt dann Kaliumcarbonat zu, wodurch sich Kaliumnitrat bildet, trennt den Träger mit dem Metallcarbonat ab, trocknet,
erhitzt bis zur Zersetzung des Carbonats zu Oxyd und reduziert das
Oxyd zu Metall.

Zu dem Filtrat fügt man Magnesiumcarbonat, setzt Natriumcarbonat
zu, um Natriumnitrat zu bilden und gewinnt aus dem Natriumnitrat
durch Behandlung mit Schwefelsäure die Salpetersäure zurück.

Zur Herstellung von hochaktiven Kontakten auf Basis von Kobalt
ging man, wie die vorbeschriebenen Fällungsvorschriften erkennen lassen,
immer von salpetersauren Metallsalzlösungen aus. Die Wiedergewinnung
der an sich teuren Salpetersäure ist, wie die mitgeteilte Methode erkennen
läßt umständlich und zeitraubend.

Es bedeutete somit einen großen Fortschritt, wenn man die Fällung
der Carbonate aus schwefelsauren Metallsalzlösungen vornehmen könnte.

Nach K. Büchner und W. Heckel[2] gelingt dies, wenn man die
aus schwefelsauren Lösungen durch Fällung gewonnenen Carbonate
während der Auswaschung vorübergehend mit verdünnten Alkalien behandelt.

Auf diese Weise werden Kontakte erhalten, die hinsichtlich Aktivität
den aus Nitratlösungen gewonnenen ebenbürtig sind.

Die katalytische Leistung eines Kobalt-Thoriumoxyd-Kieselgur-Kontaktes hängt, wie bereits F. Fischer und H. Koch[3] gefunden haben, von der im Kontakt vorhandenen Thoriumoxyd-
Menge ab. Eine optimale Wirkung wurde bei einem Katalysator beobachtet, der 18 Prozent Thoriumoxyd, bezogen auf Kobalt, enthält.

---

[1] A.P. 2244573, M.W. Kellogg Co.
[2] Roelen, O.: Naturforschung und Medizin in Deutschl. 1948,Bd. 36,1.Teil,162.
[3] Fischer, F. u. H. Koch: Brennstoff-Chem. 13 (1932) 61.

Nach Feststellungen von O. Roelen[1] wirkt Thoriumoxyd jedoch in einem größeren Mengenverhältnis stark aktivierend, etwa 8 bis 18 Prozent, bezogen auf Kobalt[1]. Eine weitere Steigerung der Thorium-oxyd-Menge bedingt nicht eine Zunahme, sondern umgekehrt, eine Abnahme der katalytischen Leistung; von etwa 24 Prozent Thorium-oxyd ab sind sogar die Kontakte inaktiv.

Bei den durch Fällung erhaltenen Kontakten ist die Anwesenheit von Kieselgur unbedingt erforderlich, weil sonst unbrauchbare Kon-takte erhalten werden. Dabei übt die Menge der in dem Mischkontakt vorhandenen Kieselgur auf die Größe der katalytischen Aktivität einen großen Einfluß aus.

Nach F. Fischer und H. Koch[2] wählt man das Verhältnis von Kobalt zu Kieselgur wie 1 zu 1, da bei einer Minderung der Kiesel-gur-Menge auf ein Fünftel eine deutliche Herabsetzung der Aktivität eintritt.

Hat man aber nicht nur die erzielbare Höchstausbeute im Auge, so können Kobalt-Kieselgur-Kontakte mit einem Metall-Gur-Verhält-nis von 1 zu 1 und 2 zu 3 als ziemlich gleichwertig angesehen werden.

Diesem günstigsten Verhältnis von Kobalt zu Kieselgur wie 1 zu 1 oder 2 zu 3 entspricht, unter Zugrundelegung des niedrigsten Schütt-gewichtes der bei diesen Kontakten benützten Kieselgur, ein Kobalt-gehalt in der fertigen Kontaktmasse von etwa 100 g im Liter.

Sehr eingehende Untersuchungen über das günstigste Verhältnis von Kobalt zu Kieselgur wurden von der Ruhrchemie A. G.[1] ange-stellt. Auf Grund dieser Versuche hat sich ergeben, daß für den Kieselgur-Zusatz nicht die Gewichtsmenge, sondern die Raumfüllung maß-gebend ist.

Gleichbleibende Kontakt-Qualität erfordert gleiche Kontakt-Dichte, d. h. Gramm Kobalt im Liter fertige Masse. Daher muß man von leich-teren Kieselguren gewichtsmäßig weniger nehmen und von schwe-reren mehr.

Bei diesen Versuchen wurde das Mengenverhältnis Kieselgur zu Kobalt weit-gehend variiert, nämlich zwischen 10 und 5000 Prozent, entsprechend Kobalt-Dichten von 400 bis 4 Gramm Kobalt im Liter.

Für Gasumsätze von 70 bis 80 Prozent muß dabei die Synthese-Temperatur von 175 bis auf 320⁰ gesteigert werden. Die verringerten Kobalt-Dichten und die höheren Temperaturen bewirken, daß mit steigendem Kieselgur-Gehalt die Bildung höhermolekularer Produkte abnimmt. Bei 10 Atm. z. B. sank die Paraffinausbeute von 40 Prozent auf Null, während der Benzinanteil von 20 auf 60 Prozent anstieg.

---

[1] Roelen, O.: Vortrag, gehalten auf der Hauptversammlung der Ges. deutscher. Chemiker, München, 23. Sept. 1949.
[2] Fischer, F. u. H. Koch: Brennstoff-Chem. 13 (1932) 61.

Bei dem Verhältnis 100 Kobalt zu 200 Kieselgur liegt für die Normaldruck-Synthese ein Optimum. Daher enthalten die technisch von der Ruhrchemie A. G. benützten Kontakte dieses Verhältnis.

Dieses Verhältnis von Kobalt zu Kieselgur bzw. die entsprechende Kobalt-Menge im Liter Kontaktmasse ergibt jedoch optimale Ergebnisse nur bei der Kohlenoxyd-Hydrierung bei Atmosphärendruck.

Arbeitet man mit diesen Kontakten bei überatmosphärischen Drucken, so tritt eine starke Bildung hochsiedender, die Poren des Katalysators verstopfender Produkte auf, wodurch die Aktivität der Kontaktmasse in kürzester Zeit vernichtet wird.

Nach neueren Feststellungen von W. Herbert[1] werden jedoch bei der Durchführung der Kohlenoxyd-Hydrierung unter erhöhtem Druck[2] zufriedenstellende Resultate erhalten, wenn man Kobalt-Thoriumoxyd-Kieselgur-Kontakte verwendet, die mit Kieselgur so weit verdünnt sind, daß die auf den Liter geschüttete Kontaktmasse weniger hydrierend wirkendes Metall enthält, beispielsweise weniger als 50 g, vorteilhaft 0,5 bis 40 g.

Ein solch geeigneter Kontakt besteht z. B. aus 14 Prozent Kobalt, 18 Prozent Thoriumoxyd, bezogen auf Kobalt, und Rest Kieselgur und enthält 40 g Kobalt je Liter geschüttete Kontaktmasse.

Man kann nach W. Herbert[3] den bei der Drucksynthese als vorteilhaft erkannten Gehalt an hydrierend wirkendem Metall, besonders Kobalt, von weniger als 80 g, nicht allein durch Verdünnung mit der entsprechenden Menge Kieselgur, sondern auch durch ungenügende Reduktion der vorhandenen leichtreduzierbaren Kobaltverbindungen erhalten. Dabei hat sich als zweckmäßig herausgestellt, die leicht reduzierbaren Kobaltverbindungen, z. B. basisches Kobaltcarbonat, nur so weit zu reduzieren, daß etwa 35 bis 70 Prozent derselben als Metall erhalten werden.

Geht man beispielsweise von der Kontaktmasse aus, welche bei der bisher üblichen möglichst vollständigen Reduktion mit Wasserstoff, z. B. zu 85 Prozent und mehr metallischem Kobalt, bei 350 bis 400° einem Gehalt an aktivem Kobalt von 70 g je Liter geschüttete körnige Kontaktmasse ergeben würde, und reduziert diesen Kontakt unter Verwendung eines großen Überschusses an Wasserstoff und möglichst niedriger Temperatur, beispielsweise bei 380°, derart, daß nur 55 Prozent der anwesenden leicht reduzierbaren Kobaltverbindungen, beispielsweise Kobalthydrocarbonat, zu Metall reduziert werden, so erhält man einen Kontakt mit 45 g Kobaltmetall je Liter geschüttete Kontaktmasse. Dieser besitzt eine erheblich größere Aktivität und eine längere Lebensdauer als die

---

[1] D.R.P. 734993, Metallgesellschaft A.G. — [2] Siehe Seite 190.
[3] D.R.P. 736992, Metallgesellschaft A.G.

Kontaktmasse mit 70 g Kobaltmetall je Liter, aber auch noch eine erheblich bessere Aktivität als eine lediglich durch Verdünnung mit Kieselgur hergestellte Kontaktmasse mit 45 g aktivem Kobalt im Liter.

Die unvollständige Reduktion der Kontaktmasse geschieht mit mehr als 100 Kubikmeter Wasserstoff je Kubikmeter Rohkontakt, vorteilhaft 500 bis 2000 Kubikmeter je Kubikmeter Kontakt und Stunde, wobei der Kontakt in Schichthöhe unter 1 m, vorzugsweise unter 40 cm angehäuft ist. Dabei wird zwecks Wasserstoffersparnis der Wasserstoff bei der Reduktion unter ständiger Entfernung des Reduktionswassers, im Kreislauf geführt, z. B. durch Kieselgel, und die Reduktionstemperatur so niedrig bemessen, daß die Reduktion bis auf einen Reduktionswert von 35 bis 70 Prozent länger als 5 Minuten, jedoch weniger als 1 Stunde dauert.

Zur Herstellung eines solchen Kontaktes werden in eine kochende Lösung von 163 g krist. Kobaltnitrat, 12,5 g krist. Thoriumnitrat in 1 Liter Wasser 0,67 Liter einer kochenden Kaliumcarbonatlösung, die 52 g gereinigte Kieselgur enthält, eingerührt. Der Filterschlamm wird darauf rasch abgesaugt, sechsmal mit 0,85 Liter kochendem Wasser gewaschen, durch eine Strangpresse mit 2 mm Öffnungen gedrückt, bei einer langsam auf 110° ansteigenden Temperatur getrocknet und bei 380° mit einer Wasserstoffmenge von 1 Kubikmeter je Stunde und 100 ccm Kontaktmasse reduziert, bis 55 Prozent des Kobalts in Metall verwandelt sind. Dieses Ergebnis ist nach einer Reduktionszeit von 20 Minuten erzielt. Die in dieser Weise reduzierte Kontaktmasse enthält 45 g aktives Metall je Liter. Der Kobaltgehalt beträgt 16 Gewichtsprozent, bezogen auf die ganze Kontaktmasse.

Unter Einhaltung des gleichen Reduktionswertes von 35 bis 70 Prozent kann man auch **Kobalt-Thoriumoxyd-Kieselgur-Kontakte** herstellen, die nach dem von W. Herbert[1] angegebenen Verfahren stärker mit Kieselgur verdünnt sind, so daß durch diese Verdünnung auch der Gehalt des fertigen Katalysators an Gesamt-Kobalt, d. h. **freies und gebundenes Kobalt**, unter die angegebene Höchstmenge herabgemindert wird.

Die katalytische Wirkung von **Kobalt-Thoriumoxyd-Kieselgur-Kontakten** kann man durch geringe Zusätze von **Alkalicarbonat** beeinflussen, und zwar in der Richtung, daß die Alkalisierung des Kontaktes eine Erhöhung des mittleren Siedebereiches der Kohlenwasserstoffe zur Folge hat[2].

Eine Alkalisierung des Kontaktes durch Zusätze von 0,25 bis 2 Prozent Natrium- oder Kaliumcarbonat hat ausnahmslos eine Erhöhung des mittleren Siedebereiches der flüssigen Kohlenwasserstoffe zur Folge, und zwar bei den oberhalb 300° siedenden Anteilen maximal um etwa 50 Prozent. Ferner wird die Menge des aus dem Kontakt extrahierbaren festen Paraffins merklich vermehrt. Die Gesamtausbeute wird durch

[1] D.R.P. 734993, Metallgesellschaft A.G.
[2] Koch, H. u. R. Billig: Brennstoff-Chem. 21 (1940) 157.

den Alkalizusatz hingegen mehr oder weniger deutlich verschlechtert, vorzugsweise die Leichtbenzinausbeute[1].

Solche alkalisierte Kobalt-Thoriumoxyd-Katalysatoren, die ein Alkalicarbonat in Mengen von 1,7 bis 10 Prozent enthalten, verwendet W. W. Myddelton[2] zur Hydrierung von Kohlenoxyd. Bei der Herstellung eines Kontaktes dieser Art imprägniert man z. B. die gefällten Carbonate mit einem Gemisch von 100 ccm Alkohol und 125 ccm Wasser.

Diese Kontakte sind nicht schwefelempfindlich, so daß man mit einem nicht vollständig entschwefelten Synthesegas arbeiten kann. Darüber hinaus gestatten diese Kontakte die Verarbeitung von Gasgemischen, denen Schwefel in elementarer Form oder in Form von Schwefelwasserstoff, Schwefelkohlenstoff oder Thiophen zugesetzt wurde. Mit diesen Kontakten erhält man olefinreiche Kohlenwasserstoffe.

Während die den Kobalt-Thoriumoxyd-Kontakten zugesetzten Alkalicarbonate lediglich eine Verschiebung der Zusammensetzung des Anteiles der flüssigen und festen Kohlenwasserstoffe in den Synthese-Produkten bewirken, wird nach O. Roelen und Mitarbeitern[3] die katalytische Wirksamkeit dieser Kontakte schon durch geringe Mengen von Calciumoxyd merklich geschädigt.

Die katalytische Wirksamkeit eines Kobalt-Thoriumoxyd-Kieselgur-Kontaktes kann in bestimmten Fällen noch durch Zusatz geringer Mengen von Kupfer günstig beeinflußt werden; dies gilt insbesondere für die durch thermische Zersetzung der Nitrate hergestellten Kontakte[4].

So zeigt z. B. ein auf Kieselgur durch Zersetzen der Nitrate hergestellter Kontakt von der Zusammensetzung 9 Teile Kobalt, 1 Teil Kupfer, 2 Teile Thoriumoxyd und 0,25 Teile Ceroxyd eine Gaskontraktion von 51 Prozent.

Diese kupferhaltigen Kontakte brauchen nicht vor ihrer Verwendung mit Wasserstoff bei höherer Temperatur reduziert zu werden; vielmehr kann man das Oxydgemisch direkt mit dem zur Synthese benutzten Gas bei derselben Temperatur reduzieren, bei der die Synthese erfolgt.

In gleicher Weise macht ein Kupferzusatz auch bei den gefällten Kontakten eine entsprechende vorhergehende Reduktion mit Wasserstoff bei 350° nicht nur überflüssig, sondern letztere bewirkt umgekehrt eine teilweise bis vollständige Inaktivierung der Kontakte. Der Kupferzusatz bedingt somit eine Herabsetzung der Reduktionstemperatur der Kontakte.

---

[1] Koch, H. u. R. Billig: Brennstoff-Chem. 21 (1940) 157.
[2] E.P. 509325, W. W. Myddelton.
[3] Ziegler, K.: Naturforschung und Medizin in Deutschland, Bd. 36, 1. Teil, 162.
[4] Fischer, F.: Brennstoff-Chem. 16 (1935) 1.

β) Kobalt-Thoriumoxyd-Magnesiumoxyd-Kieselgur-Kontakt.

Bei der großtechnischen Durchführung der Kohlenwasserstoff-Synthese bereitet die Beschaffung des für den Kobalt-Kontakt als Verstärker dienenden Thoriumoxyds schon infolge seines relativ hohen Preises gewisse Schwierigkeiten.

Man war deshalb bestrebt, das Thoriumoxyd zum Teil durch wohlfeilere Verstärker zu ersetzen.

Ein solcher teilweiser Ersatz wurde von O. Roelen und Mitarbeitern der Firma Ruhrchemie A.G.[1] in Magnesiumoxyd gefunden.

Dieser Ersatz ist deshalb möglich, weil sich die günstigen Eigenschaften von Thoriumoxyd und Magnesiumoxyd[2] teilweise auch additiv vereinigen lassen[3]. Diese Mischkontakte geben bei höheren Umsätzen, bessere Ausbeuten und längere Laufzeiten.

Von theoretischem Interesse ist, daß sich die Besonderheiten dieser Misch-Kontakte in ihrem physikalisch-chemischen Verhalten erkennen lassen. Gegenüber Kobalt-Kontakten, welche nur Thoriumoxyd oder nur Magnesiumoxyd enthalten, zeigen Misch-Kontakte, die beide oxydischen Verstärker enthalten: maximales Volumen nach Fällung und Reduktion, minimale Oxydierbarkeit zu dreiwertigem Kobalt, minimale Reduzierbarkeit des Kobaltoxyds und maximale Temperaturunempfindlichkeit.

Diese durch Thoriumoxyd und Magnesiumoxyd verstärkten Kobalt-Kontakte werden ebenfalls in Verbindung mit Kieselgur als Trägerstoff verwendet.

Von amerikanischen Forschern sind in der letzten Zeit verschiedene Kieselguren amerikanischer Herkunft auf ihre Eignung als Träger für diese Misch-Kontakte untersucht worden[4]. Als bester Träger wurde eine mit Säure behandelte natürliche Kieselgur festgestellt, während eine calcinierte oder mit alkalischen Mitteln (fluxing agent) aktivierte Kieselgur Kontakte mit geringerer Aktivität ergeben.

Craxford[5] hat gezeigt, daß Kobalt-Thoriumoxyd-Magnesiumoxyd-Kontakte, die mit natürlicher Kieselgur hergestellt waren, eine größere Oberfläche aufweisen und höhere Kohlenwasserstoffausbeuten ergaben als Kontakte, die mit der gleichen, aber vorher geglühten Kieselgur bereitet waren.

---

[1] Ziegler, K.: Naturforschung und Medizin in Deutschland, 1948, Bd. 36, 1. Teil, 161. — [2] Siehe S. 48.

[3] Roelen, O.: Vortrag, gehalten auf der Hauptversammlung der Ges. deutscher Chemiker, München, 23. Sept. 1949.

[4] Anderson, R. B., A. Krieg, B. Seligman u. W. Tarn: Ind. Engng. Chem. 40 (1948) 2347; R. B. Anderson, W. K. Hall u. L. J. E. Hofer: J. Amer. chem. Soc. 70 (1948) 2465.

[5] Craxford: Fuel. 26 (1947) 119.

Die Kieselgur bewirkt auch bei diesen Kontakten eine Verminderung der Sinterung bei der Reduktion[1].

Nach S. R. Craxford[2] erfolgte die Bereitung der Mischkontakte in Deutschland in der Weise, daß man die Mischung der Nitrate, die Sodalösung und die wäßrige Aufschwämmung der Kieselgur unter Rühren gleichzeitig und rasch in ein Gefäß eingoß. Die Mischung wurde dann zum Sieden erhitzt, rasch filtriert und mit heißem Wasser gründlich ausgewaschen. Die gemeinsame Fällung erhöht die Aktivität und der Zusatz der Kieselgur muß erfolgen, bevor der Aufbau des Kobaltcarbonats vollzogen ist, damit es gut adsorbiert wird oder in Reaktion gebracht werden kann.

Die deutschen Normaldruck-Anlagen sollen nach diesem Autor mit einem Kobalt-Thoriumoxyd-Magnesiumoxyd-Kontakt betrieben worden sein, der die Zusammensetzung 100 zu 6 zu 12 zu 200 hatte.

Die besten Katalysatoren für die Normaldruck-Synthese bestehen nach O. Roelen und Mitarbeitern[3] aus 100 Teilen Kobalt, 2 bis 5 Teilen Thoriumoxyd, 10 Teilen Magnesiumoxyd und 200 Teilen Kieselgur.

Mit Kontakten, die der Zusammensetzung 100 Kobalt, 5 Thoriumoxyd, 10 Magnesiumoxyd und 200 Kieselgur entsprechen, wurden in den deutschen Synthese-Werken Ausbeuten von 115 bis 120 g flüssige Produkte je Kubikmeter Kohlenoxyd und Wasserstoff erhalten, wobei sich noch andere beträchtliche Vorteile ergaben[4].

Später erreichten die deutschen Synthese-Werke mit diesem Katalysator unter günstigeren Betriebsbedingungen 165 g flüssige Produkte je Kubikmeter Synthese-Gas.

Die Lebensdauer von diesen Kobalt-Thoriumoxyd-Magnesiumoxyd-Kieselgur-Kontakten beträgt je nach der Gasreinheit und den Synthese-Bedingungen 4 bis 8 Monate.

Die von amerikanischen Forschern[5] untersuchten Katalysatoren enthalten 100 Teile Kobalt, 6 Teile Thoriumoxyd, 12 Teile Magnesiumoxyd und 200 Teile Kieselgur.

Brauchbar sind auch Synthese-Kontakte, welche bei gleicher Kobalt- und Kieselgur-Menge 6 Teile Thoriumoxyd und 8 Teile Magnesiumoxyd als Verstärker enthalten[6].

---

[1] Anderson, R. B., W. K. Hall: J. Amer. chem. Soc. 70 (1948) 2465.

[2] Craxford, S. R.: J. S. C. J. 66 (1947) 440.

[3] Ziegler, K.: Naturforschung und Medizin in Deutschland, 1948, Bd. 36, 1. Teil, 161.

[4] Roelen, O.: Vortrag, gehalten auf der Hauptversammlung der Ges. deutscher Chemiker, München, 23. Sept. 1949.

[5] Hofer, L. J. E. u. W. C. Peebles: J. Amer. chem. Soc. 69 (1947) 2497.

[6] Anderson, R. B., K. Krieg, B. Seligman u. W. E. O'Neill: Ind. Engng. Chem. 39 (1947) 1548.

Zur Bereitung dieser Misch-Katalysatoren werden die Nitratlösungen mit Natriumcarbonat in Gegenwart von Kieselgur gefällt[1].

Nach einer anderen Herstellungsvorschrift wird das Magnesiumcarbonat zunächst aus Magnesiumnitrat ausgefällt und ersteres zu der Kobalt- und Thoriumnitratlösung zugefügt[2]. Infolge der relativ großen Löslichkeit des Magnesiumcarbonats wird eine größere Menge (etwa 20 Prozent) als erforderlich zugesetzt.

Diese Ausfällung von Kobalt- und Thoriumcarbonat aus den Nitratlösungen in Gegenwart von bereits vorher gefälltem Magnesiumcarbonat und Kieselgur nehmen auch R. B. Anderson, A. Krieg, B. Seligman und W. E. O'Neill[1] vor.

Die Reduktion der gefällten Kontakte wird zweckmäßig nach der von O. Roelen und Mitarbeitern[3] beschriebenen Vorschrift[4] vorgenommen.

Katalysatoren, die neben Thoriumoxyd auch Magnesiumoxyd als Verstärker enthalten, besitzen eine größere mechanische Festigkeit als die entsprechenden Kobalt-Kontakte ohne Zusatz von Magnesiumoxyd.

γ) Kobalt-Magnesiumoxyd-Kieselgur-Kontakt.

Das als Verstärker dienende Thoriumoxyd kann, wie bereits früher deutsche Forscher festgestellt haben, ganz durch Magnesiumoxyd ersetzt werden.

Die Steigerung der Aktivität ist nach O. Roelen[5] mindestens die gleiche wie durch Thoriumoxyd. Die Richtung der Selektivität ist dagegen genau umgekehrt: nämlich zur Bildung leichterer Kohlenwasserstoffe hin.

Zur Bereitung eines Kobalt-Magnesiumoxyd-Kieselgur-Kontaktes fällt man nach H. Heckel und O. Roelen[6] das Kobalt und Magnesium gemeinsam oder nacheinander aus Lösungen der Nitrate oder Chloride, wobei die Konzentration dieser Lösungen an Magnesiumsalzen gleich oder höher, z. B. 25 bis 75 Prozent, sein soll als dem stöchiometrischen Verhältnis entspricht, in dem Kobalt und Magnesium im fertigen Kontakt vorliegen sollen.

Diese größere Menge an Magnesiumsalzen ist deshalb notwendig, weil das Magnesium bei der Sodafällung nicht quantitativ ausfällt und überdies teilweise wieder ausgeschieden wird.

---

[1] Anderson, R. B., A. Krieg, B. Seligman u. W. E. O'Neill: Ind. Engng. Chem. 39 (1947) 1548.

[2] Anderson, R. B., W. K. Hall, H. Hewlett u. B. Seligman: J. Amer. chem. Soc. 69 (1947) 3114.

[3] Ziegler, K.: Naturforschung und Medizin in Deutschl., 1948, Bd. 36, 1. Teil, 161.

[4] (Seite 50.)

[5] Roelen, O.: Vortrag, gehalten auf der Hauptversammlung der Ges. deutscher Chemiker, München, 23. Sept. 1949.

[6] F.P. 843 305, Belg. P. 430 164, Schwed. P. 95 639, Ruhrchemie A.G.

Man erhält daher beste und reproduzierbare Aktivität nur bei Berücksichtigung dieses Verhaltens.

Ein zu langes Verweilen des gefällten Kobalts in der Fällungslösung übt einen schädlichen Einfluß auf die Katalysatoroberfläche aus. Man führt daher die Fällung in der siedenden Lösung in sehr kurzer Zeit, z. B. 1 bis 3 Sekunden, durch.

Nimmt man die Fällung nacheinander vor, so wird zuerst das Magnesiumcarbonat und dann in der gleichen Lösung auf den Magnesiumcarbonat-Niederschlag das Kobaltcarbonat gefällt.

Die thoriumoxydfreien Kobalt-Magnesiumoxyd-Kontakte der Zusammensetzung 100 Teile Kobalt, 15 Teile Magnesiumoxyd und 200 Teile Kieselgur geben infolge Fehlens der Paraffin-Beladung auch bei Normaldruck Laufzeiten von 4 bis 6 Monaten ohne jede Wiederbelebung durch Extraktion oder Hydrierung, was mit thoriumoxydhaltigen Katalysatoren nur bei Mitteldruck möglich ist[1].

δ) Kobalt-Mangan-Kieselgur-Kontakte.

Versuche, das immerhin teure Thoriumoxyd im Kobalt-Kieselgur-Kontakt durch einen billigeren Verstärker zu ersetzen, führten nach F. Fischer und H. Koch[2] nur mit Mangan zu einem befriedigenden Ergebnis.

Die katalytische Aktivität eines solchen Kobalt-Mangan-Kieselgur-Kontaktes hängt wie die vorgenannten Forscher[2] gefunden und später S. Tsutsumi[3] bestätigt hat, weitgehend von der Art der Bereitung des Kontaktes und dem Mischungsverhältnis der einzelnen Kontaktkomponenten ab.

Als beste haben sich auch hier die gefällten Kontakte erwiesen; dabei wurde im Gegensatz zu den thoriumoxydhaltigen Kontakten festgestellt, daß man bei der Fällung das Kaliumcarbonat nicht nur durch Natriumcarbonat ersetzen kann, sondern auch, daß auf diese Weise bereitete Kontakte die höchste Ausbeute an flüssigen Kohlenwasserstoffen ergeben.

Bei der Bereitung dieser Kobalt-Mangan-Kieselgur-Kontakte muß besondere Sorgfalt auf das Auswaschen der gefällten Kontakte verwendet werden, weil schlecht ausgewaschene Kontakte nahezu inaktiv sind.

Am wirksamsten ist ein Kontakt, der 15 Prozent Mangan, bezogen auf Kobalt, enthält, und bei dem die Kieselgurmenge gleich groß der Kobaltmenge gewählt wird.

---

[1] Roelen, O. u. Mitarbeiter, in K. Ziegler: Naturforschung und Medizin in Deutschland, 1948, Bd. 36, 1. Teil, 162.

[2] Fischer, F. u. H. Koch: Brennstoff-Chem. 13 (1932) 61.

[3] Tsutsumi, S.: Sci. Pap. Inst. Physic. chem. Res. 36 (1939) 47.

Einen Kontakt dieser Art erhält man durch Versetzen der Lösung der Nitrate des Kobalts und Mangans mit windgesichteter Kieselgur und dann mit einer äquivalenten Menge Natriumcarbonatlösung. Die Fällung wird in der Kälte vorgenommen, dann erhitzt man zum Sieden, saugt auf einer Nutsche ab und wäscht mehrere Male mit heißem Wasser aus. Schließlich wird bei 110° getrocknet und der Kontakt vor dem Gebrauch mit Wasserstoff bei 350° reduziert.

Im Vergleich zu den nach der Fällungsmethode erhaltenen Kontakten zeigen die nach der Röstmethode bereiteten Kobalt-Mangan-Kieselgur-Katalysatoren eine beträchtlich geringere Aktivität. Dieselbe ist bei Kontakten, die 20 und 24 Prozent Mangan, nach dem Röstverfahren hergestellt, enthalten, bei einem Kobalt-Kieselgur-Verhältnis von 1 zu 2 gering und auch mit steigender Kieselgurmenge nicht viel besser.

Nach Untersuchungen von S. Tsutsumi[1] steigen die optimalen Reduktionstemperaturen (300 bis 450°) mit zunehmenden Mengen von Mangan und Kieselgur.

Die Aktivitätsabnahme, die eine Folge der erhöhten Reduktionstemperatur ist, ist jedoch bei Kobalt-Mangan-Kieselgur-Kontakten größer als bei anderen Kobalt-Kieselgur-Kontakten.

Die katalytische Aktivität von Kobalt-Mangan-Kieselgur-Kontakten wird auch durch die Menge der im Kontakt vorhandenen Kieselgur bzw. durch das Verhältnis von Kobalt zu Kieselgur beeinflußt. Nach F. Fischer und H. Koch[2] hat sich auch bei diesen Kontakten ein Verhältnis von Kobalt zu Kieselgur wie 1 zu 1 als zweckmäßig erwiesen[3].

Nach O. Roelen und anderen Mitarbeitern der Firma Ruhrchemie A.G.[4] begünstigt das Mangan ähnlich wie das Thoriumoxyd die Bildung höhermolekularer Kohlenwasserstoffe und deren Aufspeicherung im Kontakt.

Diese hochaktiven Kontakte von der Zusammensetzung 100 Teile Kobalt, 15 Teile Mangan und 12,5 Teile Kieselgur eignen sich besonders für die Mitteldruck-Synthese.

Die Herstellung dieser Kontakte erfolgt durch Fällung der Carbonate mit Soda aus Nitratlösungen in der Siedehitze mit anschließender Reduktion mittels Wasserstoff bei 300 bis 400°.

In Schichten von nicht mehr als 1 cm Dicke und mit schnell strömendem Wasserstoff kann das Kobalt schon bei 250° in einer Minute reduziert werden. Längeres Verweilen des Katalysators bei der hohen Reduktionstemperatur nach beendeter Reduktion schädigt den Kontakt.

---

[1] Tsutsumi, S.: Sci. Pap. Inst. Physic. chem. Res. 35 (1939) 441.
[2] Fischer, F. u. H. Koch: Brennstoff-Chem. 13 (1932) 61.
[3] Bei der Normaldruck-Synthese.
[4] Ziegler, K.: Naturforschung und Medizin in Deutschland, 1948, Bd. 36, 1. Teil, 161.

Zur Erzielung höchster Aktivität muß die Reduktion abgebrochen werden, sobald sie bis zu dem optimalen Wert von 60 bis 70 Prozent freien Metalls fortgeschritten ist.

Metallische Verunreinigungen im Kontakt, z. B. geringe Mengen von Kupfer, Eisen, Aluminium und Calcium, sind schädlich. Ihre schädliche Wirkung äußert sich vermutlich nur während der Nacherhitzungsperiode der Reduktion durch Begünstigung der Sinterung, nicht aber auch während der Synthese selbst.

Mit diesen Kobalt-Mangan-Kieselgur-Katalysatoren konnte die Ruhrchemie A. G.[1] bereits im Jahre 1939 bei normaler Belastung aus normalem Synthese-Gas und mit 10 Atm. Druck einstufig 80 Prozent Umsatz schon bei 160° erreichen. Gleichzeitig wurde eine Höchstausbeute an Paraffin erzielt mit mehr als 80 Prozent Anteile über 320° siedender Kohlenwasserstoffe. Technische Auswertung hat dieser Katalysator, wahrscheinlich durch die Kriegsverhältnisse bedingt, nicht gefunden.

Den auf einem Träger niedergeschlagenen Kobalt-Mangan-Kontakt behandelt die Firma Robinson Prindley Process Ltd.[2] mit einem leicht hydrolysierbaren Ester, z. B. Methyl-, Äthyl- oder Propylester.

Ein Gasgemisch, bestehend aus 30 Volumprozent Kohlenoxyd und 70 Volumprozent Wasserstoff, läßt man über den genannten Katalysator strömen.

Die Reaktion erfolgt bei 208 bis 230°. Die Ausbeute an flüssigen Kohlenwasserstoffen beträgt 270 g aus 283 Kubikmeter Gasgemisch.

ε) Kobalt-Mangan-Kupfer-Kieselgur-Kontakt.

Als Verstärker für den Kobalt-Kontakt kann man neben Mangan auch Kupfer verwenden.

Dieser Kobalt-Mischkontakt wird zweckmäßig durch Fällen der Salze mit Kaliumcarbonat auf Kieselgur gewonnen.

Man erhält mit diesem Kontakt eine Benzin-Ausbeute bis zu 204 ccm je Kubikmeter Synthese-Gas, während ein durch Glühen der Nitrate gewonnener Katalysator der gleichen Zusammensetzung erheblich schlechter wirkt[3].

ξ) Kobalt-Uranoxyd-Kieselgur-Kontakte.

Eine gewisse verstärkende Wirkung der katalytischen Aktivität von Kobalt-Kieselgur-Kontakten bewirkt auch Uranoxyd.

---

[1] Roelen, O.: Vortrag, gehalten auf der Hauptversammlung der Ges. deutscher Chemiker, München, 23. Sept. 1949.

[2] Tsch. P. 64264, Robinson Prindley Process Ltd.

[3] Rubinstein, A. M., N. A. Pribytkowa, B. A. Kasanski u. N. D. Zelinsky: Bull. Acad. Sci. URSS. A. Sci. Chim. 1941, 41.

Von S. Tsutsumi[1] wurde die Eignung von nach der Fällungs- und Röstmethode hergestellten Kontakten zur Katalysierung der Kohlenoxyd-Hydrierung untersucht und festgestellt, daß die katalytische Wirkung nicht so groß ist wie bei den durch Thoriumoxyd aktivierten Kontakten.

Bei einem Kobalt-Uranoxyd-Kontakt (100 zu 12) mit Kieselgur lag die optimale Reduktionstemperatur bei 300° beim Röstkontakt, gegenüber 350° beim Fällungskontakt.

Bei einem Kobalt-Kieselgur-Verhältnis von 3 zu 2 lag die höchste Kontraktion bei 350° gegenüber 400° bei den entsprechenden gefällten Kontakten und selbst bei einem Kobalt-Kieselgur-Verhältnis von 1 zu 1 und 1 zu 3 lag die höchste Kontraktion bei 350° Reduktionstemperatur.

<h3 style="text-align:center">η) Kobalt-Kupfer-Uranoxyd-Kieselgur-Kontakte.</h3>

Die katalytische Wirksamkeit der neben Kobalt als Grundmetall noch Kupfer und als Verstärker Uranoxyd enthaltenden Kieselgur-Kontakte hängt nach S. Tsutsumi[2] weitgehend von der Art der Bereitung des Kontaktes ab.

So zeigten die aus Nitraten und Acetaten erhaltenen Kontakte die gleiche Wirksamkeit; schwächer aktiv war der aus den Sulfaten bereitete Kontakt, während der aus Chloriden hergestellte sich nahezu als inaktiv erwies.

Die katalytische Aktivität der Kobalt-Kupfer-Uranoxyd-Kieselgur-Kontakte ist gleichzeitig von der vorhandenen Kieselgur-Menge abhängig[3].

Die Ausbeute an flüssigen Kohlenwasserstoffen nimmt mit steigendem Verhältnis von Kieselgur zu metallischem Kobalt (1 zu 1, 4 zu 3) zu, während gleichzeitig die Menge an gebildetem Kohlendioxyd und gasförmigen Kohlenwasserstoffen abnimmt.

Kobalt-Kupfer-Uranoxyd-Kontakte der Zusammensetzung 100 zu 5 zu 12 bzw. 100 zu 5 zu 4 mit verschiedenen Mengen Kieselgur, die nach der Röstmethode hergestellt worden waren, zeigten eine größere Aktivitätsabnahme bei erhöhter Reduktionstemperatur und tiefere optimale Reduktionstemperaturen als die entsprechenden Fällungskontakte[4]. Es ist ein größerer Zusatz an Kieselgur erforderlich, um einen ebenso aktiven Katalysator als Röstkontakt wie als Fällungskontakt zu erhalten.

---

[1] Tsutsumi, S.: Sci. Pap. Inst. physic. chem. Res. 36 (1939) 47.

[2] Tsutsumi, S.: J. Fuel. Soc. Japan 14 (1935) 110.

[3] Tsutsumi, S.: J. Fuel. Soc. Japan 14 (1935) 110; Sci. Pap. Inst. physic. chem. Res. 35 (1939) 435.

[4] Tsutsumi, S.: Sci. Pap. Inst. physic. chem. Res. 35 (1939) 481.

Von K. Fujimura[1] wurden zur Darstellung flüssiger Kohlenwasserstoffe aus Kohlenoxyd und Wasserstoff ferner Kontakte vorgeschlagen,
die neben Kobalt als Grundmetall noch Kupfer, Uranoxyd und
Thoriumoxyd als Verstärker und Kieselgur als Träger enthielten,
und unter Zusatz von Stärke bereitet wurden.

Mit einem solchen Kontakt der Zusammensetzung Kobalt-Kupfer-
Thoriumoxyd-Uranoxyd im Verhältnis 8 zu 1 zu 0,15 zu 0,15 konnten 142 Kubikzentimeter flüssiger Produkte aus einem Kubikmeter Gas
erhalten werden.

Für die großtechnische Darstellung von Kohlenwasserstoffen durch
Kohlenoxyd-Hydrierung haben jedoch die vorbeschriebenen Kontakte
keine praktische Bedeutung erlangen können.

Eine Änderung des Mengenverhältnisses von Thorium und Uran ist
fast ohne Einfluß auf die Ausbeuten an flüssigen Kohlenwasserstoffen[2].

Weder Mangan noch Uranoxyd konnten auch in Mischung mit
Kupfer die einzigartig verstärkende Wirkung des Thoriumoxyds ersetzen.

2. Nickel-Kieselgur-Kontakte.

Die erstmals von F. Fischer und H. Tropsch[3] entwickelten
Kobalt-Kontakte, die mit Kupfer und Thoriumoxyd aktiviert
waren, sind jedoch ziemlich teuer. So ging das Bestreben dahin, billigere,
dabei aber möglichst gleichwertige Kontakte herzustellen.

Von den zur Hydrierung in Betracht kommenden Kontakten schied
zunächst Nickel allein aus, weil an diesem Kontakt Kohlenoxyd in
Methan übergeführt wird.

F. Fischer[4] hat aber gefunden, daß man durch Zusatz anderer
Metalle aktivierte Nickel-Kieselgur-Kontakte herstellen kann,
welche ebenfalls die Lenkung der Reaktion im Sinne der Bildung höherer
Kohlenwasserstoffe aus Kohlenoxyd und Wasserstoff bewirken. Eine
solche Aktivierung wird nach F. Fischer und K. Meyer[5] durch Thoriumoxyd und Mangan, sowie nach K. Fujimura und S. Tsuneoka[6]
durch Uranoxyd bewirkt.

α) Nickel-Thoriumoxyd-Kieselgur-Kontakte.

Zur Katalysierung der Bildung flüssiger Kohlenwasserstoffe aus
Kohlenoxyd und Wasserstoff sind nicht alle Nickel-Thoriumoxyd-
Kieselgur-Kontakte gleich gut geeignet.

---

[1] Fujimura, K.: J. Soc. chem. Ind. Japan (B) 35 (1932) 179.
[2] Fujimura, K. u. S. Tsuneoka: J. Soc. chem. Ind. Japan (B) 35 (1932) 415.
[3] Fischer, F. u. H. Tropsch: Ber. Dtsch. chem. Ges. 59 (1926) 830.
[4] D.R.P. 571898, F. Fischer.
[5] Fischer, F. u. K. Meyer: Brennstoff-Chem. 12 (1931) 225.
[6] Fujimura, K. u. S. Tsuneoka: J. Soc. chem. Ind. Japan Suppl. (Bind.) 35
(1932) 415.

So sind die durch Zersetzung der Nitrate erhaltenen Katalysatoren völlig inaktiv.

Auch die durch Fällung der Nitrate mit Ätzalkalien erhaltenen Kontakte sind ungeeignet. Die katalytische Wirksamkeit nimmt bei der Fällung mit Carbonaten in der Reihenfolge: Ammoniumcarbonat, Natriumcarbonat, Bariumcarbonat und Kaliumcarbonat zu.

Die mit Kaliumcarbonat gefällten Kontakte geben nicht nur die höchsten Ausbeuten an flüssigen Kohlenwasserstoffen, sondern geben auch bei der Herstellung stets gleichbleibende Kontakte[1].

Bei der Fällung soll man ferner die Kaliumcarbonatlösung zur Lösung der Nitrate hinzufügen, da bei umgekehrter Arbeitsweise weniger wirksame Kontakte erhalten werden. Die Ausfällung soll auch in der Kälte erfolgen, weil eine Fällung in der Siedehitze, ebenso wie längeres Erhitzen der Carbonate unvorteilhaft ist.

Die besten Ergebnisse erhält man — wie bei dem Kobalt-Kontakt — bei einem Thoriumoxyd-Gehalt von 18 Prozent der vorhandenen Nickel-Menge. Bei über diesem Prozentsatz liegenden Thoriumoxyd-Mengen nimmt die Aktivität der Kontakte wieder ab.

Bei allen Katalysatoren erhält man aber flüssige Kohlenwasserstoffe nur bei gleichzeitiger Anwesenheit von Kieselgur.

Die Größe der katalytischen Aktivität dieser Nickel-Thoriumoxyd-Kieselgur-Kontakte hängt ebenso wie bei den Kontakten auf Kobalt-Basis von der Menge der im Mischkontakt vorhandenen Kieselgur ab. Diese Abhängigkeit der Ausbeute an flüssigen Kohlenwasserstoffen bei der Normaldrucksynthese (s. S. 178) von dem Verhältnis Nickel zu Kieselgur läßt die Tab. 4 erkennen.

Die dort mitgeteilten Ausbeuten an Benzin und Öl sind aus einem Mischgas, bestehend aus 1 Teil Kohlenoxyd und 2 Teilen Wasserstoff bei 180° in Gegenwart von Nickel-Thoriumoxyd-Kontakten mit wechselnden Mengen Kieselgur von F. Fischer und K. Meyer ermittelt worden.

Tabelle 4.

Abhängigkeit der Kohlenwasserstoff-Ausbeute von dem Verhältnis Nickel zu Kieselgur in einem Nickel-Thoriumoxyd-Kontakt.

Verhältnis Nickel zu Kieselgur	Stunden	Ausbeute in g je cbm Gas an	
		Benzin	Öl
		in ccm	
3 zu 1	45	52	15
2 zu 1	67	52	33
1 zu 1	41	55	58
1 zu 1,33	45	54	35
1 zu 2	92	51	19

Vorstehenden Zahlen ist zu entnehmen, daß bei einem Verhältnis von Nickel zu Kieselgur wie 1 zu 1 die höchste Ausbeute an Kohlenwasserstoffen erhalten wird.

---

[1] Fischer, F. u. K. Meyer: Brennstoff-Chem. 12 (1931) 225.

Bei Berücksichtigung dieser Erkenntnisse nimmt man die Bereitung eines solchen Nickel-Thoriumoxyd-Kieselgur-Kontaktes in folgender Weise vor:

25 g Nickelnitrat (5 g Nickel) und 2 g Thoriumnitrat (0,9 g Thoriumoxyd) werden in 100 ccm Wasser gelöst und mit 6 g Kieselgur versetzt. Die zur Fällung erforderliche Menge Kaliumcarbonat wird in 50 ccm Wasser gelöst und dann das Nickel und Thorium kalt gefällt, der Niederschlag darauf kurz zum Sieden erhitzt. Die Carbonate werden abgenutscht, mit etwa 500 ccm heißem Wasser gewaschen, bei 110° getrocknet und gepulvert. Der fertige Kontakt wird sodann bei 450° mit Wasserstoff während 3 Stunden reduziert und dann bei 180° auf Mischgas umgestellt.

Unterläßt man diese Reduktion mit Wasserstoff und nimmt den Kontakt gleich mit Mischgas in Betrieb, so werden keine flüssigen Kohlenwasserstoffe erhalten; erhöht man dabei die Temperatur auf 250°, so tritt nur Methanbildung auf.

Hinsichtlich der Haltbarkeit übertrifft der in vorbeschriebener Weise hergestellte Kontakt alle anderen Kontakte. Dieser Umstand ist aber nicht nur in der großen Oberflächenausbildung begründet, durch die ein Zudecken der aktiven Stellen mit Zersetzungsprodukten hochsiedender Kohlenwasserstoffe nicht so schnell erfolgen kann, sondern vor allem darin, daß bei diesem Kontakt die Reaktionstemperatur verhältnismäßig niedrig und die Lebensdauer eines Kontaktes um so größer ist, je niedriger die Reaktionstemperatur liegt.

So ist es erklärlich, daß selbst nach einer mehrwöchentlichen Betriebsdauer die Ausbeute an flüssigen Kohlenwasserstoffen nur um 12 Prozent abnimmt, wie den Zahlen der Tabelle 3 zu entnehmen ist. Die dort wiedergegebenen Werte wurden mit einem Synthesegas erhalten, welches aus 1 Teil Kohlenoxyd und 2 Teilen Wasserstoff bestand.

Tabelle 5. *Abhängigkeit der Öl- und Benzinausbeute von der Betriebsdauer.*

Arbeitstemperatur in °C	Betriebsdauer in Stunden	Ausbeute in Kubikzentimeter je Kubikmeter Synthesegas		
		Benzin	Öl	Benzin + Öl
175	44	52	36	88
180	185	64	36	100
180	281	66	34	100
181	410	60	30	90
183	602	63	30	93
184	771	59	25	84
185	843	58	25	83

Die höchsten Ausbeuten, die bis jetzt mit einem Nickel-Thoriumoxyd-Kieselgur-Kontakt zur Benzingewinnung aus Kohlenoxyd und Wasserstoff erhalten wurden, betragen 120 ccm flüssige Kohlenwasserstoffe je Kubikmeter Gas. Bezogen auf den Kohlenoxyd-Verbrauch wurden mit diesem Kontakt 65 Prozent flüssige und 35 Prozent gasförmige Kohlenwasserstoffe gewonnen.

Das Verfahren zur Herstellung eines zur Kohlenoxyd-Hydrierung geeigneten, auf Kieselgur niedergeschlagenen aktiven Nickel-Mehrstoff-Kontaktes hat sich F. Fischer[1] schützen lassen.

---

[1] D.R.P. 571898, F. Fischer.

Nach diesem Verfahren wird gereinigte Kieselgur in Wasser suspendiert und ein Gemisch von Nickelnitrat und Thoriumnitrat (12 Prozent Thorium bezogen auf Nickel) zugegeben. Dann wird mit Soda gefällt, abgesaugt, ausgewaschen und getrocknet. Der Kontakt wird zunächst im Wasserstoffstrom bei 350° reduziert, dann über ihn ein Gemisch von Kohlenoxyd und Wasserstoff im Verhältnis 1 zu 2 bei einer Temperatur von 180° geleitet. In den ersten Stunden wird nur Methan gebildet, dann geht die Kontraktion zurück und es treten die höheren Homologen auf. Nach 24 Stunden beobachtet man die Gegenwart von Benzin in den Gasen.

Verwendet man 5 g Metall im Kontakt, ausgebreitet mit Hilfe von Kieselgur auf einer Schichtlänge von 30 cm und leitet man darüber einen Gasstrom von 4 Liter je Stunde, so beobachtet man eine Kontraktion von etwa 40 Prozent und nach Verlauf von 24 Stunden eine wochenlang gleichmäßig bleibende Produktion von etwa 120 ccm flüssige Kohlenwasserstoffe je Kubikmeter des angewendeten Synthesegases.

Die Eignung dieser Nickel-Thoriumoxyd-Kieselgur-Kontakte zur Kohlenwasserstoff-Synthese aus Kohlenoxyd und Wasserstoff haben K. Fujimura und S. Tsuneoka[1] in Nacharbeitung der Untersuchungen von F. Fischer und K. Meyer[2] bestätigt.

Den nach der Vorschrift von F. Fischer und K. Meyer[2] hergestellten Nickel-Thoriumoxyd-Kieselgur-Kontakt (100 zu 18 zu 100) hat A. Vibert-Douglas[3] röntgenographisch untersucht. Die Aufnahme des Katalysators zeigte einige Interferenzen von Nickel und zwei schwache Interferenzen der Kieselgur, die sich als Interferenzen von Eisen-III-oxyd identifizieren ließen. Es folgt hieraus, daß während der Niederschlagung des Nickels und Thoriumoxydes auf die Kieselgur deren kristalliner Anteil amorph wurde, während das kristalline Eisenoxyd unverändert geblieben ist. Diese Änderung der Kieselgur erfolgt während der Zersetzung der Carbonate von Nickel und Thorium bei der Darstellung des Katalysators. Die Gegenwart von zwei schwachen Interferenzen von Thoriumoxyd zeigt, daß letzteres auf dem Katalysator ebenfalls in kristalliner Form vorliegt.

β) Nickel-Mangan-Kieselgur-Kontakte.

Das billigere Mangan vermag, wie F. Fischer und K. Meyer[2] festgestellt haben, das Thoriumoxyd vollständig zu ersetzen.

Ein solcher, dem Nickel-Thoriumoxyd-Kieselgur-Kontakt gleichwertiger Nickel-Mangan-Kieselgur-Kontakt besitzt darüber hinaus noch zwei weitere Vorteile:

Erstens tritt eine Abhängigkeit der Ausbeute von der Betriebstemperatur nicht so stark in Erscheinung; durch geringe Temperaturschwankungen geht also die Bildung von flüssigen Kohlenwasserstoffen nicht zurück und zweitens werden mit diesem Kontakt schon in den ersten Betriebstagen vorwiegend flüssige Kohlenwasserstoffe erhalten.

---

[1] Fujimura, K. u. S. Tsuneoka: J. Soc. chem. Ind. Japan, Suppl. (Bind.) 35 (1932) 415. — [2] Fischer, F. u. K. Meyer: Brennstoff-Chem. 12 (1931) 225.
[3] Vibert-Douglas, A.: Nature (London) 160 (1947) 907.

Auch bei diesem Kontakt hängt die katalytische Wirksamkeit von der Art der Bereitung des Kontaktes ab. So ist der durch gemeinsames Erhitzen von Nickel- und Mangannitrat in Gegenwart von Kieselgur erhaltene Kontakt nur wenig wirksam, im Gegensatz zu dem durch gemeinsame Fällung der Nitrate in Gegenwart von Kieselgur mit Kaliumcarbonat erhaltenen Katalysator.

Bei der Fällung ist neben der Einhaltung der früher mitgeteilten Arbeitsbedingungen noch auf folgendes zu achten:

Der Lösung der Nitrate ist zweckmäßig Wasserstoffsuperoxyd zuzusetzen, um eine Fällung des Mangans als Dioxydhydrat zu begünstigen. Hierdurch wird eine bessere Reproduzierbarkeit bei der Darstellung der Kontakte gewährleistet. Auch muß nach erfolgter Fällung ein teilweises Auswaschen des Alkalis in gleicher Weise wie beim Nickel-Thorium-oxyd-Kieselgur-Kontakt erfolgen.

Der optimale Mangan-Gehalt liegt zwischen 15 bis 20 Prozent des Nickels.

Ein so nach der üblichen weiteren Aufbereitung und Reduktion erhaltener Kontakt besitzt die gleiche katalytische Wirksamkeit wie der mit Thoriumoxyd aktivierte Nickel-Kieselgur-Kontakt; allerdings liegt die optimale Reaktionstemperatur um etwa 10 bis 20° höher als beim erstgenannten Kontakt, ohne daß aber hierdurch die Haltbarkeit des Kontaktes selbst beeinträchtigt wird.

γ) Nickel-Mangan-Aluminiumoxyd-Kieselgur-Kontakte.

Während die Versuche, eine weitere Aktivierung der Nickel-Mangan-Kieselgur-Kontakte mittels Thoriumoxyd zu erreichen, negativ verliefen, konnten F. Fischer und K. Meyer[1] durch Zusatz von Aluminiumoxyd eine weitere Steigerung der Ausbeute an flüssigen Kohlenwasserstoffen erzielen.

Diese Leistungssteigerung des Kontaktes hängt von der Menge des zugesetzten Aluminiumoxyds ab; bei einem Zusatz von 10 Prozent, bezogen auf das Nickel, konnten die besten Ergebnisse erhalten werden. Eine weitere Erhöhung des Aluminiumoxyd-Zusatzes bewirkte keine weitere Zunahme, sondern umgekehrt eine beträchtliche Abnahme der Leistung.

Diese Zunahme der katalytischen Aktivität durch Aluminiumoxyd läßt sich aber nicht bei allen Nickel-Mangan-Kieselgur-Kontakten beobachten. Denn die durch Erhitzen der Nitrate selbst in Gegenwart von Kieselgur erhaltenen Kontakte erwiesen sich nach F. Fischer und K. Meyer[2] auch nach einer Wasserstoff- oder Wasserstoff-Ammoniak-Reduktion bei 450° als inaktiv.

---

[1] Fischer F. und K. Meyer: Brennstoff-Chem. 12 (1931) 225. — [2] 14 (1933) 86.

Die bei den früher beschriebenen Kontakten beobachtete Abhängigkeit der katalytischen Aktivität von den Darstellungsbedingungen gilt auch für diesen Kontakt:

Ätzalkalien kommen als Fällungsmittel auch hier nicht in Betracht.

Von den Carbonaten gibt ebenfalls Kaliumcarbonat den besten Kontakt, und zwar sowohl in Bezug auf Ausbeute als auch in Bezug auf Reproduzierbarkeit.

Bei der Fällung mit Kaliumcarbonat führt das Zutropfen von dieser Fällungslösung zu der durch Rühren vermischten Aufschlämmung der Nitrate mit Kieselgur zu schlechteren Kontakten als bei der normalen Fällung. Läßt man umgekehrt zu der Kieselgur-Kaliumcarbonatlösung die Lösung der Nitrate unter Rühren zutropfen, so erhält man zwar einen Kontakt, der dem Normalkontakt gleichwertig ist, dessen Aktivität aber nicht immer gleich hoch zu halten ist.

Auch die aufeinanderfolgende Fällung der Metalle bietet gegenüber der gleichzeitigen Fällung den Nachteil, daß man nicht gleichmäßige Kontakte erhält.

Hinsichtlich der Zugabe von Kieselgur konnte festgestellt werden, daß man gleich wirksame Kontakte erhält, wenn die Kieselgur während der Ausfällung der Carbonate zugegen ist oder nach der Ausfällung, aber vor dem Erhitzen zugemischt wird, weil im anderen Falle der Kontakt weniger wirksam ist.

Zweckmäßig erfolgt somit die Bereitung des Kontaktes in der Weise, daß man die Nitrate in der Kälte mit einer Kaliumcarbonatlösung im Überschuß fällt. Der Niederschlag wird kurz bis zum Sieden erhitzt, abgesaugt und vier- bis fünfmal mit heißem Wasser ausgewaschen. Nach der Trocknung bei 110° und anschließender Reduktion mit Wasserstoff ist der Kontakt gebrauchsfertig. Die Reduktion muß bei erhöhter Temperatur, und zwar zwischen 350 bis 450° erfolgen, denn ohne diese Behandlung ist auch der mit Aluminiumoxyd aktivierte Nickel-Mangan-Kieselgur-Kontakt inaktiv.

Einen auf vorbeschriebene Weise dargestellten Kontakt, der aus Nickel zuzüglich 20 Prozent Mangan, 10 Prozent Aluminiumoxyd und Kieselgur in der gleichen Menge wie Nickel besteht, bezeichnen F. Fischer und K. Meyer[1] als Nickel-Normal-Kontakt. Dieser Kontakt erwies sich wirksamer als der von H. Adkins und W. Covert[2] hergestellte Katalysator.

Diese im Kaiser-Wilhelm-Institut für Kohlenforschung in Mülheim festgestellte Steigerung der katalytischen Wirkung von Nickel-Mangan-Kieselgur-Kontakten durch Zugabe geringer Mengen Aluminiumoxyd haben K. Fujimura und S. Tsuneoka[3] bestätigt.

---

[1] Fischer, F. u. K. Meyer: Brennstoff-Chem. 14 (1933) 47.
[2] Adkins, H. u. W. Covert: J. physic. Chem. 35 (1931) 1684.
[3] Fujimura, K. u. S. Tsuneoka: J. Soc. chem. Ind. Japan, Suppl. (Bind.) 36 (1933) 413.

Mit einem durch gemeinsame Fällung der Nitrate mit Kaliumcarbonat bei Gegenwart von Kieselgur erhaltenen Kontakt mit 15 Prozent Mangan und 3 Prozent Aluminiumoxyd wurde die beste katalytische Wirkung erzielt.

Die Versuche, die Reduktionstemperatur der Kontakte durch gleichzeitige Mitausfällung von Kupfer oder durch nachträglichen Zusatz herabzusetzen, führten bei diesem Kontakt zu keinem Ergebnis[1].

Umgekehrt verschlechterte der Kupferzusatz bei gemeinsamer Fällung die Wirksamkeit des Kontaktes wesentlich, während bei nachträglichem Kupferzusatz zumindestens die normale Wirksamkeit erhalten blieb[2].

Von russischen Forschern[2] wurde der Einfluß verschiedener Kieselgur-Sorten auf die katalytische Wirksamkeit eines aus 5 Teilen Nickel und 1 Teil Mangan mit 10 Prozent Aluminiumoxyd bestehenden Kontaktes untersucht.

Die besten Ergebnisse wurden mit einer Kieselgur aus Grusinien (Kissatibi) und Insa erzielt, die von Eisenverbindungen befreit wurden; eine schlechtere Wirkung zeigen die Kieselguren von Nurnuss und Parbi, von denen erstere ein Benzin mit dem höchsten Gehalt an ungesättigten Kohlenwasserstoffen liefert.

Der Grad der Auswaschung des Katalysators nach der Fällung ist von großem Einfluß auf dessen Wirksamkeit; dagegen ist die Entfernung des Eisens und Glühen der Kieselgur nicht immer erforderlich.

In weiteren Untersuchungen haben F. Fischer und K. Meyer[3] versucht, die Reduktion des Kontaktes mit Wasserstoff zu umgehen. Eine Reduktion mit dem zu katalysierenden Mischgas führte zu keinem Ergebnis; hingegen erlangt der Kontakt durch Behandlung mit einem aus Stickstoff und Wasserstoff bestehenden Gasgemisch seine normale Wirksamkeit. Noch günstiger wirkt sich die Reduktion in Gegenwart von Ammoniak aus[3]. Nach einer Reduktion bei 450° mit diesem Gasgemisch konnte eine höhere Ausbeute an flüssigen Produkten erhalten werden, und zwar tritt diese Leistungssteigerung zugunsten der Ölbildung in Erscheinung, während die Benzinausbeute nahezu konstant bleibt.

Die Verwendung von Ammoniak hat weiter den Vorteil, daß die Ausbeuten bei der Reduktion mit Ammoniak oder ammoniakhaltigem Wasserstoff ziemlich ausgeglichen sind, während die Ausbeute bei den mit Wasserstoff reduzierten Kontakten leichten Schwankungen unterworfen ist.

Ein anderer Vorteil der Wasserstoff-Reduktion in Gegenwart von Ammoniak besteht darin, daß eine Verminderung der Ausbeuten infolge längerer Betriebszeit weit langsamer erfolgt als bei den mit Wasserstoff reduzierten Kontakten.

---

[1] Fischer, F. u. K. Meyer: Brennstoff-Chem. 14 (1933) 64.
[2] Eiduss, Ja. T., B. A. Kasanski u. N. D. Zelinsky: Bull. Acad. Sci. URSS, Cl. Sci. chim. 1941, 27.
[3] Fischer, F. u. K. Meyer: Brennstoff-Chem. 14 (1933) 86.

Eine Erhöhung der Ausbeute an flüssigen Produkten läßt sich auch bei mit Wasserstoff allein reduzierten Kontakten dann erzielen, wenn man diese ein zweitesmal mit einem Ammoniak-Wasserstoff-Gemisch bei 450° reduziert.

Die Aktivität nimmt dabei mit Ansteigen der Reduktionstemperatur zu, gleichzeitig nimmt aber die zur Aktivierung erforderliche Reduktionstemperatur ab. So wird bei einer Reduktionstemperatur von 450° die maximale Leistung erst nach einer vierstündigen Reduktion, bei 500° jedoch schon nach einer Stunde erreicht.

Während Ammoniak bei der Reduktion günstig wirkt, bedingt eine Alkalisierung mit 5 Prozent Kaliumcarbonat eine beträchtliche Minderung der katalytischen Aktivität.

In Nacharbeit dieser von F. Fischer und seinen Mitarbeitern entwickelten Kontakte bereitet R. Bindley[1] zur Herstellung von Benzinkohlenwasserstoffen durch Reduktion von Kohlenoxyd mit Wasserstoff einen aus Nickel, Mangan und Aluminiumoxyd bestehenden, auf Kieselgur niedergeschlagenen Kontakt in folgender Weise:

1 kg Nickelnitrat, 200 g Mangannitrat und 136 g Aluminiumnitrat werden in 2 Liter dest. Wasser gelöst und 240 g Kieselgur zugesetzt. Man fällt dann unter lebhaftem Einrühren von 880 g Kaliumcarbonat, gelöst in 2 Liter Wasser. Die Mischung wird 15 Minuten lang gekocht und auf einem Saugfilter vorsichtig mit 30 Liter heißem Wasser ausgewaschen. Der Rückstand wird getrocknet, zerkleinert und mit einer teilweise hydrolysierten Lösung von technischem Äthylortosilikat in Toluol angefeuchtet. Das nasse Pulver wird durch Düsen mit Öffnungen von 4 bis 6 mm gepreßt. Die Stäbe werden nach 2 Tagen Stehen gebrochen. Die feinstückige Masse wird mehrere Tage der Einwirkung feuchter Luft ausgesetzt und kann dann mit Wasserstoff bei 450 bis 480° reduziert werden.

Von Ja. T. Eiduss, T. L. Feditschkina, B. A. Kasanski und N. D. Zelinsky[2] sind auch Nickel-Mangan-Aluminiumoxyd-Kontakte mit 6 Prozent Kupfer und 6 Prozent Silber auf ihre Brauchbarkeit zur Katalysierung der Kohlenoxyd-Hydrierung untersucht worden. Diese Kontakte haben sich jedoch als gänzlich unwirksam erwiesen.

δ) Nickel-Aluminiumoxyd-Kieselgur-Kontakte.

Aluminiumoxyd vermag auch allein, dem Nickel-Kieselgur-Kontakt zugesetzt, eine verstärkende Wirkung auszuüben.

Ein durch Fällung erhaltener Nickel-Aluminiumoxyd-Kieselgur-Katalysator im Verhältnis 100 zu 10 zu 100 erwies sich nach S. Tsutsumi[3] als recht aktiv für die Benzinsynthese, hatte jedoch den Nachteil der höheren optimalen Reduktionstemperatur von 450 bis 500°. Diese hohe Reduktionstemperatur kann ohne Schädigung der Aktivität

[1] Thau, A.: Öl und Kohle, 13 (1937) 330.

[2] Eiduss, Ja. T., T. L. Feditschkina, B. A. Kasanski u. N. D. Zelinsky: Bull. Acad. Sci. URSS, Cl. Sci. chim. 1941, 34.

[3] Tsutsumi, S.: Sci. Pap. Inst. physic. chem. Res. 36 (1939) 251.

herabgesetzt werden, entweder durch Verminderung der Aluminiumoxyd-Menge auf 7,5 Prozent oder durch Ersatz des Nickels durch Kobalt in Höhe von 50 Prozent.

ε) Nickel-Chromoxyd-Kieselgur-Kontakte.

Ein besonders wirksamer Kontakt für die Benzinsynthese ist, nach Feststellungen des gleichen Forschers[1], ein Nickel-Chrom-Kieselgur-Fällungskontakt der Zusammensetzung 100 Teile Nickel, 7,5 Teile Chrom und 100 Teile Kieselgur, der bei 400° reduziert bis zu 90 Prozent Kontraktion liefert. Dieser Kontakt ist für die Benzinsynthese aktiver als der vorbeschriebene Nickel-Aluminiumoxyd-Kieselgur-Kontakt.

3. Nickel-Kobalt-Kieselgur-Kontakte.

Aus Metallsalzlösungen gefällte Nickel-Kobalt-Kontakte ohne Zusätze katalysieren die Benzin-Synthese aus Kohlenoxyd und Wasserstoff nicht, wohl aber sind sie stark durch Metalloxyde aktivierbar[2].

Eine große verstärkende Wirkung üben Thoriumoxyd, Aluminiumoxyd, Chromoxyd und Uranoxyd aus, während Manganoxyd schwach aktivierend wirkt. Man kann jedoch den Nickel-Kobalt-Manganoxyd-Kontakt durch Zusatz von Uranoxyd und Thoriumoxyd zu hoher Wirksamkeit steigern.

Das optimale Verhältnis von Nickel und Kobalt für Nickel-Kobalt-Kontakte mit aktivierenden Zusätzen von Manganoxyd, Uranoxyd und Thoriumoxyd liegt bei 1 zu 1[3].

Diese aktivierten Nickel-Kobalt-Kontakte gelangen zweckmäßig auf Kieselgur niedergeschlagen zur Anwendung.

Die besten Ergebnisse werden erzielt mit folgenden Kontakt-Zusammensetzungen:

Tabelle 6.

Zusammensetzung von aktivierten Nickel-Kobalt-Kontakten.

Kontakt-Bestandteil	In Teilen bei	
	Kontakt I	Kontakt II
Nickel	50	50
Kobalt	50	50
Mangan	15	20
Uranoxyd	5	20
Thoriumoxyd	3	—
Kieselgur	125	125

[1] Tsutsumi, S.: Sci. Pap. Inst. physic. chem. Res. 36 (1939) 335.

[2] Tsuneoka, S. u. Y. Murata: Sci. Pap. Inst. physic. chem. Res. 34 (1938) 280; J. Soc. chem. Ind. Japan (Suppl.) 41 (1938) 52 B.

[3] Tsuneoka, S. u. Y. Murata: Sci. Pap. Inst. physic. chem. Res. 34 (1938) 295; J. Soc. chem. Ind. Japan (Suppl.) 41 (1938) 56 B.

Bei Verwendung von Wassergas und einer Temperatur von 190° wird mit dem Kontakt I eine Ausbeute an flüssigen Kohlenwasserstoffen (Benzin) in Höhe von 169 Kubikzentimeter je Kubikmeter Gas und bei Verwendung des Kontaktes II bei einer Temperatur von 195° eine Ausbeute von 179 Kubikzentimeter je Kubikmeter Wassergas erhalten.

Ein Zusatz von Kupfer zu diesen Kontakten erniedrigt zwar die optimale Reduktionstemperatur der Kontakte, bedingt aber gleichzeitig eine Erniedrigung der Ausbeute an flüssigen Kohlenwasserstoffen.

4. Eisen-Kieselgur-Kontakte.

Zur Katalysierung der Synthese von Kohlenwasserstoffen aus Kohlenoxyd und Wasserstoff eignen sich auch unter bestimmten Bedingungen hergestellte Eisen-Träger-Kontakte.

Von den zum Niederschlagen des Eisens benützten Trägerstoffen hat sich die Kieselgur als besonders geeignet erwiesen.

Auf Kieselgur niedergeschlagene, durch Kupfer aktivierte Eisen-Kontakte haben schon F. Fischer und H. Tropsch[1] auf ihre Eignung zur Katalysierung der Kohlenoxyd-Hydrierung untersucht. Allerdings konnten mit diesen nach den damaligen Vorschriften hergestellten wenig aktiven Kontakten brauchbare Ergebnisse nicht erzielt werden.

Erst in den letzten Jahren ist es gelungen, hochaktive Eisen-Träger-Kontakte herzustellen, mit welchen man die Hydrierung von Kohlenoxyd nicht nur unter laboratoriumsmäßigen Verhältnissen, sondern auch in technischem Umfange durchführen kann.

Ebenso wie bei den trägerfreien Eisen-Kontakten ist bei den auf Trägern niedergeschlagenen Eisen-Katalysatoren die gleichzeitige Anwesenheit von metallischen oder bzw. und oxydischen Verstärkern erforderlich.

Von H. Kölbel und R. Langheim wird für die Normaldrucksynthese neuerdings ein Kieselgur-Kontakt der Zusammensetzung 100 Fe : 10 Cu : 20 Mg : 50 Kieselgur : 2 K_2CO_3 verwandt, der eine Ausbeute von 135 g Kohlenwasserstoffe über C_2 je Normalkubikmeter Kohlenoxyd und Wasserstoff in einer Stufe liefert[2].

Nach W. Herbert[3] eignen sich für die Synthese von überwiegend höhersiedenden Kohlenwasserstoffen durch Kohlenoxyd-Hydrierung bei Drucken von über 2 Atmosphären mit besonderem Vorteil solche Eisen-Träger-Kontakte, deren Gehalt an schwer reduzierbaren Metalloxyden, bezogen auf im Katalysator vorhandenes metallisches Eisen über 20 Prozent, zweckmäßig 50 bis 200 Prozent, beträgt.

[1] Fischer, F. u. H. Tropsch: Brennstoff-Chem. 8 (1927) 165; F. Fischer: Brennstoff-Chem. 16 (1935) 1.

[2] Report on the Petroleum and Synthetic Oil Industry of Germany, London 1947, S. 99. — [3] D.R.P. 744078, Metallgesellschaft A.G.

Von diesen auf Trägerstoffen, wie besonders auf Kieselgur, niedergeschlagenen Eisen-Kontakten sind solche geeignet, die weniger als 30
Prozent metallisches Eisen, bezogen auf das Gesamtgewicht des Katalysators enthalten.

Die zur Katalysierung der Kohlenwasserstoff-Bildung durch Kohlenoxyd-Hydrierung geeigneten Eisen-Mischkontakte können entweder
aus natürlichen eisenhaltigen Mineralien oder aus mehr oder weniger
chemisch reinen Eisenverbindungen oder metallischem Eisen hergestellt
werden.

Eisen-Katalysatoren, die für die Kohlenoxyd-Hydrierung geeignet sind, können z. B. nach einem Verfahren der Metallgesellschaft
A.G.[1] aus solchen Eisenoxyden oder Eisenoxydhydraten bereitet werden,
die durch Hydrolyse, besonders aus Brauneisenstein, Minette, Limonit,
eisenhaltigen Rückständen aus der Wasserreinigung, oder durch Reduktion organischer Stoffe, wie Nitrobenzol, mit Eisen oder auch als
Eisenrost erhalten werden.

Diese Eisenoxyde oder Eisenhydroxyde werden mit den üb-
lichen Verstärkern, wie Kupfer, Wasserglas und Kieselgur versetzt.
Die Mischkontakte werden dann durch Pressen auf eine scheinbare
Dichte von über 0,6 gebracht.

Bei der Umwandlung von Wassergas unter Druck werden mit diesen Kontakten
Kohlenwasserstoff-Ausbeuten von etwa 128 bis 147 Gramm je Kubikmeter inertfreies Synthesegas erhalten.

Kieselgur kann auch den auf S. 20 erwähnten Eisenkontakten
als Aktivator zugesetzt werden[2].

Meist wird bei der Herstellung von Eisen-Kontakten von Gemischen aus chemisch einheitlichen Eisen- und Verstärker-Verbindungen
ausgegangen, aus welchen entweder durch thermische Zersetzung oder
Fällung in Gegenwart der Trägerstoffe der aktive Eisen-Mischkontakt
erhalten wird.

Zu aktiven Eisen-Mischkontakten gelangt man nach beiden Verfahren
aber nur dann, wenn man bei der Zersetzung oder Fällung der Eisen-
und Verstärker-Verbindungen bestimmte Arbeitsbedingungen einhält.
Unter diesen Voraussetzungen hergestellte Eisen-Mischkontakte vermögen die Kohlenoxyd-Hydrierung sowohl bei Atmosphärendruck als
auch bei überatmosphärischen Drucken zu katalysieren.

α) Zersetzungs-Kontakte.

Einen infolge überwiegender Methan- und Gasolbildung allerdings
weniger gut geeigneten Eisen-Katalysator kann man erhalten, wenn

---

[1] F.P. 51974, Zusatz zu F.P. 871536, Metallgesellschaft A.G.

[2] F.P. 862870, N.V. Internationale Koolwaterstoffen Synthese Mij.; International Hydrocarbon Synthesis Co.

man einen vorher mit 2 bis 10 Prozent Wasserglas getränkten und darnach geglühten Diatomit mit Lösungen von Eisen- und Kupfernitrat imprägniert und die niedergeschlagenen Nitrate durch Erhitzen zersetzt.

Diese auf Diatomit niedergeschlagenen Eisen-Kupfer-Kontakte sind jedoch für die Kohlenwasserstoff-Synthese wenig geeignet, weil man mit diesen Kontakten eine überwiegend Methan- und Gasolbildung nicht unterdrücken kann.

Für die Benzinsynthese brauchbarere Kontakte werden ferner erhalten, wenn man in die Schmelze eines Gemisches von Eisennitrat und solchen Metallnitraten, die durch Wasserstoff schwer reduzierbare Metalloxyde geben, einen Trägerstoff, vor allem Kieselgur, einträgt und dann die Zersetzung bei Temperaturen von 600 bis 1000° und darüber vornimmt. Darauf wird die Reduktion des Oxydgemisches mit Wasserstoff bei Temperaturen von etwa 250 bis 400° durchgeführt.

Gemäß einem anderen Vorschlag wird die vollständige Oxydation von Eisen in Ferro-Ferrioxyd bei hoher Temperatur in einem kräftigen Sauerstoff-Strom vorgenommen, so daß das Ferro-Ferrioxyd zusammen mit den Verstärkern in geschmolzenem Zustand vorliegt. Die anschließende Reduktion soll hierbei alsdann zwischen 450 und 800°, gegebenenfalls über 400°, durchgeführt werden.

Nach einem anderen Verfahren[1] wird die Wärmezersetzung der Metallnitrate, gegebenenfalls unter gleichzeitiger reduzierender Behandlung der Katalysatoren bei hoher Temperatur, z. B. über 800°, unter Umständen bei 1000°, vorgenommen.

Eisen-Kontakte, die hohe Ausbeuten an Kohlenwasserstoffen ergeben, lassen sich nach W. Herbert, A. Schall und H. W. Gross[2] dadurch erhalten, daß man nach einer unvollständigen Zersetzung der Ausgangssalze die Reduktion unter Verwendung von Reduktionstemperaturen unterhalb 400°, zweckmäßig unter 300°, so vornimmt, daß im fertigen Kontakt weniger als 40 Prozent, vorteilhaft 5 bis 15 Prozent, der theoretisch reduzierbaren Eisenmenge als metallisches Eisen vorliegen.

Die teilweise Zersetzung der Nitrate erfolgt bei Temperaturen unterhalb 400°, unter Anwendung von die Zersetzung fördernden Bedingungen, wie Überleiten von Luft oder ähnlich wirkenden Gasen, so daß nach Beendigung der Zersetzung der Gehalt an Stickstoff, berechnet als NO_3, unter 15 Prozent, vorteilhaft zwischen 5 und 9 Prozent, berechnet auf den Eisenanteil im Katalysator, beträgt.

Die Zersetzungstemperatur liegt zweckmäßig unter 300° und die Zersetzung wird dadurch beschleunigt, daß man möglichst große Gasmengen, wie Luft, Stickstoff oder Sauerstoff, während der Erhitzung über oder

---

[1] E.P. 473932, F.P. 814636, I.G. Farbenindustrie A.G.
[2] D.R.P. 736977, Metallgesellschaft A.G.

durch den Katalysator leitet, wodurch die Zersetzungsgase schnell entfernt werden. Die Dauer der Erhitzung, die auch im Vakuum erfolgen kann, soll zweckmäßig auf 20 Minuten oder darunter beschränkt bleiben. Die Zeitdauer ist dabei gerechnet von Anbeginn der Erhitzung der vorher bei 100 bis 150° getrockneten Masse.

Die Alkalisierung der Katalysatormasse erfolgt in an sich bekannter Weise entweder vor oder nach Zersetzung der Nitrate, z. B. durch Zugabe von Alkalihydroxyden.

Zur Herstellung eines Kontaktes, bestehend aus 100 Teilen Eisen, 25 Teilen Kupfer, 5 Teilen Thoriumoxyd, 5,3 Teilen Kaliumoxyd und 160 Teilen Kieselgur, werden die dem Metallgehalt entsprechenden krist. Nitratmengen geschmolzen, die angegebene Menge Kieselgur eingerührt und die zähflüssige Masse in dünner Schicht, z. B. 3 mm, bis zur Trocknung auf 150° erhitzt. Nach dem Zerkleinern erfolgt die Zersetzung der Körner innerhalb 15 Minuten, wobei eine Endtemperatur von 350° erreicht wird. Zur besseren Abtrennung der nitrosen Gase wird bei der Zersetzung mittels eines Gebläses Luft über den Kontakt geleitet, der ständig umgewälzt wird. Der Stickstoffgehalt, als NO_3 berechnet, bezogen auf die leichtreduzierbaren Metalle, beträgt 5,5 Prozent und auf den Eisengehalt berechnet, 6,9 Prozent. Anschließend erfolgt eine Behandlung mit reduzierenden Gasen bei 200 bis 250°, wobei der Gasdurchsatz das Zwanzigfache des zur vollständigen Reduktion theoretisch notwendigen Wasserstoffs beträgt, und 8 Prozent metallisches Eisen, bezogen auf Gesamteisen, entstehen.

Beim Überleiten eines 90prozentigen Synthesegasgemisches, welches Kohlenoxyd und Wasserstoff im Verhältnis 2 zu 1 enthält, bei 250° und einem Druck von 35 Atm. in einer Menge von 1 Normalliter je Gramm Eisen in der Kontaktmasse und Stunde ergibt ein derartig hergestellter Katalysator eine Ausbeute von 160 g feste und flüssige Kohlenwasserstoffe im Normalkubikmeter Idealgas, d. h. inertfreies Gas, bestehend aus 48 Prozent Paraffin, 20 Prozent höhersiedende Öle und 32 Prozent Benzin.

Nach der gleichen Vorschrift kann man einen Katalysator erhalten, der auf 100 Teile Eisen, 7 Teile metallisches Eisen, 7 Teile Kupfer, 20 Teile Aluminiumoxyd, 7 Teile Kaliumoxyd und 85 Teile Kieselgur enthält.

Mit dem obigen Synthesegas reagiert der Katalysator bei 260° und einem Druck von 35 Atmosphären unter Bildung von 150 g flüssigen Kohlenwasserstoffen je Normalkubikmeter, bestehend aus 55 Prozent Paraffin, 19 Prozent höhersiedenden Ölen und 26 Prozent Benzin.

β) Fällungs-Kontakte.

Mit der Herstellung von Fällungs-Kontakten auf Eisen-Basis haben sich sowohl deutsche als auch japanische Forscher eingehend befaßt.

Einen zur Kohlenoxyd-Hydrierung geeigneten Kontakt haben S. Tsuneoka, Y. Murata und S. Makino[1] durch Fällen der Nitratlösungen von Eisen und Kupfer mit Kaliumcarbonat in Gegenwart von Kieselgur erhalten. Der ausfallende Niederschlag wird mit etwas Alkali getränkt und dann bei 100° getrocknet.

---

[1] Tsuneoka, S., Y. Murata u. S. Makino: Sci. Pap. Inst. physic. chem. Res. 35 (1939) 330.

Dieser Katalysator gibt bei 257° optimal 88 Kubikzentimeter Benzin je Kubikmeter Mischgas (Kohlenoxyd zu Wasserstoff wie 1 zu 1).

Je höher der Kohlenoxydgehalt des Gasgemisches ist, um so höher ist der Olefingehalt des Benzins[1].

Wesentlich für den Eisenkatalysator ist ein Kupfergehalt von 20 bis 40 Prozent, während nur etwa 2 bis 3 Prozent Alkali, bezogen auf das Eisen, vorhanden sein sollen[2].

Bei Gasen mit viel Kohlenoxyd muß der Alkaligehalt etwas höher sein als bei Gasen mit wenig Kohlenoxyd. Je mehr Alkali der Kontakt enthält, desto ungesättigter ist das Benzin.

Zusätze von Thoriumoxyd, Aluminiumoxyd, Chromoxyd, Kobalt wirken schädigend, während **Mangan** und **Magnesiumoxyd** in Mengen von etwa 2 Prozent etwas aktivieren[3].

Nickel wirkt bei einem Gas mit einem Kohlenoxyd-Wasserstoff-Verhältnis von 1 zu 2 aktivierend, hemmt aber bei einem Kohlenoxyd-Wasserstoff-Verhältnis von 1 zu 1. Sobald der Katalysator mehr als 2,5 Prozent Nickel enthält, wird Wasser als Nebenprodukt gebildet.

Das beste Fällungsmittel ist Natriumcarbonat; Natriumhydroxyd gibt schlechtere Katalysatoren.

Nach H. Kölbel und P. Ackermann[4] verwendet man neuerdings mit großem Vorteil Ammoniak als Fällungsmittel, wodurch absolut natriumfreie Kontakte mit längerer Lebensdauer erhalten werden und der Bedarf an dest. Wasser für die Auswaschung ganz wesentlich eingeschränkt wird.

Nach Feststellungen von Y. Murata und S. Makino[5] ist Kieselgur der günstigste Träger für diesen Eisen-Kontakt. Alkali wirkt aktivierend und zwar Kaliumhydroxyd stärker als Kaliumcarbonat, doch läßt die Aktivität von mit Kaliumhydroxyd aktivierten Kontakten schnell nach.

Ein Kontakt aus Eisen mit 25 Prozent Kupfer, 2 Prozent Mangan, 125 Prozent Kieselgur und 1 Prozent Rubidiumcarbonat ergab 90 ccm Benzin je Kubikmeter Mischgas (Kohlenoxyd und Wasserstoff wie 1 zu 1).

Das Verfahren zur Herstellung eines Eisen-Kontaktes, der durch Fällen von Eisen- und Kupferhydroxyd oder -carbonat auf Kieselgur mittels Alkali, besonders Kaliumcarbonat, und Aktivieren mit kleinen Mengen Alkali, besonders Kaliumhydroxyd und Borsäure oder ihren Salzen erhalten wird, hat sich Gen-Itsu Kita[6] schützen lassen. Alkali oder Borsäure kann gleichzeitig oder getrennt zugeführt werden. Vorher kann man mit Mangan oder Aluminiumoxyd aktivieren. Der Kata-

---

[1] Tsuneoka, S., Y. Murata u. S. Makino: Sci. Pap. Inst. physic. chem. Res. 35 (1939) 337. — [2] 348. — [3] 356.

[4] D.R.P. 755 822, Steinkohlenbergwerk Rheinpreußen.

[5] Murata, Y. u. S. Makino: Sci. Pap. Inst. physic. chem. Res. 37 (1940) 338.

[6] Ital. P. 378 833, Gen.-Itsu Kita.

lysator hat den Vorteil, daß er sich bei der Synthesetemperatur von 225 bis 250° reduzieren läßt und hohe Ausbeuten an Benzin, mehr als 120 Kubikzentimeter je Kubikmeter Mischgas liefert.

Bei diesem **Eisen-Kupfer-Kieselgur-Kaliumhydroxyd-Kontakt** wirkt ein geringer Kohlendioxydgehalt im Mischgas hemmend auf die Benzinbildung, wahrscheinlich dadurch, daß die Kohlensäure die aktivierende Wirkung des Kaliumhydroxyds beeinträchtigt[1]. Um bei solchen kohlendioxydhaltigen Gasen das Optimum an Benzinkohlenwasserstoffen zu erzielen, muß der Kaliumhydroxydgehalt des Kontaktes erhöht und der Durchsatz des Synthesegases erniedrigt werden.

Auch eine Vorbehandlung mit Kohlendioxyd schädigt den Katalysator.

Ein durch Fällung mit Kaliumcarbonat aus den Nitraten erhaltener Eisenkontakt der Zusammensetzung Eisen-Kupfer-Mangan-Kieselgur-Borsäure-Kaliumhydroxyd im Verhältnis 100 zu 25 zu 2 zu 125 zu 15 zu 2,8 gibt bei gewöhnlichem Druck eine Benzinausbeute von 120 Kubikzentimeter je Kubikmeter Synthesegas (Kohlenoxyd zu Wasserstoff, wie 1 zu 1)[2].

Bei erhöhtem Druck, z. B. 10 atü, ist die Ausbeute an flüssigen Produkten größer als bei gewöhnlichem Druck, die Aktivität des Katalysators nimmt aber schneller ab als bei gewöhnlichem Druck.

Bei einem Druck von 50 und 100 atü ist dagegen die Ausbeute an flüssigen Produkten sehr gering, da die Methanbildung stark in den Vordergrund tritt.

Ein aus **Eisen, Kupfer, Mangan, Kieselgur und Kaliumhydroxyd** im Verhältnis 100 zu 25 zu 2 zu 125 zu 2 bestehender **Synthese-Kontakt** kann durch **Aluminiumoxyd** aktiviert werden, und zwar dann, wenn 3 Prozent Aluminiumoxyd nach der Fällung von Eisen, Kupfer und Mangan auf der **Kieselgur** zugesetzt werden[3]. Mit diesem Kontakt werden 94 Kubikzentimeter Benzin je Kubikmeter Synthesegas erhalten.

Ersatz des Kupfers durch **Silber** führt zu etwas schwächeren Katalysatoren, die aber die Bildung von festen Kohlenwasserstoffen begünstigen.

Zusätze von Calcium, Barium, Blei, Zinn in Mengen von 2 bis 5 Prozent schwächen die katalytische Wirkung der Eisenkontakte.

Mit der Ausarbeitung von im Großbetrieb brauchbaren Verfahren zur Herstellung von **hochaktiven Eisen-Katalysatoren** haben sich vor allem deutsche Chemiker befaßt.

Die durch Fällung von Eisensalzlösungen, gegebenenfalls zusammen mit Kupferverbindungen und Verbindungen von Metallen, deren Oxyde

---

[1] Murata, Y. u. T. Yamada: Sci. Pap. Inst. physic. chem. Res. 38 (1940) 118.

[2] Tahara, H., Y. Sawada u. D. Y. Komujana: Sci. Pap. Inst. physic. chem. Res. 38 (1940) 184.

[3] Makino, S., H. Koida u. Y. Murata: Sci. Pap. Inst. physic. chem. Res. 37 (1939) 350.

durch Wasserstoff schwer reduzierbar sind, wie die Nitrate des Zinks, Aluminiums, Magnesiums, Mangans, Zirkons, Thoriums, Urans, mittels Ätzalkalien, insbesondere Kaliumhydroxyd hergestellten hochaktiven Katalysatoren lassen sich nicht immer in gleichbleibender Qualität erhalten. Es entstehen nicht nur Schwankungen bei kleineren anscheinend unwesentlichen Änderungen in der Herstellungsweise, sondern es treten auch starke Schwankungen bei scheinbar genau gleichen Herstellungsbedingungen auf.

Eingehende Untersuchungen von W. Herbert und H. W. Gross[1] haben ergeben, daß schon durch außerordentlich kleine Ätzalkalimengen die physikalische und chemische Struktur und damit auch die katalytischen Eigenschaften der Fällung aber auch der Kieselgur, auf die das zur Fällung benützte Ätzalkali im Gegensatz zu Alkalicarbonaten auch deutlich chemisch einwirkt, stark verändert werden kann.

Dabei hat es sich herausgestellt, daß die Bestimmung des p_H-Wertes der im niedergeschlagenen Kontaktschlamm enthaltenen Flüssigkeit als ein vorzügliches Kriterium für die Erreichung des Optimums an Aktivität und Lebensdauer des Kontaktes darstellt.

Zweckmäßig wird die Menge des zur Fällung dienenden Alkalis so gewählt, daß während der ganzen Fällung der p_H-Wert des Kontaktschlammes 7,5 bis 11, vorzugsweise 9 bis 11 beträgt[2]. Hierauf wird der Kontaktschlamm ausgewaschen und die Auswaschung vor Erreichung des p_H-Wertes von 7,5 im Waschwasser beendet.

Vorteilhaft ist es, die Fällungsoperation rasch, d. h. innerhalb weniger Minuten, etwa 1 bis 2 Minuten, in der Wärme vorzunehmen, z. B. derart, daß man die Metallsalzlösung und die Ätzalkalilauge zweckmäßig im erhitzten Zustand derart in einem dritten Gefäß zusammenrührt oder mischt, daß der p_H-Wert, z. B. 9,2, eingehalten wird. Man kann auch die Lösung der Metallsalze in die Lauge einrühren und die Fällung bei dem gewünschten p_H-Wert der mit dem Niederschlag in Berührung stehenden Lösung beendigen.

Weniger vorteilhaft ist es, die Lauge in die Lösung der Metallsalze zu geben. Hierbei wird sowohl die Anfangsaktivität als auch die Lebensdauer des Katalysators geringer.

Die Kieselgur wird nicht von vornherein den Lösungen zugegeben, sondern erst gegen Ende der Fällung oder unmittelbar nach beendeter Fällung. Ferner ist die feinpulverige Beschaffenheit der Kieselgur von Vorteil, da bei körnigen Massen der p_H-Wert im Innern des Kornes nicht kontrollierbar und somit keine gute Aktivität erzielbar ist.

---

[1] D.R.P. 745444, Metallgesellschaft A.G.

[2] Die Bestimmung des p_H-Wertes kann in einfachster Weise kolorimetrisch durch Tüpfeln auf Indikatorfolien festgestellt werden.

Die angewandte Menge der Trägersubstanz beträgt zweckmäßig mindestens 5 Prozent der angewendeten Eisenmenge als Metall berechnet, vorteilhaft aber 200 bis 500 Prozent dieser Menge.

Das Auswaschen des gefällten Kontaktschlammes erfolgt beispielsweise mit heißem Wasser. Man kann auch von vornherein mit schwach alkalischem Wasser des einzuhaltenden p_H-Wertes, zweckmäßig mit einem Wasser mit einem p_H-Wert von 8 bis 9, auswaschen.

Die weitere Behandlung des Kontaktschlammes besteht in der Formung zu Kugeln oder Strängen und Trocknung, wobei Temperaturen unter 150° in Gegenwart einer Wasserdampfatmosphäre und ein langsames Ansteigenlassen der Temperatur innerhalb dieser Grenzen sich als besonders zweckmäßig erwiesen haben. Die Trocknung soll so schonend erfolgen, daß der Niederschlag in seiner inneren Struktur und in seinem äußeren Volumen möglichst wenig verändert wird, was am besten durch eine Trocknung unter 100° erreicht wird. Werden Temperaturen angewendet, die über 100° hinausgehen, so ist es von Vorteil, wenn mit einem wasserdampfhaltigen, nahe beim Taupunkt für Wasserdampf befindlichen Gas gearbeitet wird. Besonders gute Aktivität des Katalysators erhält man, wenn die Trocknung in einer Wasserdampfatmosphäre unter erhöhtem Druck vorgenommen wird.

Im Anschluß an die Trocknung kann die Kontaktmasse unmittelbar in Betrieb genommen werden. Sie erfordert dann jedoch eine Formierungszeit von mehreren Wochen bis zur Erreichung normaler Ausbeuten. Um sofort mit voller Leistung in Betrieb gehen zu können, hat sich eine Reduktion unter ganz schonenden Bedingungen als vorteilhaft erwiesen. Man arbeitet mit Wasserstoff oder wasserstoffhaltigen Gasen bei Temperaturen unterhalb 300°, vorteilhaft bei 250°, in der Weise, daß die getrocknete Kontaktmasse in dünner Schicht, von z. B. 1 bis 20, höchstens 50 cm, mit mehr als 1000 Normalkubikmeter Wasserstoff, vorteilhaft bis zu 2000 Normalkubikmeter Wasserstoff, je Kubikmeter Kontaktmasse und Stunde beaufschlagt wird. Meist genügt eine halbstündige Behandlung des Kontaktes. Die Reduktion wird zweckmäßig nicht weiter als bis zur Erreichung von 20 Prozent Metall, berechnet auf Eisen und bezogen auf die insgesamt reduzierbare Eisenmenge, durchgeführt. Man erhält jedoch bereits hochaktive Kontakte mit erheblich niedrigeren Reduktionswerten als den angegebenen 20 Prozent, beispielsweise 3 bis 8 Prozent.

Zur Herstellung eines Kontaktes der vorbeschriebenen Art werden beispielsweise 600 kg krist. Ferrinitrat, entsprechend 80 kg Eisen, 80 kg krist. Kupfernitrat, 415 kg krist. Aluminiumnitrat mit Wasser zu insgesamt 2,5 cbm gelöst, zum Sieden erhitzt und innerhalb von 2 Minuten unter intensivem Rühren in eine heiße Lösung von 360 kg reinem Ätzkali, mit Wasser zu 2,5 cbm Lösung gelöst, eingegossen. Die zur Erreichung des p_H-Wertes notwendige Menge an Salzlösungen und Ätzkali wurde in einem vorher durchgeführten Kleinversuch ermittelt.

Statt Nitrate können auch andere schwefelfreie Metallverbindungen, z. B. Chloride, verwendet werden.

Nachdem 98 bis 99 Prozent der auf Grund des Kleinversuchs ermittelten Menge Nitratlösung eingerührt ist, wird der p_H-Wert der Fällung bestimmt und durch Zugabe von weiteren kleinen Nitrat- bzw. Laugemengen auf 9,2 eingestellt. Nun werden 300 kg Kieselgur eingerührt, das Ganze über ein Trommelfilter gegeben, auf dem eine Auswaschung mit etwa 2 Kubikmeter heißem Wasser derart erfolgt, daß der p_H-Wert des am Filterkuchen anhaftenden Waschwassers zum Schluß noch 8,0 beträgt. Der ausgewaschene Kontaktkuchen wird durch eine Strangpresse in Stränge von 2 mm Dicke zerlegt, die in einem Warmluftstrom von 90° vorsichtig, d. h. bis zur Aufhellung des Farbtones getrocknet, dann gebrochen und anschließend innerhalb einer halben Stunde in 20 cm dicker Schicht bei 250° mit 10000 Kubikmeter Wasserstoff behandelt werden. Der Wasserstoff wird unter ständiger Entfernung des Reaktionswassers im Kreislauf über den Kontakt geführt.

Die Ausbeute an fertigem Kontakt beträgt 550 kg oder 140 Liter.

Die Lebensdauer von Eisen-Fällungskontakten kann man nach W. Herbert[1] wesentlich steigern und gleichzeitig die Methanbildung bei der Kohlenoxyd-Hydrierung zurückdrängen, wenn man mit der Kieselgur gleichzeitig Wasserglas verwendet.

Nach diesem Vorschlag werden bei der Herstellung eines Eisen-Kontaktes für die Synthese von Kohlenwasserstoffen unter höheren Drucken, beispielsweise bei 15 Atm und mehr, Wasserglas in Verbindung mit Kieselgur in den aus Nitratlösungen mit Alkalien, z.B. Soda, gefällten Eisen und Thorium bzw. anderen Verstärkern, wie Mangan, Kupfer, enthaltenden Niederschlag eingebracht, z.B. eingerührt.

Durch den Zusatz von Kupfer oder von anderen Verstärkern, z. B. schwerreduzierbaren Metalloxyden, werden die Ausbeuten an flüssigen Kohlenwasserstoffen verbessert. Vorteilhaft ist es, zuerst die Metalle zu fällen und dann den Niederschlag mit dem Wasserglas und gegebenenfalls mit der Kieselgur zu vermischen, z. B. durch Einrühren in die gefällte Lösung.

Die Fällung der Metalle kann auch aus Acetat- oder Formiatlösungen erfolgen.

Zur Bereitung dieses Katalysators werden 600 kg krist. Ferrinitrat und 10 kg krist. Kupfernitrat mit Wasser auf insgesamt 2 Kubikmeter gelöst, zum Sieden erhitzt und innerhalb von 2 Minuten unter intensivem Rühren in eine kochende Lösung von 308 kg Ätzkali in 2 Kubikmeter Wasser, der unmittelbar vor der Fällung 100 kg Kieselgur beigegeben werden, eingegossen. Der Niederschlag wird über ein Trommelfilter gegeben, mit etwa 2 Kubikmeter kochendem Wasser ausgewaschen, trocken gesaugt und mit 120 kg einer 30prozentigen Kaliwasserglaslösung verknetet. Anschließend wird der steife Brei durch eine Strangpresse in Stücke von 2 mm Dicke zerlegt, die in einem Wärmeluftstrom von 90 bis 120° vorsichtig getrocknet und dann gebrochen werden. Der Rohkontakt wird bei 250° mit Wasserstoff reduziert.

Die Herstellung von Eisen-Kontakten, die zusätzlich bis zu 25 Prozent Kupfer und außerdem Nickel und Kobalt in Mengen unter

---

[1] D.R.P. 742376, Metallgesellschaft A.G.

1 Prozent und weitere schwerreduzierbare Oxyde, wie solche von Aluminium, Chrom, Magnesium, Zink, Thorium oder seltenen Erden, enthalten können, kann man auch in der Weise vornehmen, daß man die Eisensalz- bzw. Metallsalzlösungen unter Vermischung mit Wasserglaslösung und in Gegenwart von Trägerstoffen, wie Kieselgur, unter solchen Bedingungen fällt, daß die Lösung gegen Ende der Fällung vorzugsweise einen p_H-Wert von 7,5 bis 11 aufweist.[1] Man wäscht dann bis zu einem p_H-Wert von etwa 7,5 aus und reduziert mit Wasserstoff bei 200 bis 400° bis zu 40 bis 70 Prozent metallischem Eisen. Der reduzierte Katalysator soll nicht mehr als 3 bis 6 Prozent Eisenoxyd aufweisen. Man setzt bei der Reduktion vorteilhaft ein schwach oxydierendes Mittel, wie Wasserdampf zu oder unterwirft den reduzierten Kontakt anschließend einer milden Oxydation, z. B. mit Wasserdampf ebenfalls bei 200 bis 400°, so daß der fertige Katalysator nicht über 10 Prozent metallisches Eisen aufweist. Die Kieselgurmenge kann in den Grenzen von 100 bis 500 Prozent der Eisenmengen schwanken.

5. Ruthenium-Kieselgur-Kontakte.

Zur Vergrößerung der Katalysatoroberfläche kann der von F. Fischer und H. Pichler[2] vorgeschlagene Ruthenium-Kontakt auf Kieselgur niedergeschlagen werden.

b) Kieselsäuregel-Kontakte.

Die Überlegenheit der Kieselgur als Träger bei Synthese-Kontakten tritt besonders beim Vergleich der gleichen, aber auf Kieselsäuregel niedergeschlagenen Kontakte in Erscheinung.

Infolge ihrer bedeutend geringeren katalytischen Wirksamkeit haben diese Kieselsäuregel-Mischkontakte, wie bereits von F. Fischer und H. Tropsch[3] festgestellt wurde, die auf Kieselgur niedergeschlagenen Kontakte nicht verdrängen können.

Dies gilt vor allem für die Kobalt-Mischkontakte, und zwar auch dann, wenn diese nicht in Gegenwart von Kieselsäuregel gefällt werden, sondern wenn das letztere dem fertigen Kontakt zugemischt wird.

So konnten auch A. Erdely und A. W. Nash[4] durch Niederschlagen eines aus Kobalt, Kupfer und Mangan bestehenden Kontaktes auf Kieselsäuregel gegenüber dem einfachen Mischkontakt keine Steigerung der katalytischen Aktivität beobachten.

In Übereinstimmung mit diesen Ergebnissen hat auch S. Tsutsumi[5] beobachtet, daß die katalytische Aktivität eines auf Kieselsäuregel

[1] F.P. 870679, Metallgesellschaft A.G.
[2] D.R.P. 705528, Studien- und Verwertungs G.m.b.H.
[3] Fischer, F. u. H. Tropsch: Ber. dtsch. chem. Ges. 59 (1926) 832.
[4] Erdely, A. u. A. W. Nash: J. Soc. chem. Ind. 47 (1928) 219T.
[5] Tsutsumi, S.: J. Fuel Soc. Japan 14 (1935) 110.

niedergeschlagenen Kobalt-Kupfer-Uranoxyd-Kontaktes in keinem Falle die gleiche günstige Wirkung des gleichen Kieselgur-Kontaktes erreicht.

Ebenso ungünstige Ergebnisse wurden mit Kieselsäuregel als Träger bei Kontakten auf Eisen-Basis festgestellt.

Eisen-Kieselsäuregel-Kontakte sind für die Katalysierung der Kohlenwasserstoff-Synthese aus Kohlenoxyd völlig ungeeignet, und zwar auch dann, wenn das Kieselsäuregel dem fertigen, aus Eisen und Kupfer bestehenden Kontakt zugemischt wird. Die anfangs bessere Wirkung solcher Kontakte läßt nach kurzer Zeit nach.

Mehrstoff-Kontakte, welche Kieselsäuregel als Träger, Eisen oder Kobalt als Grundmetall und Oxyde des Chroms und Mangans als Verstärker enthalten, sind von M. G. Levi, C. Padovani und M. Busi[1] auf ihre Eignung für die Katalysierung der Kohlenoxyd-Hydrierung untersucht worden. Mit diesen durch Wasserstoff oder Wasserstoff-Stickstoff-Gemisch reduzierten Kontakten konnten im besten Falle nur 74 ccm flüssige Produkte aus einem Kubikmeter Mischgas erhalten werden.

Zur Überführung von Kohlenoxyd in flüssige Kohlenwasserstoffe haben C. Müller, L. Schlecht und W. Schubardt[2] auch die aus Metallcarbonylen durch Zersetzung in feiner Verteilung auf Kieselsäuregel abgeschiedenen Metalle, wie Eisen, Kobalt, Nickel oder Molybdän, empfohlen.

Ebensowenig wirksam wie diese ist auch der durch Zersetzung der Nitrate auf Kieselsäuregel erhaltene Eisen-Kupfer-Mangan-Kontakt, der nach F. Fischer[3] nur etwa 30 bis 35 Kubikzentimeter flüssige Produkte aus einem Kubikmeter Gas gibt.

c) Bleicherde-Kontakte.

Von den silikathaltigen Adsorptionsstoffen hat man auch Bleicherden auf ihre Brauchbarkeit als Kontaktträger für zur Kohlenwasserstoffsynthese geeignete Katalysatoren untersucht.

I. Rapoport, A. Blejudow, L. Schewjakowa und J. Franzus[4] konnten feststellen, daß ein auf Floridin niedergeschlagener Nickel-Mangan-Aluminiumoxyd-Kontakt der Zusammensetzung 8 zu 1,5 zu 0,5 nicht so günstig wirkte, wie der auf Asbest aufgebrachte Kontakt. Dies trifft in gleicher Weise auch für einen Nickel-Mangan-Chromoxyd-Kontakt der Zusammensetzung 80 zu 15 zu 5 zu.

---

[1] Levi, M. G., C. Padovani u. M. Busi: Studi e Richerche sui Combustibili 2 (1927/1928) 213. — [2] D.R.P. 505319, I.G. Farbenindustrie A.G.

[3] Fischer, F.: Brennstoff-Chem. 16 (1935) 1.

[4] Rapoport, I., A. Blejudow, L. Schewjakowa u. J. Franzus: Chimije twerdogo topliwa 6 (1935) 221.

Bleicherde vermag jedoch einen Nickel-Mangan-Kontakt beträchtlich zu aktivieren, wie von K. Fujimura und S. Tsuneoka[1] festgestellt wurde. Mit einem Nickel-Mangan-Bleicherde-Kontakt, der 15 Prozent Mangan und 25 Prozent Bleicherde enthielt, konnte immerhin die beträchtliche Ausbeute von 131 Kubikzentimeter an flüssigen Produkten aus 1 Kubikmeter Gas erhalten werden.

Bleicherdehaltige Nickel-Mangan-Kontakte erwiesen sich nach K. Fujimura, S. Tsuneoka und K. Kawamichi[2] weniger empfindlich gegen Schwefelverbindungen als Nickel-Mangan-Thoriumoxyd-Kontakte.

Während bei den letzteren schon 16 bis 18 mg Schwefelwasserstoff oder 50 mg Schwefelkohlenstoff je Gramm Nickel die Wirksamkeit des Kontaktes um die Hälfte herabsetzen, wird diese Minderung der Wirksamkeit beim Nickel-Mangan-Bleicherde-Kontakt erst mit 135 mg Schwefelwasserstoff und 160 bis 190 mg Schwefelkohlenstoff erreicht.

Bei den in den letzten Jahren entwickelten aktiven Eisen-Kontakten hat man neben der Kieselgur als Trägerstoff auch Bleicherde vorgeschlagen, so z. B. bei den von W. Herbert[3] entwickelten[4] oder den von der Firma Metallgesellschaft A.G.[5] angegebenen und auf S. 71 beschriebenen Eisen-Mischkontakten.

Eine gewisse Bedeutung scheint jedoch die Bleicherde als Träger bei feinverteilten Katalysatoren, z. B. auf Kobalt-Basis, erlangt zu haben, die während der Kohlenoxyd-Hydrierung im Synthese-Ofen suspendiert werden[6].

d) Aluminiumoxyd-Kontakte.

Als Träger für die Synthese-Kontakte haben schon F. Fischer und H. Tropsch[7] Aluminiumoxyd vorgeschlagen.

Einen geeigneten Träger auf Basis von Aluminiumoxyd erhält man nach Angaben der Firma Ruhrchemie A.G.[8] durch thermische Zersetzung von Aluminiumnitrat. Die Unlöslichkeit des Aluminiumoxyds kann durch fortgesetztes Glühen gesteigert werden. Man kann aus dem Oxyd die säurelöslichen Anteile extrahieren, wobei die Extraktion vorteilhaft nach der Calcinierung erfolgt.

Für Aluminiumoxyd als Träger gilt jedoch im allgemeinen dasselbe wie für die übrigen großoberflächigen Trägerstoffe: die spezifische Wirkung der Kieselgur wird auch vom Aluminiumoxyd nicht erreicht.

---

[1] Fujimura, K., S. Tsuneoka: J. Soc. chem. Ind. Japan Suppl. Bind. 36 (1933) 413.

[2] Fujimura, K., S. Tsuneoka u. K. Kawamichi: J. Soc. chem. Ind. Japan Suppl. Bind. 37 (1934) 395.

[3] D.R.P. 744078, Metallgesellschaft A.G. — [4] Siehe Seite 62.

[5] F.P. 870679, Metallgesellschaft A.G. — [6] F.P. 924909. M. W. Kellog Co.

[7] Fischer, F. u. H. Tropsch: Ber. dtsch. chem. Ges. 59 (1926) 832.

[8] F.P. 819701, Ruhrchemie A.G.

In bestimmten Fällen kann man aber, wie noch später gezeigt wird[1], durch Fällung von Verbindungen der Eisengruppe auf Tonerde und anschließende Reduktion wirksame Kontakte erhalten[2]. Diese Metall-Tonerde-Katalysatoren können aktivierende Zusätze von Oxyden, z. B. des Zinks, Thoriums, Mangans oder Magnesiums, in Mengen bis zu 20 Prozent enthalten.

Z. B. stellt man einen Kontakt durch Fällung der Nitrate von Kobalt und Zink auf Tonerde als Carbonate und Reduktion der letzteren her.

Die mit Aluminiumoxyd-Träger-Kontakten erhaltenen Ausbeuten an flüssigen Kohlenwasserstoffen schwanken ebenfalls je nach der Art des Grundmetalls und der Bereitung der Kontakte. Am besten scheint noch die Wirkung des Aluminiumoxyds bei den von A. Erdely und A. W. Nash[3] bereiteten Kobalt-Mangan-Aluminiumoxyd-Kontakten zu sein.

Dem Aluminiumoxyd kommt aber eine gewisse Wirkung als Verstärker auch bei anderen trägerlosen oder trägerhaltigen Synthese-Kontakten zu.

Die aktivierende Wirkung des Aluminiumoxyds tritt deutlich in Erscheinung beim Nickel-Kontakt. Durch Zusatz von 15 Prozent Aluminiumoxyd zu den völlig inaktiven Reinnickel-Kontakten konnten F. Fischer und K. Meyer[4] die Aktivität so steigern, daß 20 Kubikzentimeter flüssige Produkte aus einem Kubikmeter Mischgas erhalten werden konnten. Als beste Bereitungsweise solcher Kontakte wurde dabei die thermische Zersetzung der Nitrate festgestellt. Anwesenheit von Kieselgur hat eine weitere Erhöhung der katalytischen Aktivität zur Folge.

Ein Ersatz der Kieselgur durch Aluminiumoxyd führt auch bei Kobalt-Kupfer-Uranoxyd-Kontakten zu weniger wirksamen Katalysatoren[5].

In bestimmten Fällen kann jedoch ein durch Fällung von Kobalt- und Zinknitrat als Carbonate auf Tonerde erhaltener Katalysator brauchbare Synthese-Produkte liefern[6].

Die katalytische Aktivität eines Nickel-Mangan-Aluminiumoxyd-Kontaktes kann interessanterweise durch geringe Mengen Schwefelwasserstoff im Gas aktiviert werden. Ein solcher Kontakt ist giftfester als ein durch Thoriumoxyd aktivierter Kontakt[7].

---

[1] Siehe Seite 75. — [2] Ital. P. 378208, N.V. Internationale Koolwaterstoffen Synthese Mij.; International Hydrocarbon Synthesis Co.

[3] Erdely, A. u. A. W. Nash: J. Soc. chem. Ind. 47 (1928) 219 T.

[4] Tsutsumi, S.: J. Fuel Soc. Japan 14 (1935) 110.

[5] Fischer, F. u. K. Meyer: Brennstoff-Chem. 12 (1931) 225.

[6] Ital. P. 378208, N.V. Internationale Koolwaterstoffen Synthese Mij.; International Hydrocarbon Synthesis Co.

[7] Fujimura, K., S. Tsuneoka u. K. Kawamichi: J. Soc. chem. Ind. Japan Suppl. Bind. 37 (1934) 395.

Zur Herabsetzung der katalytischen Wirksamkeit auf die Hälfte sind beim Aluminiumoxyd-Kontakt erst 54 mg Schwefelwasserstoff, beim Thoriumoxyd-Kontakt jedoch schon 16 bis 18 mg Schwefelwasserstoff je Gramm Nickel erforderlich.

Einen zur Benzinsynthese geeigneten Nickel-Mangan-Aluminiumoxyd-Kontakt stellt M. Oscherowa[1] durch Fällung der Nitrate mit Kaliumcarbonat her. Die Metalloxyde, die aus Nickeloxyd mit 10 Prozent Aluminiumoxyd und 20 Prozent Manganoxyd bestehen, werden langsam getrocknet, dann bei 200 bis 450° mit einer Mischung von Wasserstoff und Kohlenoxyd reduziert und im Kohlendioxydstrom erkalten gelassen.

Durch gleichzeitige Fällung von löslichen Eisensalzen mit Aluminiumsalzen können auch Eisen-Kontakte hergestellt werden, die Aluminiumoxyd als Verstärker enthalten.

Zur Umsetzung von Kohlenoxyd und Wasserstoff besonders wirksame Kontakte werden nach W. Michael und W. Jäckl[2] aber erhalten, wenn man das Eisen in Form von beim Erhitzen mit Wasserstoff zu Metall reduzierbaren Verbindungen fällt, zu der Fällung Aluminiumnitrat zusetzt, vermischt und die Mischung durch Erhitzen in Gegenwart eines reduzierbaren Gases reduziert.

Gefälltes Eisenhydroxyd wird mit einer wäßrigen Lösung von Aluminiumnitrat angepastet. Das Aluminiumnitrat wird in solchen Mengen zugegeben, daß auf metallisches Eisen 10 Prozent Aluminiumoxyd kommen. Die Paste wird im Trockenschrank getrocknet und mit Wasserstoff bei 800° behandelt.

Wird über diesen Katalysator bei einem Druck von 15 at und einer Temperatur von 300° ein aus gleichen Teilen Kohlenoxyd und Wasserstoff bestehendes Gemisch geleitet, so wird im Laufe eines Tages etwa die anderthalbfache Menge flüssiger und fester Produkte, bezogen auf Katalysatorvolumen, gebildet.

Man kann aber auch mit dem gleichen guten Erfolg auf dem Fällungswege mit Aluminiumoxyd aktivierte Eisen-Kontakte herstellen, indem man zu dem gefällten Eisenhydroxyd eine Lösung eines Aluminiumsalzes zusetzt und dieses in Gegenwart des Eisenhydroxyds ausfällt, oder das Eisenhydroxyd mit einer Ausfällung von Aluminiumhydroxyd versetzt.

Eisenhydroxyd wird gefällt und filtriert. Dem noch nassen Eisenhydroxyd wird eine Aufschlämmung von gefälltem Aluminiumhydroxyd zugegeben, und zwar in solchen Mengen, daß auf metallisches Eisen 5 Prozent Aluminiumoxyd entfallen. Hierauf wird das Gemisch der Hydroxyde verrührt, dann im Trockenschrank getrocknet und im Wasserstoffstrom bei 800° reduziert.

Wird über diesen Katalysator unter den im vorhergehenden Beispiel beschriebenen Bedingungen ein Gemisch aus gleichen Teilen Kohlenoxyd und Wasserstoff geleitet, so werden neben geringen Mengen sauerstoffhaltiger Produkte hauptsächlich flüssige Kohlenwasserstoffe, in geringen Mengen auch gasförmige und feste Kohlenwasserstoffe erhalten. Die je Tag gebildete Menge flüssiger und fester Produkte ist gleich dem angewandten Katalysatorvolumen.

---

[1] Russ. P. 47 287, M. Oscherowa.
[2] D.R.P. 729 290, I.G. Farbenindustrie A.G.

Wird dagegen das Eisenhydroxyd zusammen mit dem Aluminiumhydroxyd gefällt, abfiltriert und reduziert, so ist unter den gleichen Reaktionsbedingungen die Ausbeute an flüssigen und festen Produkten wesentlich geringer. Sie beträgt pro Tag nur ein Viertel des angewandten Katalysatorvolumens.

Zur Erhöhung der katalytischen Wirkung kann auch den auf S. 20 beschriebenen Eisen-Kontakten Aluminiumoxyd oder Aluminiumhydroxyd zugesetzt werden[1].

e) Aktivkohle-Kontakte.

Von F. Fischer und H. Tropsch[2] wurden schon bei den ersten Untersuchungen auf Aktivkohle niedergeschlagene Metalle der achten Gruppe des periodischen Systems auf ihre Eignung zur Katalysierung der Kohlenwasserstoff-Bildung aus Kohlenoxyd und Wasserstoff untersucht.

Für die Normaldruck-Synthese haben sich jedoch diese Aktivkohle-Kontakte als ungeeignet erwiesen.

Nach neueren Untersuchungen von W. Herbert[3] ergeben bestimmte Kobalt-Thoriumoxyd-Kontakte, auf Aktivkohle niedergeschlagen, bei der Synthese bei überatmosphärischen Drucken gleich günstige Ergebnisse wie die gleichen, auf Kieselgur niedergeschlagenen Kontakte.

Diese Aktivkohle-Kontakte enthalten weniger als etwa 50 g hydrierend wirkendes metallisches Kobalt je Liter geschüttete Kontaktmasse und nur etwa 30 bis 70 Prozent des anwesenden Kobalts in Form von Metall.

Die unvollständige Reduktion der Kontaktmasse erfolgt auch hier zweckmäßig mit mehr als 100 Kubikmeter Wasserstoff je Kubikmeter Rohkontakt, vorteilhaft 500 bis 2000 Kubikmeter je Kubikmeter Kontakt und Stunde, wobei während dieser Reduktion der Kontakt — wie beim entsprechenden Kieselgur-Kontakt[4] — zweckmäßig in Schichthöhen unter 1 m, vorzugsweise unter 40 cm gehalten wird. Diese Arbeitsweise führt zu besonders brauchbaren Kontakten. Dabei wird zwecks Wasserstoffersparnis der Wasserstoff bei der Reduktion im Kreislauf geführt, unter ständiger Entfernung des Reaktionswassers, und die Reduktionstemperatur so bemessen, daß die Reduktion bis auf den Reduktionswert von 35 bis 70 Prozent länger als 5 Minuten, jedoch weniger als 1 Stunde dauert.

Zur Herstellung eines solchen Kontaktes werden in eine kochende Lösung von 163 g krist. Kobaltnitrat, 12,5 g krist. Thoriumnitrat in 1 Liter Wasser, 0,67 Liter einer kochenden Lösung von 151 g Kaliumcarbonat im Liter Wasser aufgelöst, im Verlauf von 1 Minute eingegossen. Hierauf werden 20 g der Aktivkohle Carboraffin eingerührt. Der Filterschlamm wird darauf rasch abgenutscht, sechsmal mit 0,85

---

[1] F.P. 862870, N.V. Internationale Koolwaterstoffen Synthese Mij.; International Synthesis Co.

[2] Fischer, F. u. H. Tropsch: Brennstoff-Chem. 7 (1926) 79.

[3] D.R.P. 736701, Metallgesellschaft A.G. — [4] Siehe S. 43.

Liter kochendem dest. Wasser gewaschen, durch eine Strangpresse mit 2 mm Öffnungen gedrückt, bei einer langsam auf 110° ansteigenden Temperatur getrocknet und bei 360° mit Wasserstoff so lange reduziert bis 58 Prozent des Kobalts in Metall umgewandelt sind.

Der so erhaltene Kontakt besitzt einen Gehalt an freiem Kobalt von 48 g je Liter geschüttete Kontaktmasse.

Aktivkohle ist neuerdings auch als Träger bei aktiven Eisen-Katalysatoren vorgeschlagen worden. Diesen Trägerstoff benützen z. B. W. Herbert[1] bzw. die Firma Metallgesellschaft A.G.[2],[3] an Stelle von Kieselgur bei den auf S. 71 bzw. 73 beschriebenen Kontakten.

f) Andere Träger-Kontakte.

Von der Ruhrchemie A.G.[4] sind zur Herstellung von Synthese-Kontakten auch solche Trägerstoffe vorgeschlagen worden, die keine von Haus aus löslichen Bestandteile enthalten oder deren löslichen Anteile durch Extraktion entfernt oder durch Reaktion unlöslich gemacht sind.

Als in Säuren wenig lösliche Träger kann man z. B. Barium-sulfat, Carborundum, Steatit, Chromoxyd und dgl. verwenden, wobei diese eine möglichst der Kieselgur ähnliche Struktur haben sollen.

Um eine möglichste Verteilung der Trägerstoffe zu erhalten, mischt man sie vor der Calcinierung mit organischen Stoffen, z. B. Holzmehl und dgl.

In den Trägerstoffen dürfen besonders keine in Alkali löslichen Anteile vorhanden sein.

Für die Synthese nach Fischer-Tropsch eignet sich ferner als Träger basisches Magnesiumcarbonat[5].

Die Katalysatoren geben schon bei 180 bis 185° normale Ausbeuten und lassen sich mit Wasserstoff im Kontaktofen regenerieren.

Solche Kobalt-Thoriumoxyd-Magnesiumoxyd-Kontakte, die als Trä-ger basisches Magnesiumcarbonat enthalten, sind hochaktiv und können in einfacher Weise regeneriert werden. Hierzu werden sie nach Extrak-tion des Paraffins mit kaltem Wasser und Kohlendioxyd ausgelaugt, wobei alles Magnesium als Magnesiumcarbonat in Lösung geht. Aus dieser wird das basische Salz durch Erhitzen der Lösung und Dampf-durchblasen wieder gefällt. Die übrigen Katalysatorbestandteile werden in Salpetersäure gelöst, mit Natriumhydroxyd gefällt und die heiße Fällung mit dem gefällten basischen Magnesiumcarbonat gemischt.

Nach H. Kölbel und E. Ruschenburg eignet sich als Träger für Eisenkontakte insbesondere natürlicher, gesinterter Dolomit, der

---

[1] D.R.P. 744078, Metallgesellschaft A.G.
[2] F.P. 870679, Metallgesellschaft A.G.
[3] F.P. 51974, Zusatz zu F.P. 871536, Metallgesellschaft.
[4] F.P. 819701, Ruhrchemie A.G. — [5] Ital. P. 349478, Ruhrchemie A.G.

gleichzeitig als Fällungsmittel dienen kann. Dolomit ist wesentlich billiger als Kieselgur und ergibt Kontakte mit größerer Wirksamkeit, da das im Dolomit enthaltene Calcium und Magnesium gleichzeitig aktivierend wirkt[1], [2]. Mit Dolomit als Trägersubstanz können Eisenkontakte auch aus Sulfatlösungen hergestellt werden[3]. Auch inaktive Eisenoxyde eignen sich sehr gut als Träger für Eisenkontakte[4].

III. Oxyd-Kontakte.

Bei der katalytischen Hydrierung von Kohlenoxyd in Gegenwart von Metallen der achten Gruppe des periodischen Systems werden bei Einhaltung der noch später eingehend behandelten Reaktionsbedingungen vorwiegend geradkettige Kohlenwasserstoffe erhalten. Der Anteil an verzweigten Kohlenwasserstoffen ist sehr klein; er liegt unter 1 Prozent.

Infolge des Fehlens dieser Isoparaffine ist die motorische Leistung der in Gegenwart der genannten Katalysatoren erhaltenen Benzinkohlenwasserstoffe an sich gering; um diese zu verbessern, müssen diese Kohlenwasserstoffe einer besonderen Nachbehandlung unterworfen werden (s. S. 239).

Eingehende Untersuchungen, die am Kaiser-Wilhelm-Institut für Kohlenforschung durchgeführt wurden, haben ergeben, daß man bei einer Abänderung der Synthese-Bedingungen als Synthese-Produkt überwiegende Mengen verzweigter Kohlenwasserstoffe erhalten kann[5].

Die Lenkung der Kohlenoxyd-Hydrierung in dieser Richtung gelingt dann, wenn man mit wesentlich höheren Reaktionstemperaturen und Drucken arbeitet und als Katalysatoren bestimmte Metalloxyde verwendet[6].

a) Thoriumoxyd-Kontakte.

Zur Katalysierung der als Isosynthese bezeichneten Bildung von Isoparaffinen bei der Hydrierung von Kohlenoxyd eignet sich von Metalloxyden besonders Thoriumoxyd.

Die katalytische Wirkung des Thoriumoxyds hängt dabei von der Art der Kontaktbereitung ab. Besonders geeignet erwiesen sich Katalysatoren, die durch Fällung aus verdünnten Salzlösungen hergestellt worden sind. Durch Änderung der Fällungsbedingungen werden sehr verschiedenartige Kontakte erzeugt. Dies zeigt sich schon äußerlich, beispielsweise am Schüttgewicht, das je nach der Art der Fällung und Vorbehandlung zwischen 0,7 und 2,3 liegt.

[1] Report on the Petroleum and Synthetic Oil Industry of Germany, London 1947, S. 99. — [2] D.R.P. 765512, Steinkohlenbergwerk Rheinpreußen.

[3] D.R.P. 752480, Steinkohlenbergwerk Rheinpreußen.

[4] D.R.P. 765189, Steinkohlenbergwerk Rheinpreußen.

[5] Fischer, F.: Öl und Kohle, Erdöl und Teer. Brennstoff-Chem. 39 (1943) 517.

[6] Pichler, H. u. K.-H. Ziesecke: Brennstoff-Chem. 30 (1949) 13, 60.

Die Bereitung geeigneter Thoriumoxyd-Katalysatoren kann in folgender Weise erfolgen:

Die Thoriumoxyd-Kontakte werden aus der Lösung der Nitrate mit Soda gefällt, und zwar durch schnelles Eingießen der siedenden Sodalösung in die siedende Nitratlösung. Man gelangt so beispielsweise bei Anwendung einer Konzentration entsprechend 240 g Thoriumnitrat auf 2 Liter Wasser und 2 Liter Sodalösung (geringer Überschuß an Natriumcarbonat) nach dem Waschen des Niederschlags bis auf Alkalifreiheit und Trocknen desselben bei 110° zu einem harten, körnigen Kontakt mit einem Schüttgewicht von 1,3.

Verwendet man für die Fällung konzentrierte Lösungen, dann erhält man Kontakte mit geringeren Schüttgewichten, beispielsweise bei der dreifachen Konzentration einen Kontakt mit einem Schüttgewicht von 0,76 und einem erdigen bis weichen Korn.

Führt man bei Verwendung der für den Normalkontakt angegebenen Konzentration die Fällung sehr langsam, beispielsweise im Laufe einer Stunde durch, dann erhält man besonders schwere Kontakte mit glasigem Bruch und einem Schüttgewicht von 2,3.

Beim Fällen mit Natronlauge oder Ammoniak entstehen ähnliche Katalysatoren auch beim schnellen Eingießen.

Das Schüttgewicht der Kontakte kann durch nachträgliches Sintern erhöht werden, z. B. das des als Normalkontakt bezeichneten Katalysators durch Nachbehandeln im Luftstrom bei 300° von 1,3 auf 2,0. Das matte, harte Korn bleibt hierbei erhalten.

Diese Nachbehandlung wird zweckmäßig vor der Einfüllung des Kontaktes in den Kontaktraum vorgenommen.

Die auf vorbeschriebene Weise erhaltenen Thoriumoxyd-Katalysatoren sind im Gegensatz zu denen der Eisengruppe des periodischen Systems unempfindlich gegen Schwefelverbindungen.

Mit Schwefelwasserstoff oder Schwefelkohlenstoff vorbehandelte Kontakte geben ebenso wie mit Ammoniumsulfid gefällte normalen Umsatz.

Die Lebensdauer dieser Thoriumoxyd-Katalysatoren ist unter den Bedingungen der Isosynthese sehr groß.

Katalysatoren, bei welchen nach längerer Betriebsdauer infolge von Kohlenstoffbildung ein Steigen des inneren Widerstandes beobachtet wurde, konnten durch eine Luftbehandlung bei Synthese-Temperatur wieder in den ursprünglichen Zustand versetzt werden.

b) Thoriumoxyd-Aluminiumoxyd-Kontakte.

Während reines Aluminiumoxyd für die Synthese von verzweigten Kohlenwasserstoffen sehr wenig geeignet ist, kommt dem Aluminiumoxyd als Zusatz zum Thoriumoxyd, besonders wenn auf maximale Isobutan-Ausbeuten hingearbeitet wird, besondere Bedeutung zu[1].

Die besten Ergebnisse werden mit Katalysatoren erhalten, bei welchen dem Thoriumoxyd 20 Prozent Aluminiumoxyd zugesetzt waren.

---

[1] Pichler, H. u. K.-H. Ziesecke: Brennstoff-Chem. 30 (1949) 60.

Hierbei erwiesen sich Kontakte, bei denen Thorium und Aluminium getrennt gefällt und erst nach Auswaschen innig gemischt wurden, den gemeinsam gefällten überlegen.

Durch Zusatz von Alkali zu den Thoriumoxyd-Aluminium-oxyd-Katalysatoren wird die Reaktion besonders ausgeprägt in Richtung von Iso-C_4-Kohlenwasserstoffen gelenkt. Nebenher entstehen noch größere Mengen (30 bis 50 Prozent der flüssigen Kohlenwasserstoffe) an 2-Methyl-Butan.

Die katalytische Leistung dieser alkalisierten Thoriumoxyd-Aluminiumoxyd-Katalysatoren hängt vom Alkaligehalt ab; als besonders wirksam hat sich ein Kontakt erwiesen, der drei Prozent Alkali als Kaliumcarbonat, bezogen auf Aluminiumoxyd, enthält.

Von weiterem Einfluß ist auch die Art des Alkalizusatzes, wie der Tab. 7 zu entnehmen ist.

In dieser Tabelle sind die aus einem Synthese-Gas, bestehend aus 49 Prozent Kohlenoxyd und 41 Prozent Wasserstoff bei 450° und 300 at, erhaltenen Ausbeuten für verschieden hergestellte Katalysatoren wiedergegeben.

Tabelle 7. *Katalytische Wirkung von Thoriumoxyd-Mischkatalysatoren.*

Katalysator	Kohlen-oxyd-Umsatz %	Ausbeuten in g je Ncbm Kohlenoxyd-Wasserstoff							
		flüssige Kohlen-wasser-stoffe	Alkohole in		Kohlenwasserstoffe				
			Öl	Wasser	i-C_4	n-C_4	C_3	C_2	C_1
Thoriumoxyd + 20% Aluminiumoxyd..........	73	34	1	2	61	9	9	10	15
Thoriumoxyd + 20% Aluminiumoxyd + 3% Kaliumcarbonat[a]	78	25	0	0	85	10	0	7	22
Thoriumoxyd + 0,6% Kaliumcarbonat[b] + 20% Aluminiumoxyd........	70	42	2	4	51	7	18	6	12

a) bezogen auf Aluminiumoxyd. — b) bezogen auf Thoriumoxyd.

Durch Zusatz von alkalisiertem Aluminiumhydroxyd zum frisch gefällten Thoriumniederschlag werden Katalysatoren erhalten, die besonders hohe Isobutan-Ausbeuten ergeben, während die gleiche Alkalimenge vor Zugabe des Aluminiumhydroxyds dem gewaschenen Thoriumniederschlag zugesetzt, eine Erhöhung der Ausbeuten an flüssigen Kohlenwasserstoffen auf Kosten der gasförmigen verzweigten Kohlenwasserstoffe zur Folge hat.

c) Thoriumoxyd-Zinkoxyd-Kontakte.

Eine Beeinflussung der katalytischen Wirkung des Thoriumoxyds wird auch durch Zinkoxyd bewirkt, welches allein für die Isosynthese ungeeignet ist[1].

---

[1] Pichler, H. u. K.-H. Ziesecke: Brennstoff-Chem. 30 (1949) 60.

Diese Mischkontakte werden zweckmäßig durch gemeinsame Fällung mit Soda hergestellt. Die Art der Fällung, insbesondere, ob die Soda in die Nitratlösung (normale Fällung) oder die Nitrat- in die Sodalösung (verkehrte Fällung) gegossen wird, ist für die Wirksamkeit dieser Katalysatoren von Bedeutung. Die verkehrte Fällungsart führt zu Katalysatoren, die besonders hohe Ausbeuten an flüssigen Kohlenwasserstoffen ergeben.

Aus verdünnteren Lösungen gefällte Kontakte geben mehr gasförmige, aus konzentrierten mehr flüssige Kohlenwasserstoffe.

Ganz allgemein bewirkt die Gegenwart von Zinkoxyd im Mischkontakt eine Steigerung der Ausbeuten an flüssigen Kohlenwasserstoffen.

d) Zinkoxyd-Aluminiumoxyd-Kontakt.

Auf der Suche nach einer Möglichkeit zur Ersetzung des Thoriumoxyds haben H. Pichler und K.-H. Ziesecke[1] gefunden, daß ein Zweistoff-Kontakt, bestehend aus Aluminiumoxyd und Zinkoxyd, in der Lage ist, die Bildung von höheren Kohlenwasserstoffen und auch von Isobutan zu katalysieren.

Durch ein richtig gewähltes Verhältnis von Zinkoxyd zu Aluminiumoxyd ist es möglich, das Thoriumoxyd zu einem gewissen Grade zu ersetzen, ohne daß sich jedoch die gleichen Raum-Zeit-Ausbeuten erzielen lassen.

Die Herstellung eines Misch-Kontaktes, der beispielsweise Zinkoxyd und Aluminiumoxyd im Mol-Verhältnis 1 zu 1 enthält, erfolgt folgendermaßen:

Zu 187,5 g krist. Aluminiumnitrat und 74,5 g krist. Zinknitrat gelöst in 2 Liter siedendem Wasser, wird die ebenfalls siedende Lösung von 117 g Natriumcarbonat in 2 Liter Wasser unter Umrühren (mit Rührwerk) gegossen, das Ganze nochmals aufgekocht, abgenutscht und auf der Nutsche 13mal mit je 400 ccm siedendem Wasser gewaschen. Der Niederschlag wird zunächst bei 110° getrocknet und dann 3 Stunden im Luftstrom bei 300° nachbehandelt.

Man erhält 48 g des Misch-Kontaktes, dessen Schüttgewicht bei 2 bis 4 mm Korngröße 0,84 beträgt.

B. Kontaktgröße und Kontaktform.

Die Größe und Form der Synthese-Kontakte hängt von der Art des zur Kohlenoxyd-Hydrierung benützten Verfahrens ab.

Arbeitet man mit ruhenden Kontakten, so verwendet man grobkörnige Synthese-Kontakte mit einer Teilchengröße von etwa 1 bis 3 mm.

Um die Kontakte in die zur Synthese erforderliche geeignete Form zu bringen, sind verschiedene Verfahren entwickelt worden[2].

---

[1] Pichler, H. und K. H. Ziesicke: Brennstoff-Chem. 30 (1948) 60.
[2] Gehrke, H.: Angew. Chem. A. 60 (1948) 737.

Man hat den Kontakten in Strangpressen oder in besonderen Vorrichtungen die zur Herstellung von Fadenkorn von 2 mm Durchmesser erforderliche Gestalt erteilt.

Die Herstellung solcher Kontakt-Zylinderchen von etwa 1 bis 3 mm Durchmesser bereitet bei den meisten Mischkontakten gewisse Schwierigkeiten.

Der bei normaler Fällung von Kobalt und Thoriumnitrat in Gegenwart von Kieselgur mit Alkalicarbonat erhaltene Niederschlag enthält nach dem Filtrieren etwa 70 bis 80 Prozent Wasser. Trotz dieser Wassermenge stellt der Filterkuchen eine zusammenhängende steife Masse dar, die jedoch nicht in üblicher Weise gepreßt werden kann, da diese Masse sich beim Pressen in Flüssigkeit und feste Anteile trennt.

Trotzdem läßt sich diese Masse zu fadenförmigen Gebilden von der genannten Größe verformen, wenn man das Fällungsgut, bevor es die Löcher der Presse passiert, vorzugsweise in der Zerkleinerungsvorrichtung selbst, einer gelinden mechanischen Behandlung unterwirft[1]. Hierdurch wird die Masse bei richtiger Bemessung der Behandlung in pastenförmigen Zustand übergeführt und kann so anstandslos durch die Lochplatten gepreßt werden.

Beispielsweise wird eine aus 80 Prozent Wasser, 10 bis 15 Prozent Kieselgur und 5 bis 10 Prozent Carbonaten bestehende Masse zu je 2 mm dicken Fäden geformt, indem man sie mittels Kolben unter einem Druck von 0,1 bis 0,2 kg/qcm der Verteilungsvorrichtung zuführt. Über die Lochplatte bewegt sich ein waagerechter Stab 70mal in der Minute hin und her. Mit einer Fördergeschwindigkeit von 0,2 bis 1 m/sek. werden so die fadenförmigen Gebilde erzeugt. Nach dem Trocknen zerfallen sie beim Fall auf eine Transportvorrichtung von selbst in kleine Stückchen.

Zur Herstellung von Kontakt-Formlingen haben sich Verfahren bewährt, die den Synthese-Kontakten eine sogenannte Schiffchenform erteilen. Diese Schiffchen werden durch Walzen hergestellt und lösen sich beim Trocknen wegen der Schrumpfung gut ab.

In Form von Körnern (6 bis 10 Maschen/Zoll) oder Scheiben (pellets) von 3,2 mm Durchmesser und 1,6 mm Länge benützen R. B. Anderson, W. K. Hall, H. Hewlett und B. Seligman[2] die aus Kobalt-Thoriumoxyd-Magnesiumoxyd-Kieselgur bestehenden Synthese-Katalysatoren.

Die Herstellung der Katalysatoren erfolgt nach diesen Angaben in der Weise, daß man den nach der Ausfällung und Auswaschen erhaltenen Filterkuchen entsprechend zerkleinert oder mit 4 Gewichtsprozent Graphit zu Tabletten preßt und dann 2 Stunden mit 3000 Volumteilen Wasserstoff je Volumteil Katalysator reduziert.

---

[1] F.P. 843 306, Ruhrchemie A.G.
[2] Anderson, R. B., W. K. Hall, H. Hewlett u. B. Seligman: J. Amer. chem. Soc. 69 (1947) 3114.

Bei diesen geformten Kobalt-Thoriumoxyd-Magnesiumoxyd-Kieselgur-Katalysatoren hängt die Ausbeute an flüssigen Kohlenwasserstoffen von der scheinbaren Dichte der Kontakt-Formlingen ab[1]. Mit ansteigender scheinbarer Dichte steigen die Ausbeuten an gasförmigen Produkten bei gleicher Kontraktion und gleicher Gasgeschwindigkeit auf Kosten der flüssigen Kohlenwasserstoffe an.

Die geformten Katalysatoren vertragen die dreifache Durchsatzmenge an Synthese-Gas, berechnet auf den gleichen Umwandlungsgrad, erzeugen aber mehr leichte Kohlenwasserstoffe und Kohlendioxyd. Aus diesem Grunde sind Katalysatoren in granulierter Form vorzuziehen[2].

Ordnet man die Synthese-Kontakte nicht zwischen den Kühlelementen, sondern in engen, von Kühlmitteln umspülten Kontaktrohren an, so erteilt man den Kontakt-Teilchen eine zylindrische, scheibenförmige oder kugelförmige Gestalt, z. B. Tabletten- oder Pillenform. Zur Erzielung einer gleichbleibenden Temperatur an jeder Stelle des Rohrquerschnittes wird nach G. Wirth[3] der Querschnitt der Kontakt-Teilchen nur 0,2 bis 2 mm kleiner als der Rohrquerschnitt gewählt.

Bei Synthese-Verfahren, die mit in flüssigem Medium oder mit im Synthese-Gas suspendierten Katalysatoren arbeiten, müssen letztere in feiner Zerteilung vorliegen; in bestimmten Fällen sogar in kolloiddisperse Form gebracht werden.

Das in den Vereinigten Staaten von Nordamerika entwickelte „Hydrocol-Verfahren" arbeitet z. B. mit alkalisierten Eisen-Kontakten, deren Korngröße zu 80 Prozent zwischen 40 und 325 Maschen, bei einer scheinbaren Dichte von 2,3 bis 2,5 liegt[4].

C. Nachbehandlung von Synthese-Kontakten.

Die nach den vorbeschriebenen Verfahren hergestellten Synthese-Kontakte können in den meisten Fällen nicht unmittelbar nach ihrer Herstellung zur Katalysierung der Kohlenoxyd-Hydrierung verwendet werden. Dies gilt sowohl für die Eisen-Kontakte als auch für die Kontakte auf Kobalt-Basis.

Allerdings erfolgt die Nachbehandlung der Eisen-Katalysatoren einerseits und der Kobalt-Katalysatoren andererseits nicht aus den gleichen Gründen.

Bei den Eisen-Kontakten muß durch die Nachbehandlung die erforderliche Aktivität für den Dauerbetrieb erst geschaffen werden,

---

[1] Anderson, R. B., A. Krieg, B. Seligman u. W. Tarn: Ind. Engng. Chem., ind. Edit. 40 (1948) 2347.

[2] Anderson, R. B. u. Mitarbeiter: Ind. Engng. Chem., ind. Edit. 39 (1947) 1548.

[3] D.R.P. 734218, I.G. Farbenindustrie A.G.; F.P. 855270, N.V. Internationale Koolwaterstoffen Synthese Mij.; International Hydrocarbon Synthesis Co.

[4] Pichler, H.: Brennstoff-Chem. 30 (1949) 105.

6*

während bei den Kobalt-Katalysatoren die Nachbehandlung die außerordentlich große Luftempfindlichkeit beseitigen und die große Anfangsaktivität herabsetzen muß.

Infolge der großen Sauerstoff-Empfindlichkeit der Synthese-Kontakte muß man von der Reduktion bis zur Beschickung mit Synthese-Gas im Ofen jede Spur von Luft peinlich fernhalten und ein sehr sauberes Inertgas zum Aufbewahren und zum Umfüllen des Kontaktes benützen[1].

Das Eintragen der luftempfindlichen Synthese-Kontakte kann unter Luftausschluß z. B. mit Hilfe der von H. Biederbeck[2] vorgeschlagenen und auf S. 144 beschriebenen Vorrichtung erfolgen.

I. Eisen-Kontakte.

Die Eisen-Katalysatoren haben gegenüber den Kobalt- und Nickel-Kontakten den Nachteil, daß sie bei verhältnismäßig hohen Temperaturen verwendet werden müssen und bei nur kurzer Lebensdauer wesentlich geringere Kohlenwasserstoff-Ausbeuten liefern.

Durch geeignete Zusätze, wie z. B. Kupfer, sowie durch Alkalien[3] hat man versucht, die Aktivität der Eisen-Kontakte zu steigern.

Nach K. Meyer[4] läßt sich aber die Leistungsfähigkeit von Eisen-Kontakten für die Kohlenwasserstoff-Synthese aus Kohlenoxyd und Wasserstoff unter Druck erheblich steigern und insbesondere die mit diesen Kontakten erzielbare Ausbeute an hochsiedenden und festen Kohlenwasserstoffen erhöhen und zwar unter gleichzeitiger Zurückdrängung der Methan-Bildung, wenn man die Eisen-Kontakte alkalisiert und einer thermischen Behandlung durch Erhitzen auf Temperaturen oberhalb der Synthese-Temperatur und unterhalb 500°, vorteilhaft bei etwa 350°, unterwirft und während oder nach der Erhitzung mit oxydierenden Gasen, z. B. Luft, behandelt. Nach dieser Erhitzung, die bei beliebigem Druck, zweckmäßig aber bei Atmosphärendruck erfolgen kann, werden die Kontakte einige Zeit, z. B. 24 Stunden, etwa bei Synthesetemperatur reduziert, zweckmäßig mit Synthesegas und danach bei dem gewünschten Arbeitsdruck in Betrieb genommen.

Ein durch Fällung gemischter Lösungen von Eisen-, Kupfer- und Mangannitrat oder -chlorid hergestellter, nach dem Auswaschen mit etwa $^1/_8$ Prozent Kaliumcarbonat getränkter Eisenkontakt mit 55 Prozent Eisen, 11 Prozent Kupfer und 2,75 Prozent Mangan, wird nach dem Trocknen einmal ohne weitere Behandlung, das andere Mal nach der zusätzlichen thermischen Behandlung auf seine Wirksamkeit geprüft. Die thermische Behandlung besteht dabei in einer 16 stündigen Erhitzung des frischen Kontaktes im Luftstrom bei Atmosphärendruck auf 350°.

Zu den Syntheseversuchen wurde ein Gas, bestehend aus 54 bis 55 Volumprozenten Kohlenoxyd, 33 bis 34 Volumprozenten Wasserstoff, Rest Inerte ver-

---

[1] Wenzel, W.: Angew. Chem. B. 20 (1948) 225.

[2] D.R.P. 729 729, Ruhrchemie A.G.

[3] Siehe S. 18, 66. — [4] D.R.P. 747 398, Braunkohle-Benzin A.G.

wendet. Die Synthese wurde bei einem Druck von 15 at mit etwa 2,5 Liter Kontakt, die etwa 1100 g Eisen enthielten, durchgeführt. Die Gasbeaufschlagung betrug 180 Liter je Stunde, unter Normalbedingungen gemessen.

In der Tab. 8 sind die während einer Laufzeit von 23 Tagen erhaltenen Durchschnittswerte zusammengestellt.

Tabelle 8.

Einfluß der thermischen Nachbehandlung von Eisen-Kontakten auf die Ausbeute an Kohlenwasserstoffen.

Versuchsbedingungen	ohne		mit	
	thermischer Nachbehandlung			
Temperatur	242°		238°	
Kohlenoxyd-Umsatz in Prozent	78		69	
Ausbeute:				
a) in g je Normalkubikmeter Synthesegas . . .	a) 12,5	b) 18	a) 19	b) 31
b) in g je Normalkubikmeter verbrauchtes Kohlenoxyd + Wasserstoff				
Gasol	14	21	16,5	27
Feste und flüssige Produkte	101	145	77	125
Feste, flüssige und nicht kondensierbare Produkte	115	166	94	151
Prozentuale Verteilung der Gesamtprodukte:				
Feste und flüssige Kohlenwasserstoffe	79		69	
Gasförmige, leicht kondensierbare Produkte . .	11		14	
Methan	10		17	
Prozentuale Verteilung der festen und flüssigen Produkte:				
Hartparaffin (über 450°)	26		8	
Paraffin-Gatsch (320—450°)	18		16	
Dieselöl (160—320°)	20		23	
Benzin	36		53	

Die Aktivität und die Wirkungsdauer eines Eisen-Kontaktes hängt auch ab von der Art und Zusammensetzung des zur Inbetriebnahme verwendeten Synthesegases.

Um möglichst lang wirksame Eisen-Katalysatoren zu erhalten, muß man nach H. Kölbel und P. Ackermann[1] zur Inbetriebnahme ein Synthesegas verwenden, das von Kohlendioxyd befreit ist. Besonders unangenehm macht sich der Einfluß des Kohlendioxyds bei solchen Eisen-Katalysatoren bemerkbar, die nur aus Eisen bestehen, ohne die über 0,5 Prozent betragenden Beimengungen an anderen Metallen, wie z. B. Kupfer.

Ebenso erreicht der Eisen-Katalysator nicht seine volle Wirksamkeit, wenn er mit kohlenoxydreichen Gasen nachbehandelt wird.

Es muß somit der Eisen-Kontakt zunächst mit kohlenoxydarmen, bis 45 Prozent Kohlenoxyd, und kohlendioxydfreiem Gas bei gewöhnlichem Druck bis zur Erreichung seiner vollen Wirksamkeit betrieben

---

[1] D.R.R. 728217, Steinkohlen Bergwerk Rheinpreußen.

werden. Anschließend kann dann der Eisen-Kontakt auf kohlenoxyd-reiches Gas, über 45 Prozent Kohlenoxyd, und erhöhtem Druck umgestellt werden.

Ein im wesentlichen aus Eisen bestehender, durch Fällen aus einer Nitratlösung mit Alkalihydroxyden oder -carbonaten oder wäßrigem Ammoniak bzw. Ammoniumcarbonat oder durch thermische Zersetzung des Nitrates hergestellter Kontakt, der weniger als 0,5 Prozent aktivierende Zusätze enthält, wird bei 225 bis 245° mit einem Gas der Zusammensetzung 6,0 Prozent Kohlendioxyd, 28,0 Prozent Kohlenoxyd, 56,0 Prozent Wasserstoff, 4,5 Prozent Methan und 5,5 Prozent Stickstoff behandelt, wobei das Kohlendioxyd vorher entfernt wird. Mit einem stündlichen Durchsatz von 0,3 bis 0,5 Liter je Gramm Eisen beträgt die Ausbeute nach 160 Stunden 54 g je Kubikmeter Synthesegas. Der Katalysator hat damit seine volle Wirksamkeit erreicht; er wird hierauf mit dem Gas obiger Zusammensetzung weiterbetrieben, ohne daß das Kohlendioxyd entfernt wird. Die Ausbeute beträgt darauf nach weiteren 150 Stunden 52 g je Normalkubikmeter Gas.

Wird der gleiche Kontakt mit dem Gas obiger Zusammensetzung bei sonst gleichen Bedingungen in Betrieb genommen, ohne daß das Kohlendioxyd entfernt wird, so beträgt die Ausbeute nach 150 Stunden nur 33 g und nach weiteren 150 Stunden nur 38 g je Normalkubikmeter Gas.

Eine beträchtliche Steigerung der Wirksamkeit und Wirkungsdauer von Eisen- oder Eisen-Misch-Kontakten bei der Druck-Synthese kann man nach F. Fischer und H. Pichler[1] erzielen, wenn man diese Kontakte vorher mit Kohlenoxyd oder kohlenoxydhaltigen Gasen bei Drucken von unterhalb einer Atmosphäre, zweckmäßig bei Drucken, die einen kleinen Bruchteil von 1 kg/qcm betragen, bei Temperaturen von etwa 230 bis 350° nachbehandelt.

Durch die Anwendung dieser besonders niedrigen Drucke bei gleichzeitiger Anwendung von höheren Temperaturen gelingt es, Eisen- oder Eisen-Mischkontakten die Wirksamkeit und die Lebensdauer der wesentlich teueren Kobalt-Kontakte zu erteilen.

Man kann annehmen, daß bei der Nachbehandlung des Eisen-Kontaktes eine ganz bestimmte Umwandlung eintritt, die als „Formierung" bezeichnet wird. Es ist wahrscheinlich, daß bestimmte Eisencarbide entstehen, wobei sich der Kohlenstoff in ganz spezieller Weise dem Eisengitter einfügt.

Mit Wasserstoff lassen sich derartige Wirkungen nicht erzielen. Der Wasserstoff bewirkt nur eine Reduktion des Eisens, ohne die katalytischen Eigenschaften günstig zu beeinflussen.

Die optimale Formierungstemperatur liegt höher als die optimale Synthesetemperatur. Man führt die Formierung beispielsweise am besten bei 320 bis 340° durch, während die beste Synthese-Anfangstemperatur bei 220 bis 230° liegt. Aus diesem Grunde wird die Formierung zweckmäßigerweise in einer besonderen Apparatur vorgenommen und der Katalysator erst nach dieser Behandlung in die Synthese-Öfen eingefüllt.

---

[1] D.R.P. 738091, F.P. 841043, Ital. P. 363948, Studien- und Verwertungs G.m.b.H.

Aus einer Eisennitrat-Lösung wird durch Fällung ein Eisenkontakt hergestellt, der neben einigen Zehntel Prozent Alkali keine weiteren Zusätze enthält. Vor seiner Inbetriebnahme wird der Kontakt unter Aufrechterhaltung eines Gasdruckes von 0,1 kg/qcm bei 325° während der Dauer von 24 Stunden je kg Eisen stündlich mit 400 Normalliter Kohlenoxyd behandelt. Nach dieser Formierung findet er zur Kohlenoxyd-Hydrierung Verwendung, wobei ein Synthesegas benützt wird, das Kohlenoxyd und Wasserstoff im Verhältnis von 1,8 zu 1 enthält. Der Arbeitsdruck beträgt 15 kg/qcm und die Umsetzungstemperatur 235°. Die Gaskontraktion beläuft sich auf 55 Prozent, so daß praktisch ein vollkommener Kohlenoxyd-Umsatz erreicht wird. An festen, flüssigen und Gasol-Kohlenwasserstoffen werden je Normalkubikmeter inertfreies Synthesegas 150 g erhalten. Auch nach 3 Betriebsmonaten ist die Aktivität des Eisen-Kontaktes noch unverändert.

Die gewonnenen flüssigen Kohlenwasserstoffe bestehen zum größten Teil aus bis zu 180° siedendem Benzin, das eine ziemlich gute Klopffestigkeit aufweist. Etwa 20 bis 30 g der Ausbeute bestehen aus Gasol mit C_3- und C_4-Kohlenwasserstoffen, dessen ungesättigte Bestandteile für die Herstellung von hochklopffestem Polymerbenzin besonders geeignet sind.

Der Einfluß, den der Behandlungsdruck und die Zusammensetzung der dabei verwendeten Gase auf die Kohlenwasserstoffausbeute ausüben, geht aus nachfolgenden Angaben hervor:

Ein Eisen-Katalysator wird bei 15 kg/qcm und 255° 24 Stunden lang mit stündlich 4 Liter eines Kohlenoxyd-Wasserstoff-Gemisches je 10 g Eisen behandelt, das auf 1,8 Teile Kohlenoxyd 1 Teil Wasserstoff enthält. Während der Synthese gibt dieser Katalysator bei 230° praktisch noch keinen Umsatz. Die Temperaturen mußten unmittelbar auf 260 bis 280° gesteigert werden. Aber auch bei diesen Temperaturen sind die erzielten Ausbeuten noch völlig unbefriedigend.

Wird der gleiche Katalysator unter denselben Bedingungen bei einem Druck von 1 kg/qcm behandelt, dann konnte in der nachfolgenden Synthese bei 14 Atmosphären und 250° ein befriedigender Umsatz erzielt werden. Die Arbeitstemperatur muß jedoch zur Erhaltung eines gleichbleibenden Kohlenoxyd-Umsatzes wöchentlich um 2 bis 5° erhöht werden.

Formiert man den gleichen Eisen-Katalysator unter gleichen Bedingungen bei einem Druck von 0,1 kg/qcm, so ist bereits bei Temperaturen von 230 bis 235° eine praktisch vollkommene Kohlenoxyd-Umsetzung möglich. Zur Erhaltung gleichbleibender Umsatzverhältnisse muß während der ersten drei Betriebsmonate die Synthesetemperatur um insgesamt 28° erhöht werden. Innerhalb der darauf folgenden weiteren drei Monate ist eine Temperaturerhöhung von 7° nötig, so daß während eines halben Jahres die Arbeitstemperatur um insgesamt 35° zu steigern ist.

Behandelt man aber den gleichen Eisen-Kontakt unter den genannten Bedingungen des angeführten Beispieles, d. h. 0,1 kg/qcm Druck, 325° Temperatur, Durchsatz von 400 Liter Kohlenoxyd je Stunde und kg Katalysator während 24 Stunden, dann kann während der Synthese bereits bei 235° ein vollkommener Kohlenoxyd-Umsatz erzielt werden. Dabei braucht innerhalb einer Betriebsdauer von mehr als 3 Monaten die Arbeitstemperatur in keiner Weise erhöht werden.

Die als Formierung bezeichnete Kohlenoxyd-Behandlung des Eisen-Katalysators und die hiervon unabhängige Kohlenoxyd-Hydrierung sind zwei Vorgänge, die zur Erzielung optimaler Wirkungen und Ausbeuten bei verschiedenen Arbeitsbedingungen durchgeführt werden müssen. Dabei ergeben sich für die Katalysator-Formierung folgende Forderungen:

Man verwendet am besten reines Kohlenoxyd oder ein Kohlenoxyd, das durch inerte Gase verdünnt ist. Kohlenoxyd-Wasserstoff-Gemische liefern weniger gute Ergebnisse, und zwar um so schlechtere, je weniger Kohlenoxyd und je mehr Wasserstoff im Formierungsgas enthalten ist.

Der bei der Formierung verwendete Kohlenoxyd-Druck soll unterhalb von 1 kg/qcm liegen. Am besten werden Kohlenoxyd-Drucke verwendet, die nur einen Bruchteil von 1 kg/qcm, z. B. 0,1 kg/qcm betragen.

Die bei der Formierung verwendete Arbeitstemperatur liegt oberhalb von 230°. Die besten Ergebnisse werden bei 300 bis 350° erzielt.

Bei der Formierung sollen die Gase so schnell wie möglich über den Kontakt streichen, damit der Partialdruck des in diesem Falle schädlichen Kohlenoxyds möglichst klein bleibt.

II. Kobalt-Kontakte.

Die zur katalytischen Umsetzung von Kohlenoxyd und Wasserstoff verwendeten Kobalt-Thoriumoxyd-Kieselgur-Kontakte weisen kurz nach ihrer Herstellung eine unerwünscht hohe Empfindlichkeit und Aktivität auf. So sind diese Kontakte in frischem Zustande außerordentlich luftempfindlich und neigen beim Zutritt von Luft oder sauerstoffhaltigen Gasen zu schädlichen Überhitzungen und Entzündungen. Ferner reagieren die frischen Kontakte auch mit dem Synthesegas derart lebhaft, daß die bei der Reaktion entbundene Wärme die Kontakte schwer schädigt, wenn nicht sogar unbrauchbar macht.

Selbst wenn die frischen Kontakte mit äußerster Vorsicht in Betrieb genommen werden, läßt es sich nicht vermeiden, daß zu Anfang der Reaktion unerwünscht große Mengen von Methan gebildet werden.

Zur Vermeidung dieser Luftempfindlichkeit muß man die Kontakte zweckmäßigerweise einer besonderen Nachbehandlung unterziehen.

Um die zu hohe Anfangsaktivität der Kontakte, die zu Überhitzungen bzw. zum Totbrennen der Katalysatoren führt, herabzusetzen, behandelt man z. B. die fertigen Kontakte oder deren Ausgangsstoffe vor, während oder nach der Herstellung mit flüssigen oder geschmolzenen, zweckmäßig mit den bei der Kohlenwasserstoffsynthese selbst erhaltenen Kohlenwasserstoffen[1].

Beispielsweise werden gleiche Teile Kieselgur und Kobaltcarbonat in Gegenwart kleiner Mengen aktivierender Zusätze mit einer solchen Menge einer Lösung von Paraffin in Benzin behandelt, daß nach der Verdampfung des Benzins 5 Gewichtsprozent Paraffin im Katalysator zurückbleiben. Die Masse wird dann gepreßt, bei 200° im Wasserstoffstrom reduziert und über den Kontakt anschließend ein Kohlenoxyd-Wasserstoff-Gemisch geführt. Die Reduktion setzt langsam ein und erreicht allmählich, wenn das Paraffin völlig entfernt ist, ihre Höchstempfindlichkeit.

Nach dieser Beladung mit diesen aktivitätsverringernden Stoffen geht die Synthese bei der Inbetriebnahme der Kontakte langsam und verhältnismäßig gefahrlos vonstatten.

---

[1] Ind. P. 22776, Ruhrchemie A.G.

Um die Oxydation des Katalysators an der Luft zu verhindern und die Höhe der Anfangsaktivität herabzusetzen, kann man ihn nach der Reduktion und Abkühlung auf unterhalb 100° mit einer Flüssigkeit, die Hydroxyl- oder Carboxylgruppen enthält, z. B. Cyclohexanol, Methylcyclohexanol, Cyclohexanon oder Methylcyclohexanon oder ein Gemisch eines synthetisch gewonnenen Kohlewasserstofföles mit 10 Prozent der genannten Lösungsmittel behandeln[1]. Diese Flüssigkeiten werden stärker an der Katalysatoroberfläche adsorbiert und leicht wieder desorbiert. Die überschüssige Flüssigkeit entfernt man durch abwärts strömenden Wasserstoff oder Inertgas oder durch Erwärmen auf den Kochpunkt der Flüssigkeit in Gegenwart von Wasserstoff, Inertgas oder Synthesegas.

Diese Art der Vorbehandlung der frischen Synthesekontakte besitzt aber einige Nachteile.

So sind die mit flüssigen oder festen Syntheseprodukten getränkten Katalysatoren, bei einem nahezu doppelten Gewicht, nur schlecht in die Syntheseöfen einfüllbar, da die einzelnen Kontaktkörner leicht aneinanderkleben und so eine gleichmäßige dichte Lagerung des Kontaktes verhindern. Weiter verringert die Tränkung des geformten Kontaktes die Anfangsaktivität in unerwünscht hohem Maße über zu lange Zeiträume, und überdies wird dabei die Aktivität in einer unvorteilhaften Weise abgestuft, da die zuerst vom Gas getroffenen Katalysatorpartien, die am empfindlichsten sind, vom Tränkungsmittel schon befreit sind, während die andern Katalysatorzonen, die nur mit durch Synthese-Reaktionsprodukten verdünntem Gas in Berührung kommen und des geringsten oder gar keines Schutzes bedürfen, noch mit flüssigen oder festen Syntheseprodukten getränkt sind.

Diese Schwierigkeiten lassen sich nach E. Sauter[2] beheben, wenn man für die Inaktivierung der Kontakte gegen Luft bei niedriger Temperatur ein gasförmiges Schutzmittel, insbesondere Kohlendioxyd, verwendet und dann nach dem Einfüllen des Kontaktes in den Syntheseofen ihn mit festen oder flüssigen Tränkungsmitteln von der Art der Syntheseprodukte, die unter den Synthesebedingungen langsam vom Synthesegas vom Kontakt entfernt werden, so behandelt, daß nur die vom Synthesegas zuerst beaufschlagten Schichten mit den flüssigen oder festen Synthese-Produkten beladen werden.

Besonders zweckmäßig ist es, den Kontakt im Syntheseofen dadurch zu inaktivieren, daß Tränkungsmittel auf die obersten Schichten aufdestilliert werden; auf diese Weise ist eine rasche und gleichmäßige Tränkung des Kontaktes sicher zu erzielen.

Man kann ferner auch eine Inaktivierung der frischen Kontakte dadurch erzielen, daß man beim Einfüllen der Kontakte in den Synthese-

---

[1] E.P. 517794, Belg. P. 435849, Synthetic Oils Ltd. und W. W. Myddelton.
[2] D.R.P. 720107, F.P. 845301, Belg. P. 430870, Ruhrchemie A.G.

ofen mit einer Schutzatmosphäre aus Kohlendioxyd und Stickstoff arbeitet. Diese Inertgase schützen die Kontaktmasse jedoch nur an den Grenzflächen. In ihrem Inneren ist die Masse weiterhin höchst sauerstoffempfindlich. Außerdem bleibt die unzulässig hohe Anfangsgeschwindigkeit in vollem Umfange erhalten, so daß die Kontaktöfen nur mit besonderer Vorsicht befahren werden können.

Nach F. Martin und F. Johswig[1] kann man die Sauerstoff-Empfindlichkeit der Syntheseprodukte dadurch gänzlich beseitigen, daß man die Kontakte bei tiefer Temperatur mit Kohlendioxyd belädt. Ein bei tiefer Temperatur mit Kohlendioxyd beladener Kontakt wird gegen die Einwirkung der umgebenden Luft völlig unempfindlich, außerdem entweicht beim Befahren die Kohlensäure derart langsam, daß schädliche Temperatursteigerungen unterbleiben und keine unerwünschte Methanbildung auftritt. Vorbedingung hierfür ist aber, daß der Kontakt nach seiner Reduktion zunächst mit Stickstoff oder anderen Inertgasen auf unterhalb von 30° liegende Temperaturen abgekühlt und erst dann mit Kohlendioxyd getränkt wird.

Ein Kübel von 15000 Liter Fassungsraum, in dem man 3000 kg eines für die Benzinsynthese nach Fischer-Tropsch geeigneten Kontaktes reduzierte, wurde nach der Reduktion mit Hilfe von durchgeleitetem Stickstoff kalt geblasen. Der im Kübel befindliche Stickstoff wurde hierauf im Laufe von etwa 10 Stunden durch langsame Einleitung entspannter Kohlensäure bei unterhalb 30° vollständig verdrängt.

Das aufgenommene Kohlendioxyd übte auf den Katalysator eine so gute Schutzwirkung aus, daß er ohne die geringste Verminderung seiner Wirksamkeit transportiert und ohne Luftabschluß in die Kontaktöfen eingefüllt werden konnte.

Die Luftempfindlichkeit von Synthesekontakten läßt sich nach einem anderen Vorschlag von A. Mann und W. Lorenz[2] auch beseitigen, und damit die Wirksamkeit und Lebensdauer der Katalysatoren beträchtlich erhöhen, wenn man die Kontakte einer ganz vorsichtigen Oxydation bei Zimmertemperatur unter solchen Bedingungen unterwirft, daß die bei Berührung mit Luft auftretende Erwärmung nur wenige Grade beträgt. Zweckmäßig wird der Katalysator vor der Oxydation weniger luftempfindlich gemacht, damit die Oxydation besser überwacht werden kann. Diese Inertisierung des Katalysators gegenüber Sauerstoff kann ohne die geringste Schädigung seiner katalytischen Eigenschaften durch eine Behandlung des Katalysators mit Kohlendioxyd erreicht werden, z. B. indem man den frisch reduzierten Kontakt längere Zeit, etwa 18 bis 20 Tage, in Kohlendioxydatmosphäre lagert. Nach dieser Behandlung ist der Kontakt so unempfindlich gegenüber Luft geworden, daß er nicht mehr aufglüht, sondern sich nur um wenige Grade, etwa 3 bis 7°, erwärmt. Die Beendigung der Oxydation gibt sich durch Aufhören der

---

[1] D.R.P. 720107, F.P. 845301, Belg. P. 430870, Ruhrchemie A.G.
[2] D.R.P. 710128, Braunkohle-Benzin-A.G.

Wärmeentwicklung zu erkennen. Ein so vorbehandelter Kontakt zeigt gegenüber einem unbehandelten eine wesentliche Steigerung der Aktivität und Lebensdauer.

Von frisch reduziertem Kobalt-Thoriumoxyd-Kieselgur-Kontakt (32 zu 5 zu 63) wurde ein Teil unmittelbar bei 185° mit einem Gemisch von Kohlendioxyd und Wasserstoff (1 zu 2) behandelt, ein anderer, nachdem er 20 Tage bei Zimmertemperatur unter Kohlendioxyd gelagert hatte und dann ebenfalls bei Zimmertemperatur der Luft ausgesetzt worden war, wobei er eine maximale Temperaturerhöhung von 3° zeigte.

Die nachstehende Tab. 9 läßt den Unterschied zwischen normal reduzierten und reduzierten und anschließend oxydierten Kontakt klar erkennen.

Tabelle 9.
Abhängigkeit der katalytischen Leistung von der Art der Kontaktnachbehandlung.

Betriebsstunden	Versuch I		Versuch II	
	unbehandelt	oxydiert	unbehandelt	oxydiert
	Ölausbeute in g je cbm Gasgemisch			
25	86	102	91	94
100	93	98	84	97
200	79	95	80	93
300	73	84	72	83
500	89	96	75	95
600	76	85	80	83

Bei diesen Versuchsreihen wurden die Katalysatoren zwischen der 300sten und 500sten Betriebsstunde zur Erhöhung der abgesunkenen Aktivität mit reinem Wasserstoff behandelt.

Nach W. Braune und H. Schaefer[1] bleibt die Aktivität von nickelfreien an sich hochaktiven Kobalt-Katalysatoren wesentlich länger erhalten, wenn man die Kontakte nach ihrer Reduktion bei der ersten Inbetriebnahme mit gasförmigem Ammoniak behandelt, z. B. mit einem Synthesegas, das mit Ammoniak beladen ist.

So ergeben sich beispielsweise bei einem Versuch, bei dem ein Teil eines frischen Kontaktes der Zusammensetzung 30,12 Prozent Kobalt, 5,30 Prozent Thoriumoxyd und 64,58 Prozent Kieselgur während 20 Minuten bei 185° mit Synthesegas (Kohlenoxyd zu Wasserstoff wie 1 zu 2), der durch konzentriertes Ammoniakwasser geleitet worden war, während ein anderer Teil ohne die Ammoniakvorbehandlung in Betrieb genommen wurde, folgende Ergebnisse:

Tabelle 10. *Abhängigkeit der Benzinausbeute*
von der Vorbehandlung der Kontakte.

Betriebsstunden	Ausbeute in g Öl je cbm Synthesegas mit	
	unbehandeltem	Ammoniak behandeltem
	Kontakt	
100	60	52
150	56	90
250	55	88
300	42	72
350	48	78
400	35	65

[1] D.R.P. 710963, Braunkohle-Benzin-A.G.

Von H. Schaefer und W. Lorenz[1] wurde weiter gefunden, daß die Aktivität von Kobalt-Katalysatoren wesentlich länger erhalten und der Anfall an Methan wesentlich geringer bleibt, wenn die Kontakte bei der ersten Inbetriebnahme mit einem Synthesegas behandelt werden, welches einen verhältnismäßig großen Zusatz von Wasserdampf erhalten hat, worauf die weitere Synthese ohne besonderen Zusatz von Wasserdampf durchgeführt wird.

Dabei ist es zweckmäßig, während der Inbetriebnahme der Kontakte mit einem stark wasserdampfhaltigen Synthesegas den Wasserdampfgehalt nicht ständig unverändert beizubehalten, um ihn dann plötzlich fortzulassen, sondern den Übergang allmählich vorzunehmen, d. h. den Wasserdampfgehalt bereits während der Behandlung mit dem wasserdampfangereicherten Synthesegas zu verringern.

Die Höhe des Zusatzes von Wasserdampf zum Synthesegas hängt etwas von der Herstellung und Belastung der Kontakte, Kontaktschichtdicke sowie der verwendeten Reaktionstemperatur ab. Es ist nicht erforderlich, daß während der ganzen Lebensdauer des Kontaktes Wasserdampf in Mengen von 0,1 Volumen je Volumen Synthesegas oder mehr zugegen ist; es genügt, wenn etwa nach der 300sten Stunde so viel Wasserdampf zugegen ist, daß der Taupunkt des Gases bei etwa 20 bis 25° liegt.

So ergaben Versuche an einem aus 31,5 Prozent Kobalt, 5,02 Prozent Thoriumoxyd und 63,73 Prozent Kieselgur bestehenden Katalysator, der mit 1 Liter Synthesegas (Wasserstoff zu Kohlenoxyd wie 2 zu 1) je Gramm Kontakt in der Stunde behandelt wurde, daß ein Wasserdampfzusatz von 2 bis 2,5 Volumen je Volumen Synthesegas während der ersten zwanzig Stunden, der bis zur dreißigsten bis fünfzigsten Stunde auf 0,7 bis 1,5 Volumen und bis zur hundertsten bis 300sten Stunde auf 0,1 bis 0,2 Volumen je Volumen Synthesegas verringert wurde, zwar anfänglich die Ölausbeute geringfügig um maximal 10 bis 15 Kubikzentimeter Öl je Kubikmeter Synthesegas verringerte, daß aber schon nach kurzer Zeit, etwa 100 Stunden, die Ölausbeuten um 25 bis 100 Prozent über die Werte stiegen, die mit Kontakten erhalten werden konnten, die ohne Wasserdampf in Betrieb genommen worden waren. Die Methanbildung während des Anfahrens der Kontakte wird dabei wesentlich herabgesetzt.

So enthält das Reaktionsgas nach Abtrennung der kondensierbaren Bestandteile nur etwa 5 Prozent und weniger Methan, wenn die Kontakte mit wasserdampfhaltigem Synthesegas beaufschlagt wurden, gegenüber 35 bis 40 Prozent bei Verwendung von Synthesegas ohne Wasserdampf.

Die Verwendung von Synthesegas mit einem Wasserdampfzusatz hat auch den Vorteil, daß die Belastung des Kontaktes erheblich erhöht werden kann, z. B. von 1 Liter je Gramm Kobalt und Stunde auf 3 Liter Gas je Gramm Kobalt und Stunde, ohne daß Kontaktschädigungen und größere Methanmengen auftreten.

Ein weiterer Vorteil der Wasserdampfbehandlung der Kontakte ist, daß diese weniger empfindlich gegen Änderungen im Wasserstoff-Kohlen-

---

[1] D.R.P. 732684, Braunkohle-Benzin-A.G.

oxyd-Verhältnis, insbesondere gegen einen anfänglichen Kohlenoxyd-Überschuß im Synthesegas werden und beim Anfahren auch mit kohlenoxydreicherem Synthesegas, als dem Verhältnis Wasserstoff zu Kohlenoxyd wie 2 zu 1 entspricht, Ausbeuten an flüssigen Produkten bei geringer Methanbildung ergeben, wie die unbehandelten Kontakte nur mit einem Synthesegas (Wasserstoff zu Kohlenoxyd wie 2 zu 1) liefern. Endlich wird durch die Wasserdampfbehandlung erreicht, daß Zwischenhydrierungen, die zur Entfernung des im Kontakt sich ansammelnden Paraffins notwendig sind, wesentlich später und seltener vorgenommen werden müssen.

Eine Schädigung der frischen oder regenerierten Synthese-Kontakte bei der Inbetriebnahme kann nach einem Verfahren der Firma Metallgesellschaft A.G.[1] auch dadurch verhindert werden, daß man diese Kontakte zunächst, und zwar 14 Tage bis 2 Monate, mit einem Synthesegas mit 40 bis 70 Prozent Inertbestandteilen und vorzugsweise großen Durchsätzen beaufschlagt. Hierbei kann z. B. das Gas mit großer Geschwindigkeit im Kreislauf geführt und dem Synthese-Ofen normales Synthesegas entsprechend dem Verbrauch zugeführt werden.

Man kann aber auch den frischen Kontakt mit dem Abgas von unter normalen Bedingungen laufenden Ofen beschicken. Die Umstellung auf Normal-Bedingungen erfolgt zweckmäßig durch allmähliches Erhöhen der Konzentration von Kohlenoxyd und Wasserstoff im Synthesegas.

Der im Anlaufen befindliche Ofen wird ferner zweckmäßig bei möglichst niedrigen Synthese-Temperaturen betrieben. Man erzielt ein schonendes Anlaufen und damit eine lange Lebensdauer der Kontakte.

D. Wiederbelebung der Synthese-Kontakte.

Bei der katalytischen Kohlenoxyd-Hydrierung zeigen die benützten Kontakte bei allen vorbeschriebenen Synthese-Verfahren ein allmähliches Nachlassen ihrer Wirksamkeit[2].

Man hat bisher versucht, den dabei auftretenden Ausbeuterückgang durch Steigerung der Reaktionstemperatur auszugleichen. Eine Erhöhung der Temperatur ist aber nur innerhalb enger Grenzen möglich und damit auch die Wiederbelebung der Kontakte nur für kurze Zeit erreichbar.

Für die Aufrechterhaltung der Höchstausbeute war schon nach 64 Stunden eine Steigerung der Reaktionstemperatur um 5° und nach insgesamt 90 Stunden eine mehrmalige Steigerung um den gleichen Betrag erforderlich. Trotzdem trat im Laufe von einem Monat ein Abfall der ursprünglichen Ausbeute um 10,5 Prozent ein.

---

[1] F.P. 885784, Metallgesellschaft A.G.
[2] Kainer, F.: Kolloid Z. 102 (1943) 112.

Dieses Nachlassen der Wirksamkeit der Katalysatormasse ist darauf zurückzuführen, daß sich auf der Katalysatoroberfläche feste Paraffinkohlenwasserstoffe und andere hochmolekulare Verbindungen abscheiden. Diese Fremdstoffe müssen von Zeit zu Zeit aus dem Kontakt entfernt werden, um eine ausreichende Katalysatorwirksamkeit wiederherzustellen.

Die Entparaffinierung der Kontakte geht derart vor sich, daß man die Katalysatoren entweder mit einem Lösungsmittel oder mit Wasserstoff bzw. Inertgasen, wie z. B. Stickstoff oder Wasserstoff-StickstoffGemischen, bei erhöhten Temperaturen behandelt.

Um während der Reaktion eine Ermüdung des Kontaktes, z. B. einen aus Eisen mit 5 Prozent Aluminiumoxyd aktivierten Kontakt, infolge auf ihm sich absetzenden hochmolekularen Produkte zu vermeiden, wird nach einem Vorschlag der Firma I.G. Farbenindustrie A.G[1]. zu dem von oben in den Kontaktraum eintretenden Synthese-Gas ein Lösungsmittel, z. B. Paraffinöl, zugesprüht. Man verwendet hierzu nur soviel Lösungsmittel, daß sich im Kontaktraum keine Flüssigkeitsschicht ansammeln kann.

Durch das Besprühen des Kontaktes mit Lösungsmittel wird die Abscheidung der festen Kontakte zwar verzögert, aber nicht verhindert.

Man behandelt deshalb die Kontakte, deren Aktivität im Verlaufe der Synthese abnimmt, mit Wasserstoff oder inerten Gasen, wie z. B. Stickstoff, bei erhöhten Temperaturen.

Diese Wiederbelebung eines längere Zeit in Betrieb gewesenen Katalysators, die „Entparaffinierung", ist vornehmlich auf eine chemische Einwirkung des Wasserstoffes zurückzuführen[2].

Bei Verwendung von Stickstoff an Stelle von Wasserstoff wird nur eine verhältnismäßig geringe Wiederbelebung des Katalysators festgestellt, die lediglich auf eine physikalische Entfernung der Reaktionsprodukte von der KatalysatorOberfläche zurückzuführen ist.

Die Wiederbelebung der in ihrer katalytischen Wirksamkeit zurückgegangenen Kontakte kann mit Hilfe einer Wasserstoffbehandlung nach verschiedenen Verfahren erfolgen.

Zur Entfernung der auf dem Kontakt niedergeschlagenen hochmolekularen Stoffe ist ein Verfahren vorgeschlagen worden, nach welchem über den Kontakt für kurze Zeit ein wasserstoffreicheres Gasgemisch, das 2,5 bis 10 Teile Wasserstoff auf einen Teil Kohlenoxyd enthält, geleitet wird[3]. Dabei geht die Katalysierung der KohlenwasserstoffBildung weiter. Bevor man auf das wasserstoffreiche Gas umschaltet, kann man den Kontakt für kurze Zeit mit einem Lösungsmittel behandeln.

---

[1] F.P. 814853, E.P. 464308, I.G. Farbenindustrie A.G.

[2] Herington, E. F. G. u. L. A. Woodward: Brennstoff-Chem. 20 (1939) 319.

[3] F.P. 853302, Ital. P. 373532, Internationale Koolwaterstoffen Synthese Mij.; International Hydrocarbon Synthesis Co.

Bei der Synthese mit einem Gas, das Kohlenoxyd und Wasserstoff im Verhältnis 1 zu 2 enthält, ist nach 28 Tagen die Aktivität des Katalysators so weit gesunken, daß sich nur noch 50 ccm flüssige Kohlenwasserstoffe je Kubikmeter Mischgas bilden, statt der Höchstmenge von 85 Kubikzentimetern. Nach zweitägigem Behandeln mit einem Gas, das 4 Teile Wasserstoff auf 1 Teil Kohlenoxyd enthält, werden nach Umstellung auf Synthesegas wieder 95 Kubikzentimeter Benzin je Kubikzentimeter Gas erhalten.

Nach Feststellungen von O. Roelen und W. Feist[1] kann man die Lebensdauer der Katalysatoren auch dadurch wesentlich verlängern, daß man diejenigen Stoffe, welche sich im Katalysator ablagern und das Erlahmen bewirken, wie z. B. hochschmelzende Paraffine, kurzfristig wieder aus dem Katalysator entfernt, bevor diese Stoffe die katalytische Wirksamkeit nennenswert beeinträchtigen.

Die Entfernung der nichtflüchtigen Reaktionsprodukte kann z. B. durch das Herauslösen dieser Stoffe mittels Lösungsmitteln, z. B. mit Benzol, Alkoholen oder geeigneten Fraktionen der bei der Synthese erzeugten Öle, erfolgen. Diese Extraktion kann im Syntheseofen selbst vorgenommen werden.

Das auf dem Katalysator abgesetzte Paraffin löst O. Roelen[2] jeweils nach 1 bis 2 Tagen mittels eines zwischen 190 und 220° siedenden Schwerbenzins oder mittels einer Mischung von Benzin und schweren Ölen, die zwischen 200 und 320° sieden. Nach der Entfernung des Paraffins läßt man kurze Zeit Wasserstoff über den Katalysator streichen, worauf dieser für die Umwandlung von weiterem Synthese-Gas geeignet ist.

Diese Extraktion der auf den Kontakten niedergeschlagenen hochmolekularen Kohlenwasserstoffe mit Hilfe von Lösungsmitteln, wie Benzin, Benzol, Tetrahydronaphthalin usw. kann nach einem anderen Verfahren[3] in der Weise erfolgen, daß man zeitweise die Dämpfe dieser Lösungsmittel über den Kontakt unter solchen Bedingungen leitet, daß zumindestens eine teilweise Kondensation der Dämpfe eintritt.

Zweckmäßigerweise setzt man von Zeit zu Zeit dem Synthese-Gas die Dämpfe dieser Lösungsmittel zu und leitet ohne Unterbrechung der Synthese das Gemisch über den Katalysator. Man kann auch mehrere organische Lösungsmittel nacheinander anwenden, z. B. erst Benzin, dann Toluol, Xylol oder Amine.

Die nichtflüchtigen Reaktionsprodukte können auch dadurch entfernt werden, daß man die Kontaktmasse mit Wasserstoff oder wasserstoffhaltigen Gasen oder Wasserdampf behandelt, welche für sich allein oder im gegenseitigen Gemisch miteinander bzw. nacheinander ange-

---

[1] D.R.P. 701846, Ruhrchemie A.G.

[2] A.P. 2225487, Hydrocarbon Synthesis Corp.

[3] Ital. P. 374615, E. P. 516160, I.G. Farbenindustrie A.G. und Internationale Koolwaterstoffen Synthese Mij.; International Hydrocarbon Synthesis Co.

wandt werden können. Diese Behandlung kann schon bei den niedrigen Synthese-Temperaturen selbst ausgeführt werden.

Die Zeitabstände, innerhalb deren man die Wiederbelebung vornimmt, können in großen Grenzen schwanken. Läßt man z. B. zwischen jeder Wiederbelebung einen geringen Abfall der katalytischen Wirksamkeit von z. B. 5 Prozent zu, so genügt es, wenn man die Wiederbelebung in Abständen von mehreren, z. B. acht Tagen vornimmt. In je kürzeren Zeitabständen die Wiederbelebung durchgeführt wird, um so geringer wird der zwischenzeitliche Leistungsabfall.

Ein Kobalt-Thoriumoxyd-Kieselgur-Kontakt wird z. B. bei etwa 185 bis 190° mit einem Mischgas beschickt, das aus 28 bis 29 Prozent Kohlenoxyd, 56 bis 60 Prozent Wasserstoff, Rest aus Kohlenoxyd und Stickstoff besteht. Alle 24 Stunden wird jeweils eine Stunde lang Wasserstoff bei 180 bis 185° in der gleichen stündlichen Menge wie vorher das Synthesegas durch den Katalysator geschickt. Die während der Synthese gebildeten und im Katalysator enthaltenen hochmolekularen Paraffinkohlenwasserstoffe werden dabei teils als hochgeschmolzenes Paraffin oder als hochsiedende Öle, teils als Methan oder andere gasförmige Kohlenwasserstoffe herausgetragen. Unmittelbar nach der Wasserstoffbehandlung wird wieder über den Katalysator Mischgas geleitet, und dieses liefert dann sogleich wieder 100 bis 110 g flüssige Produkte je Kubikmeter Mischgas. Auf diese Weise gelingt es, den Betrieb auf über $5^1/_2$ Monate fortzuführen, ohne daß frischer Katalysator wieder eingebracht werden muß.

Für den Fall, daß ein Teil der zu entfernenden, höhermolekularen Kohlenwasserstoffe möglichst unverändert aus dem Katalysator herausgebracht werden soll, wird der Katalysator zuerst mit Wasserdampf und dann erst mit Wasserstoff behandelt.

Bei dieser vorbeschriebenen Regenerierung von Kobalt- oder Nickel-Mischkontakten werden zweckmäßig solche Wasserstoff enthaltende Gase benützt, die bereits weitgehend von ihrem Gehalt an Kohlendioxyd befreit sind[1]. Diese Entfernung des Kohlendioxyds hat sich als notwendig herausgestellt, da der Katalysator auch im abgestumpften Zustand eine Umsetzung des Kohlendioxyds mit Wasserstoff zu Methan veranlaßte, wodurch nicht nur ein unnötiger Wasserstoffverbrauch entsteht, sondern der Katalysator hierbei weitgehend geschädigt wird.

Der Einfluß des Kohlendioxydgehaltes des Wasserstoffs bei der Regenerierung der Kontakte geht aus der nachstehenden Gegenüberstellung hervor.

Verwendet man zu der im vorhergehend beschriebenen Beispiel angeführten Zwischenreaktion einen Wasserstoff, der 3 bis 6 Prozent Kohlendioxyd als Verunreinigung enthält, so gelingt es bei der sonst gleichen Behandlungsweise nur eine Durchschnittsausbeute von 95 bis 100 g flüssige Produkte über einen bedeutend kürzeren Zeitraum von nur $2^1/_2$ Monaten zu erhalten. Wohl ist während der ersten Betriebszeit die Ausbeute an flüssigen Produkten gleich hoch wie beim Arbeiten mit reinem Wasserstoff, doch tritt schon nach 20 Tagen ein deutlicher Rückgang des Umsatzes und der Verflüssigung ein. Nach 75 Tagen ist die Ausbeute auf 75

---

[1] D.R.P. 748287, ohne Firmenangabe.

bis 80 g je Kubikmeter Mischgas abgefallen, während eine mit dem gleichen Katalysator und unter gleichen Bedingungen der Gasbelastung und der Temperatur durchgeführte Behandlung mit reinem Wasserstoff nach ebenfalls 75 Tagen noch 105 g flüssige Produkte je Kubikmeter Mischgas ergibt.

Wird ein Wasserstoff mit 10 bis 15 Prozent Kohlendioxydgehalt zur Zwischenregeneration verwendet, so tritt der Rückgang der Verflüssigung wie auch der des Kohlenoxyd-Wasserstoff-Umsatzes noch schneller ein. Schon nach 33 Tagen beträgt das Ausbringen an flüssigen Produkten in diesem Falle 80 g, während nach 75 Tagen nur noch 55 g je Kubikmeter Mischgas erhalten werden.

Diese Verschlechterung des Regeneriereffektes, bei Verwendung von kohlendioxydhaltigem Wasserstoff, ist auch bei der in der Praxis üblichen Zwischenbelebung in größeren Zeitabständen von etwa 20 Tagen zu beobachten.

Ein unter gleichen Bedingungen durchgeführter Vergleichsversuch ergibt nach dreimaliger Zwischenbelebung mit einem reinen bzw. mit 6 Prozent Kohlendioxyd enthaltendem Wasserstoff nach 90 Betriebstagen eine Durchschnittsausbeute von 108 g je Kubikmeter Mischgas bzw. 94 g je Kubikmeter Mischgas bei Verwendung von kohlendioxydhaltigem Wasserstoff.

Bei diesem Vergleichsversuch wurde die Zwischenbelebung in 20 Betriebstagen über 12 Stunden bei 190° durchgeführt.

Von O. Roelen, H. Heckel und F. Hanisch[1] ist später festgestellt worden, daß man bei dieser Zwischenbelebung besondere Vorteile dann erhalten kann, wenn man die Temperatur während der Behandlung mit Wasserstoff allmählich über die der Synthesetemperatur, z. B. bis auf etwa 450° steigert. Durch diese Maßnahme gelingt es unmittelbar, sämtliche nicht flüchtigen Reaktionsprodukte ohne Anwendung von Lösungsmitteln aus dem Katalysator herauszuführen. Die allmähliche Steigerung der Temperatur verhindert dabei eine Bildung von Spaltprodukten und gegebenenfalls Kohlenstoff aus den abgelagerten hochmolekularen Stoffen.

Man kann z. B. das in einem gebrauchten Katalysator vorhandene Paraffin durch zweistündiges Erhitzen mit Wasserstoff herausnehmen. Dann wird die Wasserstoffbehandlung zur unmittelbaren Wiederherstellung der vollen Aktivität unter Anwendung von Temperaturen von 400° und darüber durchgeführt. Die Wasserstoffbehandlung wird in jedem Falle derart vorgenommen, daß nicht nur die Paraffinkohlenwasserstoffe restlos entfernt werden, sondern daß auch andere inaktivierend wirkende Ablagerungen im Kontakt soweit herausgenommen werden, daß der Kontakt eine Aktivität erhält, die einem frisch hergestellten Kontakt entspricht.

Ein in üblicher Weise durch Fällung hergestellter Kontakt, der 100 Teile Kobalt, 5 Teile Thoriumoxyd und 8 Teile Magnesiumoxyd auf 200 Teile Kieselgur enthält und 3500 Stunden bei Temperaturen von etwa 185 bis 192° gefahren war, wurde zunächst $2^{1}/_{2}$ Stunden bei 200° mit einem Stickstoff-Wasserstoff-Gemisch (Verhältnis 25 zu 74) behandelt. Innerhalb einer halben Stunde wurde die Temperatur zunächst auf 350° erhöht. Die weitere Wasserstoffbehandlung wurde in der Weise

---

[1] D.R.P. 748374, ohne Firmenangabe.

durchgeführt, daß zunächst eine halbe Stunde auf 350°, eine halbe Stunde auf 400° und schließlich 2 Stunden auf 450° erhitzt wurde. Der Kontakt wurde bei 185° wieder in Betrieb genommen, wobei er die gleiche Aktivität wie ursprünglich zeigte.

Durch diese Zwischenbelebung durch Behandlung der Kontakte mit Wasserstoff, bei höheren Temperaturen, kann man zwar die Wirkungsdauer der Kontakte bedeutend verlängern, deren Leistungsabnahme aber im Laufe der Zeit nicht verhindern.

Diese trockene Regeneration läßt sich bei den besonders temperaturresistenten Kobalt-Thoriumoxyd-Magnesiumoxyd-Kieselgur-Kontakten auch wiederholt durchführen. Nach dreimaliger Regeneration konnten bei der Ruhrchemie A. G.[1] Laufzeiten der Katalysatoren von über 2 Jahren erzielt werden, ohne daß damit das Ende der Lebensdauer erreicht war.

Nach O. Roelen, H. Heckel und F. Hanisch[2] kann man jedoch den entparaffinierten Katalysator völlig regenerieren, wenn man ihn bei erhöhten Temperaturen mit Wasserstoff oder Wasserstoff enthaltenden Inertgasen unter Anwendung außerordentlich hoher Gasströmungsgeschwindigkeiten behandelt. Die verwendeten Strömungsgeschwindigkeiten müssen über 500 Kubikmeter je Stunde und Quadratmeter Kontaktquerschnitt liegen. Besonders zweckmäßig sind stündliche Strömungsgeschwindigkeiten von etwa 1000 Kubikmeter je Quadratmeter Kontaktquerschnitt.

Wegen der erforderlichen großen Gasmengen führt man das Wasserstoff-Gemisch zweckmäßig im Kreislauf durch die Synthese-Apparatur. Hierbei ist es vorteilhaft, wenn die zurückkehrenden Gase vor ihrem Wiedereintritt in den Kontaktofen von sauerstoffhaltigen Verbindungen, wie z. B. Kohlendioxyd und Wasserdampf, möglichst vollständig befreit werden. Die Entfernung des Wasserdampfes kann dabei durch Tiefkühlung erfolgen, während das Kohlendioxyd mit geeigneten Adsorptionsmitteln entfernt wird. Hierbei ist die Reinigung wenigstens so weit zu treiben, daß das zurücklaufende Gasgemisch je Kubikmeter weniger als 2,5 g Kohlenstoffoxyde und weniger als 1 g Wasserdampf enthält.

Ein aus 28 Prozent Kobaltmetall, 1,3 Prozent Thoriumoxyd, 2,5 Prozent Magnesiumoxyd und 60 Prozent Kieselgur bestehender Kontakt wird z. B. mit einem 27 Volumprozent Kohlenoxyd und 53 Volumprozent Wasserstoff enthaltenden Gasgemisch zur Synthese von Kohlenwasserstoffen verwendet. Die Betriebstemperatur bzw. die entstehenden Synthese-Produkte zu verschiedenen Betriebszeiten sind aus der nachfolgenden Tab. 11 zu entnehmen.

---

[1] Roelen, O.: Vortrag gehalten auf der Hauptversammlung der Ges. deutscher Chemiker, München, 23. Sept. 1949.

[2] D.R.P. 722706, Ruhrchemie A.G.; F.P. 861745, N.V. Internationale Koolwaterstoffen Synthese Mij.; International Hydrocarbon Synthesis Co.

Tabelle 11. *Kontraktion von Synthesegas nach verschiedenen Betriebszeiten.*

Betriebszeit in Stunden	Betriebstemperatur in °C	Kontraktion in Volumprozent	Flüssige Syntheseprodukte in g/cbm Mischgas
0— 600	185	68	132
600—2800	190	65	120
2800—3400	192	62	105

Nach Ablauf von 3400 Betriebsstunden wird der Kontakt zunächst entparaffiniert und dann $5^1/_2$ Stunden lang je Quadratmeter Kontaktquerschnitt stündlich mit 700 Kubikmeter eines Gasgemisches behandelt, das 75 Volumprozent Wasserstoff und 24 Volumprozent Stickstoff enthält. Diese Gasbehandlung wird bei 192° begonnen und unter langsamer Temperatursteigerung durchgeführt. Hierbei erreicht man nach 90 Minuten 200°, nach 120 Minuten 250°, nach 150 Minuten 300°, nach 180 Minuten 350°. Zwischen der 180. und 210. Minute fand eine Behandlungstemperatur von 450° Anwendung.

Hierauf wird der Kontakt mit dem obenerwähnten Synthesegas bei 185° von neuem in Betrieb genommen. Er liefert hierbei von der 3400sten bis 4500sten Betriebsstunde durchschnittlich 69 Prozent Kontraktion und 136 g je Kubikmeter Synthesegas flüssige Syntheseprodukte, hat mithin seine alte Aktivität zurückgewonnen. Beim weiteren Syntheseverlauf verhält er sich wie ein frisch hergestellter Kontakt.

Zum Vergleich wird der Kontakt von Zeit zu Zeit in der üblichen Weise bei geringer Strömungsgeschwindigkeit mit einem Wasserstoff-Stickstoff-Gemisch (75 Volumprozent Wasserstoff und 25 Volumprozent Stickstoff) zwischenregeneriert, wobei eine teilweise Paraffinentfernung eintritt. Hierzu benützt man stündlich etwa 50 Kubikmeter Gasgemisch je Quadratmeter Kontaktquerschnitt und setzt diese Behandlung etwa 20 Stunden lang fort. Sie findet unter folgenden Bedingungen statt:

1. Regenerierung nach 1100 Stunden bei 188°,
2. Regenerierung nach 1800 Stunden bei 190°,
3. Regenerierung nach 2300 Stunden bei 195° und
4. Regenerierung nach 2800 Stunden bei 200°.

Wird der Kontakt auch nach 3400 Stunden Betriebsdauer nochmals in der üblichen Weise 20 Stunden lang mit 50 Kubikmeter Wasserstoff-Stickstoff-Gemisch je Quadratmeter Kontaktquerschnitt behandelt, dann muß die Synthese bei 196° fortgesetzt werden. Sie zeigt von der 3400sten bis 4000sten Stunde eine Kontraktion von nur 60 Prozent und liefert an flüssigen Kohlenwasserstoffen nur 96 g je Kubikmeter Idealgas.

Durch die Behandlung mit schnellströmendem Wasserstoff wird die Syntheseausbeute demgegenüber auf 136 g je Kubikmeter Idealgas gesteigert.

Neben Paraffin scheiden sich im Laufe der Zeit auf den Synthese-Kontakten hochmolekulare kohlenstoffhaltige Verbindungen, besonders Teer, aber auch mehr oder weniger reiner Kohlenstoff ab, die ein beträchtliches Zurückgehen der katalytischen Aktivität der Synthese-Kontakte zur Folge haben.

Diese Abscheidung kleiner Mengen von elementarem Kohlenstoff ist, wie O. Roelen und Mitarbeiter[1] an Modellversuchen zeigten, auf eine als Nebenreaktion verlaufenden Kohlenoxyd-Spaltung zurückzuführen.

---

[1] Ziegler, K.: Naturforschung und Medizin in Deutschland, 1948, Bd. 36, 1. Teil, 161.

7*

1 Prozent Kohlenstoff genügt, um die anfängliche Methan-Bildung zu unterdrücken, mehrere Prozent mindern die Aktivität ebenso sehr wie eine normale Benutzung des Kontaktes von einem halben Jahr, und noch mehr Kohlenstoff bewirkt vollständige Inaktivität.

Wenn während der Synthese nur 0,01 Prozent des Kohlenoxyds Kohlenstoff sich abscheidet, so ergibt dies in einem halben Jahr 5 Prozent Kohlenstoff, bezogen auf Kobalt, das genügt, um die Erlahmung des Kontaktes zu erklären.

Die Entfernung des abgeschiedenen Kohlenstoffes kann durch die bereits beschriebene Behandlung der Kontakte mit Wasserstoff bei steigenden Temperaturen bis etwa 450° erfolgen, wobei der Kohlenstoff als Methan entfernt wird.

Derartige Abscheidungen an Teer oder Kohlenstoff auf Synthese-Kontakten der Eisengruppe lassen sich auch durch Abbrennen beseitigen, indem man ein sauerstoffhaltiges Gas, z. B. Luft, die gegebenenfalls noch mit inerten Gasen, wie Rauchgas, Dampf oder dgl., verdünnt sein kann, durch die Kontaktschicht hindurchleitet. Nach der Entfernung dieser Abscheidungen und Behandlung der Kontakte mit reduzierenden Gasen können diese wieder von neuem benützt werden.

Die Wiederbelebung gebrauchter Synthese-Kontakte mit sauerstoffhaltigen Gasen bei erhöhter Temperatur nehmen M. Pier, E. Donath und W. Michael[1] in einfacher Weise unter Verwendung unerwünschter Temperaturerhöhungen und ohne wesentliche Verzögerung, viel schneller als mit Luft allein in folgender Weise vor:

Ein vorerhitztes Gas wird mit einem begrenzten, aber so hohen Gehalt an Sauerstoff, da unter gewöhnlichen Bedingungen der Katalysator unerwünscht hoch erhitzt würde, mit einer derartig hohen Geschwindigkeit durch den Katalysatorraum geleitet, daß die entstandene Wärme ohne unerwünschte Erhöhung der Temperatur durch das Gas selbst aus dem Katalysatorenraum herausgetragen wird. Der Hauptteil des austretenden Gases wird nach Kühlen bei etwa auf die am Eintritt in den Katalysatorraum herrschende Temperatur in diesen wieder zurückgeleitet, während man fortlaufend oder in zeitlichen Abständen ein sauerstoffhaltiges Frischgas zuführt und entsprechende Mengen von dem aus dem Katalysatorraum austretenden Gas abtrennt.

Als Wiederbelebungsgase verwendet man am besten Luft, die zu Beginn der Behandlung vorteilhaft mit inerten Gasen, wie Stickstoff, Wasserdampf oder Kohlensäure, verdünnt wird. Während des Umpumpens der Gase wird deren Sauerstoffgehalt erhöht.

Eine den Synthese-Kontakt schonende Regenerierung wird ferner dadurch erzielt, daß man zur Oxydation sauerstoffarme Gase verwendet[2]. Bei dieser Regenerierung werden Überhitzungen vermieden, wenn man an eine oder an mehreren Stellen der Regenerierzone kalte

---

[1] D.R.P. 736528, Ital. P. 386631, I.G. Farbenindustrie A.G.
[2] F.P. 854439, N.V. Internationale Hydrogeneerings Octrooien Mij.

oder nur schwach erwärmte inerte Gase, wie Stickstoff, Kohlendioxyd, Wasserdampf, einführt. Als Inertgase können ferner die Abgase der Regenerierung Verwendung finden.

Man beginnt die Regenerierung zweckmäßig mit einem Sauerstoffgehalt von 2 bis 6 Prozent in dem Regeneriergas, den man dann im Laufe der Regenerierung auf etwa 20 Prozent steigert.

Die Abscheidungen von Kohlenstoff und Teer sind jedoch in den meisten Fällen nicht gleichmäßig über die gesamte Kontaktschicht verteilt, sondern meist an der Eintrittsseite der Synthesegase in sehr viel stärkerem Maß als an anderen, tieferliegenden Stellen vorhanden.

Nach E. Sauter und H. Denker[1] genügt es daher in den meisten Fällen durchaus, die Regeneration der Kontakte nur an Stellen vorzunehmen, an denen sich die stärksten Ablagerungen vorfinden. Hierbei wird gleichzeitig verhindert, daß die übrigen Kontaktschichten von dem Regenerationsmittel durchströmt werden.

Es gelingt auf diese Weise, die Wiederbelebung in sehr viel kürzerer Zeit mit geringerem Aufwand an Regenerationsmittel durchzuführen.

Die praktische Durchführung der Behandlung nur eines Teiles der Kontaktschicht mit dem Regenerationsmittel richtet sich nach der Bauart des Kontaktraumes. Ist die Länge der Kontaktschicht im Verhältnis zum Durchmesser groß, wie dies bei Röhrenöfen der Fall ist, so wird zweckmäßig das Regenerationsmittel durch eine Sonde eingeführt, die bis zu der Stelle dringt, an der die Regeneration beginnen soll. Dabei ist es zweckmäßig, durch die nicht mit Regenerationsmittel zu behandelnden Schichten ein inertes Gas zu schicken, welches verhindert, daß das Regenerationsmittel in diese Schichten hineindiffundiert.

Bei einem Röhrenofen von 4,5 m Höhe, der zur Synthese von Kohlenwasserstoffen aus Kohlenoxyd und Wasserstoff bei etwa 8 atü mit Hilfe von Eisenkontakten benutzt wurde, zeigte sich nach geraumer Zeit, daß sich in der obersten, vom Gas zuerst durchströmten Schicht erhebliche Mengen von Kohlenstoff abgeschieden hatten, was sich durch starke Erhöhung des Strömungswiderstandes (bis auf 3 Atm.) und dem sehr langsamen Durchlaufen von zur Paraffinextraktion aufgegebenem Öl äußerte. Durch Einführung einer dünnen, gasdurchströmten Sonde von oben in die Kontaktschicht und Messung des Strömungswiderstandes bei verschlossenem unterem Gasabzugsrohr konnte festgestellt werden, daß die Hauptmenge des Kohlenstoffs sich in einer Zone befand, die weniger als ein Zehntel der gesamten Kontaktschichtlänge ausmachte. Wurde nun durch die Sonde erwärmte Luft eingeführt, so brannte der Kohlenstoff ab; dabei wirkt der pyrophore Eisen-Kontakt als Zünder. Durch Verfolgung des Strömungswiderstandes läßt sich unschwer das Ende der Regeneration erkennen, worauf der Ofen wieder in Betrieb genommen werden kann.

Leitet man während des Abbrennens des Kohlenstoffs von unten her ein inertes Gas, wie Kohlendioxyd oder Stickstoff, ein, so läßt sich mit Sicherheit verhindern, daß durch abwärts diffundierende Luft die Oxydation in einer größeren Zone als gewünscht stattfindet.

---

[1] D.R.P. 738813, Braunkohle-Benzin A.G.

Man kann auch so verfahren, daß man von unten her Inertgas durch die Kontaktschicht strömen läßt und nun von oben her langsam eine heiße Luft zuführende Sonde in die Kontaktschicht einführt und sie in dem Maße absenkt, wie das Abbrennen vor sich geht, was man durch Beobachtung des Strömungswiderstandes des Inertgases leicht verfolgen kann. Das Absenken erfolgt so tief, daß der Strömungswiderstand des Ofens bis auf den gewünschten Wert abgesunken ist.

E. Wiedergewinnung der Kontakt-Metalle.

Nach einer gewissen, gegebenenfalls mehrere Monate betragenden Zeit läßt sich jedoch auch durch Anwendung der vorbeschriebenen Verfahren eine Wiederbelebung der Kontakte mit technisch brauchbarem Ergebnis nicht mehr erzielen; der Katalysator muß zu diesem Zeitpunkt aus der Kontakt-Apparatur entfernt werden.

Der Zeitpunkt dieser totalen Erschöpfung hängt von der Art der Synthese-Kontakte sowie von der Art des angewandten Synthese-Verfahrens ab.

Bei festangeordneten Katalysatoren auf Kobalt-Basis werden über die gesamte Lebensdauer des Katalysators je Tonne Kobalt etwa 460 Tonnen Synthese-Produkte erzeugt; je Tonne Kobalt-Kieselgur etwa ein Drittel dieser Menge.

Beim Hydrocol-Verfahren werden je Tonne Eisen über die gesamte Lebensdauer des Kontaktes 100 bis 200 Tonnen Produkte gewonnen[1].

Während die Aufarbeitung der erschöpften Katalysatoren auf Eisen-Basis sich vielfach nicht lohnt[1], ist die Aufarbeitung der erschöpften Katalysatoren auf Kobalt-Basis unbedingt erforderlich.

Die Beschaffung der für die Herstellung der Synthese-Kontakte benötigten Kontaktmetalle Kobalt und Nickel, sowie des als Verstärker benutzten Thoriums, begegnen besonderen Schwierigkeiten, so daß neben der ständigen Beschaffung der Rohstoffe für neue Kontaktmassen die bereits gebrauchten bzw. verbrauchten Katalysatoren möglichst weitgehend wieder nutzbar gemacht werden müssen.

Dies ist schon deshalb erforderlich, weil bei der großtechnischen Herstellung von Kohlenwasserstoffen immerhin sehr beträchtliche Kontaktmengen benötigt werden.

Bei der Synthese-Anlage der Firma Ruhrchemie A-G. beträgt z. B. der Bedarf an Kobalt-Kontakt bei einer Lebensdauer von 4 bis 6 Monaten etwa 4300 jato[2].

Die Aufarbeitung der erschöpften Kobalt-Kontakte ist, wie nachstehend zu entnehmen ist, immerhin sehr umständlich und dement-

---

[1] Pichler, H.: Brennstoff-Chem. 30 (1949) 105.
[2] Gehrke, H.: Angew. Chem. A. 60 (1948) 211.

sprechend auch mit relativ hohen Kosten verbunden; sie betragen etwa 50 Prozent der Neuherstellung.

Die Entfernung des erschöpften Katalysators aus dem Kontaktraum ist sehr schwierig, da der Kontaktraum von zahlreichen Kühlrohren und von quer zu diesen Rohren liegenden, in kleinen Abständen voneinander angeordneten Blechen, die den Wärmeübergang begünstigen, durchsetzt ist.

Bei der mechanischen Entfernung wird die körnige Masse in den nicht erreichbaren Räumen, vor allem zwischen zwei übereinanderliegenden Rohren zusammengedrückt und zum Zusammenbacken gebracht, was die Entleerung dieser Teilräume noch wesentlich erschwert.

Eine Entfernung des Katalysators auf chemischem Wege, etwa in Anlehnung an die zur Entfernung von Kesselstein und ähnlichen Rückständen bekannten Verfahren ist hier ausgeschlossen, weil der Katalysator nach der Regenerierung wieder verwendet werden muß.

Nach W. Baumann[1] kann man jedoch die im Kontaktraum befindliche Katalysatormasse durch Behandlung des Kontaktofeninhaltes mit Natronlauge und Einwirkenlassen dieser auf die Kontaktmasse, letztere auflockern und die Auflockerung durch Einführen von Dampf in den Kessel fördern. Zur mechanischen Entfernung der Masse wird nach Beendigung der Behandlung mit Lauge Preßluft, Dampf oder heißes Wasser zwischen die einzelnen Rohre und Bleche eingeblasen. Daneben können Bürsten und andere mechanische Mittel verwendet werden.

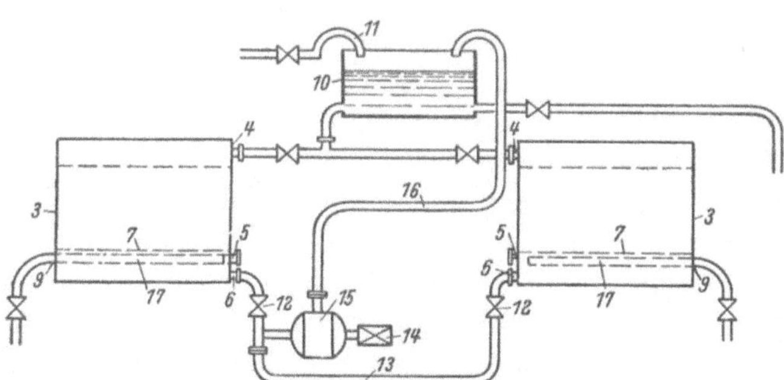

Abb. 1. Vorrichtung zur Entfernung erschöpfter Kontaktmassen.

In der Abb. 1 ist eine zur Durchführung dieses Verfahrens geeignete Vorrichtung schematisch wiedergegeben.

An den von zahlreichen Kühlwasserrohren und quer dazu liegenden Blechlamellen durchsetzten Kessel 3 wird von oben durch ein Rohr 4 Gas zugeleitet und unten durch ein Rohr 5 abgesaugt. Der gesamte Innenraum des Kessels, insbesondere auch alle Teilräume zwischen den Lamellen und den Rohren, sind mit dem aus Kobalt, Thoriumoxyd und Kieselgur bestehenden körnigen Kontakt ge-

---

[1] D.R.P. 715759, W. Baumann.

füllt. Der Kontakt ruht dabei auf einem aus mehreren Klappen bestehenden Sieb 7. Bei der Entfernung der Masse aus dem Kessel werden die Siebe nach unten geklappt, und die herabfallende Masse wird von einem Förderband aus dem Kontaktraum nach außen geführt.

Zwecks Entfernung der körnigen Masse aus dem Kontaktraum wird an die Rohre 4 jedes Kessels 3 über Ventile ein Mischbehälter 10 angeschlossen, welcher Natronlauge enthält. Zur Bereitung der Lauge wird der Behälter 10 durch ein Rohr 11 mit Wasser gefüllt, dem Ätznatron beigegeben wird. Die Konzentration der Lauge beträgt im allgemeinen 20 bis 25 Prozent, doch kommt man vielfach auch mit einer Konzentration von 10 bis 15 Prozent aus. Der Lauge wird ferner Zinkstaub beigemengt. Durch Öffnen der Ventile wird die Flüssigkeit in die Kessel 3 geleitet. An die Rohre 6 jedes Kessels ist über Ventile 12 eine Saugleitung 13 angeschlossen, die über eine durch Motor 14 angetriebene Pumpe 15 und eine Leitung 16 die Lauge aus den Kesseln in den Mischbehälter 10 zurückfördert. Man kann daher die Lauge im Kreislauf durch die Kessel 3 fließen lassen, so daß die mechanisch ablösende und auflockernde zusätzliche Wirkung des Metallstaubes zur Geltung kommt.

Während der Einwirkung der Flüssigkeit wird in den Kesseln 3 Wärme zugeführt, und zwar entweder mittels der ohnehin im Kontaktraum vorhandenen Rohre oder durch ein bei 9 eingeführtes, mit mehreren Öffnungen versehenes Dampfrohr 17, aus dem der Dampf zwischen die einzelnen Blechlamellen geblasen wird, um so die Flüssigkeit in Bewegung zu halten.

Nach einer gewissen Zeit wird die Lauge aus den Kesseln entfernt und die Dampfzufuhr abgeschaltet. Sodann werden die Deckel 18 abgenommen, die Siebklappen werden geöffnet und das darunter befindliche Förderband wird in Tätigkeit gesetzt. Die durch die Laugenbehandlung zum Zerfall gebrachte Kontaktmasse fällt dann zum größten Teil auf das Förderband. Übrigbleibende Teile können ohne merkliche Schwierigkeiten auf mechanischem Wege durch von oben eingeführte Bürsten entfernt werden.

Die auf diese Weise entfernte erschöpfte Kontaktmasse ist praktisch chemisch unbeeinflußt und kann aufgearbeitet werden.

Die aus dem Kontaktraum z. B. auf vorbeschriebene Weise herausgebrachte, erschöpfte Kontaktmasse muß zwecks Wiedergewinnung der Kontaktmetalle mit Säure behandelt werden[1].

Vor dem Lösen in Säuren werden die erschöpften Kontakte zweckmäßig mit einem Strom von Wasserstoff oder Stickstoff, Kohlendioxyd oder Wasserdampf bei 300 bis 400° behandelt.

Das auf dem Kontakt noch gegebenenfalls vorhandene Paraffin kann vor dieser Behandlung mittels Lösungsmitteln extrahiert werden[2].

Zum Herauslösen der Katalysatormetalle verwendet man vielfach konzentrierte Salpetersäure, um im Falle der Wiedergewinnung des Kobalt-Metalles eine möglichst hochkonzentrierte Kobaltnitratlösung zu erhalten.

Bei Verwendung dieser konzentrierten Salpetersäure zeigt sich jedoch der Übelstand, daß die erhaltene Kobaltnitratlösung die Kieselgur in derart feiner Suspension zurückhält, daß ihre Abtrennung nur unter besonderen Schwierigkeiten möglich ist.

---

[1] Kainer, F.: Kolloid. Ztsch. 102 (1943) 210.
[2] F.P. 826820, E.P. 484962, Ruhrchemie A.G.

Auch die Anwendung einer etwa 20prozentigen Säure, die man nach anderen Vorschlägen für die Konzentration der zu fällenden Salze hier hätte in Erwägung ziehen können, beseitigt diesen Nachteil nicht befriedigend.

Eine leichte Abtrennung der Kieselgur kann man jedoch erreichen, wenn man den erschöpften Kontakt mit einer Säure löst, die nicht mehr als 20 Prozent[1], besonders 3 bis 5 Prozent, und nach O. Roelen und F. Hanisch[2] nicht mehr als 5 Prozent Salpetersäure enthält.

Besonders vorteilhaft ist es, eine Säurelösung zu verwenden, die schon beträchtliche Mengen Kobaltnitrat enthält. Eine solche Löselauge erhält man z. B. dadurch, daß man einer konzentrierten Kobaltnitratlösung die erforderliche Menge Salpetersäure zusetzt. Hierzu darf die zur Auflösung der gesamten Kobaltmenge benötigte Salpetersäure der Löselauge während des Auflösungsvorganges fortlaufend oder stufenweise in Form von freier Salpetersäure stets nur in solchen Teilmengen zugeführt werden, daß der Gehalt der Lösung an freier Salpetersäure in den Grenzen von etwa 3 bis 5 Prozent bleibt.

Die Auflösung der Katalysatoren erfolgt zweckmäßig bei 70 bis 90°, mindestens aber bei einer Temperatur, die oberhalb des Schmelzpunktes der in der Katalysatormasse enthaltenen Paraffine liegt; durch leichtes Rühren wird der Lösevorgang begünstigt, während zu starkes Rühren nachteilig ist. Die Lösung kann von der Kieselgur durch Dekantieren leicht abgetrennt werden. Das Paraffin scheidet sich nach dem Abkühlen in Form eines festen Kuchens aus der Lösung ab.

Von einem ausgebrauchten Kobalt-Katalysator, der aus 55 Prozent Paraffin, 15 Prozent Kobalt, 2 Prozent Thoriumoxyd, 27 Prozent Kieselgur und 1 Prozent Wasser bestand, wurden z. B. 6,9 kg, entsprechend 1,0 kg Kobaltmetall, in 100 Liter einer Kobaltnitratlösung eingetragen, die im Liter 68 g Kobalt und 50 g freie Salpetersäure enthält. Im Verlauf von 20 Minuten wurden der Mischung unter gelindem Rühren 4 Liter 50prozentiger Salpetersäure in derart kleinen Mengen zugesetzt, daß der Gehalt der Lösung an freier Salpetersäure 50 g Salpetersäure je Liter niemals überstieg. Die Temperatur wurde auf 88° gehalten. Nach 2 Stunden war die Auflösung des Kobalts beendet, und man ließ das Reaktionsgemisch 30 Minuten lang absetzen. Dabei trennte sich die Kieselgur in sandiger Form ab. Zusammen mit einem Teil der anhaftenden Kobaltlösung wurde sie aus dem Lösebehälter abgelassen, abgekühlt, filtriert und mit destilliertem Wasser nachgewaschen. Die ausgewaschene Kieselgur enthielt nur noch geringe Spuren von Kobalt und Thorium. Nach dem Abkühlen der im Lösebehälter zurückgebliebenen Kobaltlösung schied sich das als ölige Schicht auf der Kobaltlösung schwimmende Paraffin in fester Form ab. Dieses Paraffin wurde von Zeit zu Zeit abgezogen und durch Umschmelzen und Auswaschen gereinigt. Die hierbei anfallenden Waschwässer leitete man in den Lösebehälter zurück. Ein Teil aus dem Lösebehälter abgezogener Kobaltlösung diente zur Bereitung des Katalysators, während der Rest immer wieder beim Auflösen neuer Katalysator-Chargen Verwendung fand.

---

[1] F.P. 842278, E.P. 504700, Ind. P. 25835, Belg. P. 429795, Ruhrchemie A.G.; Norweg. P. 62414, International Hydrocarbon Synthesis Co.

[2] D.R.P. 717693, Ruhrchemie A.G.

Nahm man die Auflösung der ausgebrauchten Kontaktmasse mit einer Säurelösung vor, die wesentlich mehr als 5 Prozent Salpetersäure, nämlich etwa 20 Prozent enthielt, so war eine Abtrennung der Kieselgur mit einfachen Mitteln nicht möglich.

Die Aufarbeitung der Kontaktmetalle durch Herauslösen der ersteren mit Salpetersäure und Ausfällung der Metallhydroxyde mit Soda erfordert ein umständliches Umfällungsverfahren.

Nach O. Klein und K. Meyer[1] läßt sich die Gewinnung der Kontaktmetalle wesentlich einfacher und mit erheblich geringerem Verbrauch an teuren Chemikalien bewerkstelligen, wenn man den Kontakt in der Wärme mit Schwefelsäure behandelt und aus der erhaltenen Lösung der Sulfate von Thorium, Kobalt und Eisen durch Zusatz von Kaliumsulfat das Thorium als Kalium-Thorium-Doppelsulfat ausfällt. Dabei bleibt das Eisen zusammen mit dem Kobalt in Lösung und kann von diesem durch Abstumpfen der sauren Lösung getrennt werden, wobei es als Hydroxyd ausfällt.

Bei dieser Art der Aufbereitung bleibt der weitaus größte Teil des Calciums in der Kieselgur als Sulfat zurück. Die geringen, in Lösung gegangenen Mengen stören bei der Weiterverarbeitung nicht.

Das aus der Aufschlußlösung ausgefällte Kalium-Thorium-Doppelsulfat kann mit Soda zu Thoriumhydrocarbonat umgesetzt werden, welches nach Auflösung in Salpetersäure zur Neuherstellung von Kontakten Verwendung findet.

Aus der von Eisen befreiten Kobaltlösung wird durch Sodazusatz reines Kobaltcarbonat gefällt, das durch Auflösen in Salpetersäure das für die Kontaktherstellung benötigte Kobaltnitrat liefert.

500 g ausgebrauchte Kontaktmasse, aus der das Paraffin mit Hilfe von Lösungsmitteln extrahiert worden war und welche etwa 150 g Kobalt und 23 g Thoriumoxyd enthielten, werden z. B. in verdünnter Schwefelsäure unter Erhitzen auf etwa 100° aufgelöst. Es wurden hierzu 200 ccm konzentrierter Schwefelsäure (Spez. Gew. 1, 84) angewandt; die Schwefelsäure wurde mit Wasser im Gewichtsverhältnis 1 zu 5 verdünnt.

Die nach vierstündigem Erhitzen unter mehrmaligem erneuten Wasserzusatz erhaltene Kobalt-Thorium-Sulfatlösung hatte einen Gehalt von 70 g Kobalt im Liter und 10,6 g Thoriumoxyd im Liter. 500 ccm dieser Lösung wurden mit 70 g wasserhaltigem Natriumsulfat versetzt. Nach 6 Stunden war das gesamte Thorium als Doppelsulfat ausgefallen.

Das Doppelsulfat wurde mit Sodalösung versetzt, wobei reines Thoriumcarbonat erhalten wurde. Falls dem Kalium-Thorium-Doppelsulfat Kalium-Kobalt-Doppelsulfat beigemischt ist, wie es nach längerem Stehen der mit Kaliumsulfat versetzten Rohsulfatlösung vorkommen kann, empfiehlt es sich, den Doppelsulfat-Niederschlag mit einem Überschuß an Soda zu behandeln, wobei Thorium als Doppelsalz in Lösung geht, während Kobalt als reines Carbonat unlöslich zurückbleibt. Aus der Thorium-Doppel-Carbonatlösung kann unlösliches Thoriumcarbonat durch Säurezusatz gefällt werden.

---

[1] D.R.P. 722553, Braunkohle-Benzin-A.G.

Die Mutterlauge der Kalium-Thorium-Doppelsulfatlösung wird mit Alkalicarbonatlösung auf einen p_H-Wert von 5,8 eingestellt, wobei das Eisen als Hydroxyd frei von Kobalt gefällt wird. Die eisenfreie Kobaltlösung wird mit überschüssiger Soda gefällt und so reines Kobaltcarbonat gewonnen.

Falls der verarbeitete Kontakt größere Mengen organischer Substanz enthält oder das Eisen in der Sulfatlösung vorwiegend in zweiwertiger Form vorliegt, kann es vorkommen, daß die quantitative Abtrennung des Eisens vom Kobalt auf dem beschriebenen Wege nicht gelingt, da das Eisen teilweise in Lösung gehalten wird. In diesem Falle empfiehlt es sich, Eisen und Kobalt gemeinsam mit Soda zu fällen, die Fällung in Salpetersäure zu lösen und aus dieser Lösung das Eisen durch Einstellen des p_H-Wertes auf etwa 5,8 auszufällen, was nunmehr quantitativ gelingt. Die vom Eisenniederschlag befreite Kobaltlösung kann ohne weiteres für die Herstellung eines neuen Kontaktes benützt werden.

Mit dem Herauslösen der Katalysatormetalle werden aus der erschöpften Kontaktmasse durch die Säure auch störende Verunreinigungen, wie Calcium, Eisen, Aluminium, aus dem Träger in Lösung gebracht, die vor der neuen Fällung der Kontaktmetalle aus der Lösung entfernt werden müssen[1]. Besonders wichtig ist die Entfernung des störenden Eisens, vor allem dann, wenn neben dem Kobalt oder Nickel noch Thorium im Kontakt vorhanden ist.

Zur Wiedergewinnung des Thoriums in eisenfreier Form verfährt man nach K. Büchner[2] in folgender Weise: Man löst den Kontakt in Salpetersäure. Aus der entstehenden Nitratlösung wird mittels so viel Natriumcarbonatlösung bei 60 bis 70° so langsam gefällt, daß Kobalt und Nickel in Lösung bleiben, aber Thoriumcarbonat gefällt wird. Dieser Eisen, beispielsweise in einem Verhältnis von 1 Teil Thorium auf 3 Teile Eisen enthaltende Niederschlag wird in Schwefelsäure gelöst und aus dieser Lösung das Thorium durch Zusatz von Kalium- oder Natriumsulfat als Thorium-Kalium-Doppelsulfat gefällt. Dieses wandelt man durch Kochen mit konzentrierten Lösungen von Erdalkali- oder Ammoniumcarbonat in unlösliches Thoriumcarbonat um.

Zur Gewinnung des Thorium werden z. B. nach diesem Verfahren 360 kg feuchter Vorfällschlamm, die in Form von Carbonaten und anderen Oxydverbindungen etwa 50 kg Thoriumoxyd enthalten, in 720 Liter kalte 17,5prozentige Schwefelsäure (spez. Gew. 1,125) eingetragen und unter Rühren gelöst. Alsdann trägt man in die Lösung 150 kg Kaliumsulfat und 100 kg Natriumsulfat ein und rührt weiter 90 Minuten. Hierbei scheidet sich das Thorium-Kalium-Doppelsulfat aus. Es wird von der Eisenmutterlauge abgetrennt und mit einer kaltgesättigten Kaliumsulfatlösung so lange ausgedeckt, bis die abfließende Decklauge Eisen nur noch spurenweise enthält. Das praktisch eisenfreie Doppelsalz wird darauf mit Wasser angerührt und auf annähernd 90° erwärmt. Unter Umrühren fügt man

---

[1] E.P. 500182, Ruhrchemie A.G.

[2] D.R.P. 729059, Ruhrchemie A.G.; F.P. 856933, Ital. P. 374226, N.V. Internationale Koolwaterstoffen Synthese Mij.; International Hydrocarbon Synthesis Co.

sodann soviel konzentrierte Natriumcarbonatlösung (etwa 20 g Natriumcarbonat je Liter) hinzu, daß der p_H-Wert bei 7,5 bis 8,0 stehenbleibt und eine Fällung von Thoriumcarbonat entsteht. Hierzu sind ungefähr 60 kg Soda erforderlich. Das abfiltrierte Hydrocarbonat dient zur Herstellung von neuen Katalysatormengen.

Man kann auch das Doppelsalz mit überschüssiger Alkali- oder Ammoniumcarbonatlösung behandeln, so daß Thoriumcarbonat gelöst wird. Durch Erhitzen der Lösung wird das Eisenhydrat gefällt. Nach der Entfernung des Eisens wird aus der Lösung das basische Thoriumcarbonat mittels Schwefel- oder Salzsäure gefällt.

Bei dieser Arbeitsweise schließen die Kristalle des Kalium-Thorium-Sulfates Eisensulfat ein, so daß sich ein Thoriumhydrocarbonat ergibt, das mindestens noch 1 Teil Eisenoxyd auf 100 Teile Thoriumoxyd enthält. Ein derart hoher Eisengehalt erweist sich aber für die Herstellung von Kohlenoxyd-Hydrierungskatalysatoren als schädlich.

Man kann aber weniger als 0,5 Teile Eisenoxyd auf 100 Teile Thoriumoxyd enthaltende Thoriumfällungen erzielen, wenn man bei der Zersetzung des Kobalt-Thorium-Sulfates durch Carbonatlösung im Reaktionsgemisch eine solche Menge an Kaliumsulfat zusetzt, daß die Salze Kaliumsulfat und Natriumsulfat mindestens im Gewichtsverhältnis 1 zu 1 vorhanden sind[1]. Es muß somit ebensoviel oder weniger Natriumsulfat als Kaliumsulfat in dem Fällungsgemisch vorhanden sein. Da bei der Zersetzung des Doppelsalzes Kalium-Thorium-Sulfat mittels Natriumcarbonatlösung gemäß der Gleichung

$$(\mathrm{Th(SO_4)_3)K_2} + 2\,\mathrm{Na_2CO_3} = \mathrm{Th(CO_3)_2} + 2\,\mathrm{Na_2SO_4} + \mathrm{K_2SO_4} \qquad (14)$$

eine größere Menge Natriumsulfat als Kaliumsulfat entsteht, muß dem Fällungsgemisch Kaliumsulfat als solches oder in Form der kaliumsulfathaltigen Decklauge zugegeben werden. Um das Verhältnis Kaliumsulfat zu Natriumsulfat zugunsten des Kaliumsulfats zu verschieben, kann auch ein Teil des zum Ausfällen des Thoriums benutzten Natriumcarbonats durch Kaliumcarbonat ersetzt werden.

Die durch diese Arbeitsweise erzielbare Minderung des Eisengehaltes von Thoriumcarbonat geht aus folgendem Vergleichsversuch hervor:

Wird bei der Zersetzung des Kalium-Thoriumsulfates durch Kochen mit Sodalösung soviel Kaliumsulfat zugesetzt, daß nach beendeter Fällung das Gewichtsverhältnis von Kaliumsulfat zu Natriumsulfat 1 zu 1 ist, so wird ein Thoriumhydrocarbonat erhalten, das auf 100 Teile Thoriumoxyd weniger als 0,3 Teile Eisenoxyd enthält.

Wird hingegen die Zersetzung des Doppelsalzes mit einer äquivalenten Menge Soda ohne Zugabe von Kaliumsulfat durchgeführt, so enthält der Thoriumhydrocarbonatniederschlag auf 100 Teile Thoriumoxyd 0,8 bis 1,0 Teile Eisenoxyd.

Vermittels dieser Arbeitsweise erhält man somit ein Thoriumsalz, das immer noch 0,3 bis 0,5 Teile Eisenoxyd enthält. Dieser geringe Eisengehalt beeinflußt die Kohlenoxyd-Hydrierung jedoch auch noch in ungünstiger Weise.

---

[1] D.R.P. 745557, ohne Firmenbenennung, wahrscheinlich Ruhrchemie A.G.

Eine befriedigende Eisenfreiheit von weniger als 0,1 Teile Eisenoxyd auf 100 Teile Thoriumoxyd kann jedoch erzielt werden, wenn man das bei der Aufarbeitung des Eisen-Thorium-Schlammes erhaltene Kalium-Thorium-Sulfat nicht sofort mit Sodalösung verkocht, sondern das noch wenig Eisen enthaltende Kalium-Thorium-Sulfat in überschüssiger Alkalicarbonatlösung löst und darauf die Alkali-Thorium-Doppelcarbonatlösung auf 90° erhitzt. Diese Erhitzung bewirkt die Ausfällung der letzten noch kolloidal verteilten Eisenhydroxydspuren. Bei der Ausfällung der restlichen Eisenmengen wird etwas Thorium mitgerissen. Zur Wiedergewinnung dieses Thoriums vereinigt man den erhaltenen Eisenniederschlag mit dem zur Verarbeitung kommenden frischen Eisen-Thorium-Schlamm.

Aus der eisenfreien Thoriumlösung wird sodann das Thoriumhydrocarbonat niedergeschlagen. Dies kann z. B. dadurch geschehen, daß die Alkali-Thoriumcarbonatlösung mit einer berechneten Menge Schwefelsäure versetzt wird. Den Schwefelsäurezusatz bemißt man derart, daß nur das Alkalicarbonat zersetzt wird. Auf diese Weise kommt ein unlösliches Thoriumhydrocarbonat zur Ausfällung. Die zurückbleibende Alkalisulfatlösung kehrt in den Verfahrenskreislauf zurück.

An Stelle von Schwefelsäure kann man für die Aufarbeitung der Alkali-Thorium-Hydrocarbonatlösung auch Salzsäure verwenden. In diesem Falle wird ebenfalls nur so viel Salzsäure zugesetzt, als zur Zersetzung des Alkalicarbonats erforderlich ist. Auch hierbei fällt das Thoriumhydrocarbonat aus, wenn zur Bildung von Alkali-Thorium-Hydrocarbonat keine Möglichkeit mehr vorhanden ist.

Die Aufarbeitung kann z. B. in folgender Weise erfolgen:

900 kg feuchter Eisen-Thorium-Schlamm mit einem Thoriumgehalt von 100 kg Thoriumoxyd und einem Eisengehalt von 200 kg Eisenoxyd werden in einem Mischbehälter mit 2000 Liter Alkalisulfatlauge, welche aus dem Verfahrenskreislauf zurückkehrte, zusammengebracht. Gleichzeitig werden 50 kg Kaliumchlorid zum Ersatz der Kalium-Betriebsverluste und 210 Liter konzentrierte Schwefelsäure (1,8 spez. Gew.) zur Auflösung des vorhandenen Eisenoxyds zugesetzt. Bei der Mischung entstehen 2500 Liter Eisenendlauge und 600 kg Kalium-Thorium-Sulfat. Die eisenhaltige Endlauge, die nebenbei das überschüssige Alkalisulfat bzw. Alkalichlorid enthält, wird aus dem Betriebe entfernt, während das Kalium-Thorium-Sulfat mit 300 kg Natriumcarbonat in Form von 1800 Liter Sodalösung vermischt wird. Hierbei entstehen 2200 Liter Alkali-Thorium-Carbonatlösung mit einem Thoriuminhalt von 100 kg Thoriumoxyd. Der Eisengehalt dieser Lösung beträgt 0,5 Prozent Eisenoxyd.

Man erhitzt diese Lösung auf etwa 90°. Bei der Erhitzung entsteht eine in Soda unlösliche Fällung von Eisenoxyd, die etwas Thoriumoxyd enthält. Dieser Niederschlag wird durch Filtration abgetrennt und zur Ausnutzung seines Thoriuminhaltes in das Verfahren zurückgegeben.

Die erhaltene Alkali-Thorium-Carbonatlösung ist praktisch eisenfrei, da sie nur etwa 0,08 Prozent Eisenoxyd enthält. Bei der Neutralisation mit 200 Liter Schwefelsäure vom spez. Gewicht 1,40 erhält man aus derselben etwa 300 kg feuchten Hydrocarbonatschlamm mit einem Thoriumgehalt von 98 kg Thoriumoxyd. Dieser Schlamm wird abgenutscht und zur Kontaktherstellung verwendet, während die abgesaugte Alkalisulfatlösung in den Verfahrenskreislauf zurückkehrt.

Die bei der weiteren Verarbeitung erhaltenen Kontakte enthalten spurenweise Kalium, welches aber eine vorteilhafte Aktivierung des neu bereiteten Kontaktes bewirkt.

Neben Eisen- und Aluminiumverbindungen enthalten die aus den erschöpften Kontakten gewonnenen Metallösungen noch Verunreinigungen in Form von Calciumsalzen, die zum geringen Teil aus den Verunreinigungen der bei der Auflösung des Katalysators verwendeten Chemikalien, jedoch zum größeren Teil aus der als Trägermaterial verwendeten Kieselgur stammen.

Die Entfernung des Kalkes aus den in Lösung gebrachten Kontaktmetallen erfolgt durch Zugabe von löslichen Fluoriden, wobei das Calcium als Calciumfluorid ausgefällt wird. Um eine vollständige Ausfällung des Calciums zu erzielen, muß man mit einem Fluoridüberschuß arbeiten. Das überschüssige Fluorid stört jedoch bei der weiteren Verarbeitung der Kobaltlösungen, besonders bei der Zugabe von Thoriumsalzen. In diesem Falle fällt das überschüssige Fluorid Thoriumfluorid aus, welches technisch nicht aufzuarbeiten ist, so daß die auf diese Weise ausgefällten Thoriummengen verlorengehen.

Diesen Nachteil kann man nach O. Roelen und P. Schaller[1] dadurch beseitigen, daß man der vom Kalk zu befreienden Kobaltlösung Magnesiumsalze zusetzt. Diese bewirken, daß das zur vollständigen Fällung des Kalkes angewandte überschüssige Fluorid als Magnesiumfluorid gleichzeitig ausgefällt wird. Da das Calciumfluorid wesentlich schwerer löslich als Magnesiumfluorid ist, tritt in jedem Falle zuerst eine vollständige Ausfällung des Kalkes ein, und es werden lediglich die restlichen Fluoridmengen als Magnesiumfluorid gefällt. Die Kobaltlösung enthält alsdann eine gewisse Menge Magnesiumsalz, das aber die Wirksamkeit der aus solchen Kobaltlösungen hergestellten Synthese-Kontakte keineswegs verringert; vielmehr wird die katalytische Aktivität der Kobalt-Kontakte durch einen Gehalt an Magnesiumoxyd noch verstärkt.

Liegt z. B. eine Kobaltlösung vor, die neben Calcium noch Eisen und Aluminium enthält, dann wird bei einem p_H-Wert von 6 bis 7 das Eisen und Aluminium durch Soda oder ein anderes Alkalicarbonat fraktioniert ausgefällt, die noch Kalk enthaltende Kobaltlösung bis auf einen p_H-Wert von 2 bis 4 durch Zugabe freier Säure, z. B. freier Salpetersäure, angesäuert und erst dann nach Zugabe von Magnesiumsalz der Kalk mittels eines löslichen Fluorids, z. B. Natriumfluorid, ausgefällt.

Neben störenden Verunreinigungen aus der Kieselgur können in die Kontaktlösungen auch Fremdstoffe gelangen, die teils aus den benützten

---

[1] D.R.P. 683 691, Ruhrchemie A.G.

Apparatebaustoffen stammen können und teils auch bei der Durchführung der Kohlenoxyd-Hydrierung auf irgendeine Weise in den Kontakt gelangt sind.

Aus solchen Metallsalzlösungen läßt sich aber kein Kontakt gewinnen, der an Wirksamkeit auch nur annähernd einem aus frischen Ausgangsstoffen gewonnenen Kontakt entspricht.

Nach O. Roelen und W. Feist[1] kann man jedoch Kontakte von der ursprünglichen Wirksamkeit aus solchen Lösungen gewinnen, wenn man diese Lösungen einer Vorfällung unterwirft. Praktisch wird dabei so vorgegangen, daß man zunächst der Lösung nur geringe Mengen an einem alkalischen Fällungsmittel, z. B. Soda, zugibt und den hierbei erhaltenen Niederschlag von der Lösung abtrennt, worauf die katalytisch wirksamen Stoffe mit der restlichen Soda ausgefällt werden.

Die Wirksamkeit der aus den so gewonnenen Metallsalzlösungen neu ausgefällten Katalysatoren kann noch dadurch verbessert werden, daß nach Vorfällung der störenden Fremdstoffe aus der von der Trägersubstanz abgetrennten Lösung der wirksamen Katalysatorsubstanz der neue Träger erst nach vollendeter Fällung zugegeben wird.

Der Vorteil dieser Maßnahme besteht darin, daß die lösende Wirkung des alkalischen Fällungsmittels auf die Kieselgur auf ein praktisch zu vernachlässigendes Maß herabgesetzt oder vollständig ausgeschlossen wird.

Zweiter Teil.

A. Synthese-Gas.

Zur Herstellung von Kohlenwasserstoffen nach der Fischer-Tropsch-Synthese dient als Ausgangsmaterial ein Synthese-Gas, das im wesentlichen aus Kohlenoxyd und Wasserstoff besteht und gegebenenfalls noch mehr oder weniger große Anteile an Inertgasen, wie Stickstoff, Kohlendioxyd oder Methan, enthält.

Unter technischen Bedingungen werden zur Herstellung von 1 Kilogramm verwertbarer Kohlenwasserstoffe einschließlich der Gasol-Kohlenwasserstoffe mit 3 und 4 Kohlenstoffatomen im Molekül etwa 6,5 bis 8 Kubikmeter reines Synthese-Gas benötigt[2]. Bei einer mittleren Synthese-Anlage mit einer Jahreskapazität von 50000 Tonnen Primärprodukte werden somit 325 bis 400 Millionen Kubikmeter Synthese-Gas verarbeitet.

---

[1] D.R.P. 705311, E.P. 500182, F.P. 819701, Ruhrchemie A.G.

[2] Martin, F.: Chem. Fabrik 12 (1939) 233.

I. Herstellung.

Zur Gewinnung dieser großen Mengen von Synthese-Gas kann man entweder von vergasbaren kohlenstoffhaltigen Stoffen oder von Kohlenwasserstoff-Gasen ausgehen.

Als Ausgangsmaterial von Synthese-Gas dienen vor allem vergasbare Brennstoffe. Neben Koks, Kohle, Braunkohle, Braunkohlenbriketts und Ligniten, den in Deutschland üblichen Ausgangsstoffen, hat man in holz- bzw. torfreichen Ländern auch diese Stoffe zur Herstellung von Synthese-Gas vorgeschlagen[1].

Von den gasförmigen Ausgangsstoffen eignen sich Koksofengas, Synthese-Endgase, Destillations- und Spaltgase der Mineralölaufbereitung sowie Natur- und Erdgase zur Gewinnung von Synthese-Gas.

a) Aus festen Brennstoffen.

Bei Beginn der technischen Kohlenwasserstoff-Synthese wurde zunächst das Synthese-Gas aus dem bei der Einwirkung von Wasserdampf auf glühenden Kohlenstoff nach der Gleichung

$$H_2O + C = CO + H_2 \qquad (15)$$

gewonnenen Wassergas hergestellt.

Der Wärmebedarf dieser Wassergasreaktion wird durch einen intermittierend eingelegten Heizprozeß bestritten. In den Vergasungsraum wird Luft eingeblasen, wobei gemäß der Gleichung

$$2\,C + O_2 = 2\,CO \qquad (16)$$

auf die Gewichtseinheit Kohlenstoff etwa die gleiche Wärmemenge frei wird, die von der Wassergas-Reaktion verbraucht wird.

Das Wassergas wurde hierbei in bekannter Weise aus Hochtemperaturkoks nach dem Heißblase-Verfahren im intermittierenden Betrieb gewonnen.

Besser als der vorgenannte Rohstoff eignet sich der nach dem Krupp-Lurgi-Verfahren erhaltene Steinkohlenschwelkoks als Kohlenstoff-Quelle für das Synthese-Gas. Dieser Koks ist ausgezeichnet verwendbar in normalen Wassergas-Generatoren und liefert ein Wassergas, das gegenüber Wassergas aus Hochtemperaturkoks ein höheres Verhältnis von Wasserstoff zu Kohlenoxyd hat[2].

Bei der Verarbeitung von entgasten kohlenstoffhaltigen Brennstoffen wird bei einer Reihe von Verfahren der eigentlichen Vergasung eine Schwelung vorgeschlagen, um möglichst keine Harzbildner in das Syn-

---

[1] Niiranen, V.: Suomen Kemistilehti, 10 A (1937) 37.
[2] Wilke, G.: Chem. Fabrik 11 (1938) 563.

these-Gas gelangen zu lassen. Diese Vergasung kann entweder in einem von außen beheizten Schacht oder durch direkte Wärmeübertragung mit einem hocherhitzten Wälzgas erfolgen.

Bei letzterer Arbeitsweise wird ein Teil des Synthese-Gases im Kreislauf durch die Anlage geführt, beginnend in einem Wärmeaustauscher, in dem es aufgeheizt wird. Es gelangt in den Vergasungsraum und von da mit verminderter Temperatur in die Schwelzone. Das nun mit Teer beladene Gas durchläuft Teerabscheider und Reiniger, wobei es sich abkühlt. Dann gelangt es in einen Sättiger, wo es sich mit Dampf belädt. Dieses Gemisch von Synthese-Gas, Schwelgas und Dampf tritt wieder in die Wärmeaustauscher oder Generatoren. Jetzt erfolgt die Heizung auch durch die Spaltung des Schwelgases.

In den Vergaserraum gelangt ein hoch erhitztes Wassergas-Dampf-Gemisch.

Aus dem Koks und Dampf bildet sich ebenfalls Wassergas. Der Überschuß wird als Klargas abgezogen, ein bestimmter Anteil läuft wieder als Wälzgas zurück.

Zur Erzeugung von Synthese-Gas sind senkrechte, von außen beheizte Kammeröfen vorgeschlagen worden, in welchen die aus festen Brennstoffen entstehenden Gase im Gleichstrom mit dem sich bildenden glühenden Koks nach unten wandern, während von unten her Wasserdampf eingeführt wird.

Bei diesem Vergasungsprinzip werden nach einem Verfahren der Firma Braunkohlen- und Brikett-Industrie A.G. Bubiag[1], die im oberen Teil der Kammer entstehenden Schwelgase und Teerdämpfe getrennt abgezogen und ein Teil des im unteren Teil der Kammer erzeugten Destillationsgases nach Aufheizung unterhalb der Schwelzone wieder in die Kammer eingeleitet.

Nach einem anderen Verfahren[2] zur Herstellung von Synthese-Gas wird im Hochtemperatur-Vergasungsteil die Braunkohle oder ein verwandter Brennstoff durch einzelne schmale, von außen beheizte Kammern im Gleichstrom mit den gebildeten Gasen und Dämpfen geführt. Gegebenenfalls können diese Kammern zusätzlich mittels eines auf 800° erhitzten Spülgases auch innen beheizt werden. Mehrere derartige Kammern haben darunter eine gemeinsame Vergasungskammer, in der der Koks nur angeascht wird und durch ein hocherhitztes Gemisch von Hochtemperatur-Entgasungsgas mit Wasserdampf und gegebenenfalls unter Zusatz von Wassergas innen beheizt wird. In einem Generator wird alsdann der Koks vollständig vergast.

Um den Koksanfall bei der Herstellung von Synthese-Gas aus festen Brennstoffen zu verringern und möglichst viel eines wasserstoffreichen Gasgemisches erzeugen zu können, befreit W. Allner[3] die bei senkrechten, von außen beheizten Kammeröfen am Kopfende abgezogenen

---

[1] D.R.P. 679961, Braunkohlen- & Brikett-Industrie A.G. Bubiag.

[2] D.R.P. 721603, Braunkohlen- & Brikett-Industrie A.G. Bubiag.

[3] D.R.P. 701501, Braunkohlen- & Brikett-Industrie A.G. Bubiag.

Schwelgase von Teer, entfernt die flüssigen Kohlenwasserstoffe, erhitzt die so gereinigten Schwelgase in einem Rekuperator und führt diese dann unterhalb der Schwelzone wieder in den Gaserzeuger ein.

Bei den Anlagen zur Herstellung von Synthese-Gas in von außen beheizten Kammern wird die Beheizung der Kammern durch Anbringung von Brennern in den Heizkanälen geregelt[1]. Diese Heizkanäle sind horizontal angeordnet und befinden sich in der Mitte oder am oberen oder unteren Ende der Kammern. In diesen Heizkanälen werden die Heizgase nach unten und oben abgezogen.

Bei der Verkokung bituminöser Kohlen kann die äußere Beheizung ganz oder teilweise durch heiße Spülgase ersetzt werden. Die Gase können dabei nach Aufheizung wieder im Kreislauf zurückgeführt werden.

Ferner kann der Verkokungsvorgang in den Kammern auch durch Verwendung von Baumaterial von verschiedener Wärmedurchlässigkeit geregelt werden.

Auch der Schornsteinzug und die Einführung des Dampfes in verschiedenen Höhen wird der Art der Kohle und der jeweiligen Stufe der Verkokung angepaßt, z. B. um in dem Oberteil der Kammer sich mit den Kohlenwasserstoffen umzusetzen und im unteren Teil Wassergas zu bilden und die Entstehung eines harten grobstückigen Kokses zu begünstigen.

Bei den von der Firma Koppers entwickelten Synthese-Gas-Anlagen wird die Vergasung der Kohle durch direkte Beheizung vorgenommen. Dieses in Abb. 2 schematisch wiedergegebene Spülgas-Verfahren ermöglicht die Herstellung von Synthese-Gas aus Braunkohlenbriketts in großem Maßstabe.

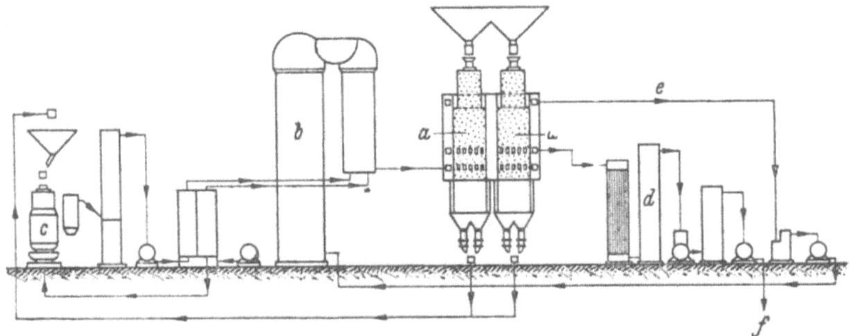

Abb. 2. Synthese-Gas-Erzeugung aus Braunkohlenbriketts nach Koppers

Wie die Abb. 2 zeigt, werden die zu vergasenden Briketts einer Vergasungskammer zugeführt, durch die bei etwa 1200° Spülgase hindurchgeleitet werden. Aus dem unteren Teil der Vergasungskammer, die verkokte Briketts enthält, wird als Teilstrom das Synthese-Gas abgenommen und nach Kühlung und Waschung

---

[1] F.P. 815894, Ital. P. 342549, Braunkohlen- & Brikett-Industrie A.G.

der Synthese zugeführt. Der größere Teil der Spülgase geht weiter durch den oberen Teil der Vergasungskammer und entschwelt die Briketts. Er verläßt die Kammer an ihrem Kopf und tritt nach Abscheidung des Teeres im Elektrofilter in einen bis auf 1400^0 erhitzten Cowper ein. In diesem Cowper werden die im Spülgas befindlichen Kohlenwasserstoffe aufgespalten und dem Vergasungsschacht wieder zugeführt.

Die Vergasung kann nicht vollständig durchgeführt werden. Es verbleibt ein mehr oder weniger stückiger Koks, der in Schwachgasgeneratoren vergast wird. Das erzeugte Schwachgas dient zur Beheizung der Cowper. Der Abzug des Kokses kann so geregelt werden, daß das erzeugte Schwachgas den Wärmebedarf des Spülgas-Kreislaufes deckt. Die Vergasungsfestigkeit der Briketts ist auch von Bedeutung für die Beherrschung der Staubfrage, da bei starkem Zerfall der Briketts das Synthese-Gas und das Spülgas zu große Staubmengen mit sich führen würden.

Bei diesen Voraussetzungen können je Tonne Briketts mit einem Heizwert von 4750 Wärmeeinheiten etwa 1200 Kubikmeter Synthese-Gas mit 85 Prozent nutzbaren Bestandteilen erzeugt werden.

Zur Gewinnung eines von Kohlenwasserstoffen freien Synthese-Gases aus bituminösen Brennstoffen, z. B. Braunkohle, wird die Kohle nach H. Koppers[1] in einem Generator mit Schwelaufsatz vergast, wobei ein Teil des Wassergases als Spülgas durch die Schwelzone und mit Kohlenwasserstoffen der Schwelgase, gemischt unter Zusatz von Dampf durch eine Spaltkammer geführt wird, in der die Kohlenwasserstoffe unter Bildung von Kohlenstoff und Wasserstoff gespalten werden. Um die Temperatur der Wassergas-Reaktion in einem für die gewünschte Gaszusammensetzung günstigen Temperaturintervall, z. B. zwischen 700 und 1050° zu halten, wird nicht die gesamte zur Wassergas-Reaktion notwendige Dampfmenge vor der Spaltanlage dem Kreislaufgas zugemischt, sondern nur ein Teil, während der Rest zwecks Herabsetzung der Gastemperatur dem Kreislaufgas erst nach Austritt aus der Spaltkammer und vor Eintritt in die Wassergas-Zone des Generators hinzugefügt wird.

Zur Gewinnung von Synthese-Gas, das Wasserstoff und Kohlenoxyd im Verhältnis wie 2 zu 1 enthält, wird nach einem weiteren Verfahren von H. Koppers[2] die Kohle in einem senkrechten Ofen in der ersten Zone auf 400° vorerhitzt, in der zweiten Zone bei etwa 800° entgast und in der dritten Zone zu Wassergas umgesetzt.

Die entteerten Schwelgase werden mit einem Strom Wassergas im Kreislauf durch eine mittels Generatorgas beheizte Spaltanlage geführt, wo die Kohlenwasserstoffe gespalten und dadurch der Wasserstoff-Gehalt des Gasstromes erhöht wird. Das Mischgas tritt aus der Spaltanlage gemischt mit hocherhitztem Wasserdampf in die Wassergas-Zone ein und vergast hier einen Teil der Braunkohle unter Bildung von Wassergas, worauf ein Teil des Wassergases abgeführt wird. Der Rest des Wassergases tritt in die Schwelzone und wird hier mit den Kohlenwasserstoffen beladen im Kreislauf durch die Spaltanlage geführt. Der zur Wassergas-Reaktion nicht verbrauchte Koks dient zur Beschickung einer Generatoranlage, deren Gas zur Beheizung der Spaltanlage verwendet wird.

---

[1] A.P. 2148299, Koppers Co. — [2] A.P. 2151121, Koppers Co.

Diese Vortrocknung der zu vergasenden Kohle nimmt auch F. Domann[1] vor. Der zur Vergasung gelangende Brennstoff passiert ein Röhrenbündel, welches von dem bei der Vergasung der Kohle gebildeten Gas beheizt wird. Im oberen Teil des Röhrenbündels wird die Kohle getrocknet, im unteren Teil verschwelt. Die bei der Verschwelung gebildeten Schwelprodukte werden durch eine zwischen der Trocken- und Schwelzone vorgesehene Kammer abgezogen.

Bei dem Pintsch-Hillebrand-Verfahren wird gleichfalls nach dem Spülgasverfahren gearbeitet[2].

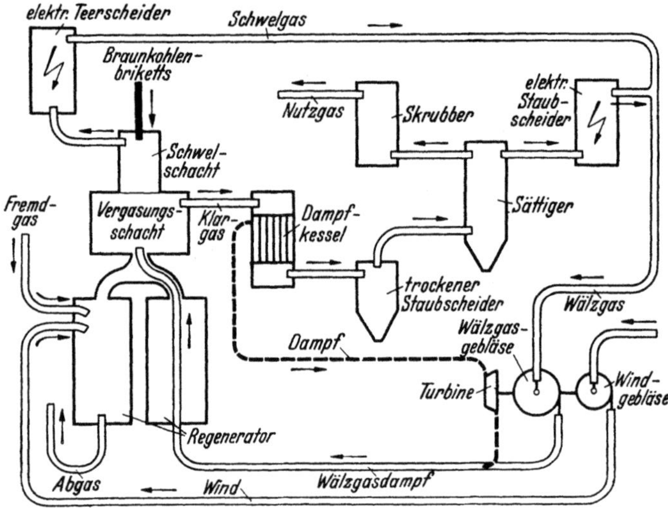

Abb. 3. Synthese-Gas nach Pintsch-Hillebrand.

Bei der in Abb. 3 schematisch wiedergegebenen Anlage besteht der Generator aus einem Vergasungsschacht und einem aufgesetzten Schwelschacht. Die Vergasungswärme wird durch Wälzgas in den Generator eingebracht, dem die erforderliche Vergasungsdampfmenge beigemischt ist. Zur Erhitzung des Wälzgases dienen zwei wechselweise zu schaltende Regeneratoren, die durch Fremdgas beheizt werden.

Die Briketts werden im Gaserzeuger im Gegensatz zum Koppers-Verfahren vollständig vergast. Der Generator hat einen Gasabzug aus dem Schwelschacht und einen Gasabzug aus dem Vergasungsschacht. Das Schwelgas wird nach der Entleerung dem Wälzgas beigemischt. Das Klargas, aus dem Vergasungsschacht kommend, wird nach der üblichen Abkühlung und Staubabscheidung zum Teil dem Wälzgasstrom wieder zugeführt, zum Teil als Synthese-Gas entnommen.

Die Ausbeute an Synthese-Gas beträgt etwa 1800 Normalkubikmeter je Tonne Braunkohlenbriketts, wenn für die Beheizung der Regeneratoren Fremdgase zur Verfügung stehen. Wird der Unterfeuerungsbedarf der Regeneratoren ebenfalls aus Braunkohlenbriketts gedeckt, die in

---

[1] D.R.P. 744970, Julius Pintsch K.G.
[2] Wilke, G.: Chem. Fabrik 11 (1938) 563.

besonderen Generatoren vergast werden müssen, so werden Ausbeuten von 1200 bis 1300 Kubikmeter Synthese-Gas mit 85 Prozent nutzbaren Bestandteilen erhalten.

Die Firma Vergasungsindustrie A.G.[1] führt wieder das aus bituminösen Brennstoffen im Generator erzeugte Gas im Kreislauf in diesen zurück. Um gleichzeitig Teer, Ammoniak usw. gewinnen zu können, wird das Kreislaufgas vor der Rückführung durch eine vom Generator getrennte Verkokungsanlage geführt, die den Koks für den Generator liefert. Die aus der Verkokungsanlage entweichenden Gase werden entstaubt und entteert, nach Wärmeaustausch mit den in die Verkokungsanlage eintretenden Spülgas hoch erhitzt und dann in den Generator geführt, wo die im Gas enthaltenen Kohlenwasserstoffe gespalten werden.

Nach einem anderen Verfahren der gleichen Firma[2] wird zur Gewinnung von Wassergas ohne gleichzeitige Gewinnung von Teer oder Kohlenwasserstoffen in einer Anlage, die aus einem Generator mit aufgesetzter Destillationsretorte besteht, zunächst das Brennstoffbett im Generator heißgeblasen, wobei die Blasegase mit Sekundärluft in einem Überhitzer verbrannt werden. Bei den nun folgenden Gasperioden von unten nach oben und von oben nach unten wird der Wasserdampf durch den Überhitzer in das glühende Brennstoffbett eingeführt und das gebildete Wassergas im wesentlichen aus dem Generator unmittelbar abgeleitet, während ein Teil des Wassergases durch die Kohle der Destillationsretorte hindurchgesaugt und vermischt mit dem gebildeten Schwelgas nach Durchgang durch einen Teerabscheider durch den Überhitzer in den Generator im Kreislauf zurückgeführt wird, so daß die Kohlenwasserstoffe und Teerdämpfe ebenfalls in Wassergas übergeführt werden.

Um ein an Teerdampf und Kohlenwasserstoffen möglichst armes Synthese-Gas zu erhalten, werden zwei oder drei Generatoren mit Schwelaufsatz in der Weise gemeinsam betrieben, daß das erzeugte Wassergas nach seinem Austritt aus dem Generator in einem zweiten Generator das glühende Brennstoffbett durchstreicht, das unmittelbar vorher durch Blasen auf hohe Temperaturen gebracht wurde[3]. Perioden des Gasens von oben nach unten und von unten nach oben wechseln mit entsprechenden Blasperioden ab.

Die Spülgas-Verfahren haben gemeinsam die hohe spezifische Leistung des Vergasungsschachtes. Sie erfordern dementsprechend nur einen verhältnismäßig kleinen Bauaufwand für den eigentlichen Vergasungsteil und gestatten den Bau großer Leistungseinheiten[4].

---

[1] Ital. P. 388779, Vergasungsindustrie A.G.
[2] F.P. 819591, Vergasungsindustrie A.G.
[3] F.P. 819592, Vergasungsindustrie A.G.
[4] Wilke, G.: Chem. Fabrik 11 (1938) 563.

Während bei den vorbeschriebenen Spülgas-Verfahren stückige Brennstoffe vergast werden, arbeiten die von Wintershall-Schmalfeldt entwickelten Verfahren mit Staubkohle.

In der Abb. 4 ist ein Verfahrens-Schema dieser Synthese-Gas-Erzeugung wiedergegeben.

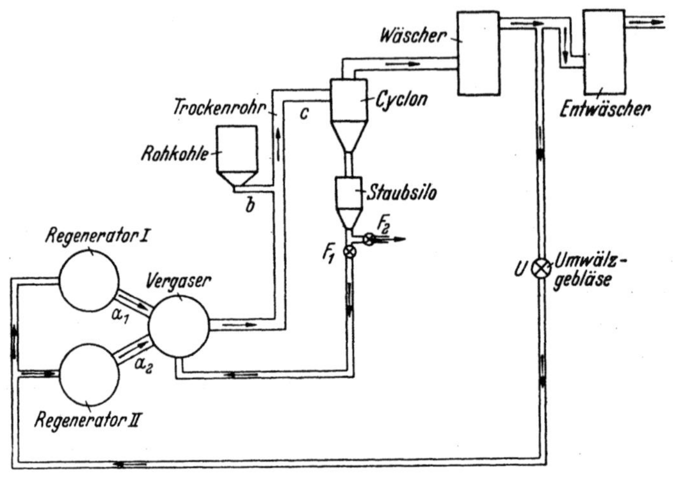

Abb. 4. Synthese-Gas-Erzeugung nach Wintershall-Schmalfeldt.

Abb. 4 zeigt, daß kleinkörnige Rohkohle dem aus dem Vergasen austretenden heißen Wälzgas-Strom zugeführt wird. Das Wälzgas trocknet die Kohle in der Schwebe. Nach Trennung des gröberen Kohlekornes von der feinkörnigen Asche wird die vorgetrocknete Kohle dem Vergasungsschacht zugeführt, durch den über wechselweise zu schaltenden Regeneratoren hoch erhitzte Wälzgase strömen. Asche und gegebenenfalls nicht vergaste Kohlenbestandteile werden mit dem Wälzgas aus dem Generator ausgetragen. Die feinere Asche wird nach Abscheidung der Kohle in einem Vorwäscher grob ausgewaschen, aus den Wälzgasstrom ein Teilstrom als Synthese-Gas herausgenommen und einer weiteren Staubreinigung unterworfen.

Nach diesem Verfahren[1] vergast und entgast ein durch Regeneratoren abwechselnd hoch erhitzter Umwälzgasstrom, bestehend aus dem erzeugten Gas und Wasserdampf, den in Staub irgendeiner Feinheit verwandelten und bis zu irgendeinem Endwassergehalt getrockneten Brennstoff in Vergasern bestimmter Ausgestaltung. Die aus der Vergasung austretenden abgekühlten, aber noch etwa 700 bis 900° heißen Gase, die mit mehr oder weniger vergastem Staub beladen sind, dienen dazu, die rohe wasserreiche Braunkohle zu zerkleinern und zu trocknen, beispielsweise in einer Ream-Rosin-Trocknung. Hierbei kühlen sich die Gase weiter ab, so daß ihre fühlbare Wärme nach Trocknung vollständig ausgenutzt ist. Das Nutzgas wird dem Gasstrom hinter dem Trockner entnommen.

---

[1] D.R.P. 686761, Wintershall A.G. und H. Schmalfeldt.

Dieses Verfahren arbeitet jedoch nicht zur Zufriedenheit, wenn Kohlen mit geringem Wassergehalt oder hohem Bitumengehalt verwendet werden oder Gase mit hohem Methangehalt entnommen werden sollen.

Nach einem weiteren Verfahren der Firma Wintershall A.G. und H. Schmalfeldt[1] kann man aber auch in solchen Fällen eine zufriedenstellende Vergasung und Synthese-Gas-Bildung erreichen, wenn man das Nutzgas nicht hinter dem Trockner, sondern zwischen Erhitzer und Vergaser entnimmt.

Die Herstellung von Synthese-Gas kann hierbei in der in Abb. 5 schematisch wiedergegebenen Anlage erfolgen.

Nachdem in den Erhitzern das Umwälzgas aufgeheizt und über die Verbindungsleitung c in den Vergaser a eingetreten ist, verläßt das Umwälzgas zusammen mit dem in a erzeugten Gas bei d den Vergaser. Das Gas gelangt dann weiter in die Trocknungsanlage, wo bei e und f die Rohbraunkohle aufgegeben wird, die in dem Zyklon g und der Staubabscheidung k in Form von Staub über die Abzugsleitungen q_1 und q_2 in den Staubsilo o gelangt und dort gespeichert wird. Das Gas wird darauf in dem Wäscher l abgekühlt und durch das Gebläse m wieder in den Erhitzer n gedrückt. Das Nutzgas wird der Verbindungsleitung c entnommen und in einem Abhitzekessel D abgekühlt.

Bei der Vergasung von pulverförmigen Ligniten arbeitet man zweckmäßig mit einem Wälzgas-

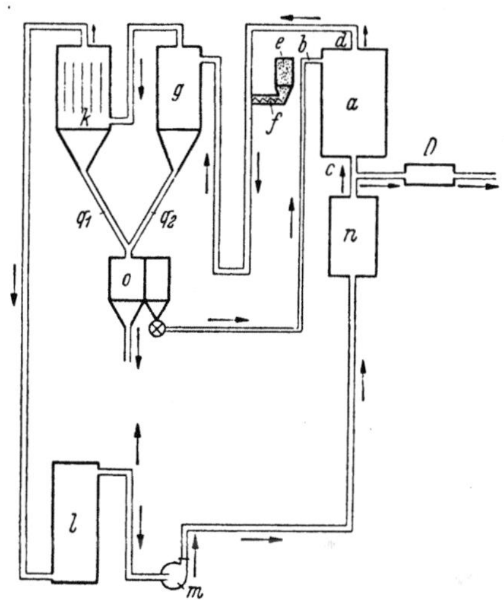

Abb. 5. Herstellung von Synthese-Gas nach Wintershall-Schmalfeldt.

strom, dessen Eintrittstemperatur in die Vergasungseinrichtung über 1300° beträgt[2]. Um einen niedrigen Methan-Gehalt im Gas zu erhalten, wird die Staubkonzentration des eingesetzten Braunkohlenstaubes je Kubikmeter Umwälzgas, bei 0° und 760 mm Quecksilber berechnet, über 500 g gewählt. Ein Teil des schon vergasten Grude-Staubes wird in den hocherhitzten Strom des Umwälzgases und den frisch eingesetzten Staub zurückgebracht, wenn der frische Staub bereits entgast ist.

Der zur Vergasung gelangende Kohlenstaub soll feiner sein als 60 Prozent des Rückstandes auf dem 4900 Maschensieb[3] und der Reaktionsraum je Kubikmeter erzeugten Synthese-Gases nicht unter 0,03 Kubikmeter betragen.

---

[1] D.R.P. 746818, Wintershall A.G. und H. Schmalfeldt.
[2] Ital. P. 351291, Wintershall A.G. und H. Schmalfeldt.
[3] Ital. P. 351674, Wintershall A.G. und H. Schmalfeldt.

Bei der Erzeugung von Synthese-Gas aus Kohle, z. B. Braunkohle, nach dem Umwälzverfahren bedient man sich meist der in Abb. 6 schematisch wiedergegebenen Vorrichtung.

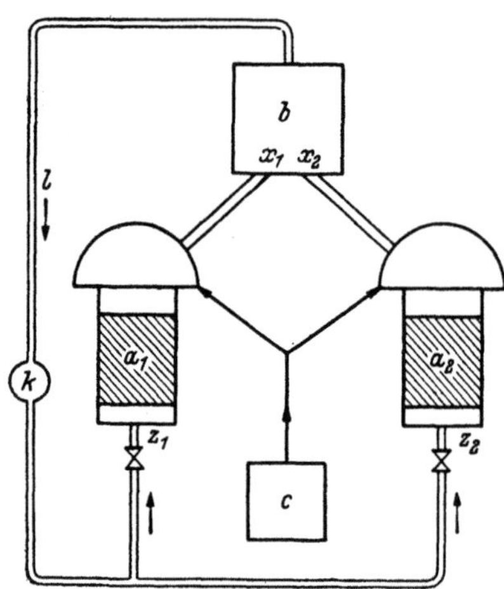

Abb. 6. Vorrichtung zur Erzeugung von Synthese-Gas nach dem Umwälzverfahren.

In den Wärmespeichern a_1 und a_2 wird das bei z_1 und z_2 eintretende Umwälzgas vorgewärmt und tritt bei x_1 und x_2 in die Vergasungsapparatur b ein. Durch den Vergasungsvorgang und andere Vorgänge abgekühlt, kehrt das Umwälzgas durch die Leitung l und ein Gebläse k zurück und wird in den Wärmespeichern von neuem aufgeheizt. Die Wärmespeicher a_1 und a_2 werden in bekannter Weise abwechselnd vom Umwälzgas durchflossen und aufgeheizt. Bei der Beheizung wird die Brennluft, mitunter auch das Brenngas, in c vorgewärmt.

Bei der Vorwärmung der Gase auf verhältnismäßig hohe Temperaturen müssen gemauerte Rohrleitungen und besonders ausgebildete Absperrorgane verwendet werden.

Man kann diese Nachteile nach H. Schmalfeldt[1] beseitigen, wenn man jedem Wärmespeicher einen Hilfswärmespeicher zuordnet, durch den während des Gasens ein Teil der Umwälzgase hindurchströmt und dabei bei gleichzeitiger Spaltung eventuell vorhandener Kohlenwasserstoffe seine Wärme abgibt, und während der Heizperiode dazu dient, die Brennluft vorzuwärmen.

Zur Aufheizung der Wärmespeicher eignen sich auch die Synthese-Endgase, die auch als Zusatz zum Wälzgas verwendet werden können[2].

Die Vergasung von Kohlenstaub kann man nach H. Koppenberg[3] über ein größeres Temperaturgefälle ausdehnen, indem man die frische Kohlenmenge aufteilt in einen Teil, der dem wasserdampfhaltigen Umwälzgas bei der höchsten Temperatur, z. B. 1350°, und einen anderen Teil, der dem Umwälzgas bei tieferer Temperatur, z. B. 900°, zugegeben wird.

Das bei der Vergasung von Brennstoffen erzeugte Gas, das im Kreislauf durch den Gaserzeuger geführt wird, wird durch innere Verbrennung mit Sauerstoff aufgeheizt.

Diese Arbeitsweise hat aber den Nachteil, daß die Zusammensetzung des Wälzgases ungünstig verändert wird, da das im Wälzgas vorhandene Kohlenoxyd zu Kohlendioxyd verbrannt wird.

[1] D.R.P. 713913, H. Schmalfeldt. — [2] D.R.P. 742154, Julius Pintsch K.G.
[3] D.R.P. 727676, H. Koppenberg.

Die Zusammensetzung des Wälzgases bleibt jedoch unverändert, wenn man nach K. Bergfeld[1] zur Verbrennung Knallgas verwendet. Auf diese Weise können auch auf andere Weise erzeugte Gase, z. B. Kokerei- oder Schwelgas, aufgeheizt werden[2].

Eine besondere Bedeutung haben jene Verfahren zur Herstellung von Synthese-Gas erlangt, bei denen neben Wasserdampf Sauerstoff als Vergasungsmittel der kohlenstoffhaltigen Stoffe benutzt wird.

Nach dem von F. Fischer[3] entwickelten Verfahren wird zur Herstellung von Synthese-Gas in einem mit Wechselbetrieb arbeitenden Generator in der Weise gearbeitet, daß das Heißblasen mit Wasserdampf und Sauerstoff erfolgt und Dampf und Kohlendestillationsgase gewonnen werden. Während des Heißblasens wird nur soviel Wasserdampf in Mischung mit Sauerstoff eingeführt, wie erforderlich ist, um die nachfolgende Umsetzung des Gemisches von Dampf und Kohlendestillationsgasen zu ermöglichen.

Bei dem von Galoscy-Kolle entwickelten Verfahren erfolgt die Herstellung von Synthese-Gas im Hochofen, in welchem zum Betrieb ein heißes Gemisch von Sauerstoff und Wasserdampf eingeführt wird[4].

Die Vergasung von festen Brennstoffen mit Sauerstoff und Wasserdampf kann auch nach dem Umwälz-Verfahren erfolgen.

Bei dem Verfahren der Firma Vergasungs-Industrie A.G.[5] wird das als Umwälzgas benützte Entgasungsgas an mehreren über den Gaserzeugerumfang verteilten Stellen eingeführt und der Sauerstoff dem Wälzgas an seinen Einführungsstellen derart zugesetzt, daß die Reaktion des Sauerstoffes mit dem Wälzgas im wesentlichen beim Auftreffen des Wälzgases auf das Brennstoffbett stattfindet.

Nach F. Totzek[6] wird zur ununterbrochenen Herstellung von Synthese-Gas aus stückigen, schwer reaktionsfähigen Brennstoffen mit Sauerstoff und Wasserdampf ein auf 900° erhitztes stark wasserdampfhaltiges Wasserdampf-Sauerstoff-Spülgas-Gemisch in die Vergasungszone geleitet und der Brennstoff des Gaserschachtes durch Abziehen von unvollständig vergastem Gut dauernd in Bewegung gehalten.

Dieses Koppers-Totzek-Verfahren dürfte, wie die Entwicklung in Amerika gezeigt hat, mindestens die gleiche Zukunft haben, wie das Lurgi-Verfahren, besonders hinsichtlich der Anspruchslosigkeit in bezug auf die zu vergasenden Brennstoffe und die Freiheit der hierbei erhaltenen Gase von organischen Schwefelverbindungen.

---

[1] D.R.P. 724873, K. Bergfeld. — [2] D.R.P. 730968, K. Bergfeld.
[3] D.R.P. 685291, F. Fischer; E.P. 458022, Studien-Verwertungs G.m.b.H.
[4] Martin, F.: Chem. Fabrik 12 (1939) 233.
[5] D.R.P. 742272, Vergasungs-Industrie A.G.
[6] D.R.P. 740734, H. Koppers G.m.b.H.

Bei der kontinuierlichen Herstellung von Synthese-Gas aus festen, flüchtige Bestandteile enthaltenden Brennstoffen unter Vergasung mittels Sauerstoff und Wasserdampf wird das in der Destillationszone entstehende Gas so in eine Koksschicht bei erhöhter Temperatur eingeführt, daß sich zwischen der Destillationszone und der Vergasungszone eine Zersetzungszone bildet, in der die Kohlenwasserstoffe zersetzt werden[1].

Durch die Verwendung von Sauerstoff kann der Generator-Betrieb kontinuierlich gestaltet werden, da die Vergasungs- und Heizphase nicht nur räumlich, sondern auch zeitlich zusammengelegt werden kann.

Neben der Herabsetzung des Brennstoff-Verbrauches bieten diese Verfahren den Vorteil, daß das Kohlenoxyd-Wasserstoff-Verhältnis im erzeugten Gas nahezu beliebig gestaltet werden kann.

Der nach diesem Prinzip arbeitende Winkler-Generator kommt für die Herstellung von Synthese-Gas allerdings nicht in Frage, weil derselbe relativ viel Sauerstoff — 0,48 Kubikmeter je Kubikmeter Synthese-Gas — benötigt.

Dagegen hat sich das Lurgi-Druckgas-Verfahren als sehr brauchbar erwiesen. Bei der Vergasung von feinkörniger, nichtbackender Steinkohle, Magerkohle, Gasflammkohle oder Braunkohle beträgt der Sauerstoff-Verbrauch nur etwa 0,18 Kubikmeter je Kubikmeter Synthese-Gas[2].

Dieses Druckvergasungs-Verfahren besitzt den Vorteil, daß die zur Durchführung der Druck-Synthese erforderlichen Kompressionskosten völlig oder zum Teil in Fortfall kommen; auch bietet die unter Druck durchgeführte Synthese-Gas-Erzeugung die Möglichkeit, billige und feinkörnige Brennstoffe mit hoher Gasausbeute und unter Gewinnung von wertvollen Nebenerzeugnissen zu verarbeiten.

Als nachteilig ist bei diesem Verfahren die mit dem Druck zwangsläufig ansteigende Methan-Bildung zu nennen, denn das erhaltene Synthese-Gas weist einen Methan-Gehalt bis zu 8 Prozent auf[3].

Die Bildung von Methan kann aber nach Feststellungen der Firma Metallgesellschaft A.G.[4] verringert und gleichzeitig ein Synthese-Gas mit einem Verhältnis von Wasserstoff zu Kohlenoxyd wie 2 zu 1 erhalten werden, wenn man bei der Druckvergasung mittels Sauerstoff und Wasserdampf gleichzeitig Kohlendioxyd einleitet.

Die Menge des Kohlendioxyds entspricht dabei etwa der Hälfte bis dem Dreifachen des angewendeten Sauerstoffes. Das einzuführende Kohlendioxyd kann aus dem anfallenden Gas gewonnen werden; gegebenenfalls verwendet man einen Teil dieses Gases, das einen höheren

---

[1] Ital. P. 334203, F. Fierelli.

[2] Wilke, G.: Chem. Fabrik 11 (1938) 563; F. Martin, Chem. Fabrik 12 (1939) 233; G. Werner: Z. f. komp. u. fl. Gase 36 (1940) 89.

[3] Ital. P. 387040, Metallges. A.G. — [4] Ital. P. 364629, Metallges. A.G.

Gehalt an Kohlendioxyd aufweist. Das Kohlendioxyd wird entweder für sich erhitzt oder zusammen mit dem Wasserdampf. Die flüchtigen Kohlenwasserstoffe, die weniger wertvoll sind und bei der Abkühlung des Gases gewonnen werden, können ebenso wie die Kohlenwasserstoffe der nachfolgenden Synthese, besonders Methan, mit dem Kohlendioxyd des Generatorgases der Vergasung zugeführt werden.

Nach E. Brüggemann[1] kann man auch brauchbare Synthese-Gase erhalten, wenn man ein bei der Druck-Vergasung erzeugtes Gas mit hohem Methangehalt anschließend an die Vergasung einer thermischen Behandlung zum Zwecke der Zersetzung des Methans unterwirft.

Diese Behandlung des Synthese-Gases kann z. B. in der in Abb. 7 schematisch dargestellten Anlage erfolgen.

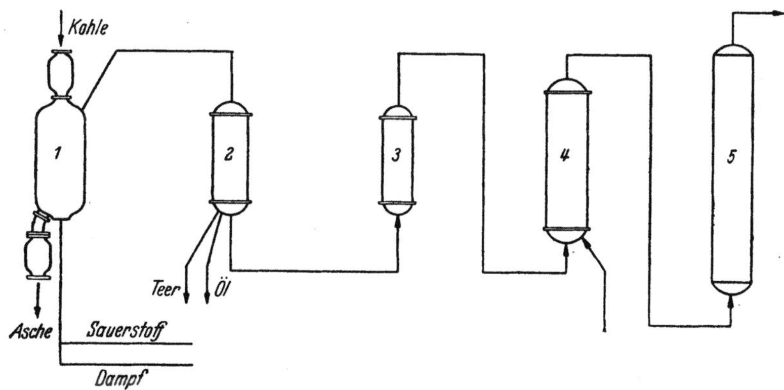

Abb. 7. Herstellung eines methanarmen Synthese-Gases bei der Druck-Vergasung von Kohle.

In dem Generator 1 wird ein teerreicher, fester Brennstoff mittels Sauerstoff und Wasserdampf unter 20 atü Druck vergast. Die Abscheidung von Teer und Öl erfolgt z. B. in einem Röhrenkühler 2. Das Gasbenzin kann in einem mit Waschöl beaufschlagten Wäscher 3 auf bekannte Art ausgewaschen werden.

Darauf wird das ungereinigte, methan- und kohlendioxydreiche Rohgas in einem Spaltofen 4 einer thermischen Behandlung bei etwa 1300° durch Teilverbrennung mit Sauerstoff, gegebenenfalls unter Dampfzusatz, unterzogen, so daß ein Gas entsteht, welches vorwiegend aus Kohlenoxyd und Wasserstoff besteht. Die für die Kontakte der Synthese schädlichen Harzbildner werden bei der Spaltung zerstört; die organischen Schwefelverbindungen setzen sich vorwiegend in Schwefelwasserstoff bzw. Schwefeldioxyd um.

In einer nachgeschalteten Druckwasserwäsche 5 wird der größte Teil des Kohlendioxyds ausgewaschen, wobei auch die Schwefelverbindungen restlos entfernt werden.

Es steht dann ein von Kontaktgiften vollkommen befreites Synthese-Gas mit hohem Gehalt an Wasserstoff und Kohlenoxyd unter einem Druck von etwa 19 atü zur Verfügung.

---

[1] D.R.P. 745069, Metallges. A.G.

Nach dem vorbeschriebenen Verfahren kann man aus beliebigen Brennstoffen ein Synthese-Gas mit über 90 Prozent Kohlenoxyd und Wasserstoff erhalten, ohne daß für die Veredlung des Gases große Mengen Kohlendioxyd und Wasserdampf aus fremden Quellen aufzuwenden sind, da das im Rohgas vorhandene Kohlendioxyd oder bei der Gaserzeugung entstandene Wasser oder beide Stoffe bei der thermischen Umwandlung verwertet werden.

Den zur Druck-Vergasung von Kohle oder Koks erforderlichen Wasserdampf kann man nach A. J. E. Enderwood[1] bei der Kohlenwasserstoff-Synthese zum Teil indirekt herstellen.

Der bei Abführung der Reaktionswärme mit Druckwasser gebildete Dampf von niedrigem Druck (s. S. 174) wird mit Dampf von hohem Druck auf den für die Vergasung erforderlichen Dampf von 9 bis 12 Atmosphären eingestellt.

Bei den vorbeschriebenen Verfahren wird bei der Vergasung von festen Brennstoffen nicht immer ein Synthese-Gas der erforderlichen Zusammensetzung erhalten.

Das aus Hochtemperaturkoks erzeugte Wassergas verläßt den Generator mit einem Kohlenoxyd-Wasserstoff- Verhältnis von 1 zu 1,25, das aus Halbkoks gewonnene mit einem solchen von 1 zu 1,5 bis 1 zu 1,6.

Dieses Wassergas muß dann auf das für die Synthese jeweils erforderliche Kohlenoxyd-Wasserstoff-Verhältnis eingestellt werden.

Diese Einstellung des Synthese-Gases auf das gewünschte Kohlenoxyd-Wasserstoff-Verhältnis kann entweder durch eine besondere Führung der Vergasung oder durch eine Nachbehandlung, nämlich eine Konvertierung des Wassergases erfolgen.

Nach der ersteren Arbeitsweise werden die im Hochofengas enthaltenen Kohlenwasserstoffe in Wasserstoff und Kohlenoxyd umgewandelt[2]. Zu dem umgewandelten Gas setzt man Hochofengas in solchen Mengen zu, um das gewünschte Verhältnis von Kohlenoxyd zu Wasserstoff herzustellen. Beide Gase werden von ihrem Zusammenmischen entschwefelt (s. S. 137). Um den Gehalt an inerten Gasbestandteilen im Gesamtgemisch zu verringern, kann der Kohlendioxydgehalt des Hochofengases zuvor erniedrigt werden.

Bei dem von A. Ahrens[3] entwickelten Verfahren erfolgt die Bereitung von Synthese-Gas aus Braunkohle oder ähnlichen Stoffen in außen beheizten Retorten, die ununterbrochen betrieben werden und in Trocken-, Schwel-, Entgasungs- und Wassergaszone unterteilt sind. Das Wassergas wird durch eine Nebenleitung am Kopf der Retorte eingeführt. Zwischen dem Abzug des Wassergases und dem des aus der

---

[1] E.P. 516555, A. J. E. Enderwood.
[2] F.P. 846588, Dr. C. Otto & Co. G.m.b.H.
[3] Austr. P. 105659, A. Ahrens.

Reduktionszone kommenden Endgases mit einem Kohlenoxyd-Wasserstoff-Verhältnis von 1 zu 2 ist eine Zwischenzone vorgesehen, durch die ein Teil des erzeugten Wassergases zur notwendigen Regelung des Kohlenoxyd-Gehaltes geleitet werden kann.

Nach dem zweiten Verfahren wird das Wassergas zur Einstellung des erforderlichen Kohlenoxyd-Wasserstoff-Verhältnisses konvertiert. Bei dieser Umwandlung von Wassergas zu Synthese-Gas entsteht Kohlendioxyd. Der Gehalt an Kohlendioxyd beträgt ein Siebentel des Gesamtvolumens. Dieser in bestimmten Fällen störende Gehalt an Kohlendioxyd kann durch eine der Konvertierung nachgeschaltete Druckwäsche erfolgen oder auch schon durch einen adsorbierenden Konvertierungskontakt.

b) Aus Kohlenwasserstoffgasen.

Zur Herstellung von Synthese-Gas kann man auch von solchen Kohlenwasserstoffen ausgehen, die Methan und Äthan enthalten und die der Spaltung mit Wasserdampf und gegebenenfalls mit Sauerstoff zugänglich sind[1].

Geeignete Ausgangsstoffe sind Koksofengas, Synthese-Endgase, Spaltgase von Synthese-Produkten oder der Mineralölaufbereitung bzw. Erd- oder Naturgase.

Als Verfahren für die Aufarbeitung solcher Gase auf Synthese-Gase kommt die Aufspaltung im Wassergasgenerator, die thermische Aufspaltung bei Temperaturen von etwa 1400° mit Wasserdampf allein oder zusammen mit Sauerstoff und die katalytische Aufspaltung bei Temperaturen von 700 bis 800° unter Führung des Prozesses mit Außenbeheizung in Betracht.

Einen Übergang zwischen den Verfahren, bei denen Synthese-Gas durch Vergasung fester Brennstoffe erhalten wird und den hier zu behandelnden Verfahren können solche angesehen werden, bei denen die zur Synthese-Gas-Gewinnung erforderlichen Kohlenwasserstoffgase vor oder während der Umwandlung aus vergasbaren Brennstoffen gewonnen werden.

Zur Herstellung von Synthese-Gas wird nach Angaben der Firma Soc. Internationale des Carburants et des Industries Chimiques Brevet Consalvo[2] Kohle zunächst bei Temperaturen bis etwa 600° entgast, dann zur Gewinnung eines aus Wasserstoff und Methan bestehenden Gases bei Temperaturen von 1000 bis 1100° weiter entgast und dann der hierbei erhaltene Koks mit Sauerstoff zu Kohlenoxyd oxydiert. Das Kohlenoxyd wird dann nach der auf S. 138 angegebenen Arbeitsweise entschwefelt.

---

[1] Wilke, G.: Chem. Fabrik 11 (1938) 563.

[2] F.P. 869341, Soc. Internationale des Carburants et des Industries Chimiques Brevet Consalvo.

Das bei der Hochtemperatur-Vergasung anfallende, aus Wasserstoff
und Kohlenoxyd bestehende Gasgemisch wird gegebenenfalls unter Zumischung leichtester Kohlenwasserstoffe aus der Synthese mit Wasserdampf, zweckmäßig in Gegenwart von Zinkoxyd, katalytisch zu einem
Kohlenoxyd-Wasserstoff-Gemisch umgesetzt. Dieses Kohlenoxyd und
Wasserstoff enthaltende Gas wird durch Zusatz des bei der Verbrennung
von Koks erhaltenen Kohlenoxyds auf das zur Synthese erforderliche
Kohlenoxyd-Wasserstoff-Verhältnis eingestellt.

Die bei der Destillation von bituminösen Kohlen erhaltenen Kohlenwasserstoffe leitet F. Porter[1] zwecks Überführung in Synthese-Gas
gemeinsam mit Wasserdampf bei Temperaturen von 500 bis 900° über
einen aus Chromoxyd und Molybdän-, Vanadium-, Wolfram- oder Uranoxyd bestehenden Katalysator, der kein Nickel, Eisen oder Kobalt enthält.

Nach einem von L. Marziam[2] entwickelten Verfahren werden Methan und ähnliche Kohlenwasserstoffe mittels Sauerstoff bei hoher Temperatur in Gegenwart von glühendem Koks gespalten und der Koks
anschließend bei niedrigerer Temperatur mit Sauerstoff und Wasserdampf vergast, so daß eine leichtaustragbare granulierte Schlacke entsteht. Dabei wird das gebildete Vergasungsgas so abgeführt, daß es das
thermische Gleichgewicht in der darüber befindlichen Hochtemperatur-
Zone nicht stört.

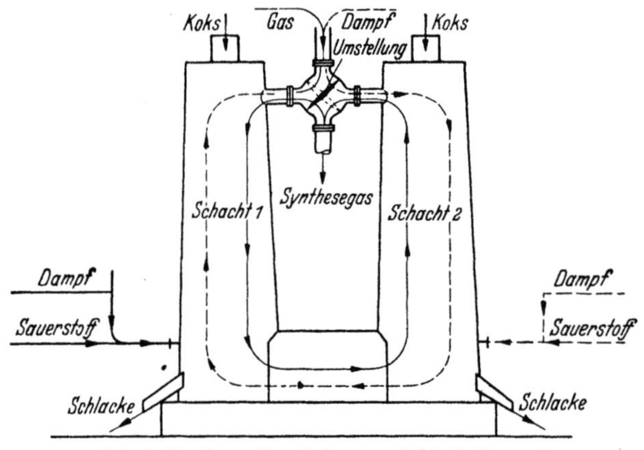

Abb. 8. Synthese-Gas-Anlage nach Linde-Karwatt.

Zu diesen Verfahren kann auch die von Linde-Karwatt entwickelte
Arbeitsweise zur Herstellung von Synthese-Gas gerechnet werden. Das
Verfahren dient im wesentlichen dazu, aus Koksofengas oder anderen
methanhaltigen Gasen im Verein mit wenig Koks, Sauerstoff und
Wasserdampf Synthese-Gas herzustellen[3].

---

[1] A.P. 2067729, Atmospheric Nitrogen Corp.
[2] Ital. P. 386654, L. Marziam. — [3] Martin, F.: Chem. Fabrik 12 (1939) 233.

Der Ofen ist ein sogenannter Zweischachtofen, in welchem immer ein Schacht abwechselnd zur Aufheizung des Gases bzw. zur Speicherung der Wärme der abziehenden Synthese-Gase benutzt wird.

Durch gleichzeitige Umsetzung von Kokereigas und Wasserdampf über Koks im Generator haben F. Fischer, H. Pichler und H. Kölbel[1] ein für die Benzin-Synthese geeignetes Gas mit einem Kohlenoxyd-Wasserstoff-Verhältnis von 1 zu 2 erhalten. Durch Variation des Verhältnisses von Kokereigas zu Wasserdampf sowie der Blase- und Gasungszeiten kann der Gehalt an Kohlenoxyd und Wasserstoff weitgehend verändert werden. Auf diese Weise können auch wasserstoffreiche Synthese-Gase erhalten werden.

Nach diesem Verfahren wird von der Firma Steinkohlenbergwerk Rheinpreußen die Aufspaltung von im Kokereigas enthaltenem Methan großtechnisch durchgeführt. Der Umsatz des Methans kann bis zu 90 Prozent betragen. Durch Variation des Kokereigas-Zusatzes kann das Verhältnis Kohlenoxyd zu Wasserstoff in beliebigen Grenzen verändert werden.

Von der Firma H. Koppers[2] ist ein Kombinations-Verfahren zur Herstellung von Synthese-Gas entwickelt worden, bei dem einerseits Koks zu normalem Wassergas vergast, getrennt davon aber Koksofengas zu einem wasserstoffreichen Gas thermisch aufgespalten wird. Durch Vermischen von Wassergas und Koks-Spaltgas kann ein Synthese-Gas der gewünschten Zusammensetzung erhalten werden.

Zur Gewinnung von Synthese-Gas mischt man nach einem anderen Verfahren[3] Wassergas mit Kohlendestillationsgasen, leitet das Gemisch über Katalysatoren, wie Kobalt, Nickel, die ein methanreiches Gas erzeugen und verwandelt dieses bei 1400 bis 1450° mit Wasserdampf unter Zersetzung des Methans in ein aus Kohlenoxyd (25 Prozent) und Wasserstoff (62 Prozent) bestehendes Gemisch. Um das Verhältnis Kohlenoxyd zu Wasserstoff auf 1 zu 2 einzustellen, gibt man vor oder nach der Umsetzung Wassergas oder ein aus Wassergas über Kobalt erhaltenes Gemisch oder das Ausgangsgemisch zu.

Als billige Quelle für die Gewinnung von Synthese-Gas hat die Firma Kohle- und Eisenforschungs G.m.b.H.[4] Schwachgase, besonders Hochofengichtgase, vorgeschlagen. Dieses Hochofengichtgas wird entweder vor oder nach der notwendigen Komprimierung auf den Synthese-Druck durch teilweise Konvertierung mit Wasserdampf auf das erforderliche Kohlenoxyd-Wasserstoff-Verhältnis eingestellt. Nach der Konver-

---

[1] Fischer, F., H. Pichler und H. Kölbel: Brennstoff-Chem. 16 (1935) 331, 401.

[2] Martin, F.: Chem. Fabrik 12 (1939) 233.

[3] E.P. 513778, London Testing Laboratory Ltd. und M. Steinschläger.

[4] F.P. 877792, Kohle- und Eisenforschungs G.m.b.H.

tierung kann man das gebildete Kohlendioxyd auswaschen und falls erforderlich, weiteren Wasserstoff zusetzen.

Die Umsetzung von Kohlenwasserstoffen mit Wasserdampf unter Bildung von Kohlenoxyd und Wasserstoff durch Erhitzen der Gase auf Temperaturen oberhalb 1200 bis 1400° führt die Firma Koppers N.V.[1] derart durch, daß sie zur Erhitzung des Gases einen turmartigen Wärmespeicher verwendet. Dieser ist von oben von einer auf einem außen schräg aufwärts verlaufenden ringförmigen Vorsprung des zylindrischen Wärmespeichergehäuses für sich abgestützten, mit einer Wandstärke von mehr als 600 mm ausgeführten Kuppeldecke derart abgeschlossen, daß sich das Schachtmauerwerk in dem Kuppelraum bei Flammentemperaturen während der Aufheizung des Wärmespeichers bis zu 1750° frei dehnen kann.

Bei der Herstellung von Synthese-Gas aus gas- oder dampfförmigen Kohlenwasserstoffen durch Umsetzung mit Wasserdampf in periodisch betriebenen Kammern verwenden F. Sabel und F. Keilig[2] für den wärmespeichernden Einbau bzw. als Überzug für diesen solche Stoffe, die während der Heizperiode Sauerstoff aus den oxydierenden Heizgasen aufnehmen und diesen während der Aufheizung und Umwandlung der Kohlenwasserstoffe wieder abgeben.

Die Umwandlung von gasförmigen Kohlenwasserstoffen in Synthese-Gas kann auch in Gegenwart von Katalysatoren, z. B. Magnesium, Chromit, Schamotte und dgl. erfolgen. Diese Kontakte können noch mit Metallen der Eisengruppe, z. B. Nickel, versehen werden.

Man kann diese Umsetzung nach E. Sachse und E. Bartholomé[3] vorteilhaft ausführen, wenn man die Ausgangsstoffe, bevor sie mit den festangeordneten Kontakten in Berührung kommen, etwa bei Reaktionstemperatur mit Dämpfen von Metallen der Eisengruppe weitgehend sättigt.

Beispielsweise werden 173 cbm eines schwefelhaltigen Kokereigases von der Zusammensetzung 56 Prozent Wasserstoff, 26 Prozent Methan, 8 Prozent Stickstoff, 7 Prozent Kohlenoxyd und 3 Prozent Kohlendioxyd mit 40 cbm Sauerstoff und 44 kg Dampf in einem mit einem Nickel-Magnesia-Kontakt gefüllten Ofen umgesetzt. In die am Ofeneingang vor der Kontaktschicht sich bildenden Flamme werden ständig 4 g Eisen je Stunde in Form von Eisencarbonyl eingeführt, das sich sofort unter Metalldampfbildung zersetzt. Bei einer Temperatur von etwa 990° am Ofenausgang erhält man ein im wesentlichen aus Kohlenoxyd und Wasserstoff bestehendes Gasgemisch, das nur noch 0,25 Prozent Methan enthält. Auch bei längerer Betriebszeit ist keine Verstopfung des Ofens festzustellen.

Vermindert man die Eisenzugabe auf die Hälfte, so bemerkt man einen leichten Anstieg des Ofenwiderstandes, und stellt man die Eisenzugabe völlig ab, so ist es unmöglich, den Ofen mit den Sauerstoff- und Wasserdampfmengen weiter zu betreiben, da er sich in Kürze völlig verstopft.

---

[1] Ital. P. 379825, Koppers N.V. — [2] D.R.P. 679601, I.G. Farbenindustrie A.G. [3] D.R.P. 739445, I.G. Farbenindustrie A.G.

Eine andere Möglichkeit, den Bedarf an Kohlenoxyd und Wasserstoff für die Kohlenwasserstoff-Synthese wenigstens zum Teil zu decken, besteht darin, daß man die bei der Synthese anfallenden Kohlenwasserstoffgase und Kohlendioxyd in Synthese-Gas rückverwandelt. Hierdurch wird eine erhöhte Wirtschaftlichkeit der Kohlenwasserstoff-Synthese, besonders bei den unter Druck und in Gegenwart von Eisen-Kontakten arbeitenden Synthese-Verfahren erreicht.

Zur Gewinnung von Synthese-Gas wird nach Angaben der Firma Metallgesellschaft A.G.[1] das Abgas der Synthese, das reichlich Kohlendioxyd und Methan enthält, thermisch oder katalytisch, vorzugsweise bei Synthesedruck auf Kohlenoxyd und Wasserstoff gespalten und der Synthese, gegebenenfalls als Kreislaufgas zugeführt.

Nach diesem Prinzip werden nach einem anderen Verfahren[2] die aus Methan und Kohlendioxyd bestehenden Synthese-Abgase gegebenenfalls unter Mitverwendung von Wasserdampf über Nickel-Kontakte bei etwa 1100° in ein Gemisch von Kohlenoxyd und Wasserstoff umgewandelt und dieses nach Kühlung zur Synthese der Kohlenwasserstoffe verwendet. Nach Passieren eines Kondensators werden die flüssigen Kohlenwasserstoffe abgezogen während das Kohlenoxyd, Stickstoff, Wasserstoff und gegebenenfalls gasförmige Kohlenwasserstoffe enthaltende Restgas zum Teil zur Synthese zurückgeführt, zum Teil nach Aufheizen auf 550 bis 850° über ein Metalloxyd, z. B. Eisenoxyd, geleitet wird, wobei Kohlenoxyd, Wasserstoff und die Kohlenwasserstoffe in Kohlendioxyd und Wasser umgewandelt werden. Aus dem Gemisch von Kohlendioxyd und Stickstoff wird das Kohlendioxyd mittels 15 bis 30prozentiger Triäthanolaminlösung herausgelöst, aus der Lösung durch Erhitzen ausgetrieben und in die erste Stufe wieder zurückgeführt.

Nach einem ähnlichen Kreislaufverfahren arbeitet auch M. Steinschläger[3]. Das in einem Wassergasgenerator hergestellte Synthesegas wird zwecks Staubentfernung gewaschen, hierauf von Schwefelverbindungen befreit und dann in üblicher Weise in Gegenwart eines Kobalt-Katalysators in Kohlenwasserstoffe umgewandelt. Aus den Reaktionsprodukten werden die flüssigen Kohlenwasserstoffe ausgewaschen, worauf das Restgas unter Zumischung von Wasserdampf in eine 1000 bis 1500° heiße, mit Gitterwerk ausgesetzte Spaltkammer geleitet wird, in der die gasförmigen Kohlenwasserstoffe und Kohlendioxyd in Kohlenoxyd und Wasserstoff umgewandelt werden. Zur Heizung der Spaltkammer dienen die im Wassergasgenerator während der Heißblasperiode entwickelten Gase. Das heiße Gemisch von Kohlenoxyd- und Wasserstoff gibt seine Wärme in einem Wärmeaustauscher an Wasserdampf oder ein Gemisch

---

[1] Ital. P. 387040, Metallgesellschaft A.G.

[2] F.P. 854903, N.V. Internationale Hydrogeneeringsoctroien Mij.; Internationale Hydrogenation Patents Co. — [3] A.P. 2220357, Koppers Co.

9 Kainer, Kohlenwasserstoff-Synthese.

von Wasserdampf und Koksofengas ab, das dann in den Wassergas-generator eingeleitet wird. Nach Passieren eines Wäschers wird das Kohlenoxyd-Wasserstoff-Gemisch in einer zweiten Reaktionskammer katalytisch in Kohlenwasserstoffe umgewandelt, aus dem Reaktions-gemisch werden die flüssigen und festen Kohlenwasserstoffe ausgewaschen und das Restgas wird entweder in die erste Reaktionskammer oder nach Mischen mit Wasserdampf in die Spaltkammer geleitet.

Ein Verfahren zur Herstellung von Synthese-Gas mit Wärmelieferung durch Umwälzgas und Rückführung des Synthese-Endgases wurde auch von H. Schmalfeldt[1] entwickelt. Nach diesem Verfahren wird das Restgas vor der Rückführung ganz oder teilweise vom Kohlendioxyd durch Auswaschen befreit.

Neben den Synthese-Endgasen können auch die bei der Spaltung von synthetischen Kohlenwasserstoffen anfallenden Spaltgase zur Herstellung von Synthese-Gasen herangezogen werden. Durch Verwertung dieser Spaltgase läßt sich eine Verminderung des Aufwandes an festen Brenn-stoffen für die Synthese-Gas-Erzeugung um etwa 10 bis 12 Prozent er-reichen[2].

Von der Firma Overseas Finance & Commerce Ltd. und M. Stein-schläger[3] werden die auf den erschöpften Synthese-Kontakten nieder-geschlagenen hochmolekularen Kohlenstoffverbindungen als Ausgangs-material zur Herstellung von Synthese-Gase verwendet. Das durch Erhitzen der erschöpften, mit den genannten kohlenstoffhaltigen Ver-bindungen Synthese-Kontakte erhaltene Gas wird in Gegenwart eines Nickel- oder Kobalt-Katalysators erhitzt. Das neben einem Öl anfallende methanreiche Gas wird mit Wasserdampf erhitzt, wobei ein Kohlenoxyd und Wasserstoff enthaltendes Gasgemisch gebildet wird.

Als Rohstoffquelle für die Gewinnung von Synthese-Gas kommen auch die bei der Aufarbeitung von Mineralölen anfallenden Spaltgase in Betracht.

So verwendet z. B. E. A. Ocon[4] die beim Spalten bzw. bei der Re-formierung von Schwerbenzin anfallenden Gasgemische zur Herstellung von Synthese-Gas.

Die Herstellung von Synthese-Gas läßt sich besonders dann wirt-schaftlich gestalten, wenn man als Ausgangsstoffe Erdgase benützt. Durch die Verwendung dieser an sich oft unverwertbaren, aber zwangs-läufig anfallenden Erdgase zur Herstellung von Synthese-Gas können die Einsatzkosten, die bei den aus festen Brennstoffen erzeugten Syn-these-Gasen etwa 40 Prozent der Gesamtkosten der Fischer-Tropsch-Synthese ausmachen, in Fortfall kommen[2].

---

[1] D.R.P. 693370, Wintershall A.G. — [2] Wilke, G.: Chem. Fabrik 11 (1938) 563.
[3] E.P. 575377, Overseas Finance & Commerce Ltd. und M. Steinschläger.
[4] F.P. 50928, Zusatz zu F.P. 849312, E. A. Ocon.

Aus diesen methanhaltigen Erdgasen kann das Synthese-Gas nach verschiedenen, besonders von amerikanischen Forschern entwickelten Verfahren hergestellt werden.

Durch Umsetzung von Methan mit Kohlendioxyd stellt die Firma M. W. Kellog Co.[1] Synthese-Gas her. Das entschwefelte Gasgemisch wird mit Wasserdampf in Gegenwart von Katalysatoren in einem Synthese-Generator bei Temperaturen von etwa 816° umgesetzt.

Die aus Methan und Kohlendioxyd bestehende Gasmischung bringt E. W. Riblett[2] bei einer Temperatur von 930° zuerst mit einem Kobalt- und dann mit einem Nickel-Kontakt in Berührung, wobei die Einwirkungsdauer des Kobalt-Kontaktes ausreicht, um Schwefel und Schwefelverbindungen aus dem Gasgemisch zu entfernen.

Nach einem weiteren Verfahren von M. W. Kellog[3] gewinnt man Synthese-Gas durch Umsetzen gasförmiger Kohlenwasserstoffe, besonders Methan, Äthan oder Propan, mit Sauerstoff, Kohlendioxyd und Wasserdampf bei Temperaturen von 820 bis 1100° über Katalysatoren, besonders Nickel. Dabei wird die exotherme Reaktion mit Sauerstoff verbunden mit der endothermen Reaktion mit Kohlendioxyd und Wasser.

Nach H. V. Atwell[4] wird zur Herstellung von Synthese-Gas Methan, Wasserdampf und Kohlendioxyd im Molverhältnis 4 zu 3 zu 1 bei höherer Temperatur durch ein stationäres Katalysatorbett, bei dem Raschigringe oder dgl. als Träger für den Nickel- bzw. Nickel-Mangan-Katalysator dienen, geleitet unter Zuführung der für die Reaktion erforderlichen Wärme. Diese wird durch im Strom des Ausgangsgasgemisches suspendierte, pulverförmige Wärmeträger, wie Aluminiumoxyd, Magnesiumoxyd, Kieselgur, Fullererde, Filtrol, natürliche oder künstliche Gele, wie Aluminiumoxyd-Kieselsäure-Verbindungen zugeführt. Die Temperatur dieser suspendierten festen Teilchen mit einer Korngröße von 50 bis 500 μ und ihre Menge ist so bemessen, daß die gewünschte Reaktionstemperatur vom 982 bis 1093° aufrechterhalten wird. Aus dem die Reaktionszone verlassenden Gasstrom, der Kohlenoxyd und Wasserstoff sowie die Wärmeträger enthält, wird letzterer abgetrennt und nach Aufheizen dem in die Reaktionszone eintretenden Reaktionsgemisch zugesetzt.

Zur Herstellung von Synthese-Gas werden nach einem anderen Verfahren[5] gasförmige Kohlenwasserstoffe, wie Methan, Erdgas, mit Kohlendioxyd und Wasserdampf über einen Nickel-Katalysator bei 980 bis 1200° zu einem Gemisch von 1 Teil Kohlenoxyd und 2 Teilen Wasserstoff umgesetzt. Die Kontaktkammer wird periodisch durch Verbrennen von Methan, flüssigem Brennstoff oder Kohlenstaub aufgeheizt und dann

---

[1] A.P. 2185989, M. W. Kellog Co. — [2] A.P. 2220849, M. W. Kellog Co. — [3] F.P. 832038, M. W. Kellog. — [4] A.P. 2448290, Texas Co. — [5] F.P. 845361, N.V. Internat. Hydrogeneeringsoctroien Mij.; Internat. Hydrogenation Patents Co.

für die Umsetzungsperiode benützt. Das erforderliche Kohlendioxyd gewinnt man aus den Verbrennungsgasen der Blasperiode durch Auswaschen. Das Methan wird vorher durch Waschen von Schwefelwasserstoff befreit.

Zur Einstellung eines bestimmten Kohlenoxyd-Wasserstoff-Verhältnisses, z. B. von mindestens 1 Teil Kohlenoxyd auf 2 Teile Wasserstoff, fügt man den mit Wasserdampf bei 700 bis 900° über auf feuerfesten Trägerstoffen niedergeschlagenen Nickel- oder Eisen-Katalysatoren umzusetzenden gasförmigen Kohlenwasserstoffen soviel Kohlendioxyd hinzu, daß dessen Gehalt höher ist als in dem umgesetzten Gas und mehr als ein Drittel vorzugsweise mehr als die Hälfte des ursprünglich vorhandenen Kohlendioxyds sich im umgesetzten Gas wiederfinden, das dann auf 100 Teile Kohlenoxyd und Wasserstoff 5 bis 40 Teile Kohlendioxyd enthält[1].

Hierzu sind auf 100 Teile Methan 100 bis 300 Teile Wasserdampf und 50 bis 150 Teile Kohlendioxyd erforderlich; auf 100 Teile Äthan werden 200 bis 600 Teile Wasserdampf und 75 bis 225 Teile Kohlendioxyd und auf 100 Teile Propan 300 bis 900 Teile Wasserdampf und 100 bis 300 Teile Kohlendioxyd benötigt.

Als Ausgangsstoffe dienen Erdgas, Raffinationsgase, Gase der Destillation oder Hydrierung von Kohle, aber auch das Endgas der Kohlenwasserstoff-Synthese selbst. Die Umwandlung kann unter Druck, gegebenenfalls auch unter Zusatz von Sauerstoff oder Luft erfolgen. Aus dem erhaltenen Synthese-Gas wird dann das Kohlendioxyd ausgewaschen.

Nach einem weiteren Verfahren der gleichen Firma[2] werden gasförmige Kohlenwasserstoffe, wie Naturgas, Spaltgase, Schwelgase oder dgl., nach Entschwefelung mit Kohlendioxyd und Wasserdampf gemischt und hierauf bei Temperaturen oberhalb 650° über einen Nickel- oder Kobalt-Kontakt geschickt. Aus dem entstandenen Gemisch von Wasserstoff, Kohlenoxyd und Kohlendioxyd wird letzteres mittels Natriumcarbonat, Triäthanolamin oder Aminopropanol entfernt und das verbleibende Gemisch von Kohlenoxyd und Wasserstoff bei Temperaturen zwischen 150 und 343° und Drucken bis zu 200 Atmosphären mittels eines Nickel-, Kobalt- oder Eisen-Kontaktes in Kohlenwasserstoffe umgewandelt. Das nicht umgesetzte Restgas wird nach Aufheizung nochmals dem gleichen Verfahren unterworfen.

Zwecks Herstellung von Synthesegas setzt R. Lepestre[3] Methan mit Wasserdampf bei etwa 350 Atmosphären und 53 bis 595° um und leitet das Gas-Dampf-Gemisch dann über einen Kontakt aus Eisenoxyd.

In ähnlicher Weise oxydieren P. C. Keith jr., J. T. Ward und D. W. Wilson[4] leichte Kohlenwasserstoffgase oberhalb 535° katalytisch zu Kohlenoxyd und Wasserstoff.

---

[1] F.P. 845492, N.V. Internationale Hydrogeneeringsoctroien Mij.; Internationale Hydrogenation Patents Co. — [2] F.P. 845962, N.V. Internationale Hydrogeneeringsoctroien Mij.; Internationale Hydrogenation Patents Co.

[3] A.P. 2258511, Applied Chemical Inc. — [4] A.P. 2243869, M. W. Kellog Co.

Nach diesem Verfahren wird auch von der Firma Standard Oil Development Co.[1] zur Herstellung von Synthesegas aus Erdgas, Kohlendioxyd und Wasserdampf bei 0,7 Atmosphären und Temperaturen von über 816° hergestellt.

Von A. B. Wetty[2] ist ein weiteres Verfahren zur Herstellung von Synthesegas aus Naturgas oder anderen, im wesentlichen aus Methan bestehenden Gasen beschrieben worden. Das umzuwandelnde Kohlenwasserstoffgas wird mittels feinster in ihm verteilter Oxyde bei etwa 650 bis 1090° bei einer Gasgeschwindigkeit von 0,15 bis 1,5 m/sec katalytisch oxydiert. Als Katalysatoren eignen sich Eisenoxyduloxyd, das zweckmäßig mit 1 bis 20 Prozent Nickel aktiviert ist, ferner Oxyde von Molybdän, Chrom, Kobalt, Wolfram oder Nickel, die eine Feinheit von 100, besser 400 Maschen aufweisen. Nach erfolgter Oxydation trennt man in der Oxydationszone das Gas von dem nunmehr zu Metall reduzierten Kontakt, das zur Regenerierung in Luft suspendiert und oberhalb 650°, besonders bei etwa 870° erhitzt wird, wobei dasselbe wieder in Oxyd übergeführt wird.

Die Umwandlung von Kohlenwasserstoffgasen der genannten Art in Kohlenoxyd und Wasserstoff nehmen G. Roberts jr., D. W. Wilson und P. C. Keith jr.[3] ferner in der Weise vor, daß sie eine Mischung von Kohlenwasserstoffgas, Wasserdampf und Kohlendioxyd in Gegenwart von Katalysatoren bei Temperaturen zwischen 1204 und 982° in Synthesegas konvertieren. Ein Teil des Gemisches aus Kohlenoxyd und Wasserstoff wird mittels Dampf in Kohlendioxyd und Wasserstoff umgewandelt und das abgetrennte Kohlendioxyd in die Reaktionszone zurückgeleitet.

P. C. Keith jr.[4] geht weiter von einem Gemisch von Methan und Wasserstoff aus, das gegebenenfalls unter Zusatz von Wasserdampf über einen auf 1039° erhitzten Kontakt, der aus auf Ton aufgebrachtem Nickel besteht, geleitet wird. Das hierbei gebildete Synthesegas wird nach Abkühlung auf 200° über einen Synthesekontakt, z. B. einen Kobalt-Thoriumoxyd-Kontakt, in flüssige Kohlenwasserstoffe umgesetzt und von den aus Kohlenoxyd und Stickstoff bestehenden Restgasen getrennt. Ein Teil der letzteren wird in die Synthese-Kammern zurückgeleitet, während ein anderer Teil nach Aufheizen auf 537 bis 815° über Eisenoxyd geleitet wird, wobei das Kohlenoxyd in Kohlendioxyd übergeführt wird. Aus dem Gemisch von Kohlendioxyd und Stickstoff wird ersteres durch Absorption, z. B. mittels wäßriger Monoäthanolaminlösung, abgetrennt und in die Stufe der Methan-Umwandlung zurückgeführt.

---

[1] Lee, J. A.: Chem. Engng. 54 (1947) 105.
[2] F.P. 923930, Standard Oil Development Co.
[3] A.P. 2198553, M. W. Kellog Co. — [4] A.P. 2234941, P.C. Keith jr.

Bei der Umsetzung von gasförmigen Kohlenwasserstoffen bei Temperaturen unter 1000°, vorzugsweise zwischen 700 und 900°, wird zwecks Herstellung eines Synthesegases im Verhältnis von Kohlenoxyd zu Wasserstoff wie etwa 2 zu 1 bis 1 zu 3, vorzugsweise 1 zu 1 bis 1 zu 2,5, soviel Kohlendioxyd angewendet, daß nur ein Teil davon umgesetzt wird und sich im Reaktionsprodukt noch eine Menge Kohlendioxyd befindet, die mindestens ein Drittel, vorzugsweise die Hälfte der im umzusetzenden Gas enthaltenen Kohlendioxyd-Menge beträgt[1].

Die zur Überführung von Methan in Synthese-Gas bei den vorbeschriebenen Verfahren erforderliche Kohlensäure muß, sofern andere Herstellungsmöglichkeiten nicht zur Verfügung stehen, aus dem Synthese-Gas selbst gewonnen werden. Man zweigt hierzu einen Teil des Synthese-Gases ab, der der Kohlenoxyd-Umwandlung unterworfen wird. Aus dem umgesetzten Gas wird das Kohlendioxyd ausgewaschen und nach Abtreibung dem methanhaltigen Ausgangsgas zugesetzt.

Diese Arbeitsweise erfordert nicht nur die Errichtung einer zusätzlichen Anlage zur Umwandlung des Kohlenoxyds, sondern belastet die mit Kontakten arbeitende Spaltanlage noch dadurch, daß das umzuwandelnde Gas ebenfalls aufgespalten werden muß.

Nach W. Lohrisch[2] kann man das zur Umwandlung von Methan erforderliche Kohlendioxyd aus dem methanhaltigen Ausgangsgas dadurch gewinnen, daß man den Kontaktraum mit einem Teilstrom des methanhaltigen Ausgangsgases beheizt und die in den Verbrennungsgasen enthaltene Kohlensäure nach dem Auswaschen und Wiederaustreiben aus der Waschflüssigkeit zusammen mit Wasserdampf der Hauptmenge des methanhaltigen Ausgangsgases zusetzt.

Die Durchführung dieses Verfahrens kann in der in Abb. 9 wiedergegebenen Anlage erfolgen.

Das methanhaltige Ausgangsgas wird nach Zusatz von Kohlendioxyd und Wasserdampf durch einen Wärmeaustauscher 1 der Kontaktanlage 2 zugeführt, wo es zu Synthese-Gas umgesetzt wird. Das so erhaltene heiße Gas wird über den Wärmeaustauscher 1 zurückgeführt, wo es seine Wärme an das aufzuspaltende Gas abgibt, und steht bei 3 als fertiges Synthese-Gas zur Verfügung.

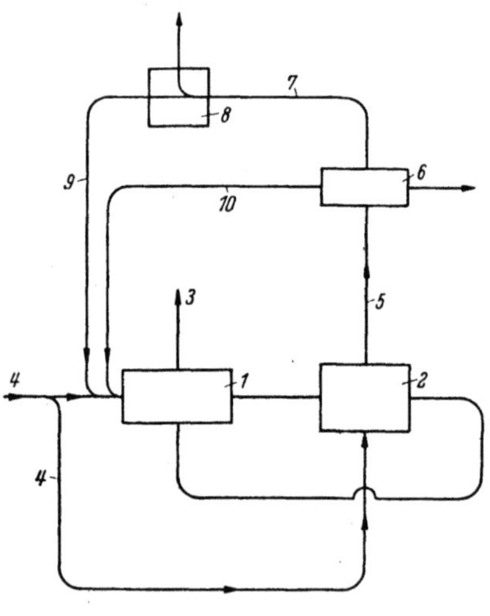

Abb. 9. Anlage zur Gewinnung von Synthese-Gas aus methanhaltigen Gasen.

[1] Holl. P. 51930, N.V. Internationale Hydrogeneeringsoctroien Mij.; International Hydrogenation Products Co. — [2] D.R.P. 744224, Julius Pintsch K.G.

Von dem aufzuspaltenden Gas wird bei 4 ein Zweigstrom abgeleitet und in der Kontaktapparatur zur Beheizung derselben verbrannt. Das erhaltene heiße Rauchgas wird über 5 einem Abhitzekessel 6 zugeleitet, wo der für das Verfahren erforderliche Wasserdampf erzeugt wird, und gelangt dann über 7 in eine bei 8 angedeutete Kohlendioxyd-Gewinnungsanlage, die sich aus einer Kohlensäurewäsche und einer Abtreibeeinrichtung für das kohlensäurebeladene Waschmittel zusammensetzt.

Das erhaltene Kohlendioxyd wird über 9 dem methanhaltigen Ausgangs-Gas zugesetzt. Der im Abhitzekessel 6 erzeugte Wasserdampf wird über 10 ebenfalls dem Ausgangsgasstrom zugesetzt.

Von 4 Teilen Methan wird danach 1 Teil zum Beheizen des Kontaktraumes abgezweigt, so daß 3 Teile Methan für die Umsetzung zur Verfügung stehen. Man erhält dann in dem Kontaktraum 4 Teile Kohlenoxyd und 8 Teile Wasserstoff, also ein Synthese-Gas in dem gewünschten Verhältnis.

II. Reinigung.

Die durch Vergasung von Koks oder Kohle sowie die durch Umsetzung von Kohlenwasserstoffen erhaltenen Synthese-Gase enthalten neben Kohlenoxyd und Wasserstoff meistens auch noch andere Gasbestandteile, die entweder auf den späteren Verlauf der Kohlenoxyd-Hydrierung schädigend oder lediglich hierbei als Verdünnungsmitteln wirken.

So enthalten die bei der Vergasung von Koks oder Kohle anfallenden Synthese-Gase stets mehr oder weniger große Mengen Schwefelwasserstoff und organische Schwefelverbindungen, die nicht nur die Ausbeute an Syntheseprodukten herabsetzen, sondern auch als Kontaktgifte wirken.

Eingehende Untersuchungen über den Einfluß der Schwefelverbindungen auf den Katalysator führten zu der Feststellung, daß die ersten Schwefelzusätze zum Synthese-Gas bei konstanter Reaktionstemperatur die Bildung schwerer Kohlenwasserstoffe begünstigen[1].

Neben diesen schädlichen Schwefelverbindungen enthalten die Synthese-Gase meist auch kleine Mengen an ungesättigten Kohlenwasserstoffen, wie Diacetylen, Cyclopentadien und Styrol, die infolge Polymerisation leicht zur Verharzung neigen und dadurch gleichfalls zu einer Schädigung der Synthese-Kontakte führen.

Zu den in Synthese-Gasen unerwünschten Gasbestandteilen ist nach F. Fischer und K. Meyer[2] auch Ammoniak zu rechnen. Obwohl dieses Gas die Reduktion des Kobalt-Kontaktes günstig beeinflußt, setzt es, im Mischgas vorhanden, die Ausbeute an flüssigen Kohlenwasserstoffen beträchtlich herab.

Die gleichfalls im Synthese-Gas vorhandenen gasförmigen Verunreinigungen, wie Stickstoff, Methan und Kohlendioxyd, wirken hingegen unter den üblichen Synthese-Bedingungen nicht schädlich, sondern

---

[1] Herington, E. L. u. F. A. Woodward: Brennstoff-Chem. 20 (1939) 319.
[2] Fischer, F. u. K. Meyer: Brennstoff-Chem. 14 (1933) 46.

wirken meist als Verdünnungsmittel. Nach Untersuchungen von K. Fujimura und S. Tsuneoka[1] üben diese Gase bis zu einem Gehalt von 20 Prozent praktisch keinen schädlichen Einfluß aus; liegen diese Gase aber in größeren Mengen, z. B. 40 Prozent, vor, so kann die Ausbeute an flüssigen Kohlenwasserstoffen bis um 25 Prozent abnehmen. Dabei scheint Kohlendioxyd stärker zu schädigen als Methan und Stickstoff. Die Gegenwart dieser Gase im Synthese-Gas bedingt bei der Kohlenoxyd-Hydrierung jedoch eine Verschiebung des Verhältnisses Benzin zu Öl, und zwar zu Gunsten des Benzins.

Der Einfluß dieser gewöhnlich als Inertgase zusammengefaßten Gasbestandteile hängt aber im übrigen von den jeweils angewandten Synthese-Bedingungen, vor allem von den zur Synthese benützten Kontakten ab.

Nach Y. Murata und T. Yamada[2] setzen bei Verwendung eines Synthese-Gases, das Kohlenoxyd und Wasserstoff im Verhältnis 1 zu 1 enthält, und eines Eisen-Kupfer-Kieselgur-Kaliumhydroxyd-Kontaktes Ammoniak und Sauerstoff schon bei Konzentrationen unter 10 Prozent die Benzin-Ausbeute sehr stark herab. Bei Kohlendioxyd ist der Ausbeute-Abfall schwächer, am geringsten bei Stickstoff und Methan, aber auch hier noch merklich stärker als dem Verdünnungsgrad entsprechen würde. Gleichzeitig mit dem Abfall der Benzin-Ausbeute steigt dessen Gehalt an ungesättigten Bestandteilen.

In bestimmten Fällen wirkt aber auch Kohlendioxyd schädlich, und zwar dann, wenn die Kohlenwasserstoff-Synthese mit Kontakten auf Eisen-Basis durchgeführt wird. Hier ist, wie bereits erwähnt (s. S. 85), die Anwesenheit von Kohlendioxyd bei der Inbetriebnahme der Kontakte unerwünscht.

Um eine zufriedenstellende Ausbeute und vor allem eine lange Betriebsdauer der Kontakte zu erhalten, muß somit das zur Synthese benützte Kohlenoxyd-Wasserstoff-Gasgemisch vor seiner Einführung in den Synthese-Raum vorher entsprechend gereinigt bzw. von den schädlichen Bestandteilen befreit werden.

a) Von Staubanteilen.

Die bei der Vergasung von kohlenstoffhaltigen Stoffen erhaltenen Synthese-Gase sind meist durch geringe Mengen von Aschebestandteilen verunreinigt, die vor der weiteren Reinigung des Synthese-Gases entfernt werden müssen.

---

[1] Fujimura, K. u. S. Tsuneoka: Sci. Pap. Inst. physic. Chem. Res. 25 (1934) 127.

[2] Murata, Y. u. T. Yamada: Sci. Pap. Inst. physic. Chem. Res. 38 (1941) 218.

Für die Entfernung des Staubes aus dem Gas werden die üblichen Methoden der Naßwäsche, gegebenenfalls mit nachgeschaltetem Desintegrator, angewandt.

Nach diesem Prinzip nimmt z. B. die Firma H. Koppers G.m.b.H.[1] die Entfernung des Staubes vor und zwar unter Verwendung einer wäßrigen Suspension von feinen Sand enthaltendem Ton oder anderen fein verteilten, mit Wasser nicht reagierenden Festkörpern.

b) Von Schwefelwasserstoff.

Bei der technischen Durchführung der Kohlenwasserstoff-Synthese wird das Synthese-Gas zunächst durch Wäscher und dann durch Reinigungskästen geleitet, in welchen der Schwefelwasserstoff herausgenommen wird.

Zur Entfernung des Schwefelwasserstoffes aus dem Synthese-Gas kann die zur Entschwefelung von Leuchtgas oder anderen Kohlengasen benützte Gasreinigungsmasse verwendet werden. Diese enthält als wesentlichen Bestandteil Eisenverbindungen, wie Eisenoxydhydrate, beispielsweise Raseneisenerz.

Eine hinsichtlich reinigender Wirkung dem Raseneisenerz ebenbürtige Masse ist die aus Rückständen der Aluminium-Gewinnung erhaltene Lux-Masse. Eine gleichartige Kontaktmasse kann man auch durch Schmelzen von natürlichem oder künstlichem Eisenoxyduloxyd mit Soda und Zufügung von Wasser herstellen. Diese Luxmassen besitzen aber den Nachteil, daß sie sich nicht regenerieren lassen.

Nach G. Roesner, H. Ley und E. Wegener[2] kann man eine zur Schwefelwasserstoff-Reinigung von Synthese-Gasen geeignete, leicht regenerierbare Gasreinigungsmasse dadurch erhalten, daß man das Eisenoxyduloxyd nach Abrösten und Erhitzen in neutraler Atmosphäre auf Temperaturen von 600 bis 1000° durch Zusatz von Wasser etwa im Verhältnis 3 zu 1 krümelt. Die so erhaltene Kontaktmasse besitzt bei einer teilweise sogar noch besseren Gasdurchlässigkeit ein großes Entschwefelungsvermögen.

Zur Regenerierung wird die Gasreinigungsmasse durch Rösten vom Schwefel befreit und dann im gleichen Arbeitsgang, z. B. in einem Drehofen, dessen oxydierende Atmosphäre auf neutral umgestellt wird, auf 600 bis 1000° erhitzt und in neutraler Atmosphäre abgekühlt.

Nach einer von W. H. Groombridge und R. Page[3] mitgeteilten Arbeitsweise wird das zu entschwefelnde Synthese-Gas zuerst einer Wäsche mit Natronlauge unterworfen, dann bei einer Temperatur von 400 bis 600° über einen Katalysator geführt, der aus 60 bis 80 Prozent

---

[1] D.R.P. 677222, H. Koppers G.m.b.H.

[2] D.R.P. 745242, Metallgesellschaft A.G.

[3] A.P. 2239000, Celanese Corp. of America.

Eisenoxyd und 40 bis 20 Prozent Zinkoxyd oder aus Mischungen von Eisenoxyd mit Chromoxyd oder Magnesiumoxyd bzw. aus Chromoxyd und Nickeloxyd oder Zinkoxyd besteht. Anschließend wird das Gas mehrfach mit Natronlauge gewaschen.

Zur Entschwefelung des nach dem auf S. 125 beschriebenen Verfahren erhaltenen Synthese-Gases wird dieses heiß über Tonerde geleitet. Die Tonerde braucht hierbei nicht eisenfrei zu sein, da das in der Tonerde vorhandene Eisen ebenfalls die Schwefelbindung bewirkt[1].

Die durch Beladung mit Schwefel erschöpfte Kontaktmasse kann nach Entfernung des Schwefels wieder benützt werden.

Zur Entfernung von Schwefelwasserstoff aus Synthese-Gasen haben sich in der Technik das Thylox-Koppers-Verfahren und die Alkazid-Wäsche bestens bewährt. Bei letzterem Verfahren wird das schwefelwasserstoffhaltige Synthese-Gas durch eine kalte Natrium-Aluminatlösung geleitet, wobei der Schwefelwasserstoff absorbiert wird. Durch Erhitzen der Lösung wird der absorbierte Schwefelwasserstoff wieder ausgetrieben.

c) Von organischen Schwefelverbindungen.

Wesentlich schwieriger als die Entfernung des Schwefelwasserstoffes ist die der organischen Schwefelverbindungen. Diese müssen aber so weitgehend aus dem Synthesegas ausgeschieden werden, daß der Gehalt an organisch gebundenem Schwefel höchstens 0,2 g je 100 Kubikmeter Synthese-Gas beträgt.

Bestimmte Eisen-Kontakte, die unter Zurückdrängung der Ausbeute an Kohlenwasserstoffen die Bildung von aliphatischen Alkoholen bei der Kohlenoxyd-Hydrierung katalysieren, sind weniger schwefelempfindlich, so daß der Schwefelgehalt im Synthese-Gas etwas höher liegen kann[2].

Eine so weitgehende Entfernung des organisch gebundenen Schwefels aus Synthese-Gas ist durch adsorptive Bindung der organischen Schwefelverbindungen an aktiven Stoffen nicht möglich.

Sowohl Kieselsäuregel als auch japanisch saure Erde vermag diese Schwefelverbindungen aus dem Synthese-Gas nicht so weitgehend zu adsorbieren[3]. Dies gilt in gleichem Maße auch für aktive Kohle, deren Anfangsleistung beachtlich ist, die aber in ihrer Wirkung bald erlahmt.

Eine ausreichende Entschwefelung des Synthese-Gases kann man jedoch erreichen, wenn man die Aktivkohle mit Oxydationsmitteln imprägniert[4].

---

[1] F.P. 869341, Soc. Internationale des Carburants et des Industries Chimiques Brevets Consalvo. — [2] Wenzel, W.: Angew. Chem. B. 20 (1948) 225.
[3] Tsuneoka, S. u. W. Funasaka: Sci. Pap. Inst. physic. Chem. Res. 34 (1938) 301. — [4] D.R.P. 701758, I.G. Farbenindustrie A.G.

Bei Verwendung von leicht Sauerstoff abgebenden Salzen, die auf großoberflächigen Stoffen niedergeschlagen sind, kann man die organischen Schwefelverbindungen bei verhältnismäßig nur wenig erhöhter Temperatur leicht und vollständig aus dem Synthese-Gas entfernen.

Als oxydierende Salze eignen sich nach E. Weingärtner und H. Kunze[1] vor allem Nitrate, dann Chlorate, Permanganate, Chromate, Bichromate usw., die zweckmäßig auf aktiver Kohle oder Kieselsäuregel niedergeschlagen sind.

Diese oxydative Behandlung erfolgt zweckmäßig anschließend an die Entfernung des Schwefelwasserstoffes.

Die verbrauchten Massen lassen sich leicht durch Auslaugen mit Wasser, Tränken mit einer Lösung des oxydierenden Salzes und gegebenenfalls des alkalisch reagierenden Stoffes und nachfolgendes Trocknen für erneute Verwendung herrichten; diese Wiederbelebung kann im Reaktionsraum erfolgen.

1,6 kg Aktivkohle werden mit einer Lösung von 160 g Natriumnitrit und 80 g Soda in 2 Liter Wasser getränkt und durch den zu reinigenden Gasstrom getrocknet. Über diese Masse werden bei 80° 2,5 bis 3 Liter Synthesegas (Wasserstoff-Kohlenoxyd-Verhältnis 2 zu 1) je Minute mit 5 bis 6 g organisch gebundenem Schwefel je 100 Kubikmeter geleitet. Im austretenden Gas werden nur noch 0,01 bis höchstens 0,05 g Schwefel je 100 Kubikmeter Gas gefunden. Die Wirksamkeit der Masse bleibt unverändert, bis 80 und mehr Prozent des Nitrits verbraucht sind.

Nach F. Giller und F. Winkler[2] ist es zur Entfernung des organisch gebundenen Schwefels nicht notwendig, die Aktivkohle mit Oxydationsmitteln zu beladen. Es genügt vielmehr, wenn man dem zu entschwefelnden Synthese-Gas oxydierende Mittel, wie Chlor, Wasserstoffsuperoxyd, Ozon oder Stickstoff, zusetzt. Dabei ist darauf zu achten, daß die Reaktion in alkalischem Medium vor sich geht. Man erreicht dies dadurch, daß man die Aktivkohle mit alkalischen Stoffen, z. B. Sodalösung, tränkt.

In einem senkrecht angeordneten Rohr mit einem Rohrquerschnitt von 3,6 cm² wird z. B. auf eine Länge des Rohres von etwa 1 m eine z. B. nach dem von F. Winkler[3] entwickelten Verfahren hergestellte, mit 10prozentiger Sodalösung getränkte und dann bis auf einen Wassergehalt von 20 Prozent getrocknete Aktivkohle angeordnet.

Durch das Rohr wird bei gewöhnlicher Temperatur Wassergas geleitet, das auf je 50 Liter 10 ccm Chlorgas zugesetzt enthält. Durch diese Behandlung sinkt der Gehalt des Gases an organisch gebundenem Schwefel auf 0,4 mg je Kubikmeter.

Eine ausreichende Entfernung des organisch gebundenen Schwefels kann man ferner erreichen, wenn man das organisch gebundenen Schwefel enthaltende Synthese-Gas ganz kurze Zeit, z. B. eine halbe bis eine

---

[1] D.R.P. 724911, Braunkohle-Benzin A.G.
[2] D.R.P. 702605, I. G. Farbenindustrie A.G.
[3] D.R.P. 463772, I. G. Farbenindustrie A.G.

Sekunde auf Temperaturen zwischen 1000 und 1250° erhitzt[1]. Hierbei werden die organischen Schwefelverbindungen in Schwefelwasserstoff übergeführt, der dann mittels eisenoxydhaltiger Massen, wie vorbeschrieben, entfernt werden kann. Die Erhitzung wird in Wärmespeichern oder Wärmeaustauschern vorgenommen, die mit einem Füllmaterial, wie gekörnter Kalk, gekörnter Dolomit oder Bauxit, ausgefüllt sind.

Dieses Verfahren ist allerdings infolge der erforderlichen Gasaufheizung auf so hohe Temperaturen kostspielig.

Man kann die Umwandlung der organischen Schwefelverbindungen bei wesentlich niedrigeren Temperaturen vornehmen, wenn man diese Umsetzung in Gegenwart von Katalysatoren vornimmt.

Allerdings sind nur bestimmte Kontakte für diese Umsetzung geeignet.

So ist z. B. auf Magnesit niedergeschlagenes Silber (1 Prozent) nicht, wohl aber ein Kupferoxyd-Bleichromat-Kontakt bei 450°, Nickel-Kontakt bei 350° und Eisen-Kupfer-Kontakt bei 300° bei Gas-Raumgeschwindigkeiten von etwa 330° geeignet. Es läßt sich unter diesen Bedingungen eine Entschwefelung unter 0,2 g Schwefel je 100 Kubikmeter Synthese-Gas erzielen, wenn das Gas vorher von Schwefelwasserstoff befreit wurde[2].

Bei der technischen Durchführung dieser katalytischen Entschwefelung hat es sich gezeigt, daß der erzielbare Entschwefelungsgrad sehr oft abhängig ist von der Art des zu reinigenden Synthesegases.

Bei manchen Gasen, z. B. Wassergas, arbeiten diese Verfahren befriedigend, bei anderen, wie z. B. Kokerei- oder Spaltgasen, läßt die Wirkung der Metalloxyde bald nach. Dieser Rückgang der Wirksamkeit der Metalloxyde ist auf die in den Synthese-Gasen vorhandenen verharzenden Beimengungen zurückzuführen. Man kann deren Wirksamkeit dadurch verlängern, daß man die Synthese-Gase einer Vorbehandlung mit Aktivkohle oder Bleicherde unterwirft, welch letztere die polymerisierten Harzanteile aus den Gasen entfernen. Diese oberflächenaktiven Stoffe werden durch die niedergeschlagenen Harze bald unbrauchbar und müssen dann erneuert werden.

Einer solchen Vorbehandlung mit einem Adsorptionsmittel, wie Aktivkohle oder Bleicherde, unterzieht die Firma Steinkohlen-Bergwerk Rheinpreußen[3] das Synthese-Gas bevor dieses mittels eines Gemisches, bestehend aus Alkalicarbonat und Oxyden oder Hydroxyden des Eisens bei einer Temperatur zwischen 150 und 300° entschwefelt wird.

---

[1] Tsuneoka S. u. W. Funasaka: Sci. Pap. Inst. physic. Chem. Res. 34 (1938) 310.

[2] E.P. 526814, Ital. P. 374024, N.V. Internationale Koolwaterstoffen Synthese Mij.; International Hydrocarbon Synthesis Co.

[3] F.P. 849158, Steinkohlen-Bergwerk Rheinpreußen.

Von W. Knobloch und G. Schiller[1] wurde ferner gefunden, daß man die Synthese-Gase vor ihrer Entschwefelung von den zur Verharzung neigenden Anteilen in einfacherer Weise befreien kann, wenn man sie bei tiefen Temperaturen, vorzugsweise bei Temperaturen zwischen —20 und —80°, mit solchen Flüssigkeiten, wie Methanol, wäscht, die die Harzbildner aufzunehmen vermögen.

Die anschließende Entfernung der organischen Schwefelverbindungen erfolgt mittels oxydischer Reinigungsmassen, wie Eisenoxyd oder Zinkoxyd.

Ein Kokereigas, das je Kubikmeter etwa 150 mg organisch gebundenen Schwefel und größere Mengen verharzende Stoffe enthält, wird auf—50° abgekühlt und bei dieser Temperatur durch Methanol geleitet. Danach sind verharzende Stoffe nur noch in Spuren vorhanden.

Das Gas wird dann auf 300 bis 400° erhitzt und über geformtes Zinkoxyd mit einer Strömungsgeschwindigkeit von 400 Raumteilen Gas auf 1 Raumteil Zinkoxyd-Masse in der Stunde geleitet.

Nach dieser Behandlung ist der Schwefelgehalt des Gases auf 2 mg je cbm gesunken.

Die Umsetzung von organischen Schwefelverbindungen zu Schwefelwasserstoff an oxydischen Kontakten liefert bei Benutzung von Katalysatoren, die neben der Zerstörung der organischen Schwefelverbindungen gleichzeitig eine Konvertierung von Methan in Kohlenoxyd und Wasserstoff bewirken, nur in Anwendung auf Wassergas ein genügend reines Synthesegas. Werden Stadtgas oder Generatorgas behandelt, so bleiben die Schwefelgehalte im gereinigten Gas auch dann über der zulässigen Höchstmenge von 0,2 g je 100 Kubikmeter, wenn nach der Entfernung des aus den organischen Schwefelverbindungen entstandenen Schwefelwasserstoffes noch eine Reinigung mit Aktivkohle erfolgt.

Nach W. Herbert und H. Rüping[2] kann man organische Schwefelverbindungen gleichzeitig mit eventuell im Synthese-Gas vorhandenen Harzbildnern entfernen, daß man aus den von Schwefelwasserstoff befreiten Synthese-Gasen mit festen Adsorptionsmitteln, wie Aktivkohle, im wesentlichen nur die über 50° siedenden organischen Schwefelverbindungen neben gegebenenfalls vorhandenen Harzbildnern entfernt und anschließend die in den Gasen verbleibenden niedriger siedenden Schwefelverbindungen mit stark alkalisierten Eisenoxyd- oder Eisenhydroxyd-Massen bei Temperaturen von etwa 200 bis 300° abscheidet.

Ein durch Vergasung von Magerkohle in Generatoren bekannter Bauart erzeugtes Gasgemisch bestehend aus 28 Prozent Kohlenoxyd, 56 Prozent Wasserstoff und 15 Prozent Inertgase wird durch Überleiten über Raseneisenerz-Masse von Schwefelwasserstoff gereinigt. Das vorgereinigte Gas enthält noch 100 mg Schwefelwasserstoff und 15 mg organische Schwefelverbindungen je Kubikmeter Gas.

---

[1] D.R.P. 747484, I.G. Farbenindustrie A.G.
[2] D.R.P. 735662, Carbo-Norit-Union-Verwaltungsges. m.b.H.

Dieses Gas wird bei Raumtemperatur durch eine Aktivkohle-Anlage geschickt, in welcher die Harzbildner quantitativ und der organische Schwefel so weit entfernt werden, daß kein Thiophen mehr austritt. Das Gas wird anschließend dann bei einer Temperatur von etwa 200° über gekörnte stark alkalisierte Eisenoxydmassen, bestehend aus Lautamasse mit etwa 40 Prozent Soda, geleitet.

Der Schwefelgehalt des austretenden Gases liegt unter 0,1 g je 100 Kubikmeter Synthese-Gas.

Das Synthese-Gas kann unmittelbar in einen Kontaktofen geleitet werden.

Die Feinreinigung kann bis zur Erschöpfung 12 Prozent Schwefel, also das Doppelte der normalen Menge, aufnehmen.

Die Lebensdauer der Katalysatoren im Kontaktofen, die normalerweise nur 3 Monate beträgt, kann bis auf 6 Monate verlängert werden.

Gleichzeitig wird die Durchschnittsausbeute an Benzin, Öl und Paraffin von 115 g je Kubikmeter inertfreies Ausgangsgas auf 122 g gesteigert.

Für die großtechnische Durchführung der Entfernung der im Synthese-Gas vorhandenen organischen Schwefelverbindungen ist die Feststellung von O. Roelen und W. Feist[1] von Bedeutung, daß man auch ohne Vorbehandlung mit adsorbierend wirkenden Stoffen, wie Aktivkohle oder Bleicherde, eine zufriedenstellende Entschwefelung des aus Wassergas gewonnenen Synthesegases[2] erzielen kann, wenn man als Reinigungsmassen solche eisenoxydhaltige Massen, z. B. Luxmassen, verwendet, die einen Alkalicarbonatgehalt von mindestens 10 Prozent aufweisen.

Diese Massen besitzen, im Gegensatz zu den üblichen Gasreinigungsmassen zur Entfernung des Schwefelwasserstoffes, die Eigenschaft, auch die organischen Schwefelverbindungen dem Synthese-Gas zu entziehen.

Als Kontakt eignet sich besonders ein inniges Gemenge von 1 bis 2 Teilen Soda mit 2 bis 3 Teilen reaktionsfähigen Oxyden oder Hydroxyden des Eisens. Als letztere kommen Eisenerze, Raseneisenerz, sowie die Rückstände der Bauxitverarbeitung in Frage.

Beim Überleiten des Synthese-Gases bei Temperaturen zwischen 150 und 300° über diese Kontakte wird eine praktisch vollständige Entschwefelung der Gase erzielt.

Schwefelwasserstoffreies Wassergas mit etwa 30 g organisch gebundenem Schwefel in 100 Kubikmetern wird bei 230° mit einer Strömungsgeschwindigkeit von 500 Raumteilen Gas in der Stunde durch einen Raumteil Reaktionsraum über eine in stückiger Form befindliche Reinigungsmasse geleitet, welche aus 1 Teil Soda und 2 Teilen Rotschlamm durch Verbacken und Zerkleinern hergestellt wurde. Unter diesen Bedingungen reinigt 1 kg Gemisch jeweils 100 Kubikmeter Gas so weitgehend, daß darin Schwefel mit den üblichen Methoden in keiner Form mehr nachweisbar ist und ohne daß die Zusammensetzung des Wassergases eine Veränderung erleidet.

Wird die Reaktionstemperatur auf 300° erhöht, so reinigt 1 kg Masse bis zu 350 Kubikmeter Gas ebenso vollständig.

---

[1] D.R.P. 651462, Studien- und Verwertungs G.m.b.H.

[2] Bei Kokereigas und ähnlichen Destillationsgasen ist jedoch die Vorschaltung einer Feinreinigermasse zur Entfernung der Harzbildner unbedingt erforderlich.

Zu denselben Ergebnissen gelangen auch W. Funasaka und I. Katayama[1]. Durch Imprägnieren der Luxmasse mit 10 Prozent Natriumhydroxyd, Bariumhydroxyd, Thoriumoxyd, Chromoxyd, Aluminiumoxyd oder Kaliumcarbonat konnten brauchbare Kontaktmassen erhalten werden.

Eine gute und ausreichende Entfernung der organischen Schwefelverbindungen wird nach weiteren Feststellungen der gleichen Forscher[2] mit einem Gemisch aus Eisenoxyd, Aluminiumoxyd, Bimsstein und Natriumhydroxyd mit 10 Prozent Eisen und Aluminiumoxyd-Eisenoxyd-Verhältnis 1 zu 1 sowie mit Gemischen aus Luxmasse, Kieselgur und 30 Prozent Natriumhydroxyd und Eisenoxyd, Natriumhydroxyd und Bentonit erzielt. Auf das erste Gemisch wirkt das Kohlenoxyd des Gases hemmend. Als Träger ist Kieselgur am besten geeignet, da Bentonit und Bimsstein weniger dauerhaft sind.

Eine für die Kohlenwasserstoff-Synthese ausreichende Entschwefelung auf einen Restschwefelgehalt von 0,2 g Schwefel je 100 Kubikmeter Gas gelingt nach W. Funasaka[3] bei 200 bis 250° und einer Gas-Raum-Geschwindigkeit von etwa 250 über mit 10 Prozent Nickeloxyd oder Kupferhydroxyd aktivierten Luxmassen. Bei der mit Kupferhydroxyd aktivierten Masse läßt sich die katalytische Aktivität noch durch Zusatz von etwa 10 Prozent Natriumhydroxyd weiter steigern.

Zur Beschickung der Reinigungsräume mit den alkalisierten Luxmassen kann die von H. Biederbeck[4] vorgesehene und auf S. 144 beschriebene Einfüllvorrichtung benützt werden.

An diesen alkalisierten Eisenoxyd-Massen werden die organischen Schwefelverbindungen oxydiert und der Schwefel als SO_4-Ion, d. h. also als Natriumsulfat am Kontakt festgehalten.

Aus diesen Gründen ist die Aufnahmefähigkeit der alkalisierten Eisenoxyd-Massen beschränkt.

In der Praxis sorgt man dafür, daß der für die Oxydation des Schwefels notwendige Sauerstoff in dem zu reinigenden Synthese-Gas enthalten ist[5].

Bei bestimmten Synthesegasen, besonders solchen, die aus Braunkohle oder aus nicht entgaster Steinkohle stammen, wie z. B. Braunkohlegeneratorgas, empfiehlt es sich, an die übliche Entschwefelung eine Waschung der Gase mit einer organischen Flüssigkeit bei Temperaturen von 15 bis 200°, besonders unter Druck anzuschließen[6]. Als Waschflüssigkeiten kommen hierbei in Betracht: Alkohole, Äther, Ester, Ke-

[1] Funasaka, W. u. I. Katayama: Sci. Pap. Inst. physic. Chem. Res. 35 (1938) 32.

[2] Funasaka, W. u. I. Katayama: Sci. Pap. Inst. physic. Chem. Res. 35 (1938) 39. — [3] Funasaka, W.: Sci. Pap. Inst. physic. Chem. Res. 37 (1940) 331.

[4] D.R.P. 729729, Ruhrchemie A.G. — [5] Martin, F., Erdöl und Kohle, 1 (1948) 26.

[6] N.V. Internationale Koolwaterstoffen Synthese Mij.; International Hydrocarbon Synthesis Co.

tone, Kohlenwasserstoffe, Amine, Pyridin. Durch diese Gasreinigung wird die Ausbeute an Kohlenwasserstoffen und die Lebensdauer der Kontakte erhöht.

d) Vom Kohlendioxyd.

Das im Synthese-Gas vorhandene oder im Kreislauf-Gas angereicherte Kohlendioxyd muß in vielen Fällen teilweise oder vollständig aus den Synthese-Gasen vor der Einführung in den Kontakt-Ofen herausgenommen werden.

Die Entfernung des Kohlendioxyds aus dem Synthese-Gas erfolgt nach G. Fischer und H. Biederbeck[1] unter Verwendung von zweckmäßig in Gegenwart von 10 bis 20 Prozent Wasser gepreßtem Calciumhydroxyd.

Bei Anwendung von Stücken einer Kantenlänge von 0,5 bis 1,0 cm wird neben einer wesentlichen Verringerung des Absorptionsraumes eine etwa 90prozentige Kohlendioxyd-Entfernung erzielt.

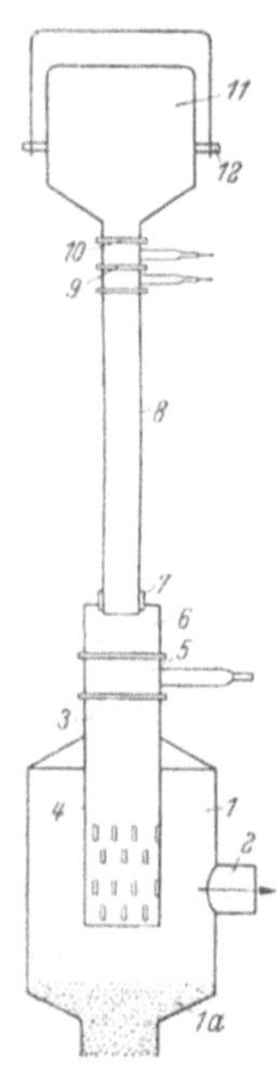

Abb. 10.
Vorrichtung zum
Eintragen von
Kohlendioxyd-
Absorptionsmasse.

Das Beschicken der zur Kohlendioxyd-Absorption dienenden Reaktionsbehälter mit dieser Reinigungsmasse ist mit Schwierigkeiten verknüpft. Beim Eintragen der Reinigungsmasse in die geöffneten Reaktionsbehälter entstehen neben Gasverlusten Änderungen in der Gas-Zusammensetzung und auch Druckverschiebungen. Einführen mit Förderschnecken und dgl. führt zu Verschmutzungen durch die Reinigungsmasse.

Diese Nachteile lassen sich nach H. Biederbeck[2] mit der in Abb. 10 schematisch dargestellten Vorrichtung vermeiden.

Diese Vorrichtung besteht im Prinzip aus einem glatten, oben durch ein Absperrorgan verschließbarem Rohr, das mit Hilfe einer Stopfbüchse und eines entsprechend bemessenen Schiebers in den Reaktionsbehälter eingeschoben werden kann.

Auf den erweiterten Kopf 1 einer Reaktionssäule 1a, aus der die Gase bei 2 abströmen, ist ein weiter Stutzen 3 angebracht. Dieser Rohrstutzen ist durch ein Innenrohr 4 verlängert, dessen Mantel im unteren Teil Durchtrittsöffnungen aufweist und bis unter die Einbaustelle des Stutzens 2 hinabführt. Der Rohrstutzen 3 ist durch einen Schieber 5 verschließbar. Oberhalb des letzteren ist eine Blechhaube 6 mit Stopfbüchse 7 angebracht. Durch letztere wird ein Rohr 8 eingeschoben, das am Kopf durch einen Schieber 9 abschließbar ist. Auf den oberen Flansch dieses Schiebers paßt eine gleichartige Absperrvorrichtung 10, die am Einfüllbehälter 11 befestigt ist.

[1] D.R.P. 699 843, Ruhrchemie A.G. — [2] D.R.P. 729 729, Ruhrchemie A.G.

Mit Hilfe einer Hubvorrichtung, die an den Drehzapfen 12 des Füllbehälters 11 angreift, wird der Behälter 11, der vorher mit der gekörnten Kohlendioxyd-Absorptionsmasse angefüllt wurde, auf den Schieber 9 des Rohres 8 aufgesetzt. Hierauf öffnet man den Absperrschieber 5 und schiebt das Rohr 8 in den Kopf des Reaktionsbehälters ein. Sobald es seine tiefste Lage erreicht hat, werden die beiden Schieber 9 und 10 geöffnet. Die einzubringende Reaktionsmasse schichtet sich hierbei der im Reaktionsbehälter 1a vorhandenen Masse auf. Darauf wird der Schieber 9 wieder geschlossen und das Rohr 8 in seine höchste Lage zurückgezogen. Nach Schließung des Schiebers 5 wird der Behälter 11 abgenommen und mit einer nenen Ladung der Absorptionsmasse angefüllt, welche in gleicher Weise zur Einfüllung kommt.

e) Von Harzbildnern.

Sofern die zur Polymerisation und Verharzung neigenden ungesättigten Verbindungen nicht oder nur unvollständig bei der Entschwefelung der Synthese-Gase mitentfernt werden, müssen diese zur Polymerisation neigenden Verunreinigungen nachträglich entfernt werden.

Zweckmäßigerweise nimmt man die Entfernung der Harzbildner anschließend an die Entfernung der organischen Schwefelverbindungen derart vor, daß man die heiß aus der Reinigung von organischen Schwefelverbindungen kommenden Gase über Aktivkohle oder Bleicherde bei Temperaturen bis zu 300° leitet.

III. Zusammensetzung.

Das im großtechnischen Umfange hergestellte Synthese-Gas enthält außer Kohlenoxyd und Wasserstoff meist noch mehr oder weniger große Anteile anderer Gase, wie Methan, Kohlendioxyd und Stickstoff.

Obwohl diese Inert-Gase unter den Reaktionsbedingungen sich an der Umsetzung von Kohlenoxyd und Wasserstoff nicht beteiligen, können sie bei bestimmten Synthese-Verfahren von einer gewissen Menge im Synthese-Gas vorhanden, die Kohlenwasserstoff-Bildung ungünstig beeinflussen.

Von K. Fujimura und S. Tsuneoka[1] sind diese Einflüsse von 10, 20 und 40 Prozent Methan, Stickstoff oder Kohlendioxyd auf die Benzinausbeuten aus Wassergas untersucht worden.

Bis zu 20 Prozent ist die Schädigung der inerten Gase nur gering, bei 40 Prozent wurden erheblich geringere Ausbeuten an Benzinkohlenwasserstoffen gefunden.

Kohlendioxyd scheint stärker zu schädigen als Methan und Stickstoff.

Das Verhältnis Benzin zu höhersiedenen Kohlenwasserstoffen wird bei der Verdünnung zugunsten des Benzins verschoben.

Doch lassen sich diese vorstehenden Feststellungen nicht verallgemeinern.

Unter technischen Bedingungen liegt z. B. die Grenze, von der ab Methan schädigend wirkt, bedeutend tiefer.

---

[1] Fujimura, K. u. S. Tsuneoka: Sci. Pap. Inst. physic. chem. Res. 25 (1934) 127.

Methangehalte von 4 bis 5 Prozent im Synthese-Gas sind zum Beispiel noch zu-
lässig, doch wird eine Verminderung des Methangehaltes auf 2 Prozent und weniger
als vorteilhaft angesehen.

Der Kohlendioxyd-Gehalt im Synthese-Gas kann zwar höher liegen,
doch hängt die Menge, von der ab dieses Inertgas schädigend wirkt,
vielfach von den Reaktionsbedingungen, unter denen die Synthese verläuft, ab, wie noch später gezeigt wird.

Dem Synthese-Gas setzen neuerdings E. F. Pevere, G. B. Hatch
und E. E. Sensel[1] ein niedermolekulares Isoparaffin, z. B. Isobutan,
und zwar 5 bis 15 Molprozent, berechnet auf die Kohlenoxyd-Konzen-
tration im Reaktionsgemisch, zu.

Ein Gemisch aus 31 Volumteilen Kohlenoxyd, 62 Volumteilen
Wasserstoff und 7 Volumteilen Isobutan wird bei 202° und 1 at Druck
umgesetzt.

Die Octanzahl des Umsetzungsproduktes ist 65.

Für den glatten Verlauf der Kohlenwasserstoff-Bildung ist ferner ein
bestimmtes Verhältnis von Kohlenoxyd zu Wasserstoff im Synthese-Gas
erforderlich. Die Größe dieses Verhältnisses von Kohlenoxyd zu Wasserstoff hängt weitgehend von den bei der Fischer-Tropsch-Synthese angewandten Reaktionsbedingungen ab.

So wird das Verhältnis von Kohlenoxyd zu Wasserstoff bestimmt
durch die Art und Zusammensetzung der zur Katalysierung der Kohlenwasserstoff-Bildung angewandten Kontakte.

Darüber hinaus muß das Kohlenoxyd-Wasserstoff-Verhältnis im
Synthese-Gas auch dem Alter der Synthese-Kontakte angepaßt werden.
Bei der Inbetriebnahme frisch bereiteter Katalysatoren, besonders auf
Kobalt-Basis, wie z. B. Kobalt-Thoriumoxyd-Kieselgur, muß
der Zusammensetzung des Synthese-Gases eine besondere Beachtung
geschenkt werden, da ein hohes Wasserstoff-Kohlenoxyd-Verhältnis die
Methan-Bildung begünstigt.

Von weiterem Einfluß auf die Zusammensetzung des Synthese-Gases
sind ferner die bei der Synthese benützten Drucke, Temperaturen und
Strömungsverhältnisse des Synthese-Gases; unter Umständen bestimmt
aber auch die Art der herzustellenden Synthese-Produkte die Zusammensetzung der Synthese-Gase.

Entspricht das zugefügte Synthesegas hinsichtlich seines Gehaltes
an Kohlenoxyd und Wasserstoff genau dem in Frage kommenden
Kohlenoxyd-Wasserstoff-Verbrauchs-Verhältnis, so verläuft die Synthese
in besonders günstiger Weise. Unerwünschte Nebenreaktionen bleiben
aus, so daß gleichmäßige Produkte, ein konstanter Ofengang und nicht
unerhebliche Ausbeutesteigerungen erzielt werden.

---

[1] A.P. 2418899, Texas Co.

Für die unter Normaldruck verlaufende Kohlenwasserstoff-Synthese hat sich bei Verwendung von Kobalt-Mischkontakten das bereits von F. Fischer und Mitarbeitern ermittelte Kohlenoxyd-Wasserstoff-Verhältnis von 1 zu 2 bewährt.[1]

Nimmt man diese Normaldruck-Synthese mit dem von L. Alberts und W. Feißt[2] benützten Kobalt-Magnesiumoxyd-Kieselgur-Kontakt und zwar mit einem Kohlenoxyd-Wasserstoff-Verhältnis von 1 zu 2 vor, so ergibt sich das in Tab. 12 mitgeteilte Bild über die Zusammensetzung des Synthesegases vor und nach der Synthese.

Tabelle 12

Gaszusammensetzung vor und nach der Normaldruck-Synthese.[3]

Gasbestandteile	Ausgangsgas	Endgas
	Volumprozent	
Kohlendioxyd	14,0	52,0
Kohlenwasserstoffe	0,0	1,0
Kohlenoxyd	27,5	5,0
Wasserstoff...........	55,0	10,0
Methan	0,5	22,0
Stickstoff	3,0	10,0

Die Volumkontraktion beläuft sich auf 70 Prozent. Das Kohlenoxyd-Wasserstoff-Verbrauchsverhältnis beträgt 1 zu 2, der Kohlenoxyd-Umsatz liegt bei 94,6 Prozent. Von dem verbrauchten Kohlenoxyd werden 70 Prozent in C_3- und höhere Kohlenwasserstoffe umgewandelt, was 116 g je Kubikmeter Synthesegas und 140,8 g je Kubikmeter inertfreies Synthesegas entspricht.

Die Bildung von Kohlendioxyd und Methan beläuft sich zusammen auf 29,6 Prozent.

Das gleiche Kohlenoxyd-Wasserstoff-Verhältnis von 1 zu 2 wurde auch bei den mit Kobalt-Kieselgur-Mischkontakten arbeitenden Druck-Synthesen angewandt.

Arbeitet man mit dem gleichen, vorbeschriebenen Kontakt (Kobalt-Magnesiumoxyd-Kieselgur-Kontakt) bei einem Druck von 8 bis 10 Atmosphären, so erhält man die in Tab. 13 wiedergegebene Gaszusammensetzung vor und nach der Synthese.

Tabelle 13.

Gaszusammensetzung vor und nach der Druck-Synthese.

Gasbestandteil	Ausgangsgas	Endgas
	Volumprozente	
Kohlendioxyd	14,0	44,7
Kohlenwasserstoffe	0,0	1,0
Kohlenoxyd	27,5	12,0
Wasserstoff...........	55,0	12,9
Methan	0,5	20,0
Stickstoff	3,0	9,4

---

[1] Herington, E. F. G. u. L. A. Woodward: Brennstoff-Chem. 20 (1939) 319.

[2] D.R.P. 744184, Ruhrchemie A.G.

[3] Der in dieser und den Tabellen 13 und 14 angegebene Methangehalt ist rund doppelt so hoch wie bei der technischen Durchführung der Kohlenoxyd-Hydrierung.

10*

Die Volumkontraktion beläuft sich auf 68 Prozent, das Kohlenoxyd-Wasserstoff-Verbrauchsverhältnis beträgt 1 zu 2,147. Die Kohlenoxyd-Gesamtausbeute liegt bei 86,2 Prozent. Von dem verbrauchten Kohlenoxyd werden 73,8 Prozent in C_3- und höhere Kohlenwasserstoffe übergeführt, was 110 g je Kubikmeter Synthesegas und 134,5 g je Kubikmeter inertfreies Synthesegas ausmacht. Die Kohlendioxyd- und Methanbildung beläuft sich auf 26,2 Prozent.

Bei der Druck-Synthese kann man jedoch bessere Kohlenoxyd-Umsätze und höhere Ausbeuten an Kohlenwasserstoffen erreichen, wenn man nach L. Alberts und W. Feißt[1] mit einem Synthesegas bei einem dem Verbrauchsverhältnis ausgeglichenen Kohlenoxyd-Wasserstoff- Gehalt arbeitet, d. h. ein Synthesegas verwendet, das auf 1 Volumteil Kohlenoxyd 2,14 Volumteile Wasserstoff enthält. In diesem Falle bleibt das Kohlenoxyd-Wasserstoff-Verhältnis konstant.

Arbeitet man mit einem Synthesegas mit dem vorgenannten Kohlenoxyd-Wasserstoff-Verhältnis mit dem angewandten Kobalt-Magnesiumoxyd-Kieselgur-Kontakt, so ergibt sich die in Tab. 14 mitgeteilte Zusammensetzung des Eintritts- und Austrittsgases.

Tabelle 14.

Gaszusammensetzung vor und nach der Druck-Synthese.

Gasbestandteil	Ausgangsgas	Endgas
	Volumprozente	
Kohlendioxyd	14,0	49,0
Kohlenwasserstoffe	0,0	1,0
Kohlenoxyd	26,2	5,9
Wasserstoff...........	56,3	12,7
Methan	0,5	21,0
Stickstoff	3,0	10,4

Die Volumkontraktion beläuft sich auf 71 Prozent. Der Kohlenoxyd-Wasserstoff-Verbrauch betrug 1 zu 2,149. Der Kohlenoxyd-Gesamtumsatz liegt bei 93 Prozent. Von dem verbrauchten Kohlenoxyd werden 76,3 Prozent in C_3- und höhere Kohlenwasserstoffe übergeführt, was 118,5 g je Kubikmeter Ausgangsgas oder 143,7 g je Kubikmeter inertfreies Ausgangsgas ausmacht. Die Bildung von Kohlendioxyd und Methan beläuft sich auf 23,7 Prozent.

Mit den für die Normaldruck-Synthese entwickelten Kobalt-Thoriumoxyd-Kieselgur-Kontakten hat W. Herbert[2] auch gute Ausbeuten an Kohlenwasserstoffen bei der Drucksynthese und zwar beim Arbeiten mit einem Synthese-Gas, das Kohlenoxyd und Wasserstoff im Verhältnis von wesentlich unter 1 zu 2, zweckmäßig 1 zu 1,5, erhalten.

Während Kobalt- und Nickel-Mischkontakte gemäß der auf S. 8 angegebenen Gleichung ein Verhältnis von Kohlenoxyd zu Wasserstoff wie 1 zu 2 benötigen, muß bei Eisen-Katalysatoren nach der an der gleichen Stelle angegebenen Gleichung ein Kohlenoxyd-Wasserstoff-Verhältnis 1 zu 1 eingehalten werden.

Beim Arbeiten mit höheren Strömungsgeschwindigkeiten kann man aber die sekundär auftretende Einwirkung von Wasserdampf auf

---

[1] D.R.P. 744184, Ruhrchemie A.G.

[2] D.R.P. 747730, ohne Firmenangabe, wahrscheinlich Metallgesellschaft A.G.

Kohlenoxyd unter Bildung von Kohlendioxyd und Wasserstoff so weit
zurückdrängen, daß auch wasserstoffreicheres Gas über Eisenkontakte
verarbeitet werden kann[1].

Bei diesen Eisen-Katalysatoren kann das Kohlenoxyd-Wasserstoff-Verhältnis in den Grenzen von 1 zu 0,5 bis 2 schwanken.

Mit einem solchen Kohlenoxyd-Wasserstoff-Verhältnis von 1 zu 2
wird auch beim Hydrocol-Verfahren gearbeitet.[1]

Bei der Drucksynthese an aktivierten Eisen-Katalysatoren sind die
Ausbeuten an Kohlenwasserstoffen besonders günstig, wenn mit noch
einem größeren Kohlenoxyd-Gehalt im Mischgas gearbeitet wird; geeignet ist ein Synthese-Gas, welches Kohlenoxyd und Wasserstoff im
Verhältnis von 2 zu 1 enthält.

Mit zunehmendem Kohlenoxyd-Gehalt nimmt zwar im allgemeinen die Methanbildung ab, aber dafür tritt Kohlendioxyd im Endgas auf, welches technisch nicht
so leicht zu entfernen ist wie Wasser und daher die Erzielung von Höchstausbeuten
erschwert.

Arbeitet man mit hochaktiven, formierten Eisen-Katalysatoren, so kann bei der Kohlenwasserstoff-Synthese nach F. Fischer
und H. Pichler[2] das Verhältnis von Kohlenoxyd zu Wasserstoff in den
Grenzen von 2 zu 1 bis 1,5 zu 1 schwanken.

Die Anreicherung von Kohlenoxyd im Synthese-Gas beeinflußt die
Zusammensetzung der Primärprodukte, und zwar in der Richtung, daß
der Anteil der ungesättigten Kohlenwasserstoffe in diesen ansteigt.

Bei der Lenkung der Kohlenoxyd-Hydrierung in der Richtung, daß
neben Kohlenwasserstoffen etwa die gleichen Mengen Alkohole entstehen,
arbeitet man nach W. Wenzel[3] mit einer Synthese-Gas-Zusammen-
setzung von Kohlenoxyd zu Wasserstoff wie 1,05 zu 1.

Eine ähnliche Gaszusammensetzung, und zwar ein Kohlenoxyd-
Wasserstoff-Verhältnis von 1,2 zu 1 ist auch bei der Hochdruckhydrierung
von Kohlenoxyd gemäß der Isosynthese einzuhalten[4]. Erhöhter
Kohlenoxyd-Gehalt führt bei dieser Hochdruckhydrierung zur Kohlen-
stoffabscheidung, während bei Verwendung wasserstoffreicherer Gase die
Tendenz zur Bildung von gasförmigen Kohlenwasserstoffen größer ist.

Während bei bestimmten Verfahren der unter Normaldruck oder
überatmosphärischen Drucken verlaufenden Fischer-Tropsch-Synthese eine möglichst hohe Konzentration an Kohlenoxyd, im Ausgangsgas erwünscht ist, können wieder bei anderen Verfahren, z. B. bei der

---

[1] Kölbel, H. und F. Engelhardt, Erdöl und Kohle, 2 (1949) 52; F. Martin,
Erdöl und Kohle 1 (1948) 27.

[2] D.R.P. 738091, E.P. 841043, Ital. P. 363948, Studien- und Verwertungs
G.m.b.H.

[3] Wenzel, W.: Angew. Chem. B. 20 (1948) 225.

[4] Pichler H. u. K.H. Ziesecke: Brennstoff-Chem. 30 (1949) 13.

von W. Herbert[1] entwickelten Arbeitsweise, außer Kohlenoxyd und Wasserstoff im Ausgangsgas noch andere, an der Reaktion selbst nicht beteiligte, sogenannte inerte Gase, wie Kohlendioxyd, Methan und Stickstoff, aber auch Wasserdampf, in mitunter beträchtlichen Mengen, bis zu 20 Prozent, zugegen sein.

Bei Verwendung von Kobalt-Thoriumoxyd-Kieselgur-Kontakten und Arbeiten bei Drucken über 2 Atmosphären, vorzugsweise über 20 Atmosphären kann der Gehalt an inerten Gasen nach W. Herbert[2] noch mehr als 20 Prozent betragen.

Ein Ausgangsgas mit diesem hohen Gehalt an Inertgasen fällt z. B. als Endgas bei der Methanol-Synthese an und wird dadurch gewonnen, daß man dem normalen Synthese-Gas die bei der Kohlenwasserstoff-Synthese anfallenden Endgase zusetzt.

Als Inertgase verwendet A. Wagner[3] Verdünnungsgase und zwar Synthese-Endgase, die noch wesentliche Mengen an dampfförmigen, insbesondere leichtflüchtige Synthese-Produkte enthalten.

Die Gegenwart dieser Verdünnungsgase wirkt sich bei der Kohlenwasserstoff-Synthese sehr vorteilhaft aus. Vor allem werden die Kontakte geschont, was auf eine geringere Überhitzung zurückzuführen ist; dabei bleibt die Raum-Zeit-Ausbeute unverändert oder steigt sogar etwas an. Die im Verdünnungsgas vorhandenen Synthese-Produkte bleiben im wesentlichen unverändert[4]; sie besitzen den Vorteil einer großen spezifischen Wärme, so daß sie besonders gut als Wärmespeicher dienen und die vom Kontakt aufgenommenen Wärmemengen an die Kühlflächen übertragen können.

Nach neueren Feststellungen läßt sich aber diese Angabe von A. Wagner[5] nicht verallgemeinern. Vielmehr ist erwiesen, daß die Synthese-Produkte eine Veränderung erfahren können: Olefine werden hydriert, höhere Kohlenwasserstoffe zum Teil zu niederen abgebaut, während niedere zu einem kleinen Anteil zu höheren aufgebaut werden.

Durch eine Verdünnung der Synthese-Gase mit Inert-Gasen kann man nach W. E. Currie[6] auch die Bildung sauerstoffhaltiger Synthese-Produkte bei solchen Synthese-Verfahren zurückdrängen, bei denen die Hydrierung von Kohlenoxyd bei Temperaturen zwischen 380 und 450° und einem Gesamtdruck von 10 bis 20 at unter Verwendung der üblichen

---

[1] D.R.P. 747730, ohne Firmenangabe, wahrscheinlich Metallgesellschaft A.G.

[2] A.P. 2224048, American Lurgi Corp.

[3] D.R.P. 739569, Braunkohle-Benzin A.G.

[4] Auf Grund neuerer Untersuchungen von H. Kölbel und Ruschenburg ist aber erwiesen, daß die im Verdünnungsgas vorhandenen Synthese-Produkte beim nochmaligen Überleiten über den Kontakt in höhermolekularere Produkte überführt werden.

[5] Privatmitteilung von O. Roelen.

[6] A.P. 2209190, Standard-I.G. Co.

Katalysatoren erfolgt. Man kann diese Bildung sauerstoffhaltiger Verbindungen zurückdrängen, wenn man die Synthese-Gase soweit verdünnt, daß deren Partial-Druck weniger als 5 at beträgt. Man setzt zu diesem Zweck zu 1 Volumen Synthese-Gas, z. B. Wassergas, 1,5 bis 4 Volumina Stickstoff, Methan oder Äthan zu.

Die Zuführung der Verdünnungsgase zu dem Synthese-Gas kann mit Hilfe der in Abb. 11 schematisch wiedergegebenen Apparatur erfolgen.

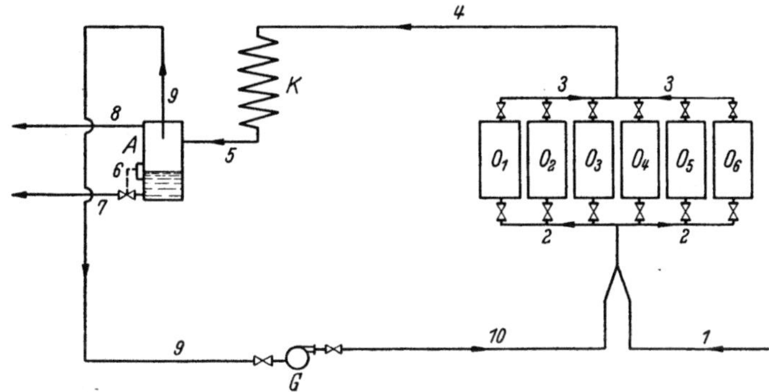

Abb. 11. Vorrichtung zur Verdünnung von Synthese-Gas.

Durch die Leitung 1 wird frisches Synthesegas, d. h. im wesentlichen ein Gemisch von Kohlenoxyd und Wasserstoff im Verhältnis 1 zu 2 zugeführt und durch die Verteilerleitung auf einen oder mehrere mit Katalysator gefüllte Synthese-Öfen O_1—O_6 verteilt. Die in der Sammelleitung 3 vereinigten Reaktionsprodukte werden durch die Leitung 4 abgeführt; sie enthalten neben unverändertem Synthesegas, Kohlendioxyd und Wasserdampf die Dämpfe der gebildeten Kohlenwasserstoffe. Ein Teil der gebildeten Reaktionsprodukte wird mittels des Kühlers K verflüssigt und nach Durchströmen der Leitung 5 im Abscheider A abgetrennt, aus dem sie durch den Regler 6, 7 entnommen werden. Die Menge der kondensierten Reaktionsprodukte richtet sich nach der Kühltemperatur. Von den bei der Kondensationstemperatur noch gasförmigen Bestandteilen der Reaktionsprodukte wird der für die Verdünnung der Frischgase benötigte Teil durch Leitung 9 abgezogen und mit Hilfe des Gebläses G über Leitung 10 mit den Frischgasen vermischt. Der für die Verdünnung der Frischgase nicht benötigte Anteil der gasförmigen Reaktionsprodukte wird durch die Leitung 8 aus dem Abscheider A abgezogen.

Die Höhe der Partialdrucke von Kohlenoxyd und Wasserstoff im Synthese-Gas richtet sich auch nach dem angewandten Synthese-Druck.

Bei dem Verfahren der Firma Kohle- und Eisenforschungs G.m.b.H.[1] wird z. B. die Kohlenwasserstoff-Synthese unter solchen Bedingungen durchgeführt, daß die Partialdrucke der reagierenden Bestandteile größer als bei der Synthese bei Normaldruck sind. Dabei werden auch höhere Synthese-Temperaturen und größere Durchsätze als bei der Synthese mit inertarmen Gasen bei Normaldruck angewandt. Man erhält unter diesen Bedingungen besonders hohe Ausbeuten an Kohlenwasserstoffen.

---

[1] F.P. 877792, Kohle- und Forschungs G.m.b.H.

Eine Verdünnung des Synthesegases mit Inertgasen erscheint auch bei der Inbetriebnahme von neuen oder frisch regenerierten Kontakten zweckmäßig, wobei aber bei der Inbetriebnahme von Eisen-Kontakten Kohlendioxyd als Inertgas schädlich wirkt (s. S. 85).

IV. Gas-Durchsatz.

Bei der Hydrierung von Kohlenoxyd zu Kohlenwasserstoffen spielt auch der Gasdurchsatz, d. h. also die Menge des Synthesegases, die in der Stunde je Kilogramm wirksames Metall im Katalysator in den Kontaktofen eingeleitet wird, eine wichtige Rolle.

Die Strömungsgeschwindigkeit des Synthese-Gases ist zunächst von der Aktivität der Hydrierungs-Kontakte abhängig. Bei Inbetriebnahme neuer Synthese-Kontakte ist es zweckmäßig, die Gase anfangs mit sehr geringer Strömungsgeschwindigkeit über den Kontakt zu leiten und den Gasdurchsatz allmählich zur vollen Höhe zu steigern[1]. Man vermeidet dadurch eine zu starke Temperaturerhöhung im Katalysator besonders an der Gaseintrittsseite.

Die Strömungsgeschwindigkeit der Synthese-Gase beeinflußt auch die Art und Ausbeute der Synthese-Produkte.

Je höher der Gasdurchsatz ist, um so mehr läßt sich die Methanbildung unterdrücken. Andererseits wird aber die Ausnützung des Gases ungünstiger, wenn der Gasdurchsatz erhöht wird. Diesen beiden Erscheinungen trägt man in der Praxis dadurch Rechnung, daß ein optimaler Gasdurchsatz eingehalten wird, bei dem einerseits die Methanbildung noch in annehmbaren niedrigen Grenzen liegt und bei dem andererseits durch die Reduktion noch die Hauptmenge des aufgewendeten Kohlenoxyds und Wasserstoffs umgesetzt wird.

Dieser optimale Gasdurchsatz liegt bei der Synthese unter gewöhnlichem Druck und Verwendung von Kobalt-Thoriumoxyd-Kieselgur-Kontakten bei einem Liter Synthesegas und Stunde je Gramm Kobalt im Katalysator.

Auch bei der Druck-Synthese ist dieser Gasdurchsatz eingehalten worden. Auf Grund neuerer Feststellungen läßt sich jedoch die Kohlenwasserstoff-Synthese auch bei höheren oder geringeren Gasdurchsätzen zufriedenstellend durchführen.

Von W. Herbert[2] ist nämlich festgestellt worden, daß man bei der katalytischen Umwandlung von Kohlenoxyd und Wasserstoff enthaltenden Gasgemischen in aliphatische Kohlenwasserstoffe mit erheblichem Paraffingehalt bei höheren Drucken von 2 Atmosphären oder mehr, z. B. 10 at, unter Verwendung von Kobalt-Mischkontakten, die schwer

---

[1] E.P. 495575, Robinson Bindley Processes Ltd. und W. W. Myddelton.
[2] D.R.P. 744076, Metallgesellschaft A.G.

reduzierbare Metalloxyde und Kieselgur enthalten, deren Gehalt an metallischem Kobalt auf über 50 Gramm je Liter geschüttete Kontaktmasse bemessen ist, mit einem höheren Gasdurchsatz arbeiten kann.

Wird beispielsweise der Synthesedruck zu 10 at gewählt, so kann der Gasdurchsatz von dem früher üblichen von stündlich einem Normal-Kubikmeter auf 4 bis 8 Normal-Kubikmeter je Kilogramm aktives Metall in der Kontaktmasse erhöht werden. Besonders zweckmäßig ist es aber mit noch höheren Gasdurchsätzen, z. B. etwa bis 20 Normal-Kubikmeter Synthesegas zu arbeiten und eine Durchsatzsteigerung zu wählen, die das Maß der Drucksteigerung übersteigt.

Bei guten Umsätzen wird bei dieser Arbeitsweise nicht nur eine geringe Methanbildung erzielt, sondern auch die Lebensdauer der Kontakte beträchtlich verlängert, unter Umständen sogar über die Lebensdauer bei der Arbeitsweise unter Normal-Druck.

Die Temperatur wird zweckmäßig etwas höher gehalten als beim Arbeiten unter normalem Druck; man kann jedoch auch bei dergleichen oder sogar niedrigeren Temperatur arbeiten.

Die Ausbeute an Kohlenwasserstoffen ist in weiten Grenzen abhängig von der durchgesetzten Gasmenge. Man kann auch hohe Ausbeuten, z. B. höhere Ausbeuten als sie bei Normaldruck bekannt sind, erhalten; dies erreicht man bei Verwendung von geringeren Gasdurchsätzen im Rahmen der genannten Grenzen. Bei dieser Arbeitsweise ist jedoch die Lebensdauer des Kontaktes nicht so hoch, wie wenn man sich mit der gleichen Ausbeute begnügt, die man bei der Normaldruck-Synthese erhält, oder sogar mit geringeren Ausbeuten, die man bei höheren Gasdurchsätzen erreichen kann. Im letzteren Falle erhält man gleichzeitig geringere Bildung von unerwünschten Nebenprodukten, wie Methan, Kohlendioxyd und organische Säuren, außerdem eine günstige Zusammensetzung des Endgases, das sich ohne weiteres zur erneuten Umsetzung, gegebenenfalls nach geringer Verbesserung seiner Zusammensetzung, verwenden läßt.

Ein für die Durchführung der Synthese unter Normaldruck gut geeigneter Katalysator, bestehend aus Kobalt, Thoriumoxyd und Kieselgur im Verhältnis 1 zu 0,2 zu 1,5, der in der angewendeten Menge 5 Gramm Kobalt enthält, wird in 50 ccm langer Schicht in einem Aluminiumrohr untergebracht und bei einer Temperatur von 200° stündlich mit 5 Liter eines Gasgemisches bestehend aus 30 Prozent Kohlenoxyd, 60 Prozent Wasserstoff und 10 Prozent Stickstoff beaufschlagt. Der Kontakt arbeitet tagelang mit einer gleichbleibenden Ausbeute von 105 g Benzin und höhersiedenden Ölen je Normal-Kubikmeter Ausgangsgas.

Hierauf wird der Druck von einer Atmosphäre auf 5 Atmosphären und gleichzeitig der Gasdurchsatz von 5 auf 15 Normal-Liter je Stunde gesteigert. Die Reaktionstemperatur wird so weit erhöht, daß der gleiche Kohlenoxyd-Umsatz wie vorher bei Normaldruck erzielt wird. Bei dieser Arbeitsweise erzeugt der Kontakt zwischen 100 und 115 g Benzin und höhersiedende Öle je Normal-Kubikmeter durchgesetztes Gas, wobei die Leistungssteigerung erst nach Wochen nennenswert zurückgeht.

Nach W. Herbert[1] kann man bei der Druck-Hydrierung und Verwendung der auf S. 43 erwähnten Kontakte auch mit einer geringeren Gasbeaufschlagung als sie normal üblich ist (1 Normal-Kubikmeter je Kilogramm aktives Metall und Stunde), und zwar mit nur 0,1 Normal-Kubikmeter je Kilogramm Kobalt und Stunde arbeiten, wobei aber vorwiegend feste Kohlenwasserstoffe erhalten werden.

Bei der Durchführung der Kohlenoxyd-Hydrierung unter Druck in Gegenwart von formierten **Eisen-** oder **Eisen-Misch-Kontakten** hat es sich nach F. Fischer und H. Pichler[2] als zweckmäßig erwiesen, die Gasaufenthaltsdauer im Syntheseraum proportional der Druckerhöhung zu verlängern.

Bei der technischen Durchführung der Kohlenoxyd-Hydrierung mit **ruhenden Synthese-Kontakten** beträgt der Durchsatz 100 Volumteile Synthese-Gas je Stunde und Volumen Synthese-Kontakt; im Großbetrieb meist aber nur 60 Volumteile Synthese-Gas je Stunde und Volumteil Kontakt[3].

Nimmt man die Kohlenoxyd-Hydrierung mit im Synthese-Gas **suspendierten Katalysatoren** vor, so kann die Strömungsgeschwindigkeit des Synthese-Gases größer gewählt werden; sie muß immerhin so groß gewählt werden, daß der Katalysator in einen flüssigkeitsähnlichen oder Schwebe-Zustand während der Synthese überführt wird. Bei dem in den Vereinigten Staaten von Nordamerika neuerdings entwickeltem „Hydrocol-Verfahren" beträgt die Gasgeschwindigkeit zur Erhaltung des flüssigkeitsähnlichen Zustandes etwa 0,2 Meter-Sekunden.

Dieser Gasgeschwindigkeit entspricht ein Durchsatz von 2000 bis 3000 Volumteilen Synthese-Gas je Stunde und Volumen **alkalisierter Eisen-Kontakt.**

B. Synthese-Temperatur.

Um die Umsetzung von Kohlenoxyd und Wasserstoff zu flüssigen und festen Kohlenwasserstoffen möglichst vollständig zu gestalten, muß man nicht nur hochaktive Kontakte verwenden, sondern auch bei Temperaturen arbeiten, bei denen die Bildung gasförmiger Kohlenwasserstoffe, insbesondere Methan, noch nicht oder nur in unbedeutendem Maße in Erscheinung tritt.

Bei Verwendung der ursprünglich für die Kohlenoxyd-Hydrierung benutzten Katalysatoren auf **Kobalt-Basis** findet unterhalb 150° keine Umsetzung statt[4]. Von da ab steigt der Gesamtumsatz an Synthese-Gas nahezu linear mit der Temperatur. Diese Zunahme betrifft

---

[1] D.R.P. 744077, Metallgesellschaft A.G.

[2] D.R.P. 738091, F. P. 841043, Ital. P. 363948, Studien- und Verwertungs-G.m.b.H. — [3] Pichler, H.: Brennstoff-Chem. 30 (1949) 105.

[4] Martin, F.: Chem. Fabrik 12 (1939) 233.

hauptsächlich die flüssigen Anteile der Kohlenwasserstoffe. Hier wird ein Maximum durchschritten. Bei ansteigender Synthese-Temperatur steigt jedoch gleichfalls der Anteil des Methan und des Kohlendioxyds im Endgas.

Der Einsatz hochwertiger Katalysatoren ermöglicht jedoch eine Hydrierung von Kohlenoxyd zu Kohlenwasserstoffen schon bei 80°.

Die Firma Chemische Werke Bergkamen haben z. B. seit kurzem eine Versuchsanlage in Betrieb, welche mittels Kobalt-Katalysatoren schon bei Temperaturen von 140 bis 160° höhere Kohlenwasserstoffe gewinnt[1].

Die bei der Kohlenwasserstoff-Synthese jeweils einzuhaltende Synthese-Temperatur, bei der die optimale Menge an Kohlenwasserstoffen gebildet und die Umsetzung zu Methan möglichst niedrig gehalten wird, hängt von der Art und dem Alter der angewandten Synthese-Kontakte ab. Bei der Inbetriebsetzung frisch bereiteter Kontakte auf Kobalt-Basis darf die Erhitzung auf Synthese-Temperatur nicht zu schnell erfolgen, damit ein Umschlagen der Synthese in Methan-Bildung verhindert wird. Bei der Methanbildung entsteht eine solche Wärmetönung, die nicht mehr abgeführt werden kann und zur thermischen Schädigung der Katalysator-Oberfläche führt[2].

Nach erfolgter Inbetriebnahme liegt die günstigste Reaktions-Temperatur bei Kobalt-Thoriumoxyd-Kieselgur-Kontakten bei 180 bis 186°. Beim Absinken der Ausbeuten an Kohlenwasserstoffen infolge Aktivitätsabnahme der Katalysatoren kann man die ursprünglichen Ausbeuten wieder erreichen, wenn man die Synthese-Temperatur entsprechend erhöht. Allerdings läßt die Temperaturempfindlichkeit der Kontakte nur beschränkte Erhöhungen innerhalb eines eng begrenzten Temperaturbereiches zu.

Im Gegensatz hierzu muß beim Einsetzen neuer Kobalt-Thoriumoxyd-Kieselgur-Katalysatoren die Reaktionstemperatur zu Beginn der Synthese unter der im normalen Betrieb eingehaltenen Höhe gesenkt werden.

Die angegebene Synthese-Temperatur gilt bei Verwendung von Kontakten auf Kobalt-Basis auch bei Durchführung der Kohlenoxyd-Hydrierung bei überatmosphärischen Drucken. Für die Höhe der Ausbeuten an Kohlenwasserstoffen ist es auch hier vorteilhaft, bei möglichst niedrigen Temperaturen, meist 180 bis 185°, zu arbeiten.

Nimmt man die Kohlenoxyd-Hydrierung in zwei oder mehreren Stufen vor (s. S. 183), so wird beim Arbeiten mit Kobalt-Thoriumoxyd-Kieselgur-Kontakten die Synthese-Temperatur in der jeweils folgenden Arbeitsstufe etwas höher gehalten, z. B. auf 183° in der ersten und 186° in der zweiten Stufe.

---

[1] Privatmitteilung. — [2] Privatmitteilung von H. Kölbel.

Die angeführten Synthese-Temperaturen gelten nur für die Kohlen-oxyd-Hydrierung mit ruhenden Kobalt-Kontakten (s. S. 179).

Beim Arbeiten mit in Synthese-Gasen suspendierten Kobalt-Katalysatoren (s. S. 206) kann man etwa um 17 bis 28° höhere Synthese-Temperaturen anwenden, ohne daß eine störende Bildung gasförmiger Produkte auftritt[1]. Die günstigsten Synthese-Temperaturen liegen bei diesen Verfahren zwischen 205 und 230°.

Die Verwendung von aktiven Eisen-Katalysatoren erfordert bei der Kohlenoxyd-Hydrierung etwas höhere Temperaturen. Sie liegen beim Arbeiten mit ruhenden Kontakten je nach der Zusammensetzung und Aktivität der Eisen-Kontakte und den übrigen Bedingungen zwischen 200 und 300°, mitunter auch noch höher, und werden jeweils nur so hoch eingestellt, daß ein befriedigender Umsatz erzielt wird.

Beim Arbeiten mit formierten Eisen- und Eisen-Misch-Kontakten liegt nach F. Fischer und H. Pichler[2] die günstigste Synthese-Temperatur zwischen 220 und 230°. Bei dem von W. Herbert und H.W. Groß[3] entwickelten und noch später behandelten Druck-Synthese-Verfahren (s. S. 181) wird eine Synthese-Temperatur von 240° angewandt.

Die von E. Linckh[4] vorgeschlagenen und auf S. 23 beschriebenen Kontakte erfordern bei der Hydrierung von Kohlenoxyd bei Drucken von über 50 Atmosphären Synthese-Temperaturen von 300 bis 420°.

Eine etwas höhere Temperatur erfordert die unter Hochdruck arbeitende Isosynthese[5]. Im allgemeinen erwies sich eine in der Nähe von 450° liegende Temperatur am günstigsten. Die Temperaturgrenzen dieser Synthese werden vom Katalysator, vom Arbeitsdruck und in gewissen Grenzen von der Aufenthaltsdauer der Gase im Kontaktraum bestimmt.

Im Gegensatz hierzu läßt sich bei der von W. Wenzel[6] entwickelten Synol-Synthese die Druckhydrierung von Kohlenoxyd in Gegenwart geeigneter Eisen-Katalysatoren bei niedrigeren Temperaturen, z. B. bei 175°, aber auch im Temperaturbereich von 185 bis 190°, vornehmen.

Ebenso wie bei den Kobalt-Kontakten kann man zur Erzielung gleichbleibender Synthese-Ausbeuten auch beim Arbeiten mit Eisen-Katalysatoren die Synthese-Temperatur im Verlaufe der Reaktion steigern. Dies ist besonders bei wenig aktiven Eisen-Katalysatoren erforderlich.

Bei Verteilung von alkalisierten Eisen-Katalysatoren im Synthese-Gas nimmt man die Hydrierung von Kohlenoxyd bei Temperaturen von 300 bis 350° vor.

---

[1] F.P. 924909, M. W. Kellog Co.

[2] D.R.P. 738091, Studien- und Verwertungs G.m.b.H.

[3] D.R.P. 745444, Metallgesellsch.A.G. — [4] D.R.P.708512, I.G. Farbenindustr.A.G.

[5] Pichler, H. u. K.-H. Ziesecke: Brennstoff-Chem. 30 (1949) 13.

[6] Wenzel, W.: Angew. Chem. B. 20 (1948) 225.

Aus diesen Ausführungen ist zu ersehen, daß die Synthese von Kohlenwasserstoffen aus Kohlenoxyd und Wasserstoff nur dann mit guter Ausbeute und langer Kontaktwirkung durchgeführt werden kann, wenn der beim jeweils angewandten Synthese-Kontakt notwendige engbegrenzte Temperaturbereich während der Synthese eingehalten wird.

Erschwert wird diese Konstanthaltung der Synthese-Temperatur durch die große Wärmetönung der Reaktion.

Bei Verwendung von Kobalt-Thoriumoxyd- oder Kobalt-Thoriumoxyd-Magnesiumoxyd-Katalysatoren verläuft die Kohlenwasserstoff-Bildung nach der Gleichung

$$n\,CO + 2n\,H_2 = (CH_2)_n + n\,H_2O + n(38\ kcal)\ . \tag{17}$$

Dieser Gleichung entsprechend wird bei Verwendung der genannten Kobalt-Katalysatoren und den bereits erwähnten Durchsätzen stündlich eine Reaktionswärme von 50000 kcal je Kubikmeter Kontakt frei[1].

Bei dem von M. Pier, W. Rumpf und H. Schappert[2] entwickelten und auf S. 174 näher beschriebenen Verfahren wird wieder bei einem stündlichen Durchsatz von 6000 Kubikmeter Synthese-Gas mit einem Kohlenoxyd-Wasserstoff-Verhältnis von 1 zu 2 stündlich eine Reaktionswärme von 3600000 cal entwickelt.

Entsprechend den größeren Durchsätzen (s. S. 205) ist beim Arbeiten mit im Synthese-Gas suspendierten alkalisierten Eisen-Katalysatoren die Wärmeentwicklung je Kubikmeter Katalysator eine viel größere. Sie beträgt 1500000 kcal je Stunde[1].

Die Reaktionswärme muß nicht nur bei diesen erwähnten, sondern auch bei allen anderen Verfahren dauernd so abgeführt werden, daß im Synthese-Raum weder ein nennenswerter Temperaturanstieg noch Temperaturabfall stattfindet.

Die zur Abführung der Reaktionswärme und gleichzeitigen Konstanthaltung der Synthese-Temperatur erforderlichen technischen Maßnahmen richten sich nach dem Verfahren, nach welchem die Synthese selbst durchgeführt wird, d. h. je nach dem, ob mit ruhenden oder suspendierten Synthese-Kontakten gearbeitet wird.

Beim Arbeiten mit ruhenden Kontakten wird die Reaktionswärme indirekt auf Kühlmittel übertragen und die aufgenommene Wärme mit dem Kühlmittel aus dem Syntheseraum abgeführt. Wie noch später (s. S. 173) gezeigt wird, gelingt diese Abführung der Reaktionswärme und Konstanthaltung der Synthese-Temperatur nur bei einer zweckentsprechenden Ausbildung der Synthese-Räume.

---

[1] Pichler, H.: Brennstoff-Chem. 30 (1949) 105.
[2] D.R.P. 703101, I.G. Farbenindustrie A.G.

Das Arbeiten mit suspendierten Kontakten ermöglicht eine einfachere Abführung der Reaktionswärme. Dies gilt sowohl bei in Flüssigkeiten als auch im Synthesegas selbst suspendierten Kontakten[1].

Im ersteren Falle kann die Reaktionswärme durch die Flüssigkeit, in der der Synthese-Kontakt suspendiert ist, auf erstere übertragen und mit dieser aus dem Kontakt-System abgeführt werden.

Eine wesentliche Vereinfachung der zur Abführung der Reaktionswärme erforderlichen apparativen Einrichtungen ergibt sich bei der auf S. 176 näher beschriebenen Arbeitsweise mit im Synthesegas suspendierten Kontakten. Diese Schwebeverfahren bedingen nach J. A. Lee[2] eine erhebliche Verminderung der zur Ableitung der bei der Synthese entstehenden Reaktionswärme benötigten Kühlfläche auf etwa 0,5 Prozent.

Bei der unter technischen Bedingungen mit ruhenden Kobalt-Kontakten bei Temperaturen zwischen 180 und 220° durchgeführten Synthese werden je Quadratmeter Kühlfläche nur 230 kcal stündlich abgeführt, während bei Verwendung von bewegten Eisen-Katalysatoren trotz höherer Synthese-Temperaturen (300 bis 350°) stündlich 40000 kcal je Quadratmeter Kühlfläche abgeführt werden[3].

Bei dem von der Firma Standard Oil Development Co. entwickelten Verfahren wird nach F. T. Barr[4] die Synthese in von außen gekühlten Kontakträumen ausgeführt. Da hierbei nicht die ganze überschüssige Reaktionswärme abgeführt werden kann, ist der Kontakt schichtenweise angeordnet und dazwischen sind Schichten von nicht katalytischen aber wärmeleitenden Stoffen in solcher Stärke vorgesehen, daß beim Durchtritt der Gase durch diese Schichten die restliche überschüssige Wärme abgeführt wird. Um ferner eine gleichmäßige Temperatur im ganzen Ofenquerschnitt sicherzustellen, müssen diese Zwischenschichten im Ofenzentrum etwas stärker sein als an den nahe an der Wand gelegenen Teilen.

Die zwischen den einzelnen Kontaktschichten vorgesehenen Kühlzonen sind nach E. V. Murphree und E. B. Peck[5] mit Flüssigkeit gefüllt, durch welche die Gase direkt geführt werden.

C. Synthese-Druck.

Die katalytische Kohlenoxyd-Hydrierung führt bei Temperaturen unterhalb 200° nicht nur bei gewöhnlichem Druck, sondern wie F. Fischer und H. Pichler[6] auf Grund älterer Arbeiten mitgeteilt haben, auch bei erhöhtem Druck zu flüssigen und festen Kohlenwasserstoffen.

[1] Kölbel, H. und P. Ackermann: Angew. Chemie 61 (1949) 38.
[2] Lee, J. A.: Chem. Engng. 54 (1947) 105.
[3] Pichler, H.: Brennstoff-Chem. 30 (1949) 105.
[4] A.P. 2248734, Standard Oil Development Co.
[5] A.P. 2256622, Standard Oil Development Co.
[6] Fischer, F. u. H. Pichler: Brennstoff-Chem. 30 (1939) 41.

Die Menge der gebildeten Kohlenwasserstoffe ist dabei vom Druck abhängig, wie die mit einem **Kobalt-Thoriumoxyd-Kieselgur-Kontakt** erzielten Versuchsergebnisse erkennen lassen.

Die bei verschiedenen Drucken während einer Betriebsdauer von 4 Wochen mit Hilfe des vorgenannten Kontaktes in einer Arbeitsstufe und ohne Zwischenschaltung einer Wiederbelebung des Kontaktes im Durchschnitt erhaltenen Ausbeuten an flüssigen und festen Kohlenwasserstoffen aus einem Normal-Kubikmeter Synthesegas mit einem Kohlenoxyd-Wasserstoff-Verhältnis von 1 zu 2 sind in der Tab. 15 zu entnehmen.

Tabelle 15. *Abhängigkeit der Kohlenwasserstoffausbeute vom Druck.*

Druck in at	Ausbeute in g/cbm je Normal-Kubikmeter Gas			Gesamt-Ausbeute an flüssigen und festen Kohlenwasserstoffen	Gasförmiges Kohlenwasser-Gasol
	Paraffin	Öl (unter 200°)	Benzin		
0	10	38	69	117	38
1,5	15	43	73	131	50
5	60	51	39	150	33
15	70	36	39	145	33
50	54	37	47	138	21
150	27	34	43	104	31

Wie diesen Zahlen, aber noch besser der in Abb 4. wiedergegebenen graphischen Auswertung dieser Zahlen zu entnehmen ist, wird in einem mittleren Druckbereich von 5 bis 15 Atmosphären das Maximum an Ausbeute an flüssigen und festen Kohlenwasserstoffen mit etwa 150 Gramm je Normal-Kubikmeter Synthesegas erreicht. Bei einem Druck von 50 Atmosphären werden die Ausbeuten und zwar sowohl der von Benzin-Kohlenwasserstoffen, höhersiedenden Ölen und Paraffin, geringer und bei 150 Atmosphären Druck sinkt der Umsatz so schnell, daß man täglich die Temperatur erhöhen muß und trotzdem nur eine Durchschnittsausbeute von 104 Gramm Kohlenwasserstoffe je Normal-Kubikmeter erhalten wird.

Gleichzeitig mit der Erhöhung der Ausbeute erfolgt eine Verschiebung

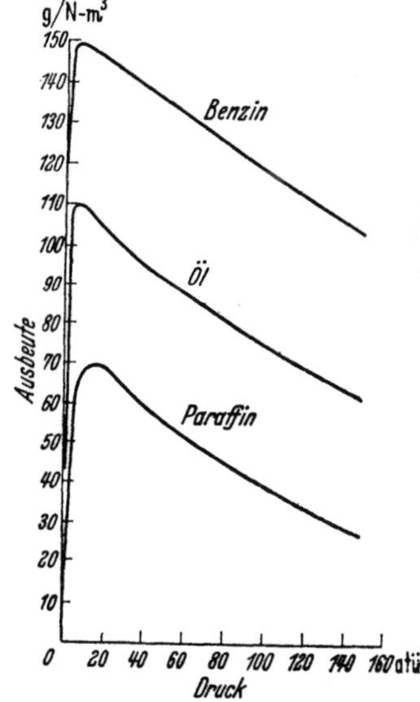

Abb. 12. Abhängigkeit der Kohlenwasserstoffausbeute vom Druck.

der mengenmäßigen Anteile der einzelnen Primärprodukte; die Ausbeute an Paraffin steigt auf Kosten der übrigen Kohlenwasserstoffe.

Auf Grund dieser Beziehung zwischen Druck und Ausbeute der Primärprodukte arbeitet man gewöhnlich bei Drucken bis zu 15 Atmosphären.

Die Überführung dieser als Mitteldruck-Synthese bezeichneten Darstellung von Kohlenwasserstoffen in den Großbetrieb bereitete zunächst beträchtliche Schwierigkeiten, die jedoch, wie noch später gezeigt werden wird, durch Entwicklung besonderer Synthese-Kontakte und -Verfahren überwunden werden konnten.

Bei dem Mitteldruck-Verfahren arbeitet man meist mit Synthese-Drucken von etwa 10 bis 30 Atmosphären; dieser Druckbereich gilt sowohl bei Verwendung von Kontakten auf Eisen-Basis, z. B. den von F. Fischer und H. Pichler[1] vorgeschlagenen formierten Eisen-Kontakten, als auch für Kontakte auf Kobalt-Basis.

Die bei der Mitteldruck-Synthese erhaltenen Primärprodukte, besonders aber die mengenmäßige Zusammensetzung der einzelnen Kohlenwasserstoff-Fraktionen werden nicht nur durch den angewandten Synthese-Druck, sondern unter Umständen schon durch Änderung der zur Herstellung der Synthese-Kontakte einzuhaltenden Bedingungen stark beeinflußt.

O. Roelen und Mitarbeiter[2] haben z. B. festgestellt, daß man mit einem Kontakt der gleichen Grundzusammensetzung, enthaltend 100 Teile Eisen, 5 Teile Kupfer und 10 Teile Calciumoxyd durch Änderung der Art und Menge des Trägers, des Alkalizusatzes, der Herstellung des Kontaktes durch verschiedene reduzierende Vorbehandlung mit Wasserstoff oder Wasserstoff und Kohlenoxyd bei verschiedenen Geschwindigkeiten und wechselnden Synthese-Bedingungen, bei Verwendung eines Synthese-Gases, bestehend aus 38 Prozent Kohlenoxyd und 49 Prozent Wasserstoff bei Drucken von 10 und 15 at, folgende verschiedene Reaktionsprodukte erhalten kann:

a) bei einer Synthese-Temperatur von 235° Primärprodukte mit 85 Prozent bis 200° und 5 Prozent über 320° siedenden Anteilen,

b) bei 220° Kohlenwasserstoffe mit 75 Prozent über 320° siedenden Anteilen oder

c) bei 205° 69 Prozent Anteile bis 200° siedend, dabei in allen Fraktionen 80 bis 85 Prozent Olefine und sauerstoffhaltige Verbindungen, darunter mehr als 50 Prozent primäre Alkohole und 60 bis 70 Prozent sauerstoffhaltige Verbindungen insgesamt.

Unter den verschiedensten Bedingungen wurden ohne Schwierigkeiten Primärprodukte mit 60 bis 80 Prozent Olefingehalt gebildet.

Sowohl an körnigen, festangeordneten, als auch an in Öl aufgeschlämmten Eisen-Kontakten mit der oben genannten Grundzusammen-

---

[1] D.R.P. 738091, Studien- und Verwertungs G.m.b.H.
[2] Ziegler, K.: Naturforschung und Medizin, 1948, 36. Band, 1. Teil, 163.

setzung wurden bei Dauerversuchen in zwei Stufen und bei normaler Gasbeaufschlagung aus Wassergas bei Mitteldruck rund 170 g Kohlenwasserstoffe mit über 3 Kohlenstoffatomen im Molekül je Normal-Kubikmeter Synthese-Gas erhalten.

Ebenfalls mit einem Katalysator, bestehend aus 100 Teilen Eisen, 5 Teilen Kupfer und 10 Teilen Calciumoxyd auf Kieselgur als Träger und aus Wassergas wurde bei normalem Druck einstufig mit 100 Liter Gas je Liter Katalysator und Stunde bereits bei 200° eine Ausbeute von rund 100 g je Normal-Kubikmeter Synthese-Gas erhalten.

Wurde auch die Grundzusammensetzung der Eisen-Kontakte geändert, so ermöglichte dies weitere Synthese-Veränderungen. An einem Eisen-Calcium-Kontakt wurden bei 10 at und 270° aus Wassergas 120 g flüssige Produkte je Kubikmeter gebildet. Hiervon waren rund 55 Prozent stark ungesättigtes Gasol und der Rest Benzin mit über 70 Prozent Olefingehalt.

Mit einem Katalysator aus 100 Teilen Eisen, 5 Teilen Kupfer, 10 Teilen Kieselgur und 100 Teilen Bleicherde wurde bei 220° aus Wassergas bei 20 at ein Benzin mit hohen Anteilen an verzweigtkettigen Kohlenwasserstoffen und der Octanzahl 72 erhalten.

Hervorragende Ergebnisse wurden bei der Druckhydrierung auch bei Verwendung der von H. Kölbel[1] entwickelten Eisen-Katalysatoren erzielt. Beispielsweise wurden an einem Katalysator, der Kupfer und Alkali als Aktivator sowie Dolomit und Kieselgur als Träger enthielt, Ausbeuten von 150 g Kohlenwasserstoffe mit mehr als zwei Kohlenstoffatomen im Molekül je Kubikmeter Synthese-Gas in einer Stufe bei 10 atm und 200 bis 220° erhalten. Ein solcher Kontakt ist über 3½ Jahre ohne Störung gelaufen.

Diese hochaktiven Eisen-Katalysatoren mit Dolomit als Träger zeichnen sich durch ein besonders günstiges Aufarbeitungsverhältnis von Kohlenoxyd zu Wasserstoff aus, so daß auch Wassergas und wasserstoffreiche Synthesegase mit guter Ausbeute aufgearbeitet werden können[2].

Die Druckhydrierung von Kohlenoxyd an Kobalt-, besonders aber an Eisen-Kontakten, führt bei Einhaltung der auf S. 216 angegebenen Arbeitsbedingungen der Synol-Synthese zu Reaktionsprodukten, die neben Kohlenwasserstoffen auch aliphatische Alkohole enthalten[3]. Der günstigste Synthese-Druck liegt hier zwischen 18 und 25 at.

Bei Verwendung der von E. Linckh[4] entwickelten und auf S. 23 beschriebenen Eisen-Kontakte muß man die Synthese bei Drucken

---

[1] Report on the Petroleum and Synthetic Oil Industry of Germany, London 1947, 99. — [2] D.R.P. 765512, Steinkohlenbergwerk Rheinpreußen.

[3] Wenzel, W.: Angew. Chem. B. 20 (1948) 225.

[4] D.R.P. 708512, I.G. Farbenindustrie A.G.

über 50 at am besten zwischen 100 und 250 at, also bereits im Hochdruckbereich durchführen.

Bei hohen Drucken wird auch die Hydrierung von Kohlenoxyd in Gegenwart von Thoriumoxyd-Katalysatoren durchgeführt[1]. Bei dieser **Isosynthese** nimmt mit steigendem Druck lediglich die Gesamtausbeute an Reaktionsprodukten zu, während die prozentuale Aufteilung der Reaktionsprodukte innerhalb eines verhältnismäßig weiten Druckbereiches ähnlich bleibt. Als günstig haben sich hier Synthese-Drucke im Bereich von 300 bis 600 Atmosphären erwiesen.

Mit Zunahme des Druckes nimmt der Kohlenoxyd-Umsatz zu. Gewichtsmäßig wird bei einem Druck von 600 at achtmal mehr Kohlenoxyd umgesetzt als bei 150 at.

Von H. **Kölbel** und R. **Langheim**[2] wurden an einem **Eisen-Magnesium-Kieselgur-Kontakt** erstmalig bei Normaldruck Ausbeuten erzielt, die sich den am **Kobalt-Kontakt** erhaltenen schon stark nähern.

D. Synthese-Apparatur.

Die zur Durchführung der Kohlenwasserstoff-Synthese erforderliche Ausbildung des Kontaktraumes richtet sich nach dem angewandten Synthese-Verfahren, d. h. je nachdem ob mit ruhenden oder suspendierten Kontakten gearbeitet wird. In allen Fällen müssen die Kontakträume aber so beschaffen sein, daß bei einer raschen Abführung der Reaktionswärme die Synthese-Temperatur innerhalb engster Grenzen konstant gehalten werden kann.

I. Mit ruhenden Kontakten.

Bei Klein- und Versuchsapparaturen dient als Kontakt-Apparatur ein Rohr von höchstens 10 mm lichter Weite, welches mit einem Mantel umgeben ist, in dem das zur Abführung der Reaktionswärme einerseits und der Konstanthaltung der Temperatur des Kontaktrohres andererseits erforderliche Kühlmittel zirkuliert.

Kontaktrohre dieser Art eignen sich sowohl zur Kohlenwasserstoff-Synthese bei normalem Druck als auch, bei entsprechend druckfester Ausbildung, zur Synthese bei überatmosphärischen Drucken.

Eine zur Durchführung der Synthese bei höheren Drucken für halbtechnische Versuche geeignete Synthese-Apparatur nach F. **Fischer** und H. **Pichler**[3] ist in der Abb. 13 schematisch wiedergegeben.

---

[1] Pichler, H. u. K.-H. Ziesecke: Brennstoff-Chem. 30 (1949) 13.

[2] Report on the Petroleum and Synthetic Oil Industry of Germany, London 1947, 99; Erdöl und Kohle 3 (1950) im Druck.

[3] Fischer, F. u. H. Pichler: Brennstoff-Chem. 20 (1939) 41.

In dieser Abb. 13 ist 1 ein Gasometer für 100 Kubikmeter Synthesegas, 2 die Schwefelreinigung, 3 eine Gasuhr, mit welcher das Anfangsgas bei Atmosphärendruck gemessen werden kann, 4 ein Kompressor, 5 ein Reduzierventil, hinter welchem der Gasdruck auf konstanter Höhe von beispielsweise 10 Atmosphären gehalten werden kann. 6 stellt den eisernen Kontaktapparat dar. Die Schichtlänge des Kontaktes ist 5 m. 7 ist eine Druckvorlage, die während des Betriebes gekühlt und beim Ablassen der Produkte erwärmt werden kann. 8 ist eine Kühlvorrichtung. Hier wird ein Teil des Leichtbenzins abgeschieden. 9 ist ein Entspannungsventil, 10 die Aktivkohle zur Herausnahme des Restbenzins und 11 eine Gasuhr zur Messung der Endgasmenge.

Die Kontraktion kann auch unter Umgehung der Aktivkohle gemessen werden. Der Kontaktapparat wird durch eine zirkulierende Flüssigkeit auf konstanter Temperatur gehalten. 14 ist eine Umlaufpumpe für die Kühlflüssigkeit. Durch die beiden Ventile 15 werden täglich die Reaktionsprodukte abgelassen.

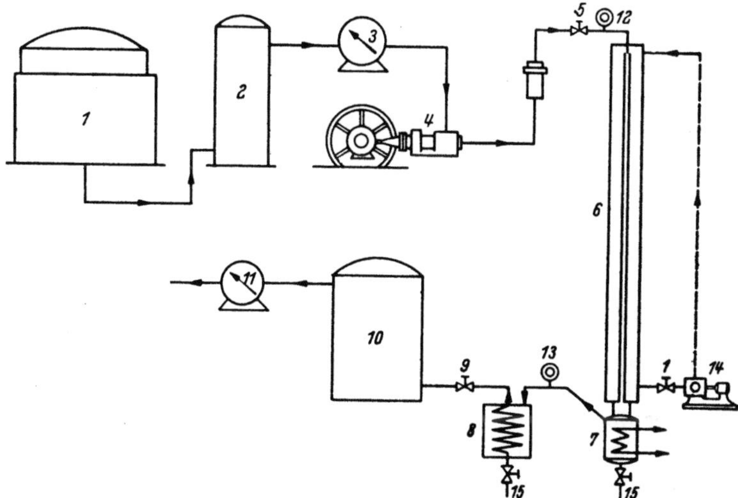

Abb. 13. Schema einer Apparatur für die Mitteldruck-Synthese.

Solche mit Synthese-Kontakten beschickten Rohre sind auch verschiedentlich zur Herstellung von Synthese-Kohlenwasserstoffen vorgeschlagen worden. Man verwendet Rohre von mehr als 5 m, besonders von 6 bis 10 m Länge[1]. Gegenüber den früher verwendeten Rohren von 25 m Länge kann man bei gleichen Ausbeuten mit größeren Durchsätzen arbeiten.

Die von außen gekühlten Rohre werden nach einem anderen Vorschlag[2] in horizontaler oder schwach geneigter Richtung angeordnet und die Reaktionsgase ebenfalls horizontal oder annähernd horizontal hindurchgeleitet. Man erzielt dann eine besonders gute Wärmeableitung und damit eine verminderte Methanbildung.

---

[1] F.P. 870213, Internationale Koolwaterstoffen Synthese Mij.; International Hydrocarbon Synthesis Co.

[2] Ital. P. 380045, Internationale Koolwaterstoffen Synthese Mij.; International Hydrocarbon Synthesis Co.

11*

Bei Synthese-Apparaturen, bei denen das Synthesegas durch ein mit einem Kühlmantel, durch das das Wärmeaustauschmittel strömt, umgebene Kontaktrohr geführt wird, wird der Kontakt ungleichmäßig beansprucht, denn an der Eintrittsseite des Synthesegases hat der Kontakt dieses in unverdünntem Zustande zu verarbeiten, während die mittleren und dem Austritt nahe gelegenen Teile nur mit dem durch die Reaktionsprodukte bereits verdünnten Synthesegas in Berührung kommen.

Diese ungleichmäßige Belastung des Kontaktes führt häufig zu großen Nachteilen. So kann man z. B. feststellen, daß an der Gaseintrittsseite die durch die Reaktionswärme hervorgerufene Temperaturerhöhung so stark ist, daß starke Methanbildung und Zerfall des Kohlenoxyds in Kohlendioxyd und Kohlenstoff eintreten.

Diese Schwierigkeiten vermeidet E. Sauter[1] dadurch, daß er ein axiales, sich über einen Teil, etwa ein Zehntel bis einhalb des Kontaktrohres erstreckendes durchlässiges Einsatzrohr führt. In diesem Falle verteilen sich die unverdünnten Ausgangsgase zunächst über einen größeren Querschnitt, so daß der Umsatz je Einheit des Kontaktvolumens geringer ist, als wenn die Gase einem Ende des Kontaktrohres zugeführt würden. Nach dem Einsatzrohr durchströmen die nunmehr bereits durch Reaktionsprodukte verdünnten Synthesegase die Kontaktrohre wieder in axialer Richtung, wegen der Verdünnung können jedoch die geschilderten Nachteile nicht mehr auftreten.

Besitzt die Kontaktschicht einen erheblichen Strömungswiderstand, so ist es vorteilhaft, die Strömungsgeschwindigkeit im oder durch das Einsatzrohr dem der Kontaktschicht anzupassen, ihn besonders größer zu machen. Dies kann man erreichen, indem man entweder enge Rohre mit verhältnismäßig großen Öffnungen in den Wandungen oder weite Rohre mit engen Öffnungen benützt. Läßt man bei zylindrischen Rohren die Öffnungen von der Eintrittsseite aus beginnend kleiner oder weniger zahlreich werden, so wird die Gasverteilung noch gleichmäßiger; dasselbe erreicht man auch mit konischen Einsatzrohren mit gleichmäßig verteilten Öffnungen gleicher Größe. Endlich kann man das Einsatzrohr mit inerten Stoffen, wie Aktivkohle oder Kieselsäuregel, oder schwach katalytisch wirkenden Massen, wie gebrauchten Kontakten solcher Korngröße füllen, daß der gewünschte abgestufte Strömungswiderstand erzielt wird.

In der Abb. 14 ist ein solches Kontaktrohr schematisch im Längsschnitt dargestellt.

Bei einem für die Kohlenwasserstoff-Synthese aus Kohlenoxyd und Wasserstoff mit Eisen-Kontakten bei 15 atü benutzten Reaktionsrohr C von 6 m Länge bei 20 mm innerem Durchmesser, das von einem zur Aufnahme der Reaktionswärme

---

[1] D.R.P. 748373, ohne Firma, wahrscheinlich Braunkohle-Benzin A.G.

bestimmten Dampfmantel H umgeben war, zeigten sich sehr häufig an der Gaseintrittsseite starke Kohlenstoffabscheidungen, die durch Überhitzung infolge ungenügender Wärmezufuhr entstanden waren.

In das Rohr C wurde nunmehr ein 2 m langes Einsatzrohr D von 4 mm innerem, 6 mm äußerem Durchmesser eingesetzt, dessen Wandung von zahlreichen Löchern B durchbrochen war. Das Rohr D war mit gekörntem inertem Material I gefüllt, so daß der Strömungswiderstand dem der das Einsatzrohr umgebenden Kontaktschicht K angepaßt war.

Das Material I (Kieselgel oder Aktivkohle) ruhte dabei auf einem Siebboden S.

Durch das Einsatzrohr D wird das frische Synthesegas gezwungen, sich über einen großen Kontaktquerschnitt zu verteilen. Die Folge davon ist, daß Überhitzungen und die darauf beruhenden Kohlenstoff-Abscheidungen mit Sicherheit vermieden werden. In den unteren Teil des Reaktionsrohres gelangt nur durch Synthese-Produkte bereits verdünntes Synthesegas, so daß hier ebenfalls keine Überhitzungen mehr eintreten können. Infolgedessen ist der Ofen bei praktisch unveränderter Leistung unempfindlich geworden gegen plötzliche Belastungsänderungen und verträgt auch eine höhere Gesamtbelastung.

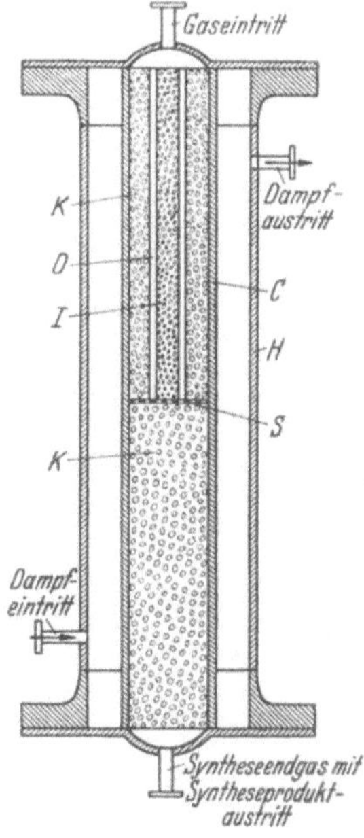

Abb. 14. Kontaktrohr
mit Synthesegas-
Verteilungsrohr.

Zur Durchführung der Kohlenwasserstoff-Synthese in technischem Umfange werden mehrere solcher parallel angeordneter Rohre an ihren Enden in die Böden eines senkrecht stehenden zylindrischen Kessels eingeschweißt. Die Rohre sind mit dem Synthese-Kontakt beschickt und von dem Kühlmittel umspült.

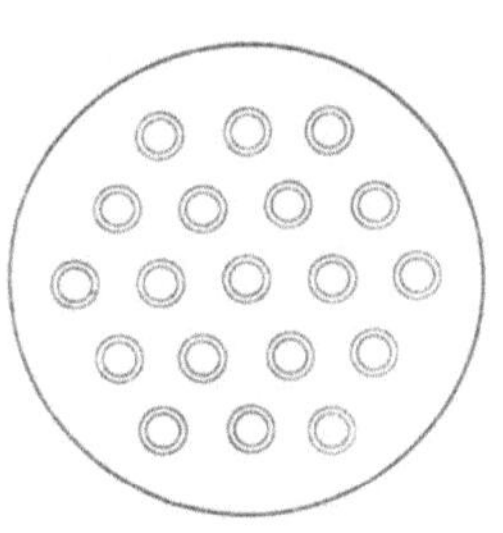

Abb. 15.
Querschnitt
durch einen Synthese-Ofen
älterer Bauart.

Die Anordnung der Rohre ist, wie die Abb. 15 erkennen läßt, so getroffen, daß sich um jedes Rohr ein Zwischenraum befindet, der ein Umspülen jedes Rohres mit Kühlmittel und ein Entweichen der gebildeten Dämpfe aus dem Kühlmittel gestattet.

Bei dieser Anordnung der Rohre ist jedoch das Verhältnis des Katalysatorraumes zum Gesamtvolumen des Kontakt-Ofens sehr ungünstig. Je kleiner der Durchmesser der mit dem Synthese-Kontakt beschickten Rohre ist, um so mehr fällt der Anteil der Rohrwände des diese umgebenden Flüssigkeitsraumes ins Gewicht.

Da der Rohrdurchmesser aber wegen der notwendigen Wärmeableitung aus der Katalysatormasse ein bestimmtes Maß nicht überschreiten darf, kann man durch Vergrößerung des Rohrdurchmessers eine bessere Raumausnützung nicht erreichen.

Eine solche bessere Raumausnutzung ist nach G. Wirth[1] möglich, wenn man die mit Synthese-Kontakt gefüllten Rohre in Reihen anordnet, die einen zur Aufnahme der überschüssigen Wärme durch das Kühlmittel geeigneten Abstand voneinander haben und die Rohre einer jeden Reihe so nahe aneinanderrückt, daß nur ein geringer Abstand, z. B. ein solcher von weniger als 1 mm, oder überhaupt kein Abstand zwischen ihnen besteht.

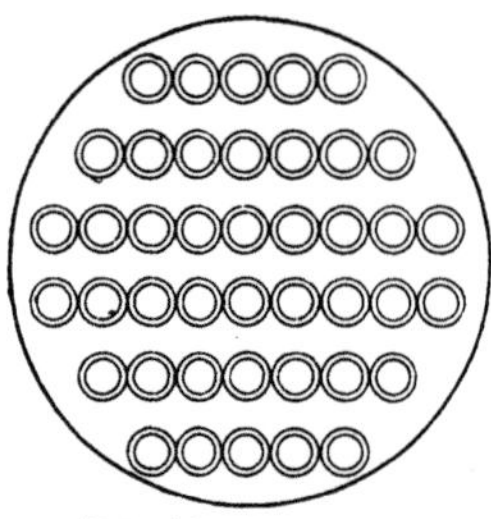

Abb. 16. Querschnitt durch einen Synthese-Ofen neuerer Bauart.

Abb. 16 zeigt diese Anordnung. Es sind bei dieser nicht mehr die einzelnen Rohre, sondern nur die einzelnen Reihen durch Zwischenräume voneinander getrennt, durch welche die Kühlflüssigkeit strömt. Die nebeneinander liegenden Rohre berühren sich, wenn überhaupt, nur längs einer Geraden; der Wärmeübergang zwischen der Rohrwand und der zwischen den Rohrreihen befindlichen Kühlflüssigkeit ist praktisch nicht schlechter als bei Rohren, die in beträchtlichem Abstand voneinander angeordnet sind. Man erreicht auf diese Weise eine bedeutende Erhöhung des Kontaktraumes ohne eine Verschlechterung der Wärmeableitung in Kauf nehmen zu müssen; dies gilt sowohl für die Umsetzung von Kohlenoxyd und Wasserstoff bei gewöhnlichem, wie auch bei erhöhtem Druck.

Bei dieser Anordnung des Katalysators in von Kühlmittel umspülten Rohren kommt es in manchen Fällen vor, daß trotz der Abführung der Reaktionswärme die Temperatur in dem Kontaktofen und innerhalb jedes Querschnittes sehr ungleichmäßig ist.

Eine gleichbleibende Temperatur an jeder Stelle des Kontaktes kann man nach G. Wirth[2] erreichen, wenn man in dem mit einem Kühlmittel umspülten Rohr den Katalysator in diesen Räumen so anordnet, daß die Gase an den Wänden der Rohre einen engen durch Katalysatorstücke nicht oder nur wenig behinderten Weg durchströmen, während in der Mitte der Rohre zwischen den Katalysatorteilchen kein oder nur wenig Zwischenraum bleibt.

Die Rohre werden zweckmäßigerweise mit tablettenförmigen aufeinandergeschichteten Katalysatorstückchen von nur wenig geringerem Durchmesser als der lichten Weite der Rohre oder mit einem stangenförmigen Katalysator von entsprechendem Durchmesser gefüllt. Man kann aber auch kugelförmige oder ringförmige Katalysatorstücke verwenden.

In einem Röhrenofen mit Röhren von 6 Millimeter Durchmesser wird ein Katalysator aus 85 Teilen Kobalt und 15 Teilen Thoriumoxyd auf 85 Teilen Kieselgur, der vorher abgesiebt wurde und eine Körnung zwischen 1 und 2 mm hat, lose eingefüllt. Hierauf leitet man durch diesen Ofen bei 180° und gewöhnlichem Druck

---

[1] D.R.P. 741826, I.G. Farbenindustrie A.G.; F.P. 858330, N.V. Internationale Koolwaterstoffen Synthese Mij.; International Hydrocarbon Synthesis Co.

[2] D.R.P. 734218, I.G. Farbenindustrie A.G.; F.P. 855270, N.V. Internationale Koolwaterstoffen Synthese Mij.; International Hydrocarbon Synthesis Co.

ein Synthesegas aus 30 Prozent Kohlenoxyd, 60 Prozent Wasserstoff und 10 Prozent Begleitgasen mit einer Geschwindigkeit von stündlich 150 Kubikmeter je Kubikmeter Katalysatorraum. Man erhält dabei eine Ausbeute an flüssigen und festen Kohlenwasserstoffen von 96,2 g je Kubikmeter Kohlenoxyd-Wasserstoff-Gemisch. Die innerhalb der Katalysatorschicht auftretenden Temperaturunterschiede betragen etwa 2°.

Preßt man den gleichen Katalysator in Pillen von 5 mm Durchmesser und schichtet diese in Röhren von etwa 6 mm Durchmesser aufeinander, so erhält man unter denselben Bedingungen eine Ausbeute von 105 g flüssigen und festen Kohlenwasserstoffen je Kubikmeter Kohlenoxyd-Wasserstoff-Gemisch.

In beiden Fällen werden die Katalysatorrohre von außen durch unter einem Druck von 10,2 at gehaltenes verdampftes Wasser gekühlt.

Für die großtechnische Durchführung der Kohlenwasserstoff-Synthese verwendet man jedoch aus Gründen der besseren Raumausnützung Kontakträume, bei denen sich das Kühlmittel innerhalb der Rohre befindet, während der Kontakt zwischen den Rohren eingebettet wird.

Diese Kühlrohre können z. B. in stehenden Kontaktöfen untergebracht sein[1]. Zum Einfüllen des Kontaktes wird der Ofen um 180° gedreht, der Boden entfernt, der Kontakt eingefüllt, und der Ofen wieder in seine alte Stellung gebracht. Die Entleerung des Ofens erfolgt bei nicht durchgehenden Kühlrohren, die dann als Doppelrohre ausgebildet sind, entweder an der gleichen Ofenseite, also ohne erneute Drehung, oder bei durchgehenden Kühlrohren unter erneuter Drehung auf der anderen Ofenseite. Man erzielt hierdurch eine besonders gleichmäßige Lagerung des Katalysators in den engen Räumen zwischen den Kühlrohren.

An Stelle dieser senkrecht angeordneten Kontaktkessel benützt man jedoch meist horizontal angeordnete Kessel, die mit einem System waagerecht über- und nebeneinander liegender Kühlrohre versehen sind.

Um eine rasche Abführung der Reaktionswärme einerseits und die Einhaltung einer engbegrenzten Synthese-Temperatur sicherstellen zu können, müssen die Kühlrohre so angeordnet sein, daß die Katalysatormasse in möglichst dünne gleichmäßige Schichten unterteilt wird, die aus betrieblichen Gründen nur innerhalb weniger Millimeter, z. B. zwischen 10 und 15 mm, schwanken darf.

Ursprünglich hat man bei den als Kontakt-Öfen benützten Röhrenkesseln Kühlrohre mit rundem Querschnitt verwendet. Diese Kontakträume haben aber den Nachteil, daß zwischen den runden Rohren bei der Füllung des Apparates mit der Kontaktmasse nur Kontaktschichten von sehr ungleichmäßiger und wechselnder Dicke entstehen können. Diese ungleichmäßige Unterteilung des Reaktionsraumes ist die Ursache von die Synthese störenden Temperaturdifferenzen.

Ein weiterer Nachteil runder Rohre besteht in der durch die runde Rohrform verursachten Hemmung der Reaktionsteilnehmer. Hierbei ist der Umstand besonders ungünstig, daß die runde Rohrform die Bildung von Brücken durch den körnigen Synthese-Kontakt begünstigt, so daß

---

[1] F.P. 870212, Internationale Koolwaterstoffen Synthese Mij.; International Hydrocarbon Synthesis Co.

ein Einfüllen des frischen Kontaktes von oben und ein Abziehen des erschöpften Kontaktes von unten zur Erhaltung eines fortlaufenden gleichmäßigen Betriebes erschwert wird.

Eine weit gleichmäßigere Verteilung der Kontakt-Masse kann man nach F. Fischer und O. Roelen[1] aber erzielen, wenn man zum Aufbau der Kontaktkessel flache Profilrohre, z. B. nahtlos gezogene Stahlrohre mit elliptischem, rechteckigem, rhombischem usw. Querschnitt, verwendet. Diese Profilrohre werden parallel nebeneinander, und zwar zweckmäßig jeweils um eine Durchmesserlänge gegeneinander versetzt angeordnet.

In der Abb. 17 sind Querschnitte von geeigneten Profilrohren wiedergegeben.

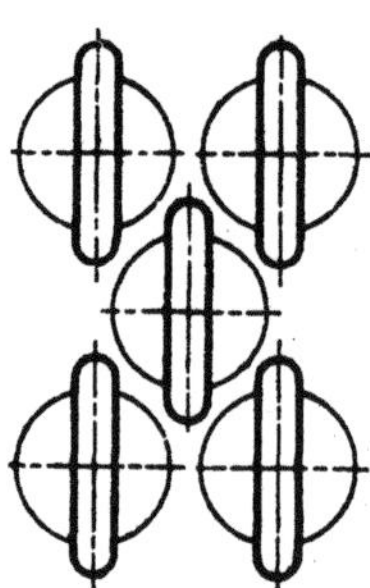

Abb. 17. Profile von Kühlrohren.

Durch die Wahl passender Querschnittsformen und geeignete Abmessung der Querschnitte sowie der Rohrabstände können die Bedingungen der Kohlenwasserstoff-Synthese hinsichtlich geringer und gleichmäßiger Schichtdicke von 10 bis 15 mm leicht erfüllt werden.

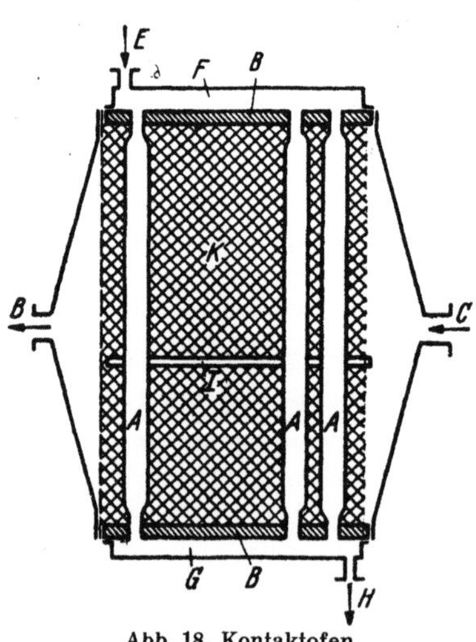

Abb. 18. Kontaktofen
nach Fischer und Roelen.

Die Profilrohre können in je einen gemeinsamen Rohrboden eingewalzt werden, nachdem zuvor ein kurzes Stück kreisrund aufgeweitet worden ist; dabei muß der Abstand von Rohrwand zu Rohrwand zweckmäßig weniger als 20 mm betragen.

In der Abb. 18 ist ein solcher Kontaktofen im Schnitt in schematischer Darstellung wiedergegeben.

In diesem Kontaktofen sind die Profilrohre A auf jeder Seite in einem gemeinsamen Rohrboden B eingewalzt. Das Synthesegas tritt bei C ein und tritt als

---

[1] D.R.P. 672731, Studien- und Verwertungs G.m.b.H.

Reaktionsgas bei D aus. Bei E strömt das umlaufende Kühlmittel in die Verteilungskammer F, von dort durch die Rohre A in die Austrittskammer G, welche es bei H verläßt. I stellt einen Zwischenboden zur besseren Sicherung der Lage der Rohre dar. Der Synthese-Kontakt K füllt den Raum zwischen den Rohren A aus.

Um eine gute Wärmeableitung aus dem Synthese-Kontakt zu erzielen, gibt man den Profilrohren zweckmäßig auch solche Formen, daß möglichst große Außenflächen gebildet werden[1]. Dies wird dadurch erreicht, daß man Profilrohre verwendet, bei denen die äußere Begrenzungslinie der Querschnittsfläche eine zweckmäßig rhombische oder elliptische Form aufweist (Abb. 19).

Bei der Verwendung von unter Druck stehenden Kühlmitteln erweist es sich ferner als erforderlich, den Profilrohren im Innern eine im wesentlichen elliptische Form zu geben (Abb. 20), um einseitige Druckbelastungen der Profilrohre zu vermeiden.

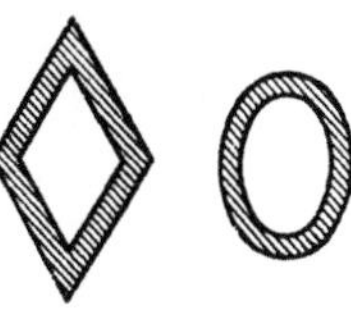

Abb. 19.
Profile mit großen
Außenflächen (5 und 6).

Durch die Verwendung von Kontakt-Kesseln mit eingebauten waagerecht über- und nebeneinanderliegenden Rohren kann man zwar bei Wahl entsprechender Rohrquerschnitte und Rohrabstände eine zufriedenstellende rasche Abführung der Reaktionswärme senkrecht zur Lage der Kühlrohre erreichen, kann aber nicht verhindern, daß sich etwa durch Selbsterhitzung im Kontakt bildende Reaktionsnester nach der Seite hin, also parallel zur Rohrachse fortpflanzen und damit die Gleichmäßigkeit der Synthese stören können.

Abb. 20.
Profile von unter Druck
stehenden Kühlrohren
(2 und 3).

Man kann diese unerwünschte Ausbreitung der Reaktionswärme in der angegebenen Richtung verhindern, wenn man auf die Kühlrohre in bestimmten Abständen parallel zueinander angeordnete Blechlamellen aufbringt. In der Abb. 21 sind Kühlrohre mit aufgezogenen Wärmeleitblechen wiedergegeben.

Bei dieser Anordnung befindet sich somit der Synthese-Kontakt zwischen den Kühlrohren und den Wärmeleitblechen.

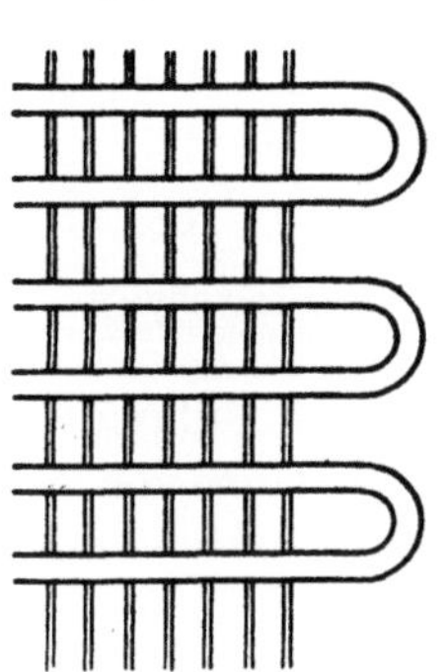

Abb. 21. Kühlrohre mit
aufgezogenen
Blechlamellen.

Diese Art der Kühlung genügt an sich im unteren und mittleren Teil des Kontaktofens, also dort nämlich, wo die Reaktion schon zum Teil abgelaufen und nicht mehr so heftig ist. Im oberen Teil kann unter Umständen die Wärmeabfuhr unzureichend sein.

Diese Wärmestauung kann man dadurch beseitigen, daß man bei den der Synthesegas-Eintrittsseite zugekehrten Rohrreihen bei der

---

[1] D.R.P. 681 979, Gewerkschaft Victor, Stickstoffwerke.

gleichen Rohrleitung wie in den unteren Rohrreihen Rohre von größerem Durchmesser verwendet[1]. Hierdurch wird einmal das Kontaktvolumen in der kritischen Zone verkleinert und zum anderen die wärmeabführende Oberfläche wesentlich vergrößert. In der Abb. 22 ist diese Kühlform wiedergegeben.

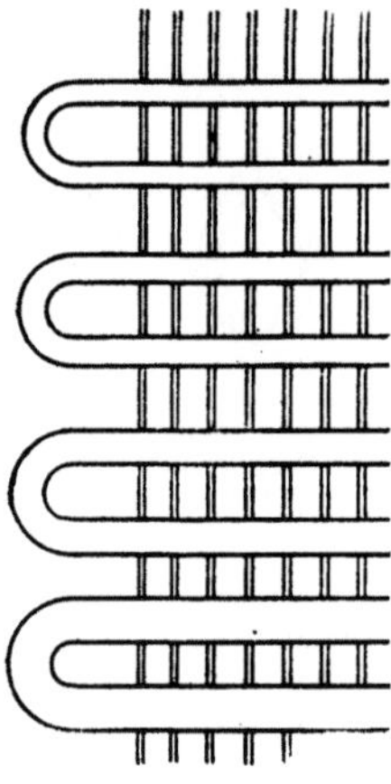

Abb. 22. Kühlrohre mit verschiedengroßen Querschnitten.

Eine zufriedenstellende Lösung der Abführung der Reaktionswärme brachte die gleichzeitige Verwendung der von F. Fischer und O. Roelen vorgeschlagenen abgeflachten Profilrohre mit auf diesen aufgebrachten rechteckigen Wärmeleitblechen[1]. Die Verwendung dieser Wärmeleitbleche bei abgeflachten Rohren (Abb. 23) bringt den Vorteil mit sich, daß man die Abstände der Rohre ohne Beeinträchtigung des Reaktionsverlaufes vergrößern kann.

Kontaktöfen dieser Art eignen sich sowohl zur Durchführung der Synthese unter Normaldruck als auch bei überatmosphärischen Drukken.

Allerdings machte die Übertragung des Synthese-Verfahrens bei überatmosphärischen Drucken die Ausbildung entsprechender Druckkontaktöfen erforderlich. Maßgebend für den Aufbau dieser Druckkontaktöfen war die Voraussetzung, daß die Kontaktmasse sich nicht in einer größeren Dicke als 10 mm anhäufen darf. Allerdings ließen sich Kontaktrohre mit diesen Durchmessern nicht ohne weiteres verwenden, weil sie sich in die Ofenböden nicht einschweißen ließen.

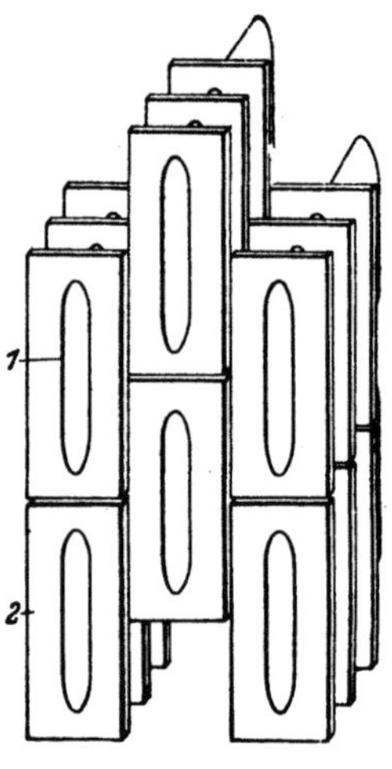

Abb. 23. Profilrohre mit Wärmeleitblechen.

Nach W. Albert[2] lassen sich aber Druckkontaktöfen mit Rohren von 10 mm lichter Weite und 1 mm Wandstärke bei einer Rohrlänge von 3 m herstellen, wenn man eine Vielzahl dieser engen Rohre, etwa 100 bis 200, an ihren Enden in innerhalb der Ummantelung der Kontaktöfen angeordneten sechskantigen Bodenplatten hart einlötet und diese Teilbodenplatten untereinander wabenförmig zu den eigentlichen Rohrböden verschweißt.

Die Ausbildung eines bis zu 20000 Stück Rohre umfassenden Kontaktofens zeigt die Abb. 24 im Schnitt.

a ist eine Ummantelung des Ofens, b sind die nebeneinander liegenden Teilbodenplatten, c die Futterstücke, die außen den Radius des Innendurchmessers

---

[1] D.R.P. 708889, Studien- und Verwertungs G.m.b.H.
[2] D.R.P. 725488, Mannesmannröhren Werke.

der Ummantelung besitzen und innen den sechskantigen Teilbodenplatten angepaßt sind. Mit d sind
die in diese Teilbodenplatte eingelöteten Kontaktrohre angedeutet.

Die Kontaktbehälter mit kreisförmigem
Querschnitt haben aber den Nachteil, daß die
Unterbringung der Wärmeleitbleche wegen
ihres rechteckigen Querschnittes Schwierigkeit bereitet, da die Raumausnutzung sehr
ungünstig wird und diejenigen Teile des Rau-
mes, die außerhalb der Lamellenpakete liegen,
unbenutzt bleiben.

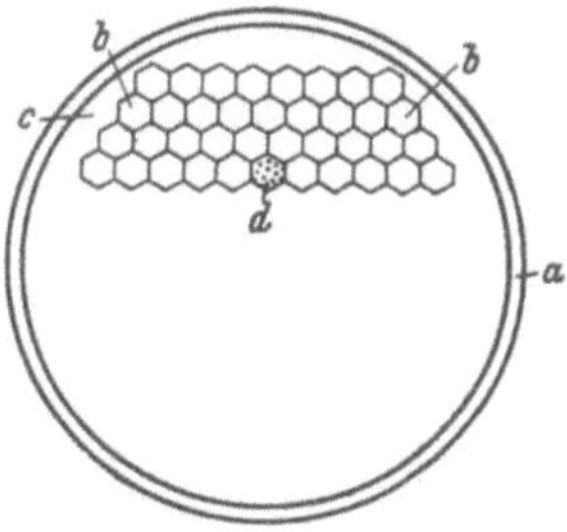

Abb. 24.
Druckkontakt-Ofenbodenplatte.

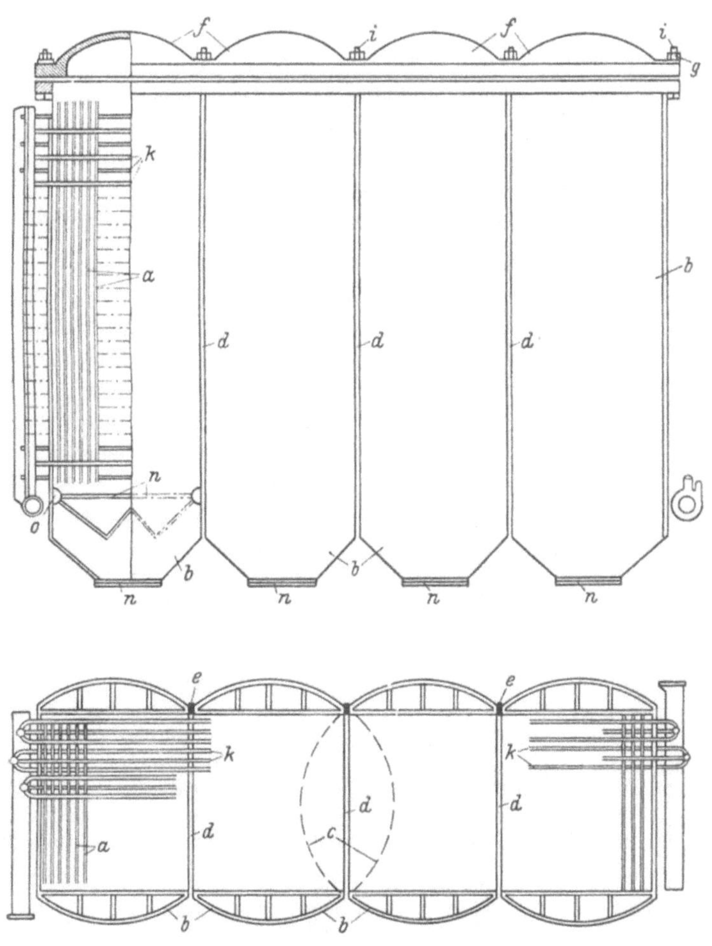

Abb. 25. Zusammengesetzte Kontaktbehälter.

Diese Schwierigkeit wird nach H. Aureden[1] dadurch behoben, daß der das Lamellenpaket aufnehmende Druckbehälter aus mehreren parallel zur Achse aneinandergesetzten Teilzylindern besteht, wie die Abb. 25 im Schnitt zeigt.

Das Lamellenpaket a mit rechteckigem Querschnitt, das aus einzelnen Lamellenblechen besteht, ist in mehreren, nebeneinander angeordneten Teilzylindern b eingesetzt. Das Lamellenpaket a kann als zusammenhängender Körper sich über die gesamten Teilzylinder b erstrecken oder so eingesetzt sein, daß auf jeden Teilzylinder b ein besonderes Paket entfällt.

Zum Einfüllen des Kontaktes und zum gasdichten Abschluß sind mehrere Deckel f vorgesehen, deren Anzahl der der Teilzylinder entspricht. Um die Deckel befestigen zu können, enthalten die zwischen den einzelnen Teilzylindern verstärkt angeordneten Lamellenbleche d an ihrem oberen Ende f Gegenflansche für die einzelnen Verschlußdeckel.

Die kühlmittelführenden Rohre k sind derart angeordnet, daß sie die Lamellenbleche senkrecht zu den Lamellenblechen durchsetzen. Die einzelnen benachbarten Reihen der Kühlrohre k können versetzt angeordnet sein. Die Rohre selbst können einen runden, elliptischen oder einen anderen Querschnitt haben.

Die einzelnen Teilzylinder b erhalten im Boden Abschlußklappen n zum Ablassen des Kontaktes.

Kühlrohre mit Wärmeleitblechen werden auch bei solchen Kontakträumen verwendet, die ebene Mantelwände besitzen. Beim Arbeiten mit höheren Drucken müssen die Mantelwände drucksicher ausgebildet werden.

Nach H. Schappai[2] wird diese Drucksicherung ebener Kontaktwände dadurch erreicht, daß die senkrecht zu den Wärmeleitblechen befindlichen Mantelwände mit von Wand zu Wand reichenden, der Wärmeübertragung dienenden Blechtafeln, z. B. durch Schweißen, fest verbunden werden.

In der Abb. 26 ist ein Teilschnitt eines Kontaktofens mit ebenen Mantelflächen dargestellt.

In dieser Abb. 26 ist a eines der waagerecht angeordneten Kühlrohre, auf das die Wärmeleitbleche b aufgesetzt sind. In dem Raum c befindet sich der Synthese-Kontakt. Die Versteifung der gegenüberliegenden Wände erfolgt dadurch, daß diese aus Blechstreifen d_1 zusammengesetzt sind, die so weit gesetzt sind, daß sie ungefähr über 10 Blechreihen mit ihren Kanten je das Ende eines Bleches b_1 umspannen und dort mit demselben verschweißt sind.

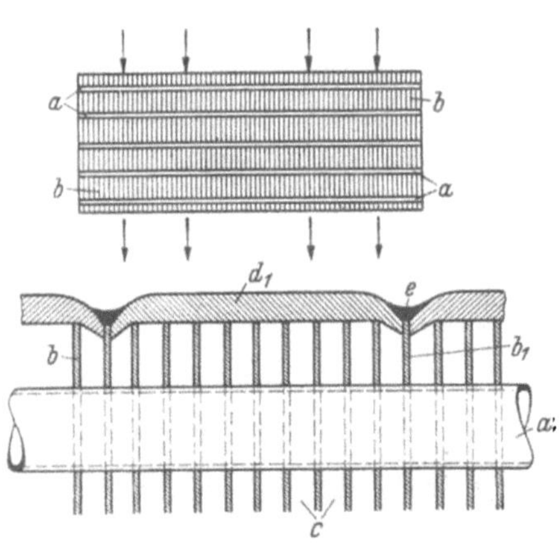

Abb. 26.
Druckfeste Verbindung ebener Mantelwände.

Für eine besondere Abart der Kohlenoxyd-Hydrierung, nämlich der Synol-Synthese, wurden Kontaktöfen entwickelt, die im Prinzip aus

<hr>

[1] D.R.P. 741280, F. Krupp A.G. — [2] D.R.P. 720685, Mannesmannröhren Werke.

einem schwach geneigt liegenden Röhrenbündel bestehen, bei dem in den einseitig geschlossenen Röhren siedendes Druckwasser steht und um die Rohre der Kontakt liegt[1]. Das Röhrenbündel wird von einem abziehbaren Druckmantel umhüllt.

Kühlmittel.

Die Entziehung der Reaktionswärme und Konstanthaltung der Temperatur wird bei den vorbeschriebenen Kontakträumen dadurch erzielt, daß man durch die im Kontaktraum eingebauten Kühlrohre eine Kühlflüssigkeit umlaufen läßt.

Als Kühlmittel hat man zunächst Mineralöl verwendet und mit diesem die aufgenommene Reaktionswärme aus dem Syntheseraum entfernt.

Dieses erhitzte Mineralöl wird bei einem besonderen Verfahren von N. N. Rjabow[2] nach dem Verlassen des Kontaktraumes durch Vermischen mit den Synthese-Produkten zum Verdampfen gebracht.

Für die technische Durchführung der Fischer-Tropsch-Synthese hat diese Arbeitsweise aber keinerlei Bedeutung erlangt.

Man geht hier so vor, daß man die von dem als Kühlmittel dienenden hochsiedenden Mineralöl aufgenommene Reaktionswärme in einem besonderen Kessel zwecks Dampferzeugung auf Wasser überträgt.

Bei einem besonderen Verfahren[3] wird die Reaktionswärme eines jeden einzelnen Kontaktofens durch eine in einem geschlossenen Kreislauf umlaufende Kühlflüssigkeit entfernt. Außerhalb des Kontaktofens geben die Kühlflüssigkeiten ihre Wärme indirekt an Wasser ab. Hierbei sind alle Wärmeabgabestellen mehrerer Kontaktöfen in einem gemeinsamen Wasserkessel eingebaut.

Günstiger als die Abführung der Reaktionswärme durch in den Kühlrohren zirkulierendes Öl liegen die Vorbedingungen bei der Abführung durch unter Druck befindliches Wasser oder wäßrige Salzlösungen[4]. Auf Grund der größeren spezifischen Wärme vermögen diese Kühlflüssigkeiten eine größere Wärmemenge aufzunehmen. Auch besitzen sie eine geringere Viscosität als die Öle. Dabei wird so verfahren, daß durch Anwendung eines genügend hohen Druckes der umlaufenden Flüssigkeit, vor allem überhitztes Wasser von 200°, innerhalb der Kühlrohre des Kontaktraumes noch keine Verdampfung des Wassers eintritt, sondern erst in nachgeschalteten Entspannungsgefäßen. Dort erfolgt unter Entwicklung von Dampf eine so weitgehende Abkühlung des Wassers, daß dieses erneut für die Zwecke der Temperaturregelung verwendet werden kann.

---

[1] Wenzel, W.: Angew. Chem. B. 20 (1948) 225.

[2] Russ. P. 58699, N. N. Rjabow.

[3] Ital. P. 381315, N.V. Internationale Koolwaterstoffen Synthese Mij.; International Hydrocarbon Synthesis Co.

[4] D.R.P. 679919, Studien- und Verwertungs G.m.b.H.

Die Benützung von Wasser als Kühlflüssigkeit bringt zwar die Komplikation mit sich, daß die Kühlrohre zur Flüssighaltung des Wassers druckfest gestaltet werden müssen; doch bietet die größere spezifische Wärme des Wassers und vor allem die Tatsache, daß die Reaktionswärme unter Verbrauch von Verdampfungswärme bei konstanter Temperatur abgeführt werden kann, so große Vorteile, daß die Technik diesen Weg gewählt hat[1].

Bei einer besonderen apparativen Anordnung[2] stehen die in Reaktionskammern angeordneten und von Wasser durchflossenen Röhren an beiden Enden mit Kammern in Verbindung. Der Zulauf von Frischwasser zu dem System ist so geregelt, daß das durch die Reaktionswärme in den Röhren erhitzte Wasser selbsttätig zu den Dampfbehältern strömen kann. Der Umlauf des Wassers erfolgt also nach dem Thermosyphonprinzip.

Um eine Abführung der frei werdenden Reaktionswärme und Konstanthaltung der Reaktionstemperatur im Syntheseofen zu erzielen, hat man ferner jeden Kontaktofen mit einem Dampfkessel versehen, wobei jeder Reaktionsofen für sich zu überwachen und zu regulieren war.

Die Firma Ruhrchemie A.G.[3] hat diesen Nachteil dadurch vermieden, daß sie mehrere Kontaktöfen an einem gemeinsamen Dampfkessel anschließt und außerdem die Dampfkessel unter sich, zum Zwecke des Druckausgleiches, miteinander verbindet. Diese Kühlweise hat den Vorteil, daß, unabhängig von der in den einzelnen Öfen entwickelten Reaktionswärme, alle Kontaktöfen auf gleicher Reaktionstemperatur gehalten werden können. Die hierdurch erzielte Gleichförmigkeit der Reaktionstemperatur wirkt sich vorteilhaft auf die erzielbare Ausbeute an flüssigen Kohlenwasserstoffen aus.

Diese Schaltung hat den weiteren Vorteil, daß, während in einem Kontaktofen die Synthese verläuft, gleichzeitig ein anderer Kontaktofen, dessen Katalysator in seiner Wirksamkeit nachgelassen hat oder regeneriert werden soll, bevor eine schädliche Ausbeuteverringerung eingetreten ist, bei einer der Synthesetemperatur gleichen Temperatur regeneriert werden kann, ohne daß eine besondere Wärmezufuhr notwendig ist.

Die Abführung der bei der Kohlenoxyd-Hydrierung zu Kohlenwasserstoffen auftretende Umsetzungswärme kann nach M. Pier, W. Rumpf und H. Schappert[4] auch durch indirekten Wärmeaustausch mit in den Kühlrohren eingeleitetem Naßdampf erfolgen. Zweckmäßigerweise verwendet man einen solchen, dessen Sättigung in den Grenzen zwischen etwa 60 und gegen 80 Prozent gehalten wird, d. h. in welchem

[1] Fischer, F. u. H. Pichler: Brennstoff-Chem. 20 (1939) 247.
[2] F.P. 822636, Ital. P. 351470, Ind. P. 24210, Ruhrchemie A.G.
[3] D.R.P. 703225, Ruhrchemie A.G.
[4] D.R.P. 703101, I.G. Farbenindustrie A.G.

bis zu 40 Prozent des Wassers in flüssiger Phase in Form von Tröpfchen,
vorliegt. Hierbei bleibt nicht nur die Temperatur des als Kühlmittel
verwendeten Wasserdampfes und damit auch die Temperatur im Kontaktraum während der Wärmeaufnahme durch das Kühlmittel konstant,
sondern auch die Wärmeübergangszahl behält innerhalb der Sättigungs-
grenzen von 60 und 100 Prozent einen Höchstwert bei. Aus wärme-
technischen Gründen eignet sich nach der einzuhaltenden Synthese-
Temperatur das Druckgebiet von 5 bis 15 Atmosphären, da der unter
diesen Drucken durch den Wärmeaustausch aus dem Naßdampf entstehende Sattdampf ein Maximum an Energie auszunützen gestattet.
Es ist auch von Vorteil, das Kühlmittel unter Druck zu halten, daß die
Sattdampftemperatur nur wenig unter der Reaktionstemperatur liegt.
Zeigt es sich, daß im Verlauf der Kühlung schon vor Ende der Reaktion
die Sättigung eintritt, so ist es zweckmäßig, durch Einspritzen oder Ver-
nebeln von Wasser in den Kühlräumen den Sättigungsgrad so weit
herunterzudrücken, daß im weiteren Verlauf die Temperatur, bei welcher
sich Sattdampf bildet, nicht mehr überschritten wird, so daß also kein
überhitzter Wasserdampf entsteht.

Durch 3 mit einem Nickel-Kontakt abgefüllte, hintereinander geschaltete Reaktionsräume von je 20 cbm Inhalt werden je Stunde 6000 cbm eines Gasgemisches,
das zu 2 Teilen aus Wasserstoff und zu 1 Teil aus Kohlenoxyd besteht, geleitet.

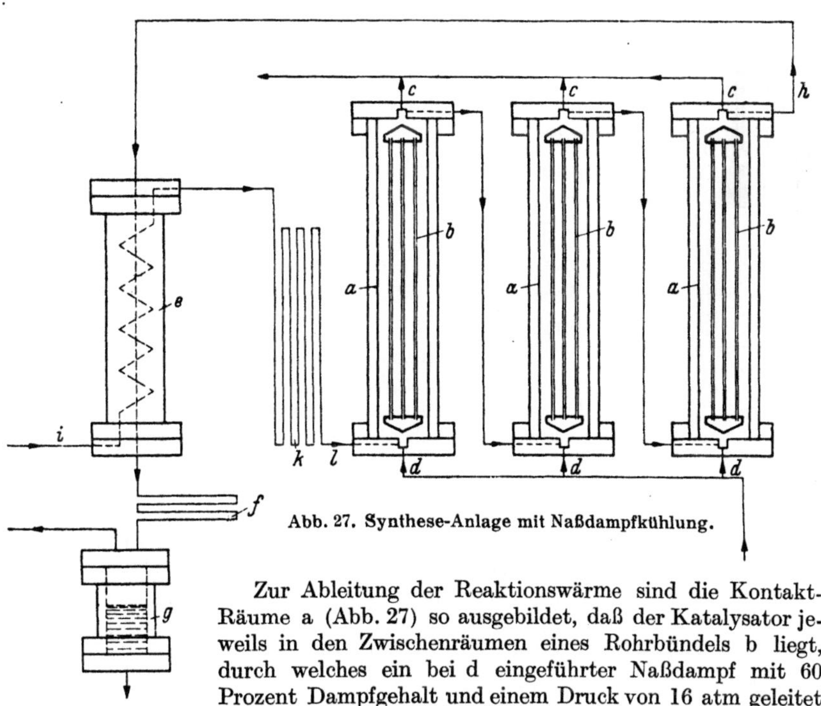

Abb. 27. Synthese-Anlage mit Naßdampfkühlung.

Zur Ableitung der Reaktionswärme sind die Kontakt-
Räume a (Abb. 27) so ausgebildet, daß der Katalysator jeweils in den Zwischenräumen eines Rohrbündels b liegt,
durch welches ein bei d eingeführter Naßdampf mit 60
Prozent Dampfgehalt und einem Druck von 16 atm geleitet

wird. Der Dampf verläßt die Rohrbündel als Sattdampf bei c. 1 kg Dampf nimmt 200 Cal auf; im ganzen werden auf diese Weise 17,5 t Sattdampf je Stunde hergestellt, der z. B. als Antriebsdampf für eine Turbinenanlage mit gutem Wirkungsgrad verwendet werden kann. Die Reaktionsprodukte werden nach Ableitung aus dem letzten Kontaktraum bei h durch den Wärmeaustauscher e und hierauf durch den Kühler f geführt, in welchem die Kondensation der bei gewöhnlicher Temperatur flüssigen Produkte stattfindet. Die letzteren werden von den nichtkondensierten Anteilen im Abscheider g getrennt. Die Synthesegase werden bei i eingeführt und nach Durchleiten durch den Wärmeaustauscher e und den Vorheizer k bei l in den ersten Kontaktraum a geleitet.

II. Mit bewegten Kontakten.

Bei den vorbehandelten, hauptsächlich von der Firma Ruhrchemie A.G. in die Technik eingeführten Kontaktöfen ruht der Katalysator zur Konstanthaltung der Temperatur zwischen mit Druckwasser gekühlten, die Reaktionswärme abführenden Flächen und Rohren. Mit Rücksicht auf die recht ungünstigen Wärmeübertragungsbedingungen (s. S. 170) muß zur Vermeidung von Überhitzungen mit verhältnismäßig dünnen Kontaktschichten gearbeitet werden.

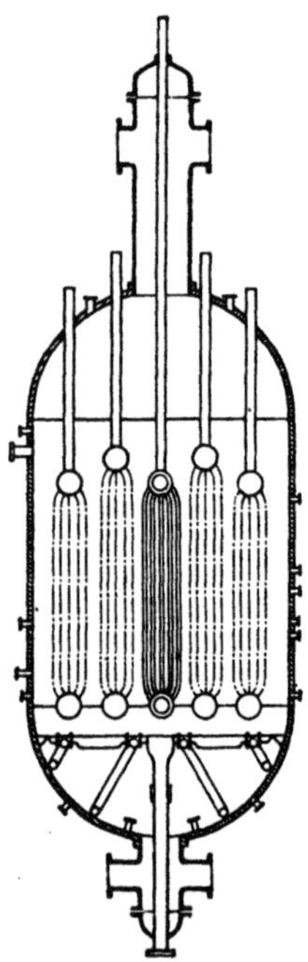

Abb. 28. Synthese-Ofen für im Synthese-Gas suspendierten Katalysatoren.

Die Abfuhr der stark positiven Reaktionswärme an wärmeabführende Flächen gelingt jedoch wesentlich schneller, wenn man mit Kontakten arbeitet, die in flüssigem Medium oder im Synthese-Gas selbst fein verteilt sind.

Zur Durchführung der Kohlenoxyd-Hydrierung mit im Synthese-Gas suspendierten Katalysatoren wurden in den Vereinigten Staaten von Nordamerika in der letzten Zeit geeignete Synthese-Öfen entwickelt.

Ein für den Großbetrieb geeigneter Synthese-Ofen, wie er für die Hydrocol-Anlage in Brownville (Texas) vorgesehen ist, ist in Abb. 28 im Schnitt dargestellt[1].

Der zylinderförmige Kontaktraum enthält eine Anzahl von Kühlsystemen, in welchen Druckwasser für die Abfuhr der positiven Reaktionswärme sorgt. Rund um die senkrechten Wasserrohre bewegt sich der im Synthese-Gas verteilte Kontakt. Von unten streicht das Synthese-Gas durch den Kontakt mit einer Geschwindigkeit, die den Katalysator bestimmter Dichte im Schwebezustand erhält. Das Reaktionsgas mit den Reaktionsprodukten verläßt den Kopf des Kontaktraumes und strömt von hier zu den Kühlern und von diesen zum Teil zu den für die Erfassung der Reaktionsprodukte vorgesehenen Apparaten und zum Teil im Kreislauf zurück zur Gaseintrittstelle des Kontaktapparates (Kreislauf 1 zu 1).

[1] Pichler, H.: Brennstoff-Chem. 30 (1949) 105.

Der eine bestimmte Dichte unterschreitende Kontaktanteil verläßt mit dem Reaktionsgas den Synthese-Ofen und wird mit einem Zyklon aus dem Gas abgeschieden.

Eine diesem abgeschiedenen Kontaktanteil entsprechende Menge an frischem Kontakt wird dem System kontinuierlich zugeführt.

Infolge des größeren Gas-Durchsatzes und der bedeutend besseren Wärmeabführung ist die Kapazität des vorbeschriebenen Synthese-Ofens außerordentlich groß. Mit einem solchen Synthese-Ofen mit 50 Kubikmeter Inhalt können jährlich 200 000 Tonnen Primärprodukte hergestellt werden.

Für die gleiche Leistung sind hingegen 140 bis 200 10-Kubikmeter-Synthese-Öfen mit festangeordneten Kobalt-Kieselgur-Katalysatoren erforderlich.

Dritter Teil.

A. Synthese-Verfahren.

Die Umwandlung des im vorgereinigten und auf Reaktionstemperatur erhitzten Synthesegases befindlichen Kohlenoxyds und Wasserstoffs in Kohlenwasserstoffe kann in Gegenwart der Synthese-Kontakte nach verschiedenen Verfahren erfolgen.

Man hat hier zwischen zwei grundsätzlich verschiedenen Synthese-Verfahren zu unterscheiden:

1. Verfahren, bei denen der Synthese-Kontakt im Syntheseofen festangeordnet ist und

2. Verfahren, bei denen der Synthese-Kontakt während der Kohlenoxyd-Hydrierung in Bewegung gehalten wird.

Bei dem ersten, in Deutschland üblichen Synthese-Verfahren kommt der Mischkontakt in feinkörniger Form, gewöhnlich in Zylinderchen von 1 bis 3 Millimeter Durchmesser zur Anwendung, während bei dem Suspensions- oder Schwebe-Verfahren der Mischkontakt in feinstverteilter Form vorliegen muß.

Die Einteilung der Synthese-Verfahren kann aber auch nach anderen Gesichtspunkten erfolgen, so z. B. nach dem Druck, bei dem die Kohlenoxyd-Hydrierung vorgenommen wird, wobei man zwischen der Normaldruck-Synthese und der Synthese bei überatmosphärischen Drucken zu unterscheiden hat.

Je nach der Gasführung hat man ferner zu unterscheiden zwischen Ein- und Mehrstufen- bzw. Kreislauf-Verfahren, je nachdem die Synthesegase in einem oder in mehreren hintereinander geschalteten Reaktionsräumen einfach oder im Kreislauf geführt werden.

Schließlich kennt man Synthese-Verfahren, bei denen bestimmte Reaktionsprodukte bevorzugt hergestellt werden.

12 Kainer, Kohlenwasserstoff-Synthese.

I. Mit ruhenden Kontakten.
a) Normaldruck-Verfahren.

Bei der ursprünglich entwickelten Kohlenwasserstoff-Synthese wurden die auf Reaktionstemperatur erhitzten, Kohlenoxyd und Wasserstoff im Verhältnis 1 zu 2 enthaltenden Synthesegase, bei einer exakt eingehaltenen und unter 200°, meist 180°, liegenden Temperatur durch enge Kontakträume geleitet und zwar beim Arbeiten mit Kobalt-Thorium-Kieselgur-Kontakten mit einer Gasgeschwindigkeit von 1 Normal-Kubikmeter je Kilogramm hydrierend wirkendes Metall und Stunde. Die bei der Reaktion auftretende Wärme wird in vorbeschriebener Weise abgeführt (s. S. 172).

Das aus dem Kontaktofen austretende Endgas besitzt infolge der Umsetzung des Kohlenoxyds bei Zimmertemperatur nurmehr ein Viertel des Volumens des Eintrittsgases. Die Höhe dieser Kontraktion ist ein Maß für die Vollständigkeit des Umsatzes.

Aus dem Austrittsgas werden die gebildeten flüssigen und festen Kohlenwasserstoffe in noch später behandelter Weise durch Kondensation und Adsorption entfernt.

b) Druck-Verfahren.

Die Bildung von flüssigen und festen Kohlenwasserstoffen aus Kohlenoxyd und Wasserstoff gelingt, wie F. Fischer und H. Pichler[1] auf Grund älterer Untersuchungen mitgeteilt haben, auch bei überatmosphärischen Drucken.

Allerdings befriedigten die ersten Ergebnisse dieser als Mitteldruck-Synthese bezeichneten Arbeitsweise weder bei Anwendung der für die Normaldruck-Synthese entwickelten Kobalt-Mischkontakte noch bei Anwendung der zu dieser Zeit bekannten Eisen-Mischkontakte nicht.

Bei der Kohlenoxyd-Hydrierung unter Druck von mehreren Atmosphären trat eine so starke Bildung hochsiedender Produkte ein, daß sich die Katalysatoren verstopften und die Ausbeuten rasch nachließen.

Aus diesen Gründen wurde die Anwendung von höheren Drucken bei der für Normaldruck entwickelten Benzinsynthese zunächst als unzweckmäßig und nachteilig angesehen.

In den letzten Jahren wurde jedoch festgestellt, daß man bei Anwendung besonderer Kontakte, und zwar sowohl auf Kobalt-, als auch auf Eisen-Basis, sowie bei bestimmter Zusammensetzung des Synthese-Gases nicht nur die Kohlenwasserstoff-Synthese aus Kohlenoxyd und Wasserstoff auch bei überatmosphärischen Drucken durchführen, sondern bei dieser als Mitteldruck-Synthese bezeichneten Arbeitsweise unter Umständen wertvollere Produkte erhalten kann.

---

[1] Fischer, F. u. H. Pichler: Brennstoff-Chem. 20 (1939) 41.

Der Synthese-Druck kann innerhalb weiter Grenzen schwanken und richtet sich nach dem besonderen Synthese-Verfahren, aber unter Umständen auch nach der Art der bevorzugt herzustellenden Synthese-Produkte.

Bei einem besonderen Verfahren der Firma Ruhrchemie A.G.[1] führt man die Kohlenoxyd-Hydrierung bei Anwendung von mit Kühlrohren und Wärmeleitblechen durchsetzten Kontaktöfen unter einem Druck durch, der etwa dem Druck der Kühlflüssigkeit entspricht. Bei Verwendung von heißem Druckwasser als Kühlflüssigkeit arbeitet man bei einem Druck von 11 Atmosphären bei einer Synthese-Temperatur von 186°. Hierbei vermeidet man die Verwendung von druckfesten Kühlrohren.

1. Mit Kobalt-Kontakten.

Eine auch unter technischen Bedingungen durchführbare Kohlenoxyd-Hydrierung unter erhöhtem Druck, z. B. von 2 at absolut und mehr, gelingt nach W. Herbert[2], wenn man an Stelle der bei der Normaldruck-Synthese üblichen Kontakte die auf S. 43 beschriebenen Kobalt-Thoriumoxyd-Kieselgur-Kontakte verwendet, die mit Kieselgur so weit verdünnt sind, daß die auf den Liter geschüttete Kontaktmasse weniger hydrierend wirkendes Kobalt, beispielsweise weniger als 50 Gramm, enthält.

Beispielsweise wird, wenn unter einem Druck von 3 at gearbeitet werden soll, ein Katalysator mit einem Kobaltgehalt von 20 bis 30 Gramm je Liter Schüttvolumen der Kontaktmasse angewendet, während bei Drucken von z. B. 10 at, Kobalt-Gehalte von 5 bis 25 Gramm je Liter Schüttvolumen vorteilhaft sind. Bei noch höheren Drucken von etwa 100 at wird der Metallgehalt auf 0,5 bis 10 Gramm je Liter Schüttvolumen herabgesetzt.

In gleicher Weise vermögen die ferner von W. Herbert[3] entwickelten und auf S. 43 beschriebenen Kobalt-Thoriumoxyd-Kieselgur-Kontakte, die weniger als 50 Gramm aktives Kobalt im Liter geschütteter Kontaktmasse enthalten, die überatmosphärische Kohlenwasserstoff-Synthese zu katalysieren.

Nach Feststellungen des gleichen Forschers[4] kann die Druckhydrierung von Kohlenoxyd auch solche Kobalt-Thoriumoxyd-Kontakte katalysieren, die einmal an Stelle von Kieselgur aktive Kohle als Trägerstoff und zweitens weniger als 50 g hydrierend wirkendes Metall je Liter Kontaktmasse und nur etwa 30 bis 70 Prozent des wirksamen Kobalts in Form von Metall enthalten.

Wird z. B. der auf S. 76 näher beschriebene Kobalt-Thoriumoxyd-Aktivkohle-Kontakt in ein eisernes Kontaktrohr von 10 mm lichter Weite und 2 m Länge gefüllt und bei 188° und 20 Normal-Liter je Stunde eines Synthesegases, bestehend

---

[1] F.P. 836273, E.P. 502771, Austr. P. 106931, Ind. P. 25177, Ruhrchemie A.G.

[2] D.R.P. 734993, Metallgesellschaft A.G. — [3] D.R.P. 736922 Metallgesellschaft A.G. — [4] D.R.P. 736701, Metallgesellschaft A.G.

aus 35 Prozent Kohlenoxyd, 55 Prozent Wasserstoff, 3,8 Prozent Stickstoff, 6,2 Prozent Kohlendioxyd beaufschlagt und der Druck bei der Synthese auf 12 Atm gehalten, so werden 137 Gramm eines aus Benzin, Öl und Paraffin bestehenden Gemisches je Netto-Kubikmeter inertfreies Eintrittsgas erhalten, welches aus 22 Prozent Paraffin, 28 Prozent höhersiedenden Ölen und 50 Prozent Benzin besteht.

Von W. Herbert[1] ist später gefunden worden, daß man auch mit den für die Normaldruck-Synthese entwickelten Kobalt-Katalysatoren, die z. B. etwa 33 Prozent Kobalt, 18 Prozent Thoriumoxyd, bezogen auf Kobalt, und im übrigen Kieselgur enthalten, die Hydrierung von Kohlenoxyd unter Bildung olefinischer und paraffinischer Kohlenwasserstoffe ohne die eingangs erwähnten Nachteile durchführen kann, wenn man ein Synthesegas mit einem Verhältnis Kohlenoxyd zu Wasserstoff wesentlich unter 1 zu 2, zweckmäßig 1 zu 1,5 oder niedriger in Verbindung mit Drucken von etwa 5 oder mehr Atmosphären verwendet.

Die Arbeitstemperaturen sind die gleichen wie beim Arbeiten bei Normaldruck; sie liegen zwischen 150 und 300°, vorzugsweise zwischen 180 und 240°.

Gute Erfolge werden auch erzielt, wenn der Kobalt-Thoriumoxyd-Kieselgur-Kontakt weniger als 50 bis 80 g hydrierend wirkendes Kobalt auf einen Liter geschüttete Kontaktmasse enthält.

Verwendet man derartige Kontakte, so wird die Synthese so gelenkt, daß in den Reaktionsprodukten die flüssigen Kohlenwasserstoffe auf Kosten der festen zunehmen.

Bei Verwendung der vorbeschriebenen Kontakte, die weniger als 33 Gewichtsprozent, besonders weniger als 20 Gewichtsprozent hydrierend wirkendes Metall und soviel Trägerstoff, besonders Kieselgur oder Aktivkohle, enthalten, daß ein Liter der Kontaktmasse weniger als 80, besonders 10 bis 40 g Metall enthält, kann man nach dem von der Firma Metallgesellschaft A.G.[2] beschriebenen Verfahren arbeiten.

Nach diesem Verfahren erhöht man den Gasdurchsatz auf über 1 Liter, besonders 2 bis 20 Liter je Stunde und Gramm hydrierend wirkendes Metall am Katalysator, wenn man den Reaktionsraum und den Druck im Druckbereich von 3 bis 20 at so groß wählt, daß die Aufenthaltsdauer des Synthese-Gases im Kontakt-Raum über 45 Sekunden, z. B. 1 bis 10 Minuten beträgt.

Die Reaktionstemperatur wird dabei so geregelt, daß die Abfuhr der Reaktionswärme je Quadratmeter der im Kontakt befindlichen Oberfläche der Kühlelemente nicht über

$$500 \sqrt[3]{p} \text{ Cal}$$

steigt (p ist der Druck in at).

---

[1] D.R.P. 747730, ohne Firma, wahrscheinlich Metallgesellschaft A.G.
[2] F.P. 836937, Ind. P. 25273, Metallgesellschaft A.G.

2. Mit Eisen-Kontakten.

Die nach O. Roelen und Mitarbeitern[1] hergestellten, mit Calciumoxyd aktivierten Eisen-Kontakte haben sich besonders bei der Mitteldruck-Synthese als sehr aktiv und äußerst wandelbar in Bezug auf die Lenkung der Synthese erwiesen.

Ein geeigneter Kontakt besitzt die Grundzusammensetzung 100 Teile Eisen, 5 Teile Kupfer und 10 Teile Calciumoxyd.

Durch Entwicklung solcher hochaktiver Eisen-Kontakte läßt sich die Kohlenoxyd-Hydrierung bei höheren Drucken auch so lenken, daß hochwertige flüssige Kohlenwasserstoffe als Reaktionsprodukte entstehen.

In Gegenwart dieser Kontakte tritt das rasche Absinken der Ausbeute an flüssigen Kohlenwasserstoffen, verbunden mit ansteigender Bildung von bei Raumtemperatur gasförmig verbleibenden Stoffen nicht ein.

Hochaktive Eisen-Kontakte dieser Art wurden auch von W. Herbert[2] entwickelt.

Mit diesen Katalysatoren bleiben die Ausbeuten an festen und flüssigen Kohlenwasserstoffen monatelang sehr hoch.

Die erhaltenen Benzine zeichnen sich durch besonders hohe Octanzahlen — 65 bis 70 — aus. Gleichzeitig erhält man ein Öl mit einem hohen Gehalt an ungesättigten Kohlenwasserstoffen, welches daher eine ausgezeichnete Schmierölausbeute bei der Behandlung mit Aluminiumchlorid oder dgl. ergibt.

Die Wirkung dieser Kontakte ist besonders günstig, wenn man mit einem Gas arbeitet, das einen Überschuß an Kohlenoxyd über das Verhältnis Kohlenoxyd zu Wasserstoff wie 1 zu 2 enthält; ferner wenn man im Gaskreislauf arbeitet[1].

Wendet man Katalysatoren an, die weniger als 30 Prozent hydrierend wirkendes Metall in der Kontaktmasse enthalten, so erhält man Produkte, die nicht einer sonst erforderlichen Spaltanlage zur Verbesserung der Klopffestigkeit zugeführt werden müssen bzw. können diese Spaltanlagen in ihrer Größe erheblich verkleinert werden.

Zur Druck-Synthese von Kohlenwasserstoffen aus Kohlenoxyd und Wasserstoff eignen sich ferner die von W. Herbert[2] ausgearbeiteten und auf S. 62 beschriebenen Eisen-Katalysatoren.

Mit Hilfe dieser Kontakte kann man z. B. die Druck-Synthese in folgender Weise ausführen:

1000 Liter Eisenkontakt werden in einem Kontaktrohr mit eng beieinander liegenden Kühlelementen (Abstand der Elemente 10 mm) eingefüllt. Der nutzbare Kontaktraum beträgt 1 Kubikmeter, die Schütthöhe der Kontaktmasse 2 m. Der Kontaktofen wird bei einer konstant gehaltenen Temperatur von 240° bei 10 atü

---

[1] Ziegler, K.: Naturforschung und Medizin in Deutschland, 1948, Bd. 36, 1. Teil, 163, Wiesbaden 1948, 163.
[2] D.R.P. 744078, Metallgesellschaft A.G.

Gasdruck mit 100 Kubikmeter je Stunde eines praktisch schwefelfreien Gases beaufschlagt, welches Kohlenoxyd und Wasserstoff im Volumverhältnis 2 zu 1 enthält. Das Kontaktofen-Austrittsgas geht über eine Vorlage, in der sich die bei Raumtemperatur festen Kohlenwasserstoffe abscheiden, dann über eine Kondensation, in der sich die höhersiedenden Öle niederschlagen, und schließlich über eine Aktivkohleanlage, welche die benzinartigen Kohlenwasserstoffe und die Alkohole entfernt.

Die Zusammensetzung des Eintrittsgases und des Austrittsgases hinter der Aktivkohleanlage zeigt die nachstehende Tab. 16.

Tabelle 16.

Zusammensetzung von Eintritts- und Austrittsgas in Prozenten.

Gasbestandteil	Eintrittsgas	Austrittsgas
Kohlendioxyd	0,4	44,0
Kohlenwasserstoffe	0,0	0,8
Kohlenoxyd	58,3	24,2
Wasserstoff	31,7	9,5
Methan	0,3	3,1
Stickstoff	9,3	18,4

Der Umsatz an Kohlenoxyd und Wasserstoff beträgt 81,2 Prozent. Die Gaskontraktion 49,5 Prozent. Die Ausbeute an bei Raumtemperatur flüssigen und festen Kohlenwasserstoffen bzw. sauerstoffhaltigen organischen Verbindungen beträgt nach einmaligem Durchgang des Gases 149 g je Normal-Kubikmeter inertfreies Eintrittsgas.

Die Kontaktmasse hat eine Lebensdauer von $5^{1}/_{2}$ Monaten.

Zweckmäßigerweise arbeitet man so, daß die erhöhte Intensität der Reaktion durch Wahl gemäßigter Reaktionsbedingungen ausgeglichen wird, bei deren Anwendung man unter Normaldruck nicht die optimalen Ausbeuten erhalten würde[1].

Eine solche gemäßigte Bedingung ist die Verwendung eines KobaltKontaktes, der einen geringeren Gehalt an Thoriumoxyd, z. B. weniger als 12 Prozent des Kobalt-Gewichtes an Thoriumoxyd, aufweist als dies bei der Synthese unter Normaldruck zwecks Erzielung maximaler Ausbeuten zweckmäßig ist.

Man kann auch mit einem Ausgangsgas arbeiten, das durch inerte Gase oder gasförmige Reaktionsprodukte oder andere gasförmige Mittel, z. B. Wasserdampf, verdünnt ist, die in Mengen von 20 Prozent und mehr angewendet werden können. Die Verdünnung kann durch Kreislaufführung des Gases durch die Kontaktmasse mit oder ohne Herausnahme der Reaktionserzeugnisse aus den Gasen vor ihrer Wiedereinführung in den Ofen erzielt werden.

Ein Kobalt-Katalysator mit 36 Prozent Kobalt, 3 Prozent Thoriumoxyd, 5 Prozent Magnesiumoxyd, Rest Kieselgur, der in üblicher Weise mit Wasserstoff bei 370° reduziert worden war, wurde in bekannten Kontaktöfen der KohlenoxydHydrierung bei einem Druck von 10 Atm und einer Temperatur von 190° mit einem Synthesegas, enthaltend 29 Volumprozent Kohlenoxyd und 61 Volumprozent

---

[1] F.P. 832967, Belg. P. 424929, Metallgesellschaft A.G.

Wasserstoff, Rest Stickstoff und Kohlendioxyd, beaufschlagt, und zwar wurden von diesem Gas stündlich 80 Normal-Kubikmeter je Kubikmeter Kontaktmasse angewendet. Man erhält eine Ausbeute an flüssigen und festen Kohlenwasserstoffen, bezogen auf einen Normal-Kubikmeter des bei der Reaktion umgesetzten Gases, von 108 g je Normal-Kubikmeter.

Wird der gleiche Versuch mit einem Gas, enthaltend 36 Volumprozent Kohlenoxyd und 54 Volumprozent Wasserstoff, bei gleicher Gasbeaufschlagung des Kontaktes durchgeführt, so liegt die entsprechende Ausbeute an flüssigen und festen Kohlenwasserstoffen bei 142 g je Normal-Kubikmeter umgesetztes Gas. Die Zusammensetzung dieser Erzeugnisse war: 26 Prozent Paraffin über 320° siedend, 30 Prozent Öl zwischen 200 und 300° siedend, 44 Prozent Benzin unter 200° siedend.

Beim Arbeiten bei Drucken unterhalb 20 Atmosphären und Temperaturen zwischen 180 und 230° kann man auch solche Kobalt-Katalysatoren verwenden, die 8 Prozent oder weniger, gerechnet auf Kobalt, Silber oder dessen Verbindungen, und gegebenenfalls auch noch Eisen, Nickel, Thoriumoxyd, Magnesiumoxyd oder Gemische dieser enthalten[1]. Diese Kontakte können im Syntheseraum selbst mittels Wasserstoff oder einem Wasserstoff enthaltenden Gas, z. B. dem Synthese-Gas, bei Temperaturen bis 250° reduziert werden.

c) Mehrstufen-Verfahren.

Eine wesentliche Erhöhung der Ausbeute an flüssigen Kohlenwasserstoffen ist nach F. Fischer und H. Pichler[2] dadurch erzielbar, daß man das Synthesegas nacheinander durch zwei oder mehrere Kontaktstufen leitet, unter vollständiger oder teilweiser Abscheidung der in den einzelnen Stufen gebildeten und kondensierbaren Reaktionsprodukte.

Bei dieser Arbeitsweise werden in der ersten Stufe bzw. den ersten Stufen höchstens zwei Drittel oder die Hälfte des im Ausgangsgas enthaltenen Kohlenoxyd-Wasserstoff-Gemisches umgesetzt, was dadurch erreicht wird, daß in dieser Stufe die Arbeitstemperatur unter der für höhere Umsätze erforderlichen gehalten wird, oder daß Gemische mit ungenügendem Wasserstoffgehalt oder höherer Strömungsgeschwindigkeit angewendet werden.

Durch dieses Mehrstufenverfahren tritt eine Verminderung der Bildung gasförmiger zu Gunsten flüssiger Kohlenwasserstoffe ein. Ferner wird bei dieser Arbeitsweise eine längere Wirkungsdauer der Kontakte erreicht.

Ausbeuten, die beim einstufigen Verfahren als Durchschnitt von zwei Monaten erreicht wurden, werden beim zweistufigen Verfahren während vier und beim dreistufigen Verfahren während annähernd 5 Monaten erzielt.

Um die Haltbarkeit des Kontaktes zu verstärken, sind die Stufen so zu schalten, daß über gleiche Kontaktmengen etwa gleiche Gasmengen streichen.

---

[1] F.P. 863 687, N.V. Internationale Koolwaterstoffen Synthese Mij.; International Hydrocarbon Synthesis Co.

[2] Fischer, F. u. H. Pichler: Brennstoff-Chem. 17 (1936) 24.

Bei gleichen Temperaturen sinkt die Umsetzung von Stufe zu Stufe, wenn die Kontakte gleich aktiv sind.

Die Vorteile des stufenweisen Arbeitens gründen sich ferner vor allem auf zwei weitere Faktoren:

Erstens sind gegen Ende der Umsetzungen Kohlenoxyd und Wasserstoff nicht durch so große Mengen an Reaktionsprodukten verdünnt, wie beim Arbeiten in einer Stufe, und

zweitens werden die zu Anfang gebildeten flüssigen Kohlenwasserstoffe nicht über den gesamten Kontakt geleitet, sondern schneller weiteren Umsetzungen entzogen.

Bei der stufenweisen Hydrierung von Kohlenoxyd wird auch die Beschaffenheit der erhaltenen flüssigen Kohlenwasserstoffe gegenüber derjenigen nach dem Einstufen-Verfahren erhaltenen Produkte verbessert[1]. Arbeitet man in mehreren Stufen und entfernt nach jeder Stufe die in dieser gebildeten flüssigen Produkte, so erhält man flüssige Kohlenwasserstoffe, die eine erhöhte Klopffestigkeit aufweisen.

Dieses **Mehrstufen-Verfahren** ist ursprünglich für die Synthese von flüssigen Kohlenwasserstoffen durch Hydrierung von Kohlenoxyd unter atmosphärischem Druck entwickelt worden. Als Katalysator dient hier meist ein aus **Kobalt-Thoriumoxyd-Kieselgur** bestehender **Kontakt**, der 38 Prozent Kobalt, 18 Prozent Thoriumoxyd, bezogen auf Kobalt, Rest Kieselgur enthält und durch Fällung der Nitrate mit Kaliumcarbonatlösung nach F. Fischer und H. Koch[2] hergestellt wird.

22,5 g dieses Katalysators von 2 mm Körnung auf einem Gesamtvolumen von 75 ccm (Kobaltgehalt 7,5 g, also 100 g je 1 Liter Kontakt) werden in zwei für die Synthese bei Atmosphärendruck üblichen Kontaktrohren als Kontaktofen derart untergebracht, daß auf das erste Kontaktrohr 15 g, auf das zweite Kontaktrohr 7,5 g Katalysator entfallen. Die beiden Rohre sind hintereinander geschaltet. Hinter jedem Kontaktrohr befindet sich eine Vorlage und ein Aktivkohlegefäß zur Herausnahme der Reaktionsprodukte.

Das erste Kontaktrohr wird bei Atmosphärendruck mit 5 Normal-Liter je Stunde eines Gases, bestehend aus 30 Prozent Kohlenoxyd, 60 Prozent Wasserstoff, 4 Prozent Stickstoff, 0,5 Prozent Methan und 5,5 Prozent Kohlendioxyd beaufschlagt.

Die Temperatur der beiden Kontaktrohre wird auf einer solchen Höhe gehalten, daß etwa 95 Prozent des Kohlenoxyds und Wasserstoffs in der Apparatur umgelegt werden. Die Austrittsgasmenge des ersten Kontaktrohres beträgt nach Abscheidung der Reaktionsprodukte rund 2,5 Normal-Liter; die Restgasmenge hinter dem zweiten Kontaktrohr rund 1,2 Normal-Liter je Stunde. Die Ausbeute beträgt bei dieser Arbeitsweise 112 g je Normal-Kubikmeter inertfreies Eintrittsgas, bestehend aus 57 Prozent Benzin (bis 200° siedend), 35 Prozent Öl, von 200 bis 320° siedend, und 8 Prozent Paraffin, über 320° siedend.

Die Kontaktlebensdauer beträgt 2½ Monate.

---

[1] Myddleton, W. W.: Chim. et Ind. 37 (1937) 863.
[2] Fischer, F. u. H. Koch: Brennstoff-Chem. 13 (1932) 61.

Zur mehrstufigen Synthese eignen sich auch die mit Kupfer und Mangan aktivierten Kobalt-Kieselgur-Kontakte[1]. Mit diesen Kontakten konnten Ausbeuten von 160 cm^3 je Kubikmeter Synthese-Gas bei Raumgeschwindigkeiten von 100 bis 120 erhalten werden.

Die Firma Synthetic Oils Ltd. und W. W. Myddelton[2] verwenden zur stufenweisen Hydrierung von Kohlenoxyd Kobalt- oder Nickel-Kontakte und arbeiten mit Synthese-Gasen mit einem Kohlenoxyd-Wasserstoff-Verhältnis von 1 zu 2 bis 1 zu 1 und Synthese-Temperaturen von 187 bis 216° sowie Abscheidung der gebildeten flüssigen Produkte zwischen den einzelnen Stufen.

Mit Nickel-Kontakten entstehen in der ersten Stufe flüssige Kohlenwasserstoffe mit weniger Olefinen (28 Prozent) als in der zweiten und weiteren Stufe. Die flüssigen Kohlenwasserstoffe dieser Stufen enthalten bis zu 35 Prozent Olefine.

In gleicher Weise können zur Kohlenoxyd-Hydrierung nach diesem Verfahren Kontakte auf Eisen-Basis verwendet werden.

Die Kohlenoxyd-Wasserstoff-Umsetzung nach dem Mehrstufen-Verfahren kann entweder in der Weise erfolgen, daß man in den einzelnen Verfahrensstufen unter gleichen Reaktionsbedingungen arbeitet oder diese in den einzelnen Stufen verschieden wählt.

So kann man in den einzelnen Stufen Kontakte verschiedenen Aktivitätsgrades oder verschiedener Zusammensetzung verwenden bzw. die Zusammensetzung und Strömungsgeschwindigkeit des Synthese-Gases, den Synthese-Druck, die Synthese-Temperatur aber auch gleichzeitig mehrere dieser Reaktionsbedingungen zugleich abändern.

Durch diese Abänderung der Reaktionsbedingungen in den einzelnen Verfahrens-Stufen kann man besonders die Ausbeute der Synthese-Produkte, mitunter aber auch deren Zusammensetzung beeinflussen.

Die Ausbeute an flüssigen Kohlenwasserstoffen kann z. B. beim Arbeiten in mehreren Stufen dadurch erhöht werden, daß man das Synthese-Gas in der ersten Stufe über einen Katalysator leitet, der mindestens in einer der folgenden Stufe bereits verwendet wurde[3].

Verwendet man in den aufeinanderfolgenden Synthese-Stufen Kontakte verschiedener Zusammensetzung und ändert gleichzeitig die Zusammensetzung des Synthese-Gases in den einzelnen Stufen entsprechend ab, so kann man auch die Zusammensetzung der gebildeten Kohlenwasserstoffe beeinflussen.

[1] Rubinstein, A. M., N. A. Pribytkowa, B. A. Kasanski u. N. D. Zelinsky: Bull. Acad. Sci. URSS. Cl. A. Sci. Chim. 1941, 48.

[2] F.P. 830560, Synthetic Oils Ltd. u. W. W. Myddelton.

[3] F.P. 862586, N.V. Internationale Koolwaterstoffen Synthese Mij.; International Hydrocarbon Synthesis Co.

Beispielsweise wird bei dem Verfahren der Firma N.V. Koppers Industrieele Mij.[1] das Synthese-Gas, das Kohlenoxyd und Wasserstoff im Verhältnis 1 zu 1 bis 1 zu 1,25 enthält, zuerst an einem Eisen-Kontakt, z. B. aus Eisen und Kupfer, bei 225 bis 250° zu olefinreichen Kohlenwasserstoffen umgesetzt. Das verbleibende, an Wasserstoff reichere Gas wird dann, nach Abtrennen der gebildeten Kohlenwasserstoffe und gegebenenfalls des Kohlendioxyds sowie Korrektur des Synthese-Gases entsprechend der Zusammensetzung 1 Kohlenoxyd und 2 Wasserstoff zur weiteren Bildung von flüssigen Kohlenwasserstoffen bei 185 bis 200° über einen Kobalt- oder Nickel-Kontakt geleitet.

Ein im Prinzip gleiches Verfahren ist früher auch in Deutschland von H. Kölbel und Ackermann[2] entwickelt worden.

Eine wesentliche Ausbeutesteigerung an Syntheseprodukten konnten G. Wirth, F. Sabel und H. Laudenklos[3] beim Arbeiten in mehreren Stufen unter Abscheidung der Kohlenwasserstoffe zwischen den einzelnen Stufen auch dadurch erreichen, daß sie die Gasströmungsgeschwindigkeit von Stufe zu Stufe erhöhten.

Man kann diese Erhöhung der Gasströmungsgeschwindigkeit durch Anwendung kleinerer Kontakträume in den nachgeschalteten Stufen erreichen. Die Geschwindigkeit soll zwischen 200 und 600 Kubikmeter je Liter Kontaktraum und Stunde liegen.

Eine andere Möglichkeit, die Gasströmungsgeschwindigkeit in den nachgeschalteten Stufen zu erhöhen, besteht darin, daß man mit gleichgroßen Kontakträumen in allen Stufen arbeitet und dabei jeder Stufe außer dem Restgas der vorhergehenden Stufe noch Frischgas zuführt.

Neben einer Ausbeutesteigerung bis zu etwa 30 Prozent wird gleichzeitig eine Senkung der Kontakt-Menge um etwa 23 Prozent erreicht.

Besonders hohe Ausbeuten an Kohlenwasserstoffen werden auch erhalten, wenn man die Synthese in mehreren Stufen unter Abscheidung. der Synthese-Produkte zwischen den Stufen bei so großen Gasgeschwindigkeiten durchführt, daß bei einer weiteren Durchsatzsteigerung die Raum-Zeit-Ausbeute nicht mehr ansteigen würde.[4] Im allgemeinen betragen die Durchsätze 200 bis 600 Kubikmeter Gas je Liter Kontakt und Stunde. Die hohen Durchsätze werden durch stufenweisen Gaszusatz in den einzelnen Reaktions-Zonen erzielt.

Eine Erhöhung des Umsatzes an höheren Kohlenwasserstoffen unter gleichzeitiger Zurückdrängung der Methanbildung erreicht man ferner

---

[1] F.P. 843847, Ital. P. 366213, H. Koppers Industrieele Mij. N.V.

[2] Privatmitteilung von H. Kölbel.

[3] F.P. 862171, Schwed. P. 101635, N.V. Internationale Koolwaterstoffen Synthese Mij.; International Hydrocarbon Synthesis Co.

[4] Ital. P. 379797, N.V. Internationale Koolwaterstoffen Synthese Mij.; International Hydrocarbon Synthesis Co.

bei der Kohlenoxyd-Hydrierung zu Kohlenwasserstoffen über **Kobalt**-
oder **Nickel-Kontakten** beim Mehrstufen-Verfahren, wenn man in
den verschiedenen Synthese-Stufen mit Gasen arbeitet, bei denen das
Kohlenoxyd-Wasserstoff-Verhältnis ein verschieden großes ist[1]. Und
zwar arbeitet man in der ersten Stufe mit einem Synthese-Gas mit einem
Kohlenoxyd-Wasserstoff-Verhältnis von 1 zu 2, in den nachgeschalteten
Stufen mit einem Verhältnis von Kohlenoxyd zu Wasserstoff von 1 zu
1,8, vorteilhaft 1 zu 1,1 bis 1,6. Gleichzeitig wird vorteilhaft die Verweil-
dauer in der Kontaktzone von Stufe zu Stufe erhöht.

Nach W. Herbert[2] kann man bei zwei- oder mehrstufigem Verfahren
die Ausbeuten an höheren paraffinischen und olefinischen Kohlenwasserstoffen durch katalytische Umwandlung von Kohlenoxyd und Wasserstoff enthaltenden Gasen mit paraffinbildenden Katalysatoren bei Temperaturen, bei denen keine stärkere Methanbildung eintritt, noch wesentlich erhöhen, wenn man in den ersten Teilen der Synthese unter ungefähr
Atmosphärendruck und beim zweiten ein- oder mehrstufig ausgebildeten
Teil unter Druck arbeitet, mit oder ohne Herausnahme der Reaktionserzeugnisse zwischen beiden Teilen oder Stufen.

Die Katalyse wird somit derart aufgeteilt, daß ein Teil unter etwa
Atmosphärendruck der Katalyse zugeführt wird und dann das Endgas
dieses Teiles verdichtet und im Druckteil der Katalyse nachbehandelt wird.

Der erste Teil kann dabei ebenfalls mehrstufig ausgebildet sein und
es ist die Abscheidung von Erzeugnissen der Katalyse innerhalb und
bzw. oder am Ende eines jeden Teiles möglich. Man kann auch so arbeiten, daß erst im Druckteil oder nach diesem eine völlige oder teilweise
Abscheidung der Reaktionserzeugnisse vorgenommen wird, z. B. die Abscheidung aller oder eines Teiles, und zwar auch der unter ungefähr
Atmosphärendruck gewonnenen Erzeugnisse unter erhöhtem Druck,
z. B. dem Druck der nachgeschalteten Druckstufen oder unter noch
höheren Drucken, erfolgt, wobei dann im letzten Falle das Restgas erneut
der Synthese unterworfen wird, die Entspannung bis auf den Druck der
folgenden Stufe, zweckmäßig unter Energiegewinnung vorgenommen wird.

Die Erhöhung des Druckes im Verlauf der Katalyse bedingt eine
außerordentliche Erleichterung der Abscheidung der wertvollen Reaktionserzeugnisse. So können z. B. hinter der ersten Stufe bzw. dem ersten
Teil der Kontaktanlage, alles Öl und ein großer Teil des Benzins oder
bei genügend stark erhöhtem Druck sogar alles Benzin und alle gasförmigen leicht kondensierbaren Anteile abgeschieden werden.

Zweckmäßig ist es, den Druck in der Druckstufe der Synthese so
hoch zu wählen, daß der Partialdruck der in diesen Stufen zur Reaktion

---

[1] F.P. 890980, Metallgesellschaft A.G.
[2] D.R.P. 736844, Metallgesellschaft A.G.; A.P. 2224048, American Lurgi Corp.

gelangenden Gasbestandteile — Kohlenoxyd und Wasserstoff — mindestens dem Partialdruck im Ausgangsgas bei der Synthese unter Atmosphärendruck entspricht oder ihn übersteigt.

Enthält z. B. das Endgas der ungefähr bei nur einer Atmosphäre arbeitenden ersten Stufe noch 30 Prozent Kohlenoxyd und Wasserstoff gegen 90 Prozent Kohlenoxyd und Wasserstoff im Ausgangsgas, so arbeitet man in der folgenden Stufe mit mindestens drei Atmosphären. Ist noch eine dritte Stufe vorgesehen, so hält man in dieser einen Druck über $4^1/_2$ at, z. B. 5 bis 6 at aufrecht.

Die Reaktionstemperatur in der oder den Stufen des Druckteils der Katalyse können gleich hoch gewählt werden, die für die Synthese unter Atmosphärendruck üblich sind. Man kann aber auch niedrigere oder höhere Temperaturen anwenden. Dieses hängt vom Zustand der Kontaktmasse und ferner von der Druckhöhe ab.

Im allgemeinen kann man bei frischer Kontaktmasse und bei höheren Drucken mit niedrigeren Temperaturen arbeiten, während bei niedrigem Druck oder alter Kontaktmasse eine höhere Reaktionstemperatur zweckmäßig ist.

Zwei Kontaktöfen der für die Benzinsynthese üblichen Bauart, in denen der Kontakt fest angeordnet ist, und durch Kühlelemente auf praktisch konstanter Temperatur gehalten wird, werden unter Zwischenschaltung von Einrichtungen zur Kondensation und Abscheidung der Reaktionserzeugnisse hintereinander geschaltet. Beide Kontaktöfen sind mit einem aus der Benzinsynthese bei Atmospärendruck bekannten Kobalt-Thoriumoxyd-Kieselgur-Kontakt (100 Teile Kobalt, 18 Teile Thoriumoxyd, 150 Teile Kieselgur) gefüllt. Die Füllung des ersten Ofens betrug ein Kubikmeter, die des zweiten 0,5 Kubikmeter. Durch die Kontaktanlage werden 100 Normal-Kubikmeter feingereinigtes Synthesegas der Zusammensetzung 13,5 Prozent Kohlendioxyd, 29 Prozent Kohlenoxyd, 53,5 Prozent Wasserstoff, 0,4 Prozent Methan, 3,6 Prozent Stickstoff geführt.

Die Reaktionstemperatur wird im ersten Kontaktofen auf 183°, im zweiten Kontaktofen auf 186° gehalten. Die Gaskontraktion in beiden Stufen betrug 71 Prozent. Die Ausbeute an Benzin, höher siedenden Ölen und Paraffin liegt bei 118 g je Normal-Kubikmeter Kohlenoxyd und Wasserstoff im Ausgangsgas.

Das Endgas des ersten Kontaktofens wird nach Abkühlung auf Raumtemperatur und Herausnahme eines Teiles der Reaktionsprodukte durch einen Turbokompressor auf 10 at verdichtet, das verdichtete Gas wird durch einen druckfest ausgeführten Kontaktofen ähnlicher Bauart und Größe wie der Ofen der ersten Stufe geführt, der mit 0,5 Kubikmeter der gleichen Kontaktmasse gefüllt ist. Die Reaktionstemperatur in diesem Ofen betrug 182°, die Gesamtkontraktion liegt bei 73 Prozent. Die Gesamtausbeute an Benzin, höher siedenden Ölen und Paraffin beträgt 132 g je Normal-Kubikmeter Kohlenoxyd und Wasserstoff im Ausgangsgas.

Das vorbeschriebene Verfahren kann man auch in der Weise durchführen, daß man das Synthesegas zunächst durch eine in üblicher Weise betriebene Normaldruckapparatur leitet und alsdann das Endgas dieser Normaldruck-Synthese unter überatmosphärischem Druck nach dem von W. Herbert[1] entwickelten Verfahren weiterbehandelt (s. S. 179).

Auch das noch später erwähnte Mehrstufenverfahren (s. S. 192) läßt sich nach Angabe des gleichen Forschers[2] so durchführen, daß

---

[1] D.R.P. 734993, Metallgesellsch. A.G. — [2] D.R.P. 747730, Metallgesellsch. A.G.

man in der ersten Stufe unter Atmosphärendruck und in der oder den nachgeschalteten Stufen unter überatmosphärischen Drucken weiter hydriert.

Bei dieser Mehrstufen-Hydrierung werden olefinhaltige Kohlenwasserstoffe erhalten, wenn man Gemische von Kohlenoxyd und Wasserstoff, z. B. Wassergas zuerst über einen auf 180 bis 210° erhitzten Kobalt-Katalysator und dann das dabei anfallende Reaktionsgemisch über einen auf 200 bis 240° erhitzten Eisen-Katalysator leitet[1]. Dabei arbeitet man in der ersten Stufe bei Normal-Druck und in der zweiten Stufe bei überatmosphärischen Drucken.

Als besonders wirksamer Kontakt für die im wesentlichen bei gewöhnlichem Druck durchgeführte erste Behandlungsstufe wird ein Gemisch aus Kobalt-Thoriumoxyd-Kieselgur im Verhältnis 100 zu 18 zu 100 vorgeschlagen, während für die zweite Behandlungsstufe, bei der man Drucke bis zu 10 Atmosphären anwendet, ein Eisen-Kupfer-Gemisch mit einem Mischungsverhältnis 20 zu 1 als Katalysator geeignet ist.

Das in der ersten Reaktionsstufe anfallende Umsetzungsgemisch wird entweder direkt, oder erst nach vorheriger Abtrennung des Kohlendioxyds und gegebenenfalls auch der entstandenen Kohlenwasserstoffe der zweiten Stufe zugeleitet. Man kann auch dem Reaktionsgemisch der ersten Stufe vor dessen Eintritt in die zweite Stufe frisches Ausgangsgas zumischen und zwar in solchen Mengen, daß das Volum-Verhältnis von Kohlenoxyd zu Wasserstoff in der entstandenen Mischung 2 zu 1 bis 3 zu 2 beträgt.

Mit besonderem Vorteil läßt sich das Mehrstufen-Verfahren auch dann anwenden, wenn man die Hydrierung von Kohlenoxyd in allen Stufen bei überatmosphärischen Drucken durchführt.

Allerdings werden zufriedenstellende Ergebnisse nur unter bestimmten Voraussetzungen erhalten.

Nimmt man die Kohlenoxyd-Hydrierung unter sonst gleichen Versuchsbedingungen, wie sie bei der Normaldruck-Mehrstufen-Hydrierung vorbeschrieben sind, jedoch in einer druckfesten Apparatur unter Verwendung der nach F. Fischer und H. Koch[2] hergestellten Kobalt-Thoriumoxyd-Kieselgur-Kontakte unter einem Druck von 6 Atmosphären vor, so fällt die Ausbeute von 112 g auf 78 g je Normal-Kubikmeter inertfreies Eintrittsgas unter gleichzeitiger Bildung großer Mengen von Methan.

Die Kontaktdauer geht dabei um mehr als die Hälfte zurück.

---

[1] E.P. 515037, London Testing Laboratory Ltd. u. M. Steinschläger.
[2] Fischer, F. u. H. Koch: Brennstoff-Chem. 13 (1932) 61.

Zufriedenstellende Ausbeuten erhält man jedoch, wenn man zur Katalysierung der Druckhydrierung bei der Mehrstufen-Arbeitsweise die von W. Herbert[1] vorgeschlagenen Kontakte verwendet.

Ersetzt man beispielsweise den vorgenannten Katalysator in der gleichen Druckhydrierungs-Versuchsanordnung durch einen Kontakt, der aus 14 Prozent Kobalt, 18 Prozent Thoriumoxyd, bezogen auf Kobalt, und Rest Kieselgur besteht und der 40 g Kobalt je Liter geschüttete Kontaktmasse enthält, und beschickt die beiden Kontaktöfen mit dem gleichen Kontaktvolumen, so beträgt die Ausbeute bei der unter 6 Atm erfolgten Druckhydrierung 140 g je Normal-Kubikmeter inertfreies Eintrittsgas, bestehend aus 55 Prozent Benzin, 30 Prozent Öl und 15 Prozent Paraffin.

Die Lebensdauer des Kontaktes beträgt 5 Monate.

Bei dieser stufenweisen Hydrierung von Kohlenoxyd bei überatmosphärischen Drucken geben ferner die von W. Herbert[2] hergestellten Kobalt-Thoriumoxyd-Kieselgur-Kontakte gute Ausbeuten an flüssigen und festen Kohlenwasserstoffen (s. S. 43).

Bei der großtechnischen Durchführung der stufenweisen Kohlenoxyd-Hydrierung zur Gewinnung von wertvollen Kohlenwasserstoffen, wie Benzin, hochsiedenden Ölen und Paraffin wird bei etwa 3 bis 20 Atmosphären Druck und bei Temperaturen von ungefähr 180 bis 230° gearbeitet.

Die Gesamtmenge des zur Verfügung stehenden Ausgangsgases wird zunächst in dem Kontaktofen der ersten Stufe behandelt, das aus den Öfen der ersten Stufe hervorgehende Gas wird abgekühlt und der Großteil der gebildeten Kohlenwasserstoffe und gegebenenfalls Wasser aus dem gekühlten Gas abgeschieden. Darauf wird das Gas, dessen Volumen wesentlich abgenommen hat, in den Öfen der zweiten Stufe weiterbehandelt. Aus dem Gas der zweiten Stufe werden die Kohlenwasserstoffe möglichst restlos gewonnen, und das Restgas wird gewöhnlich unter Kesseln verbrannt oder auch für andere Zwecke verwendet.

In beiden Stufen werden gleichwertige Kontaktöfen verwendet. Der Kontakt liegt in dünner Schicht von etwa 10 mm Stärke zwischen eng beieinander angeordneten Kühlelementen. Gewöhnlich besteht er aus fein verteiltem Kobalt, Verstärkern, wie Thoriumoxyd, und Kieselgur als Trägerstoff.

Die in den Öfen auftretende Reaktionswärme wird durch Kühlung mit siedendem Druckwasser entfernt.

Als Ausgangsgas dient gewöhnlich ein Gas der Zusammensetzung: 14,5 Prozent Kohlendioxyd, 28 Prozent Kohlenoxyd, 53 Prozent Wasserstoff, 0,5 Prozent Methan und 4 Prozent Stickstoff.

Die Volumenverminderung, die das in der ersten Stufe der Kontaktöfen geschickte Gas durch die Reaktion erfährt, beträgt ungefähr 60 Pro-

---

[1] D.R.P. 734993, Metallgesellschaft A.G.
[2] D.R.P. 736922, F.P. 836937, Ind. P. 25273, Metallgesellschaft A.G.

zent. Nach Abscheidung der dem gekühlten Endgas dieser Stufe ausfallenden Produkte verbleibt ein Gas, das über 36 Prozent Kohlendioxyd,
1 Prozent Kohlenwasserstoffe, 19 Prozent Kohlenoxyd, 25 Prozent
Wasserstoff, 9 Prozent Methan und 10 Prozent Stickstoff enthält.

Nach der Reaktion in der zweiten Stufe und nach Abscheidung der
kondensierbaren Stoffe liegt dann ein Gas vor, das z. B. aus 46 Prozent
Kohlendioxyd, 1,5 Prozent Kohlenwasserstoffen, 14 Prozent Kohlenoxyd,
11,5 Prozent Wasserstoff, 13 Prozent Methan und 14 Prozent Stickstoff
besteht.

Die Volumenabnahme des Gases in der zweiten Stufe beträgt etwa
25 Prozent.

Das Gewicht des Kobalts, das in jedem Kontaktofen üblicher Bauart
enthalten ist, beträgt etwa 800 bis 1000 kg und es wird jeder Ofen mit
etwa 1000 Normal-Kubikmeter je Stunde beaufschlagt.

Auf 10 Öfen der ersten Stufe kommen entsprechend der Volumenabnahme 4 Öfen der zweiten Stufe.

Bei dieser Arbeitsweise wird aus einem Normal-Kubikmeter Kohlenoxyd und Wasserstoff im Ausgangsgas eine Ausbeute an Benzin, höhersiedenden Ölen und Paraffin von etwa 130 bis 135 g erzielt.

Um eine weitgehende Umsetzung von Kohlenoxyd und Wasserstoff
zu erreichen, kann man auch in drei Stufen arbeiten. Durch diese drei
Stufen wird das Gas nacheinander geführt.

Nach H. Wittenhiller und W. Herbert[1] kann man bei der Kohlenoxyd-Hydrierung in zwei oder mehreren Stufen auch in der Weise arbeiten, daß die Katalysatoren der letzten Synthesestufe oder Synthesestufen weit über das übliche Maß beaufschlagt werden, z. B. mit 2000
bis 4000 Normal-Kubikmeter Gas und mehr je Stunde und 800 bis
1000 kg Kobalt im Kontakt.

Die frischen Kontakte bleiben in den nachgeschalteten Stufen so
lange, d. h. ein bis zwei Monate, bis unter diesen Bedingungen die Methanbildung merklich ansteigt und der Umsatz von Kohlenoxyd und Wasserstoff abnimmt. Darauf wird der Kontakt in vorgeschalteten Stufen bei
niedrigerer Gasbeaufschlagung von etwa 1000 Kubikmeter je 800 bis
1000 kg Kobalt im Kontakt und Stunde weiterverwendet. Dadurch gelingt es, eine fast restlose Umsetzung des im Ausgangsgas enthaltenen
Kohlenoxyds und Wasserstoffs zu erzielen und ferner eine Ausbeutesteigerung von etwa 10 g Kohlenwasserstoff je Normal-Kubikmeter
Kohlenoxyd und Wasserstoff im Ausgangsgas.

Man kann auch so arbeiten, daß man beim zweistufigen Verfahren
hinter die normal betriebenen Kontaktöfen einer ersten Stufe mit wesentlich größeren Gasmengen beaufschlagte Kontaktöfen schaltet, die die von

---

[1] D.R.P. 746887, Metallgesellschaft A.G.

kondensierbaren Stoffen oder einem Teil derselben befreiten Gase der
ersten Stufe verarbeiten und die nach einer entsprechend kurzen Betriebsdauer dann in die erste Stufe genommen werden, oder man kann
bei dieser Arbeitsweise bzw. bei Verwendung von mehr als zwei Verfahrensstufen in mindestens zwei nachgeschalteten Stufen mit über-
normaler Beaufschlagung arbeiten.

In 9 parallel geschalteten Kontaktöfen, von denen jeder 10 cbm Inhalt hat und
die mit einem Kontakt beschickt sind, der je Ofen 1000 kg Kobalt enthält, werden
9000 Normal-Kubikmeter Gas je Stunde von der Zusammensetzung: Kohlendioxyd
13,2 Prozent, Kohlenoxyd 29,6 Prozent, Wasserstoff 53,5 Prozent, Methan 0,4 Prozent, Stickstoff 3,3 Prozent geführt. Durch die Volumenverminderung, die durch
die Reaktion herbeigeführt wird, treten 3490 Normal-Kubikmeter Gas von der
Zusammensetzung: Kohlendioxyd 33,3 Prozent, Kohlenwasserstoff 0,9 Prozent,
Kohlenoxyd 22,1 Prozent, Wasserstoff 25,4 Prozent, Methan 9,8 Prozent, Stickstoff
8,5 Prozent. Dieses Gas wird in drei ebenfalls parallel geschaltete gleich große
Kontaktöfen wie in der ersten Stufe geschickt und erfährt hier eine Volumenverminderung auf 2510 Normal-Kubikmeter. Dieses Gas hat folgende Zusammensetzung: Kohlendioxyd 46,2 Prozent, Kohlenwasserstoffe 1,4 Prozent, Kohlenoxyd
17,2 Prozent, Wasserstoff 9,3 Prozent, Methan 14,1 Prozent, Stickstoff 11,8 Prozent.
Bevor dieses Gas in die dritte Stufe eintritt, werden ihm 840 Normal-Kubikmeter
Konvertgas folgender Zusammensetzung beigemischt: Kohlendioxyd 4,2 Prozent,
Kohlenoxyd 19,6 Prozent, Wasserstoff 71,2 Prozent, Methan 0,4 Prozent, Stickstoff
4,6 Prozent. Die sich so ergebenden 3350 Normal-Kubikmeter Gas von der Zusammensetzung Kohlendioxyd 35,6 Prozent, Kohlenwasserstoffe 1,2 Prozent,
Kohlenoxyd 17,8 Prozent, Wasserstoff 24,8 Prozent, Methan 10,6 Prozent, Stickstoff
10,0 Prozent gehen durch zwei parallel geschaltete Öfen gleicher Größe, die als
dritte Stufe geschaltet sind. Es verbleiben nach der Reaktion in diesen Öfen 2310
Normal-Kubikmeter Restgas von der Zusammensetzung Kohlendioxyd 52,0 Prozent, Kohlenwasserstoffe 1,7 Prozent, Kohlenoxyd 10,0 Prozent, Wasserstoff 4,8
Prozent, Methan 17,0 Prozent und Stickstoff 14,5 Prozent.

Die in diesem Dreistufen-Betrieb erzielte Ausbeute betrug 145 g Kohlenwasserstoffe je Normal-Kubikmeter Kohlenoxyd und Wasserstoff im eingesetzten Gas.
Diese Ausbeute kann ständig gehalten werden, wenn die beiden Öfen der dritten
Stufe 3 bis 4 Wochen nach ihrer Inbetriebnahme in dieser Schaltung bleiben. Zeigt
sich, daß Ausbeute oder Gasumsatz in den beiden letzten Öfen mit gleichzeitig
vermehrter Methanbildung nachlassen, so werden sie in eine vorhergehende Stufe
geschaltet und durch mit frischen Kontakten beschickten ersetzt.

Die Temperatur war 188° in der ersten Stufe, 193° in der zweiten Stufe und
200° in der dritten Stufe. Beim Umschalten der Öfen aus einer folgenden in eine
vorhergehende Stufe erfolgt zweckmäßig zunächst eine Temperatursenkung um 5
bis 10° unter die Temperatur der neuen Stufe. Nach wenigen Betriebsstunden kann
dann die Reaktionstemperatur wieder auf die für die bestimmte Stufe zweckmäßige
geschaltet werden.

Das von W. Herbert[1] entwickelte und auf S. 179 beschriebene
Druck-Synthese-Verfahren kann ebenfalls in mehreren Stufen und zwar
derart durchgeführt werden, daß der Druck in den nachgeschalteten
Stufen höher gehalten wird, als in den vorgeschalteten, und wobei in den

---

[1] D.R.P. 747730, ohne Firmenangabe, wahrscheinlich Metallgesellschaft A.G.;
F.P. 832967, Belg. P. 424929, Metallgesellschaft A.G.

nachgeschalteten Stufen gegebenenfalls auch an Kobalt oder Verstärkern oder an beiden Bestandteilen reichere Kontakte eingesetzt werden können, als die in den vorgeschalteten.

Je höher bei dieser Arbeitsweise der Druck ist, desto geringer wird der Kobalt- und Thoriumoxyd-Gehalt des Katalysators gehalten; und zwar am geringsten am Eintritt der Synthese-Gase. In der Endstufe dagegen wird ein besonders wirksamer Kontakt angewendet.

Mit zunehmender Zeitdauer der Benutzung der Kontakte erhöht man die Synthese-Temperatur oder den Synthese-Druck oder vermindert den Gasdurchsatz. Man arbeitet mit Synthese-Gasen, mit einem Kohlenoxyd-Wasserstoff-Verhältnis von kleiner als 1 zu 2 und ergänzt den fehlenden Wasserstoff vor dem Eintritt eines Synthese-Gases in die nächste Stufe.

Das Mehrstufen-Verfahren bietet auch bei der Hochdruckhydrierung von Kohlenoxyd nach der Isosynthese Vorteile[1]. Durch Arbeiten in mehreren Stufen läßt sich die Ausbeute bei mäßigen Drucken wesentlich steigern. Diese Stufenhydrierung mit Zwischenherausnahme von Reaktionsprodukten bietet die Möglichkeit einer weitgehenden Kohlenoxyd-Aufarbeitung.

d) Kreislauf-Verfahren.

Die Ausbeute an flüssigen und festen Kohlenwasserstoffen läßt sich sowohl bei der unter Normaldruck als auch bei der bei überatmosphärischen Drucken ablaufenden Hydrierung von Kohlenoxyd noch weiter erhöhen, wenn man die nach dem Überleiten über die Kontakte erhaltenen Restgase, zweckmäßig nach einer vorangegangenen vollständigen oder teilweisen Entfernung der gebildeten flüssigen und festen Kohlenwasserstoffe, vollständig oder zum Teil mit neuem Synthesegas in den Kontakt leitet.

Durch die Kreislaufführung der Gase kann man auch eine gewisse Regelung der Reaktionstemperatur erzielen. Die den Reaktionsraum verlassenden Gase führt man zu diesem Zweck mit mindestens dem zwanzigfachen, besser dem 50- bis 500-fachen Volumen des Frischgases in den Reaktionsraum zurück[2]. Dadurch wird die Reaktionswärme fast ganz durch die Reaktionsgase abgeführt und die Temperatur im Syntheseraum genau geregelt. Die Reaktionsgase werden nur so weit gekühlt, daß sie, mit dem Frischgas gemischt, wieder mit der Synthese-Temperatur in den Reaktionsraum eintreten. Ein Teil der Reaktionsgase wird abgezweigt, aus ihm werden die Reaktionsprodukte gewonnen, und das Restgas wird zwecks Kühlung der Synthese-Reaktion ebenfalls

---

[1] Pichler, H. u. K.-H. Ziesecke: Brennstoff-Chem. 30 (1949) 13.

[2] Ital. P. 374244, N.V. Internationale Koolwaterstoffen Synthese Mij.; International Hydrocarbon Synthesis Co.

zurückgeführt. Die Strömungsgeschwindigkeit der Gase wird so gewählt, daß sie bei jedem Durchgang 0,1 bis 5 Sekunden im Reaktionsraum verweilen.

Nach W. Herbert[1] ist es bei der Synthese unter Verwendung eines **Kobalt-Thoriumoxyd-Kieselgur-Kontaktes** unter Druck, Kühlung des Kontaktofens und Rückführung des Restgases zweckmäßig, aus dem Restgas vor der Rückführung wenigstens einen Teil des gebildeten Wassers und der erhaltenen Kohlenwasserstoffe durch Kühlung in solchen Mengen abzutrennen, daß der Partialdruck der in dem heißen Gas enthaltenen verflüssigbaren Kohlenwasserstoffe, deren kritische Temperatur oberhalb der Reaktionstemperatur liegt, unterhalb 0,2 p gehalten wird, wobei p den während der Umwandlung herrschenden Druck in Atmosphären bedeutet.

Bei der Kreislaufführung der Synthese-Gase kann man so verfahren, daß man einen Teil der Reaktionsgase im Kreislauf durch die Reaktionszone und das Frischgas in diesen Kreislauf mit Hilfe von Injektoren an Stelle der sonst üblichen Gebläse einführt[2]. Das Kreislaufgas kann hierbei noch einen Teil der Reaktionsprodukte enthalten, braucht daher nicht besonders gekühlt werden.

Mit besonderem Vorteil läßt sich dieses **Kreislauf-Verfahren** bei der von W. Herbert[3] entwickelten Kohlenoxyd-Hydrierung bei überatmosphärischen Drucken unter Verwendung der auf S. 43 genannten **Kobalt-Thoriumoxyd-Kieselgur-Kontakte** durchführen.

Die Beimischung des Frischgases zu dem Kreislaufgas braucht nicht notwendig vor Eintritt in den Kontaktofen zu erfolgen. Es ist sogar mit Vorteil möglich, die Zumischung dieses Gases in der Mitte der Reaktionszone oder stufenweise, über mehrere Reaktionszonen verteilt, vorzunehmen. Man erreicht dadurch eine gleichmäßigere Verteilung der Reaktion über den ganzen Kontaktofen, während sonst sich die Hauptreaktion auf die Gaseintrittsseite konzentriert, wobei die Gefahr einer Überhitzung unter verstärkter Bildung unerwünschter Nebenprodukte auftritt.

Es werden z. B. 200 Liter einer aus teilweise reduzierter Kontaktmasse, die aus 14 Prozent Kobalt, 18 Prozent Thoriumoxyd, bezogen auf Kobalt, Rest Kieselgur besteht, und durch Zuführung von so viel Kieselgur auf einen Kobaltgehalt von 25 g je Liter geschütteter Kontaktmasse verdünnt ist, in einer Körnung von zwei Millimeter in einen Kontaktofen eingefüllt. Der Kontaktofen besteht aus einem druckfesten Rohr mit einem Paket von Wärmeleitblechen, deren Abstand 10 mm beträgt. Die Reaktionswärme entspricht der Temperatur des im Kreislauf umlaufenden, beim Siedepunkt befindlichen Druckkühlwassers.

---

[1] A.P. 2224049, American Lurgi Co.

[2] Ital. P. 390547, N.V. Internationale Koolwaterstoffen Synthese Mij.; International Hydrocarbon Synthesis Co.

[3] D.R.P. 734993, F.P. 836937, Ind. 25273, Metallgesellschaft A.G.

Dieser Syntheseofen wird bei 225° mit schwefelfreiem Wassergas von der Zusammensetzung 40 Prozent Kohlenoxyd, 50 Prozent Wasserstoff, 6 Prozent Kohlendioxyd und 4 Prozent Stickstoff bei 12 at Druck beschickt. Die zugeführte Menge von frischem Mischgas beträgt 30 cbm je Stunde.

Das Austrittsgas aus dem Kontaktofen geht über eine Vorlage zur Abscheidung des Paraffins, dann über eine Kondensationsanlage und wird mit Hilfe eines Gebläses zurückgeführt und mit dem frischen Wassergas vor Eintritt in den Kontaktofen vermischt. Die Kreislaufmenge beträgt 120 Normal-Kubikmeter, entsprechend einem Verhältnis von Frischgas zu Kreislaufgas wie 1 zu 4. Von dem in den Kreislauf zurückkehrenden Teil des Restgases wird ein Teil des Kohlenoxyds mit Wasserdampf konvertiert, mit dem übrigen Restgas vermischt und dann einer Druckwasser-Wäsche unterzogen. Hierauf wird der Kohlenoxydüberschuß des Restgases beseitigt und wieder eine für eine völlige Aufarbeitung des Restgases geeignete Zusammensetzung von 11 Prozent Stickstoff, 2 Prozent Kohlendioxyd, 6 Prozent Methan, 28 Prozent Kohlenoxyd und 53 Prozent Wasserstoff erhalten.

Die verbleibenden 11 Kubikmeter dieses Gases werden in einen zweiten Kontaktofen, enthaltend 110 Liter eines Kontaktes mit 50 g aktiven Kobalt je Liter bei 70prozentiger Reduktion geleitet. Die Temperatur in diesem Ofen wird auf 190° gehalten.

Bei dieser Arbeitsweise beträgt die Ausbeute, bezogen auf den in den ersten Kontaktofen eintretenden Normal-Kubikmeter inertfrei gerechneten frischen Wassergases 155 g, bestehend aus 50 Prozent Benzin, 30 Prozent höhersiedenden Ölen und 20 Prozent Paraffin. Der Olefingehalt des Benzins im ersten Kontaktofen beträgt 65 Prozent, der Olefingehalt des Benzins im zweiten Kontaktofen 22 Prozent. Die Octanzahl des Gemisches beider Benzine (bis 200° siedend) ist 51. Sie kann durch Zusatz von 0,8 ccm Tetraäthylblei im Liter auf 70 gebracht werden.

Das Kreislaufverfahren hat sich auch bei dem von W. Herbert[1] beschriebenen Druck-Verfahren bewährt, bei welchem in Gegenwart der auf S. 180 genannten Kobalt-Thoriumoxyd-Kieselgur-Kontakte und einem Synthesegas mit dem Verhältnis Kohlenoxyd zu Wasserstoff wesentlich unter 1 zu 2 gearbeitet wird.

Hier hat sich das Kreislauf-Verfahren als besonders vorteilhaft herausgestellt, da durch die Rückführung des kohlenoxydreichen Endgases in den Kontaktofen der Kohlenoxydgehalt des Ofeneintrittsgases noch erhöht wird, was zur Verringerung der Methanbildung führt.

So ist es z. B. bei Verwendung von Wassergas mit einem Verhältnis Kohlenoxyd zu Wasserstoff von 1 zu 1,3 leicht möglich, durch entsprechende Kreislauf-Führung der Gase ein Verhältnis von Kohlenoxyd zu Wasserstoff von 1 zu 1 oder höher im Gemisch von Frischgas und Kreislaufgas beim Kontaktofeneintritt zu erreichen.

Man kann also durch Kreislaufführung der Gase die direkte Verwendung von besonders kohlenoxydreichen Ausgangsgasen vermeiden, die technisch schwer bzw. nur mit erhöhten Kosten herstellbar sind.

Auch wird bei der Kreislaufführung der Gase eine größere Ausbeute an flüssigen und festen Kohlenwasserstoffen erhalten.

---

[1] D.R.P. 747730, ohne Firmenangabe, wahrscheinlich Metallgesellschaft A.G.

13*

Wird beispielsweise ein Frischgas mit 36 Volumenprozent Kohlenoxyd und 54 Volumenprozent Wasserstoff mit Kreislaufführung des Synthesegases verarbeitet, so steigt die Ausbeute von 142 g bei Einfachführung auf 158 g flüssige und feste Kohlenwasserstoffe je Normal-Kubikmeter umgesetztes Gas (s. S. 180).

Die Lebensdauer der Kontaktmasse war im letzteren Falle 7 Monate; die Methanbildung belief sich auf nur 11 Prozent gegenüber 22 Prozent bei einem Gas mit 29 Prozent Kohlenoxyd und 61 Prozent Wasserstoff.

Besonders gute Ausbeuten an flüssigen und festen Kohlenwasserstoffen werden erhalten, wenn man bei der Überdruck-Synthese nach L. Alberts und W. Feist[1] mit einem dem tatsächlichen Verbrauch peinlich genau angepaßten Kohlenoxyd-Wasserstoff-Verhältnis arbeitet.

Für das Kreislauf-Druck-Verfahren eignen sich nach W. Herbert[2] auch die auf S. 70 beschriebenen wasserglashaltigen Eisen-Kupfer-Kieselgur-Kontakte.

Von dieser Kontaktmasse werden z. B. 100 Liter in einen Kontaktofen mit eng beieinander liegenden Kühlelementen eingefüllt. Der Kontaktofen enthält gasaustrittsseitig angeschlossen eine Vorrichtung für die Kondensation der Reaktionsprodukte und eine Abscheidungsanlage für Benzin und Gasol. Der Kontaktofen wird bei 20 Atm Druck und 240° mit 10 Normal-Kubikmeter Gas je Stunde beschickt. Hinter der Aktivkohleanlage werden 4 Normal-Kubikmeter Restgas je Stunde abgezweigt, während 20 Normal-Kubikmeter Gas je Stunde durch ein Kreislaufgebläse mit dem Eintrittsgas in den Kontaktofen zugeführt werden. In diesem einstufigen Betrieb werden erhalten 122 g flüssige und feste Kohlenwasserstoffe neben geringen Mengen sauerstoffhaltiger organischer Verbindungen.

Die Zusammensetzung der Produkte ist 64 Prozent Paraffin über 320° siedend, 18 Prozent Öl bei 200 bis 320° siedend und 18 Prozent Benzin bis 200° siedend.

Der Kontakt arbeitet monatelang bei gleichbleibender Aktivität und gleichbleibender Zusammensetzung der Reaktionsprodukte.

Bei einem Vergleichsversuch mit einem genau gleichen, jedoch ohne Wasserglas hergestellten Kontakt werden bei sonst gleicher Arbeitsweise anfänglich 112 g flüssige und feste Kohlenwasserstoffe erhalten. Diese Ausbeute geht jedoch bald zurück auf 95 g. Der prozentuale Anteil an Paraffin beträgt anfänglich 54 Prozent, nach 4 Wochen jedoch nur noch 35 Prozent unter entsprechender Steigerung der leichter siedenden Reaktionsprodukte.

Dieses Kreislauf-Verfahren läßt sich mit besonderem Vorteil auch bei der Mehrstufen-Hydrierung, z. B. bei dem von G. Wirth, F. Sabel und H. Laudenklos[3] entwickelten und auf S. 186 behandelten Verfahren und nach W. Herbert[4] auch bei solchen Verfahren anwenden, bei denen die erste oder die ersten Stufen unter Normaldruck und die zweite oder die zweiten Stufen mit höheren Drucken arbeiten.

Wird bei dem auf S. 187 beschriebenen Ausführungsbeispiel ein Teil des Austrittsgases des dritten Kontaktofens nach Herausnahme eines Teiles der Reaktionsprodukte durch ein Kreislaufgebläse in einer Menge von 150 Normal-Kubikmeter

[1] D.R.P. 744184, Ruhrchemie A.G.

[2] D.R.P. 742376, F.P. 832967, Belg. P. 424926, Metallgesellschaft A.G.

[3] Schwed. P. 101635, N.V. Internationale Koolwaterstoffen Synthese Mij.; International Hydrocarbon Synthesis Co.

[4] D.R.P. 736844, Metallgesellschaft A.G.

je Stunde in diesen Ofen zurückgeführt und gleichzeitig die Reaktionstemperatur darin auf 195° gesteigert, so steigt hierdurch die Gaskontraktion auf 76 Prozent und die Ausbeute auf 138 g.

Die Vorteile der Gasführung im Kreislauf waren auch bestimmend dafür, daß die Druckhydrierung von Kohlenoxyd nach dem Synol-Verfahren nach diesem Prinzip durchgeführt wird[1]. Durch die Kreislaufführung der Gase wird die Kontaktlebensdauer wesentlich erhöht. Sie beträgt etwa dreiviertel bis ein Jahr, während ohne Kreislauf etwa die halbe Lebensdauer der Kontakte erreicht wird.

Nach H. Pichler und K.-H. Ziesecke[2] gibt die Führung der Synthese-Gase im Kreislauf bei der Isosynthese die Möglichkeit in die Hand, das Aufarbeitungsverhältnis von Kohlenoxyd und Wasserstoff in verhältnismäßig weiten Grenzen zu variieren.

II. Mit suspendierten Kontakten.

Neben den vorbeschriebenen Verfahren, bei denen die Hydrierung von Kohlenoxyd zu Kohlenwasserstoffen an fest im Kontaktofen angeordneten Katalysatoren erfolgt, sind auch Verfahren entwickelt worden, bei welchen die Reduktion von Kohlenoxyd mit Wasserstoff in Gegenwart von in einem flüssigen oder gasförmigen Medium suspendierten Synthese-Kontakten verläuft.

Die Nachteile der Synthese in der Gasphase, wie lokale Überhitzung des Kontaktes, Methanbildung, Kohlenstoffabscheidung, Ofenverstopfung, ungleichmäßige Ausnutzung der Kontaktmasse, nicht ausreichende Kühlung, umständliche Füllung und Entleerung des Ofens und Beschränkung der Ofenkapazität, können durch das Arbeiten mit im flüssigen Medium suspendierten Katalysatoren restlos beseitigt werden.[3]

Die bei dieser Arbeitsweise in mehr oder weniger feiner Verteilung vorliegenden Kontakte können dabei entweder in Öl oder Wasser als flüssiges Medium oder in den Synthesegasen selbst suspendiert sein.

a) In Ölphase.

Nach F. Fischer[4] und F. Fischer und K. Peters[5] verläuft die Reduktion von Kohlenoxyd mit Wasserstoff zu flüssigen Kohlenwasserstoffen auch an einem im Öl suspendierten Katalysator. Von letzterem eignen sich die Nickel-Thoriumoxyd-Kieselgur-Kontakte sowie

[1] Wenzel, W.: Angew. Chem. B. 20 (1948) 225.
[2] Pichler, H. u. K.-H. Ziesecke: Brennstoff-Chem. 30 (1949) 13.
[3] Kölbel, H. und P. Ackermann: Angewandte Chemie 61 (1949) 38.
[4] Fischer, F.: Brennstoff-Chem. 11 (1930) 489.
[5] Fischer, F. u. K. Peters: Brennstoff-Chem. 12 (1931) 286.

Nickel-Aluminiumoxyd-Thoriumoxyd-Kontakte (Molverhältnis 1 zu 1 zu 0,4) und geben bei einer Reaktionstemperatur von etwa 175° ungefähr 62 Prozent Kohlenwasserstoffe auf umgesetztes Kohlenoxyd.

Auch M. Pier[1] hat vorgeschlagen, die Reduktion von Kohlenoxyd mit Wasserstoff in flüssiger Phase vorzunehmen. Bei diesem Verfahren werden vor oder während der Reduktion so große Mengen unter den Reduktionsbedingungen flüssiger und beständiger Kohlenwasserstoffe zugesetzt, daß sich die Reaktion innerhalb der Flüssigkeit vollzieht. Die Menge dieser Flüssigkeit wird so gewählt, das bei der angewandten Gasmenge und Gasgeschwindigkeit eine Verteilung der Flüssigkeit über den ganzen Reaktionsraum erfolgt.

Die in den Kohlenwasserstoffölen suspendierten Kontakte werden in einer besonders feinen, kolloiden Verteilung erhalten, wenn man die Kontaktmetalle, wie Eisen, Nickel, Kobalt, durch Zersetzen der entsprechenden Metallcarbonyle in dem Kohlenwasserstofföl bei erhöhter Temperatur herstellt[2].

Zur Zersetzung der Metallcarbonyle leitet man die Dämpfe dieser in das Kohlenwasserstofföl, wo sie bei der Synthesetemperatur zersetzt werden.

In diese Suspension führt man das Synthese-Gas ein.

Der Metall-Öl-Suspension kann man Verstärker, in Öl fein verteilt, zusetzen, z. B. Aluminiumoxyd, Manganoxyd oder Thoriumoxyd. Das Aluminiumoxyd liefert leichte Öle, das Manganoxyd vorwiegend Paraffin, während das Thoriumoxyd vorwiegend Produkte liefert, die dazwischen liegen.

Die Synthese-Temperatur kann dadurch geregelt werden, daß man die Kontakt-Öl-Suspension im Kreislauf über einen Wärmeaustauscher führt.

In einem mit Schweröl aus deutschem Erdöl, das durch katalytische Druckhydrierung von Schwefel befreit ist, wird ein auf Kieselgur niedergeschlagener Nickel-Aluminium-Katalysator suspendiert. Die Katalysatorsuspension wird in einem senkrechten Reaktionsgefäß auf 215° erhitzt und in Richtung von oben nach unten umgepumpt. Im Gegenstrom wird durch die Katalysator-Suspension ein Kohlenoxyd-Wasserstoff-Gemisch geleitet, das hierbei weitgehend zu benzinähnlichen Kohlenwasserstoffen neben Methan umgewandelt wird.

Arbeitet man unter sonst gleichen Bedingungen ohne Schweröl, so tritt durch die Wärmetönung der Reaktion eine starke Temperaturerhöhung ein, die eine verstärkte Methanbildung und starke Herabsetzung der Katalysatoraktivität zur Folge hat.

Für die flüssige Phase benützt man meist die bei der Kohlenoxyd-Hydrierung selbst anfallenden Kohlenwasserstoffe oder bestimmte Fraktionen dieser Synthese-Produkte[3].

---

[1] D.R.P. 630824, I.G. Farbenindustrie A.G.

[2] F.P. 855378, N. V. Internationale Koolwaterstoffen Synthese Mij.; International Hydrocarbon Synthesis Co.

[3] F.P. 860360, N.V. Internationale Koolwaterstoffen Synthese Mij.; International Hydrocarbon Synthesis Co.

Bei einem bestimmten Verfahren[1] werden diese Kohlenwasserstoffe zwecks Erhitzung auf die Synthese-Temperatur zuerst außen an der Katalysatorkammer in indirektem Wärmeaustausch mit den Reaktions-Teilnehmern entlang geleitet und dann in die Kammer ein- und in dieser in gleicher Richtung wie die Reaktionsteilnehmer durchgeführt.

Nach einem von der Firma I.G. Farbenindustrie A.G.[2] ausgearbeiteten Verfahren werden die flüssigen bei der Kontakt-Synthese erhaltenen Produkte von unten in den Kontakt-Raum eingeführt. Etwa verdampfende Anteile werden durch einen angesetzten, mit Wasser gespeisten Rückflußkühler zurückgehalten. Das eintretende Synthese-Gas wird durch ein poröses Filter fein verteilt.

Die Kohlenwasserstofföle können nach einem anderen Verfahren[3] auch in verschiedenen Zonen des Synthese-Raumes verteilt eingeführt werden. Durch Regelung der Menge und Temperatur des an die verschiedenen Stellen eingeführten flüssigen Mediums kann man eine gleichmäßige Temperatur über die ganze Zone des Synthese-Raumes aufrechterhalten. Als flüssiges Medium eignet sich besonders ein Kohlenwasserstofföl der Kohlenoxyd-Hydrierung, das erhebliche Mengen von unter den Synthese-Bedingungen gas- oder dampfförmigen Bestandteilen enthält. Man kann diese Öle auch im Kreislauf durch den Synthese-Raum führen.

Von F. Fischer und H. Küster[4] ist ferner die Hydrierung von Kohlenoxyd in Gegenwart von in Mineralölen feinverteilten Kontakten unter Druck untersucht worden. Als Katalysator diente ein Kontakt, der neben Kobalt als Grundmetall noch Thoriumoxyd, Ceroxyd und Kupfer im Verhältnis von 9 Teilen Kobalt zu 2 Teilen Thoriumoxyd zu 1 Teil Kupfer zu 0,25 Teilen Cer und zur Auflockerung noch Kieselgur in der Menge des Grundmetalls enthielt.

Die Hydrierung von Kohlenoxyd zu Kohlenwasserstoffen gelingt auch mit in flüssigem Medium suspendierten Eisen-Katalysatoren. Diese bis zur technischen Reife entwickelte Arbeitsweise[5] liefert durch vollkommene Unterdrückung der Methanbildung höhere Ausbeuten als die Synthese in der Gasphase, und zwar bis zu 175 g Kohlenwasserstoffe je Kubikmeter Kohlenoxyd und Wasserstoff.

Zur Katalysierung der Kohlenoxyd-Hydrierung hat die Firma I.G. Farbenindustrie A.G.[6] die auf S. 20 beschriebenen Sinter-Kontakte

---

[1] F.P. 854617, E.P. 516403, Ital. P. 373277, I.G. Farbenindustrie A.G. und N.V. Internationale Koolwaterstoffen Synthese Mij.; International Hydrocarbon Synthesis Co.

[2] F.P. 812598, E.P. 468434, Ital. P. 345471, I.G. Farbenindustrie A.G.

[3] F.P. 855515, E.P. 516352, Ital. P. 374321, I.G. Farbenindustrie A.G. und N.V. Int. Koolwaterstoffen Synthese Mij.; International Hydrocarbon Synthesis Co.

[4] Fischer, F. u. H. Küster: Brennstoff-Chem. 14 (1933) 3.

[5] Kölbel, H. und P. Ackermann: Angewandte Chemie 61 (1949) 38.

[6] F.P. 841030, E.P. 502542, I.G. Farbenindustrie A.G.

vorgeschlagen, die in Mineralöl, Teeröl, Paraffin oder Produkten der Kohlenoxyd-Hydrierung suspendiert oder berieselt werden.

Nach einem ähnlichen Verfahren arbeitet auch H. Dreyfus[1]. Als Verteilungsmittel für den Katalysator eignen sich besonders solche bei der Synthese gebildeten Kohlenwasserstoffe, die unter dem angewandten Synthesedruck bei der Synthese-Temperatur sieden oder gegebenenfalls teilweise höher sieden, so daß ein Teil des flüssigen Mediums verdampft. Der verdampfte Anteil kann zusammen mit den Reaktionsprodukten in einem Kühler kondensiert und in den Synthese-Raum zurückgeführt werden.

Auf diese Weise wird eine gute Regelung der Reaktions-Temperatur erzielt.

Man arbeitet mit Katalysatoren auf Kobalt-Basis bei Temperaturen von 180 bis 200° und mit Eisen-Kontakten bei 250° bei Drucken nahe 1 Atmosphäre.

Gewisse Vorteile ergeben sich ferner beim Arbeiten mit stark aktiven Nickel-Kontakten. Nimmt man die Kohlenwasserstoff-Bildung aus Kohlenoxyd und Wasserstoff an diesen Kontakten in Gegenwart von Kohlenwasserstoffen, und zwar von cyclischen Kohlenwasserstoffen vom Siedebereich des Benzins oder von Mittelöl vor, und arbeitet so, daß wenigstens ein Teil dieser in Dampfform vorliegt, so kann die Bildung von gasförmigen Kohlenwasserstoffen, besonders Methan, zurückgedrängt werden[2].

Nach einem weiteren Verfahren der gleichen Firma[3] verwendet man als flüssiges Medium bei der Druck-Hydrierung von Kohlenoxyd hochsiedende aromatische Kohlenwasserstoffe, vorzugsweise Anthracenöl, die unter den Temperaturbedingungen (150 bis 300°) flüssig bleiben.

Diese Hydrierung von Kohlenoxyd mit in flüssigem Medium suspendierten Eisen- oder Kobalt-Kontakten ist in letzter Zeit mehrfach modifiziert worden.

Bei einem neueren Verfahren[4] wird mit in flüssigem Medium suspensierten Eisen- oder Kobalt-Kontakten mit kohlenoxydreichen Synthese-Gasen, z. B. Wassergas, gearbeitet und dabei außer dem Frischgas der Kontaktzone noch Kreislaufgas im Verhältnis von vorzugsweise 1 zu 2 bis 3 zugeführt.

Wenn man die Synthese z. B. mit einem Kontakt aus 100 Teilen Eisen, 5 Teilen Kupfer, 10 Teilen Calciumoxyd und 100 Teilen Kieselgur bei 240° bis 245° und 10 Atmosphären bei 1000 Liter Frischgas und 25 000 Litern Kreislaufgas auf einen Kontaktraum mit 10 Liter 50 prozentiger Kontaktaufschlämmung und einem Frischgas mit 38 Prozent Kohlenoxyd und 48 Prozent Wasserstoff durchführt, so erhält

---

[1] E.P. 505121, H. Dreyfus. — [2] E.P. 518605, I.G. Farbenindustrie A.G.

[3] E.P. 449274, I.G. Farbenindustrie A.G.

[4] Ital. P. 390152, N.V. Internationale Koolwaterstoffen Synthese Mij.; International Hydrocarbon Synthesis Co.

man 100 bis 120 g Kohlenwasserstoffe je Kubikmeter Frischgas. Hiervon sieden 20 Prozent bis 200°, 50 Prozent von 200 bis 320° und 20 Prozent über 320°. Die Kohlenwasserstoffe enthalten 40 bis 50 Prozent Olefine.

Bei der Kohlenoxyd-Hydrierung mit in Kohlenwasserstoffen suspendierten Kontakten kann man auch so arbeiten, daß man die Kontakt-Kohlenwasserstoff-Suspension im Kreislauf durch die Reaktionszone leitet[1].

Als Katalysatoren finden hierbei Metalle der vierten Gruppe des periodischen Systems mit Eisen und Kupfer und Trägern, wie Kieselgur oder Bleicherde Verwendung. Diese Kontakte können noch Aluminiumoxyd oder Zinkoxyd zugemischt enthalten.

Die Kohlenwasserstoff-Synthese mit in flüssigem Medium fein verteilten Kontakten läßt sich auch so durchführen, daß man kontinuierlich oder periodisch einen Teil des flüssigen Mediums aus dem Synthese-Raum abzieht. Der aus dem Reaktionsraum abgezogene Teil des flüssigen Mediums wird durch Waschen mit alkalischen Lösungen, z. B. Kaliumcarbonatlösungen, von den gebildeten organischen Säuren befreit und dann in den Syntheseraum wieder zurückgeführt[2].

Die bei diesen Synthese-Verfahren auftretende Reaktionswärme wird durch das flüssige Medium abgeführt.

Nach D. L. Campbell und F. T. Barr[3] wird ferner die auftretende Reaktionswärme unmittelbar bei ihrer Bildung durch die Wände des Reaktionsraumes, die von außen mit einer Flüssigkeit gekühlt werden, abgeleitet.

Trotz der verhältnismäßig einfachen Ableitung der Reaktionswärme haben diese Verfahren zunächst keine große technische Bedeutung erlangt[4], da bei diesen Verfahren die für die wirtschaftliche Durchführung erforderlichen Raum-Zeit-Ausbeuten nicht zu erreichen sind. Diese waren auch bei einer Steigerung des Arbeitsdruckes[5] vorerst nicht zu erreichen.

Auch beim Arbeiten in entsprechend hohen Rührgefäßen bzw. bei Anwendung hoher Flüssigkeitssäulen, in denen die Kontaktmasse aufgeschlämmt wurde und durch die das Synthesegas geleitet wurde, konnten bei einstufiger Arbeitsweise keine befriedigenden Ausbeuten erreicht werden.

Bei Hintereinanderschaltung von mehreren, mit Tauch-, Glocken- oder Siebböden ausgestatteten Kolonnenapparaten konnten einigermaßen befriedigende Umsetzungen nur dann erreicht werden, wenn mit sehr groß dimensionierten Apparaten gearbeitet wurde.

---

[1] F.P. 869 341, Soc. Internationale des Carburants et des Industries Chimiques Brevets Consalvo.

[2] F.P. 873 645, Ital. P. 389 201, Schwed. P. 104 113, N.V. Internationale Koolwaterstoffen Synthese Mij.; International Hydrocarbon Synthesis Co.

[3] A.P. 2 266 161, F.P. 915 583, Standard Oil Development Co.

[4] Fischer, F. u. H. Peters: Brennstoff-Chem. 12 (1931) 286.

[5] D.R.P. 630 828, I.G. Farbenindustrie A.G.

Nach einem von H. Tramm und W. Wischermann ausgearbeiteten Verfahren der Firma Ruhrchemie A.G.[1] läßt sich jedoch die katalytische Flüssigphasen-Kohlenoxyd-Hydrierung in sehr einfacher und wirtschaftlicher Weise ausführen, wenn Kohlenoxyd und Wasserstoff enthaltende Synthesegase in hochdisperser Aufteilung stufenförmig durch hintereinandergeschaltete, die Kobalt-Mischkontakt-Aufschlämmung enthaltende Flüssigkeitssäulen von 20 bis 150 cm Höhe strömen.

Zur Herbeiführung der feinen Verteilung wird das Synthesegas durch poröse Tonplatten, besonders gefrittete Platten hindurchgeführt. Diese Frittenplatten werden kolonnenförmig übereinandergeschaltet und bilden auf diese Weise die Grenzflächen der einzelnen Synthese-Stufen. In diesen Synthese-Stufen wird die Gasgeschwindigkeit in allen Stufen, z. B. durch Anwendung von stufenweisen kleineren Durchgangsquerschnitten der hintereinandergeschalteten Stufen, angenähert gleich gehalten.

Nach diesem Verfahren wird beispielsweise die Kohlenoxyd-Hydrierung bei 181 bis 183° in einem Kontaktrohr von 25 mm lichter Weite und 3 m Höhe durchgeführt. Durch Frittenplatten ist das Rohr in drei Abschnitte von 3 m Länge unterteilt. Die Beheizung erfolgt durch einen Heizmantel, der auf 190° erhitzt wird. Jede Stufe ist mit einer Kontaktaufschlämmung gefüllt, die auf 340 g Dieselöl 18 g Kontakt enthält, so daß in jedem Abschnitt ein Gasraum von 10 cm Höhe verbleibt.

Es werden unter einem Druck von 10 atü stündlich 27 Liter eines Kohlenoxyd-Wasserstoff-Gemisches, enthaltend 8 Liter Kohlenoxyd, 16 Liter Wasserstoff und 3 Liter Stickstoff, in die erste Stufe eingeleitet und durch die Frittenplatte hochdispers verteilt. Hierbei ergibt sich eine 50prozentige Umsetzung. Das Gasvolumen beläuft sich danach auf 19 Liter und enthält 4 Liter Kohlenoxyd, 8 Liter Wasserstoff, 3 Liter Stickstoff und 4 Liter Wasserdampf. Da der Rohrquerschnitt in allen drei Stufen gleich ist, wird das Gasvolumen durch Einleitung von 8 Liter Wasserdampf auf 27 Liter ergänzt, durch eine weitere Frittenplatte wieder hochdispers verteilt und der zweiten Stufe zugeführt. Hier setzt wiederum eine 50prozentige Umsetzung ein, so daß man mit 2 Stufen eine 75prozentige Umsetzung erhält.

Aus der zweiten Stufe strömen stündlich 2 Liter Kohlenoxyd, 4 Liter Wasserstoff, 3 Liter Stickstoff und 14 Liter Wasserdampf, also zusammen 23 Liter ab. Nach Zumischung von 4 Liter Wasserdampf wird das auf 27 Liter gebrachte Gasvolumen durch die dritte Frittenplatte weitergeleitet. Die dritte Stufe ergibt eine Umsetzung von 60 Prozent.

In drei Stufen werden also insgesamt 90 Prozent umgesetzt, wobei die Methanbildung 1 bis 2 Prozent nicht übersteigt.

Je Normal-Kubikmeter Synthesegas werden 190 g flüssige und leicht verflüssigbare Produkte erhalten.

b) In wäßriger Phase.

Von F. Fischer und H. Pichler[2] wurde festgestellt, daß die Umsetzung von Kohlenoxyd und Wasserstoff zu Kohlenwasserstoffen auch an in Wasser oder wäßrigen Lösungen suspendierten Kataly-

---

[1] D.R.P. 744185, Ruhrchemie A.G.
[2] D.R.P. 716853, Studien- und Verwertungs G.m.b.H.

s a t o r e n möglich ist, wenn sich der Katalysator in unter erhöhtem Druck befindlichem überhitztem Wasser, z. B. bei 174° und einem Wasserdruck von 8 at, befindet. Nach den ursprünglichen Untersuchungen vermögen diese Umsetzungen von Kohlenoxyd und Wasserstoff zu Kohlenwasserstoffen die bei der üblichen Benzinsynthese benützten Kontakte auf Basis K o b a l t, N i c k e l oder E i s e n zu katalysieren.

Zur Durchführung dieser Umsetzung werden 50 **g** eines fein gepulverten Kobalt-Thoriumoxyd-Kontaktes mit 18 Prozent Thoriumoxyd zunächst mit Wasserstoff bei 360° reduziert und dann unter sorgfältiger Fernhaltung von Sauerstoff in einen mit Rührwerk versehenen Druckapparat eingetragen, in welchem sich 400 ccm dest. Wasser befinden. Dann wird der Apparat verschlossen und unter ständigem intensivem Rühren läßt man ein Kohlenoxyd-Wasserstoff-Gemisch im Verhältnis Kohlenoxyd zu Wasserstoff wie 1 zu 2 bei einem Druck von 40 at mit einer Geschwindigkeit von 1 Liter je Stunde und je 1 g Kobalt-Metall durch die Wasser-Kontakt-Suspension perlen. Bei 174°, entsprechend einem Wasserdampfpartialdruck von 8 at, wird ein annähernd vollständiger Umsatz des Kohlenoxyd-Wasserstoff-Gemisches erzielt, während bei 190 bis 200° ein Umsatz des Kohlenoxyds mit dem Wasser in Erscheinung tritt.

Die gebildeten Produkte bestehen zum Teil aus höheren flüsstigen und zum Teil aus festen Paraffinkohlenwasserstoffen. Als Nebenprodukt entstehen wasserlösliche organische Säuren.

Nach späteren Untersuchungen von F. F i s c h e r und H. P i c h l e r[1] eignen sich zur Durchführung der Kohlenwasserstoff-Synthese in wäßriger Phase als Kontakte nur K o b a l t und R u t h e n i u m.

Nickel wird bei Gasdrucken von einigen Atmosphären als Carbonyl aus der Apparatur herausgetragen und dadurch als Katalysator wirkungslos.

Eisen setzt bei der notwendigen Temperatur von über 200° das Kohlenoxyd mit Wasser zu Wasserstoff und Kohlensäure um.

K o n t a k t e auf K o b a l t - oder R u t h e n i u m - B a s i s sind nicht nur in Wasser, sondern auch in verdünnten Säuren wirksam, doch klingen die Kontakte schneller ab als in trockener Phase.

Für die technische Gewinnung von Kohlenwasserstoffen scheidet jedoch diese Kohlenoxyd-Hydrierung in wäßriger Phase aus, da die Ausbeuten nicht besser als in trockener Phase sind, der Raumbedarf ein größerer ist, die Apparatur aus säurefestem Material bestehen oder mit solchem ausgekleidet sein muß, ferner ein beträchtlicher Aufwand für das Rühren erforderlich ist und sich die Reaktionsprodukte nicht leicht laufend aus der Apparatur entfernen lassen.

c) In Gasphase.

Von amerikanischen Forschern sind in den letzten Jahren verschiedene Synthese-Verfahren entwickelt worden, bei denen die feinverteilten Kontakte durch die Synthesegase während der Umsetzung aufgelockert, in Schwebe gehalten und gegebenenfalls auch aus dem Kontaktraum ausgetragen werden.

---

[1] F i s c h e r, F. u. H. P i c h l e r: Brennstoff-Chem. 20 (1939) 247.

Bei dem von A. Voorhies[1] entwickelten Verfahren werden die feinpulverigen Kontaktmassen mit einer Korngröße entsprechend einer 30- bis 400-Maschenfeinheit in dem Syntheseraum durch die Synthesegase in ständiger Bewegung gehalten. Gleichzeitig werden Anteile der Synthese-Kontakte periodisch oder kontinuierlich abgezogen unter entsprechender Zuführung frischer Kontaktmassen in solchen Mengen, daß die Höhe der Kontaktzone in dem Syntheseraum konstant gehalten wird.

Es können Kontakte sowohl auf Kobalt- als auch auf Eisen-Basis, die auf Trägern, wie Kieselgur, Bleicherde oder Kieselsäuregel aufgetragen sein können, zur Anwendung kommen.

Die lineare Geschwindigkeit in der Reaktionszone soll 0,60 bis 1,5 m/sec, vorteilhaft etwa 0,15 bis 0,45 m/sec, betragen.

Bei der Hydrierung von Kohlenoxyd verwendet J. F. Black[2] als Katalysatoren Nickelchromit oder ein Gemisch aus Nickel und Chromoxyd, das gegebenenfalls auf Trägern, wie Kieselgur oder Kieselsäuregel, aufgetragen ist. Die in feinpulveriger Zerteilung und in quasi flüssigem Zustand befindlichen Katalysatoren zeichnen sich durch geringe Temperatur-Empfindlichkeit aus, so daß eine so peinlich genaue Temperaturkontrolle, wie bei den bisherigen Katalysatoren, nicht erforderlich ist.

Die optimalen Reaktions-Temperaturen liegen zwischen 177 und 190° bei Durchsätzen von etwa 100 bis 150 Volumen Gas je Volumen Kontakt und Stunde und etwa Atmosphärendruck.

Nach F. T. Barr[3] wird das Synthese-Gas mit einer großen Menge Kontakt zusammengebracht; diese nimmt die Reaktionswärme auf, wird außerhalb der Kontaktzone gekühlt und dann im Kreislauf in die Reaktionszone zurückgeführt.

Nach einem weiteren von J. C. Munday[4] beschriebenen Verfahren wird die Reduktion von Kohlenoxyd mit Wasserstoff in einer vertikalen zylindrischen Kammer durchgeführt, in der sich eine Schicht des pulverförmigen Eisen- oder Kobalt-Kontaktes befindet, durch die von unten durch eine Lochplatte das Gemisch von Kohlenoxyd und Wasserstoff derart eingeführt wird, daß die Kontakt-Teilchen (sie sollen durch ein 200- bis 400-Maschen-Sieb gehen) stark durchgewirbelt und in dem Gasstrom in Suspension gehalten werden.

Dies wird dadurch erreicht, daß die die Reaktionskammer verlassenden Gase nach Abscheidung mitgerissener Katalysator-Teilchen zum Teil in die Reaktionskammer zurückgeführt werden, gegebenenfalls nach voraufgegangener Kühlung.

---

[1] F.P. 918720, Standard Oil Development Co.
[2] F.P. 915586, Standard Oil Development Co.
[3] A.P. 2256969, Standard Oil Development Co.
[4] F.P. 922493, Standard Oil Development Co.

Das Mengenverhältnis von zurückgeführtem Gas zum Frischgas soll zwischen 4 zu 1 und 50 zu 1 betragen. Von dem in Suspension gehaltenen Katalysator wird ständig ein Teil aus der Reaktionskammer abgezogen und nach Kühlung wieder in diese zurückgeführt, wodurch eine gute Temperaturregelung erzielt wird.

Der Druck in der Kammer soll zwischen 5 und 20 Atmosphären betragen, die Temperatur zwischen 232 und 343°, je nach der Art des Katalysators. Durch den erhöhten Druck und die starke Zurückführung der Reaktionsgase in die Kammer kann die Höhe der Katalysatorschicht und damit die Höhe der Kammer selbst verhältnismäßig niedrig gehalten werden.

Unter Kreislaufführung der Synthese-Gase arbeitet auch das sogenannte „Hydrocol-Verfahren" und zwar unter Verwendung von alkalisierten Eisen-Katalysatoren[1].

In der Abb. 29 ist ein vereinfachtes Fließschema einer solchen Anlage dargestellt.

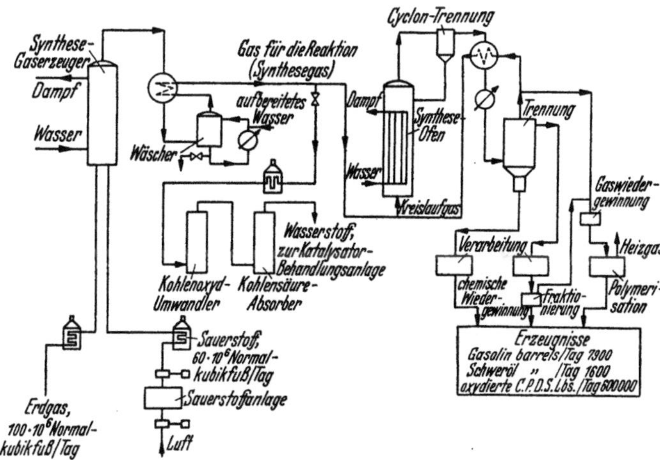

Abb. 29. Schema des Hydrocol-Verfahrens.

Bei dieser im Bau befindlichen Anlage werden je 2,8 Millionen Kubikmeter Naturgas 1,7 Millionen Kubikmeter Sauerstoff für die partielle Verbrennung des Methans verbraucht. Die Verbrennungswärme wird mit Hilfe von Wärmeaustauschern zurückgewonnen. Das Synthese-Gas wird gewaschen, strömt zum größten Teil in den Synthese-Ofen, während ein kleinerer Teil konvertiert wird zur Gewinnung von Wasserstoff für die Reduktion des Kontaktes. Hinter dem Synthese-Ofen befindet sich ein Zyklon zum Abscheiden der mitgerissenen Kontaktanteile. Ein Teil des Reaktionsgases wird im Kreislauf dem Synthese-Ofen ein zweites Mal zugeführt unter Einhaltung eines Kreislaufverhältnisses von 1 zu 1, während der übrige Teil des Reaktionsgases zur Gewinnung der Primärprodukte den entsprechenden Anlagen zugeführt wird.

---

[1] Pichler, H.: Brennstoff-Chem. 30 (1949) 105.

In einer Arbeitsstufe läßt sich die Kohlenwasserstoff-Synthese mit einem Kohlenoxyd-Umsatz von 99 bis 99,5 Prozent durchführen.

Das Interesse, das diesen Schwebe-Verfahren besonders in den Vereinigten Staaten von Nordamerika entgegengebracht wird, hat zu einer Ausarbeitung einer Vielzahl von Verfahren nach diesem Prinzip geführt.

Die Firma M. W. Kellog Co.[1] leitet z. B. das Synthese-Gas von unten durch eine hohe Reaktionskammer oder ein enges Rohr, die mit feinpulverigem Kontakt gefüllt sind. Hierbei wird die Gasgeschwindigkeit so bemessen, daß die Kontakte in der Synthese-Kammer sich in quasiflüssigem Zustande befinden und ein Teil mit den Reaktionsgasen abgeführt wird. Dieser wird in anschließenden Absetzvorrichtungen abgeschieden und wieder in die Kammer zurückgeleitet. Die überschüssige Reaktionswärme wird durch Verdampfen leichtsiedender Reaktionsprodukte, die an mehreren übereinanderliegenden Stellen in die Synthese-Kammer eingespritzt werden, abgeführt. Hierbei wird die oberhalb 175° liegende Reaktionstemperatur im unteren Teil des Synthese-Raumes etwas niedriger als in den oberen Teilen gehalten.

Zum Beispiel in der Höhe vom unteren Teil des Synthese-Raumes bis 0,15 m 215°, bis 0,45 m 229°, bis 0,75 m 230° und bis 1,35 m 238°.

An Stelle der leichten Kohlenwasserstoffe kann man auch Wasser einspritzen.

Diese Arbeitsweise ermöglicht es, die frisch reduzierten Katalysatoren, die Kobalt, Nickel oder Rhodium als Grundmetall enthalten und auf mit Säure aktiviertem Bentonit oder Montmorillonit als Träger aufgetragen sind, bei Einführung in auf 175° vorgewärmtem Zustande frei von Paraffinablagerung zu halten, d. h. eine schnelle Abnahme der Aktivität zu vermeiden. Es sind Belastungen von über 500 Volumteilen Synthesegas je Stunde und Kontaktvolumen (in festem Zustand) möglich.

Mit einem Kobalt-Kontakt auf Superfiltrol wurde bei 220°, einer Belastung von 800 bis 1200 Volumina Synthesegas mit einem Kohlenoxyd-Wasserstoff-Verhältnis von 2 zu 1 je Stunde und Volumen festen Kontakt, entsprechend Gaseintrittsgeschwindigkeiten von 0,13 bis 0,23 m/sec. und 3 Atmosphären eine Gaskontraktion von 41 Prozent erzielt.

Die erhaltenen 76 g Syntheseprodukte je Kubikmeter Synthesegas enthielten 33 g Benzin bis zu 150° siedend und 24 g höhersiedende Öle (bis 355°). Die Ablagerungen auf dem Kontakt betragen weniger als 1 Prozent seines Gewichtes.

Von A. K. Redcay[2] wurde ein weiteres Schwebeverfahren ausgearbeitet. Bei diesem Verfahren wird der pulverförmige Katalysator in dem Synthese-Gas fein zerstäubt und suspendiert und dann unter solchen Bedingungen der Temperatur und des Druckes durch den Synthese-Raum hindurchgeschickt, daß Kohlenwasserstoffe gebildet werden. Von diesen Kohlenwasserstoffen wird eine Fraktion mit dem Siedebereich des Benzins herausgeschnitten und in die Synthesekammer zur Regelung der

---

[1] F.P. 924909, M. W. Kellog Co. — [2] A.P. 2406851, Standard Catalytic Co.

Synthese-Temperatur unter Verdampfung zurückgeleitet. Hierbei ist notwendig, daß der Siedebereich der zurückgeleiteten Kohlenwasserstoffanteile 3 bis 6° unterhalb der Synthese-Temperatur liegt.

Das Prinzip der Kohlenoxyd-Hydrierung mit in Synthese-Gas suspendierten Katalysatoren läßt sich auch bei Mehrstufen-Verfahren anwenden.

So kann man z. B. bei dem von J. C. Munday[1] entwickelten Verfahren an Stelle eines einzigen Synthese-Ofens auch mehrere parallel oder hintereinander geschaltete Synthese-Öfen verwenden (s. S. 204).

Bei der von W. G. Sikarmann[2] entwickelten Arbeitsweise wird die Synthese mit feinpulverigen Katalysatoren in der Weise durchgeführt, daß die Kontaktschicht durch das durchströmende Synthese-Gas in ständiger Bewegung in einem quasi-flüssigen Zustand gehalten wird. Dabei wird ständig ein Teil der Kontaktmasse unten aus der Reaktionszone abgezogen und zwar so viel, daß damit die freiwerdende Reaktionswärme abgeführt wird. Dementsprechend wird mit dem Synthese-Gas ständig frischer Kontakt mit eingeblasen. Der abgezogene Kontakt wird gekühlt, in weiterem Synthesegas suspendiert und einer zweiten analog gebauten und gleichartig betriebenen Reaktionszone, die aber kleiner ist, zugeleitet.

In der ersten Zone wird so gearbeitet, daß möglichst wenig Paraffin gebildet wird, in der zweiten Zone wird die Synthese-Temperatur etwas höher gewählt. Aus dem die Reaktionszone verlassenden Endgas werden

Tabelle 17. *Synthese-Bedingungen beim Zweistufen-Schwebe-Verfahren.*

Synthese-Bedingungen	1. Zone		2. Zone	
	Kobalt-	Eisen-	Kobalt-	Eisen-
	Kontakt		Kontakt	
Temperatur in °C . .	190—232	232—370	199—219	288—343
Druck in at.	0,7—10,5	3,5—35,1	1,05—7,38	7,03—21,0
Durchsatz Kohlenoxyd + Wasserstoff je Vol. Kontakt u. Stunde in Vol.	50—500	50—1000	100—300	200—700
Kohlenoxyd-Umsatz in Prozenten	50—90	50—90	60—75	60—75
Wasserstoff-Kohlenoxyd-Verhältnis. . .	2 : 1	1—1,5 : 1	2 : 1	1,1—1,25 : 1
Temperaturerhöhung in der 2. Zone in °C .	—	—	3—55	3—140
dtto, optimal	—	—	5,5—28	5,5—28
Druckerniedrigung in der 2. Zone in at .	—	—	0,7—10,5	3,5—35,1
dtto, optimal	—	—	1,05—7,38	7,03—21,0

[1] F.P. 922493, Standard Oil Development Co.
[2] F.P. 925684, Standard Oil Development Co.

Paraffine und Öle entfernt, worauf der Kontakt wieder verwendet wird. In der zweiten Zone arbeitet man bei etwas höheren Temperaturen und niedrigeren Drucken als in der ersten Zone.

Die anzuwendenden Synthese-Bedingungen hängen von der Beschaffenheit der angewandten Synthese-Kontakte ab. Diese Arbeitsbedingungen sind für Kobalt-Magnesiumoxyd- bzw. Eisen-Kontakte bei einem Gaskreislauf von 0,5 bis 10, vorzugsweise 1 bis 5 Volumina, bezogen auf Ausgangsgas in der Tab. 17 zusammengestellt.

III. Besondere Synthese-Verfahren.

Bei der Kohlenwasserstoff-Synthese durch Hydrierung von Kohlenoxyd entstehen, wie die auf S. 3 zusammengestellte Übersicht erkennen läßt, neben sauerstoffhaltigen Reaktionsprodukten Kohlenwasserstoffe vom Methan aufwärts bis zu den festen Paraffinkohlenwasserstoffen.

Durch die bisher bekanntgewordenen Verfahren konnte man die bei der Synthese entstehenden Produkte in ihrer Gesamtheit wesentlich steigern, dabei dieselben aber in ihrer Zusammensetzung, soweit diese das Verhältnis flüssige Kohlenwasserstoffe zu festen Kohlenwasserstoffen anbetrifft, nur in beschränktem Umfange beeinflussen.

In der letzen Zeit sind nun auch Verfahren entwickelt worden, welche bestimmte Reaktionsprodukte bevorzugt herzustellen gestatten.

Man kann bei bestimmten Verfahren durch Lenkung der Kohlenoxyd-Hydrierung entweder vorwiegend flüssige oder vorwiegend feste Kohlenwasserstoffe gewinnen.

Nimmt man die Kohlenoxyd-Hydrierung nach dem von W. Herbert[1] entwickelten und auf S. 180 beschriebenen Verfahren vor, so erhält man Syntheseprodukte, bei denen die flüssigen Kohlenwasserstoffe auf Kosten der festen Kohlenwasserstoffe vorherrschen.

Ein einfaches Mittel um die Zusammensetzung der Reaktionsprodukte bei der Kohlenwasserstoff-Synthese zu ändern, besteht nach A. Wagner[2] in der Verdünnung der Synthesegase mit solchen Endgasen, die noch wesentliche Mengen an dampfförmigen, insbesondere leichtflüchtigen Syntheseprodukten enthalten (s. S. 150). Mit zunehmender Verdünnung der Synthesegase steigt die Ausbeute stark auf Kosten der Ölbildung, während der Anfall an leichtsiedenden Kohlenwasserstoffen (Gasol) und Methan unverändert bleibt.

Eine weitere Möglichkeit zur Lenkung der Synthese-Reaktion in der Richtung, daß vorwiegend unterhalb 200° siedende Kohlenwasserstoffe

---

[1] D.R.P. 747730, ohne Firmenangabe, wahrscheinlich Metallgesellschaft A.G.
[2] D.R.P. 739569, Braunkohle-Benzin A.G.

entstehen, besteht darin, daß man die Kohlenoxyd-Hydrierung unter Verwendung eines konzentrierten Katalysators und unter Umlauf der Synthese-Gase durchführt[1].

Eine Steigerung der Benzinausbeute erhält man nach H. Kölbel und E. Ruschenburg[2], wenn man dem Synthesegas Gasol zusetzt, dessen Olefine hierbei eine Kettenverlängerung erfahren.

Bei dem von W. Herbert[3] entwickelten Verfahren kann man die Kohlenwasserstoff-Synthese so lenken, daß entweder vorwiegend flüssige oder vorwiegend feste Kohlenwasserstoffe erhalten werden.

Man erreicht diese Beeinflussung der Zusammensetzung der Synthese-Produkte dadurch, daß man bei der Kohlenoxyd-Hydrierung erhaltene Kohlenwasserstoffe aus dem Endgas abtrennt, in hoch- und niedrigsiedende Anteile zerlegt und die niedrigsiedenden, vorwiegend ungesättigten Anteile in den Kontaktofen zurückführt.

Höher siedende Kohlenwasserstoffe erhält man z. B. beim Arbeiten unter hohem Druck, niedrigen Temperaturen, unter 220°, vorteilhaft unter 190° und geringen Gasdurchsätzen von z. B. unter 5 Normal-Kubikmeter je Stunde und Kilogramm aktives Metall.

Zweckmäßig arbeitet man mit Gasen, die mehr als 1 Volumteil Kohlenoxyd auf 2 Volumteile Wasserstoff enthalten.

Unter diesen Bedingungen werden die in den Kontaktofen zurückgeführten Kohlenwasserstoffe erneut durch Kohlenoxyd angegriffen und in höhermolekulare Verbindungen übergeführt.

In einem Kontaktofen mit einem Kontakt, bestehend aus 30 Prozent Kobalt, 6 Prozent Thoriumoxyd und 64 Prozent Kieselgur, wird bei einer Temperatur von 175° und einem Druck von 50 at ein Synthesegas, bestehend aus 36 Prozent Kohlenoxyd, 56 Prozent Wasserstoff und 8 Prozent Stickstoff, geleitet. Unter diesen Bedingungen bilden sich normalerweise 7 g gasförmige, leicht kondensierbare Kohlenwasserstoffe, 25 g Benzin, 40 g höhersiedende Öle und 68 g Paraffin je Normal-Kubikmeter Kohlenoxyd und Wasserstoff im Synthesegas.

Gibt man nun dem Eintrittsgas Dämpfe von hocholefinischem Benzin, z. B. 1 kg eines mit Eisen-Katalysatoren aus Kohlenoxyd und Wasserstoff erzeugten Benzin, mit einem Siedebereich von 180 bis 250°, je Normal-Kubikmeter Synthesegas hinzu oder berieselt den Kontakt mit diesem Benzin, so findet man von dem für die Beimischung bzw. Berieselung verwendeten Benzin nur noch 550 g je Normal-Kubikmeter Eintrittsgas unter den Endprodukten wieder, während sich eine gegenüber dem bisherigen Betrieb erhöhte Menge paraffinischer und ölartiger Erzeugnisse, und zwar statt 68 plus 40 g, mehr als 560 g gebildet hat.

Die derzeitige Beherrschung der Kohlenoxyd-Hydrierungs-Reaktion gestattet auch die Lenkung dieser Reaktion in der Richtung, daß als Reaktionsprodukte vorwiegend Dieselöle entstehen.

---

[1] F.P. 869162, Ruhrchemie A.G.

[2] Ruschenburg, E.: Dissertation Dresden 1940: Brennstoff-Chemie 31 (1950) im Druck, Angew. Chem. im Druck.

[3] D.R.P. 748156, ohne Firmenangabe, wahrscheinlich Metallgesellschaft A.G.

Die Bildung dieser hochsiedenden Kohlenwasserstoffe gelingt bei der Kohlenoxyd-Hydrierung unter Verwendung von in flüssiger Phase suspendierten Kontakten, wobei man die auf S. 201 beschriebenen Arbeitsbedingungen einhalten muß[1].

Man arbeitet mit alkalisierten Kobalt-Kontakten, die durch Thoriumoxyd, Magnesiumoxyd und Aluminiumoxyd aktiviert und auf Kieselgur als Träger niedergeschlagen sind. Als flüssiges Medium wird das bei der Synthese gebildete Dieselöl selbst verwendet.

Die Synthese wird bei Temperaturen von 180 bis 220°, besonders bei 185 bis 200°, und etwa 7 bis 15 at Druck mit einem Synthesegas durchgeführt, daß ein Kohlenoxyd-Wasserstoff-Verhältnis von 2,5 bis 1 zu 1 aufweist.

Man erhält 170 g Kohlenwasserstoffe je Kubikmeter Reingas. Von den flüssigen Anteilen bestehen 80 Prozent aus Dieselöl.

Die durch Alkalisierung der Kontakte auf Kobalt-Basis erzielbare Erhöhung der Anteile an höhermolekularen Kohlenwasserstoffen geht ferner aus den von E. Sauter[2] mitgeteilten Vergleichsversuchen hervor.

Ein aus Kobalt-, Thorium- und Magnesiumoxyd bestehender Kontakt lieferte unter Atmosphärendruck bei 217° mit 820 Normalkubikmeter je Tonne Kobalt und Stunde eines aus 48,9 Prozent Kohlenoxyd, 38,6 Prozent Wasserstoff, 8,6 Prozent Kohlendioxyd, Rest Methan und Stickstoff bestehenden Gases im Mittel von 476 Betriebsstunden 116 g feste und flüssige Kohlenwasserstoffe je Normalkubikmeter Gas, wobei die Methan-Bildung 6 Prozent vom Kohlenoxyd-Umsatz betrug. Dabei machte der Anteil an Kohlenwasserstoffen mit 19 Kohlenstoffatomen im Molekül 8,3 Gewichtsprozent aus.

Danach wurde der Kontakt mit Schwerbenzin bei etwa 160° vom größten Teil des in ihm enthaltenen Paraffins befreit, getrocknet und im Kontaktofen bei etwa 40° mit 3 Liter einer $^1/_{100}$ normalen Kaliumhydroxydlösung in Alkohol je 1 kg Kontakt versetzt, der Alkohol im Aufheizen des Ofens zwischen 40 bis 80° vertrieben und dann die Synthese unter denselben Bedingungen wie vorbeschrieben, jedoch wegen der höheren Aktivität mit einer Belastung von 907 Normalkubikmeter je Tonne Kobalt und Stunde fortgesetzt.

Die Ausbeute stieg nunmehr auf 126 g Normalkubikmeter feste und flüssige Kohlenwasserstoffe, wobei die Methan-Bildung nur 2,4 Prozent vom Kohlenoxyd-Umsatz ausmachte. Der Anteil an Kohlenwasserstoffen mit 19 und mehr Kohlenstoffatomen im Molekül war auf 17,4 Prozent gestiegen.

Um den Anteil an höhersiedenden oder festen Kohlenwasserstoffen zu steigern, wird nach einem Verfahren der Ruhrchemie A.G.[3] die Reaktion bei niedrigeren Temperaturen durchgeführt, als sie für die Entstehung niedrigsiedender Kohlenwasserstoffe erforderlich sind. Man arbeitet zweckmäßig bei Temperaturen von 165 bis 170°. Die Reaktion vollzieht sich in mehreren Stufen, wobei man in einer oder mehreren Stufen die Reaktion im Sinne der Bildung eines möglichst großen Anteiles hochsiedender oder fester Kohlenwasserstoffe und Paraffin leitet,

---

[1] F.P. 873645, Ital. P. 389201, Schwed. P. 104113, N.V. Internationale Koolwaterstoffen Synthese Mij.; International Hydrocarbon Synthesis Co.

[2] D.R.P. 738368, Braunkohle-Benzin A.G.

[3] F.P. 824216, Ital. P. 352319, Ruhrchemie A.G.

worauf man in den folgenden Stufen unter solchen Bedingungen arbeitet, daß die Restgase möglichst weitgehend in Kohlenwasserstoffe übergehen. Die Synthese nimmt man in Gegenwart von Katalysatoren vor, die aus Kobalt bestehen und Thoriumoxyd und Magnesiumoxyd als Verstärker enthalten.

Die Hydrierung von Kohlenoxyd kann durch Einhaltung bestimmter Arbeitsbedingungen auch so geleitet werden, daß als Reaktionsprodukte vorwiegend hochmolekulare, also feste Paraffinkohlenwasserstoffe erhalten werden.

Nach einem von F. Fischer und H. Pichler[1] entwickelten Verfahren gelingt die Bildung fester Paraffinkohlenwasserstoffe bei der Kohlenoxyd-Hydrierung dann, wenn man Gemische von Kohlenoxyd und Wasserstoff bei Drucken von 4 bis etwa 20 Atmosphären und bei Temperaturen unterhalb 200° über fest angeordnete Kobalt-Kieselgur-Katalysatoren leitet, welche mit bei Raumtemperatur festem Paraffin getränkt und so angeordnet sind, daß das gebildete Paraffin dauernd abtropfen kann.

Es geben praktisch alle auf Basis Kobalt aufgebauten Kobalt-Kieselgur-Kontakte gute Ausbeuten. Diejenigen Kontakte, welche die besten Ausbeuten bei der Normaldruck-Synthese geben, liefern auch die besten Ausbeuten bei diesem Verfahren. Dabei sind die Kontakte bei dem erhöhten Arbeitsdruck wesentlich beständiger und erlahmen nicht so schnell.

Die kupferhaltigen Kobalt-Thoriumoxyd-Kieselgur-Kontakte geben bei längerer Betriebsdauer schlechtere Ausbeuten als die kupferfreien Kontakte. Ebenso geben Katalysatoren, bei denen das Thoriumoxyd z. B. durch Uranoxyd ersetzt wird, geringere Ausbeuten. Die Tendenz der Paraffinbildung ist jedoch den Thoriumoxyd-Kontakten gleich.

Durch Alkalisierung der Kobalt-Kontakte wird eine Erhöhung der Paraffinbildung nicht erreicht.

Das Thoriumoxyd ist für die Paraffinbildung in Kobalt-Kieselgur-Kontakten nicht unbedingt erforderlich; auch nur aus Kobalt und Kieselgur bestehende Kontakte geben bevorzugt Paraffine. Bei Abwesenheit von Thoriumoxyd, aber auch bei Anwesenheit von nur geringen Mengen, wie 2 bis 6 Prozent, muß jedoch die notwendige Reaktionstemperatur schneller gesteigert werden als beim normal zusammengesetzten Kobalt-Thoriumoxyd-Kontakt. Dies hat jedoch erhöhte Bildung gasförmiger Kohlenwasserstoffe und geringere Ausbeuten an festen und flüssigen Kohlenwasserstoffen zur Folge.

---

[1] D.R.P. 731295, F.P. 828893, Ital. P. 352611, Studien- und Verwertungs G.m.b.H.; F. Fischer u. H. Pichler: Brennstoff-Chem. 20 (1939) 41.

14*

Bei der technischen Durchführung dieses Verfahrens wird zweckmäßig ein Kohlenoxyd-Wasserstoff-Gemisch von z. B. einem Raumteil Kohlenoxyd und zwei Raumteilen Wasserstoff bei Temperaturen unterhalb 250° und bei Drucken von 4 bis 20 Atmosphären über Kobalt-Kieselgur-Katalysatoren geleitet. Zur Erleichterung des Paraffinablaufes wird der Katalysator zweckmäßig in senkrecht oder schräg gestellten Reaktionsräumen angeordnet, wobei die Reaktionsprodukte am Boden des Gefäßes abfließen.

Über einen 4 g Kobalt enthaltenden, durch Fällung hergestellten, gekörnten und reduzierten Kobalt-Thoriumoxyd-Kieselgur-Kontakt, der sich, auf einem Drahtnetz ruhend, in einem unten offenen senkrechten Druckrohr befindet, werden bei einer Temperatur von 190° und einem Druck von 4 at stündlich 4 Liter, bezogen auf Atmosphärendruck, eines Gases geleitet, das 30 Volumprozent Kohlenoxyd und 60 Volumprozent Wasserstoff enthält. Die infolge der Umsetzung eintretende Gaskontraktion beträgt 75 Prozent.

Die Ausbeute an bei Raumtemperatur festem, den Katalysator verlassendem Paraffin beträgt vom zweiten Tag an 90 bis 100 g je Kubikmeter eingesetzten Mischgases. Etwa 1 Prozent dieses Paraffins war in kochendem Äther unlöslich und hatte einen Schmelzpunkt von 110 bis 114°. Das den Kontakt verlassende Rohparaffin war vollkommen wasser- und temperaturfest. Es begann bei 50 bis 60° zu erweichen und hatte einen Endschmelzpunkt von 95 bis 110°.

Um eine Anstauung des Paraffins im Kontakt zu vermeiden, mußte das aus der Reaktionszone unten herausragende Rohrende bis zum angeschlossenen Vorratsgefäß auf einer unterhalb des Paraffinschmelzpunktes liegenden Temperatur gehalten werden.

Im Abgas der Reaktion sind je Kubikmeter noch etwa 20 g Benzin enthalten. Die Aktivität des Katalysators bleibt viele Monate gleich hoch.

Bei der Kohlenoxyd-Hydrierung unter Normal- oder erhöhtem Druck und Verwendung der üblichen Katalysatoren, z. B. Kobalt-Thoriumoxyd-Kieselgur, kann man die Bildung des Paraffins nach W. Herbert[1] auch vermehren, wenn man seine Anreicherung auf oder in dem Katalysator auf mehr als 100 Prozent, besonders auf mehr als 20 Prozent ständig verhindert. Dies kann auf verschiedene Weise erfolgen. Entweder zieht man das im Kontakt gebildete Paraffin mittels Diffusion ab, z. B. mittels poröser Massen oder Rohre, aus denen es abtropfen kann. Eine zweite Möglichkeit besteht darin, daß man den Kontakt ständig oder periodisch mit organischen Lösungsmitteln, z. B. Kohlenwasserstoffen der Synthese, extrahiert, oder behandelt ihn mit sauerstoff- oder stickstoffhaltigen Lösungsmitteln, wie Ketone, Äther, Ester, Anilin, flüssigem Ammoniak, Nitrobenzol, Triäthanolamin. Man behandelt im Gegenstrom oder Querstrom zur Richtung der Reaktionsgase, gegebenenfalls nur den Kontaktteil an der Gaseintrittsseite am besten bei der Reaktionstemperatur.

---

[1] F.P. 830871, Austr. P. 106295, Metallgesellschaft A.G.

Führt man die Reaktionsgase im Kontaktofen von unten nach oben, so kühlt man die austretenden Gase so, daß Kohlenwasserstoffe von höherem Siedepunkt auf den Kontakt zurückfließen.

Man kann auch periodisch Vakuum, auch in Gegenwart von Wasser oder Wasserdampf anwenden.

Die Synthese kann unter Drucken bis 300 at, besonders 10 bis 50 at, unter langer Verweilzeit des Gases (3 bis 10 Minuten) mit Kontaktschichten von über 20 mm Dicke durchgeführt werden.

Auch sehr konzentrierte Kontakte, d. h. solche, die mehr als 33 Prozent hydrierend wirkendes Metall oder mehr als 100 g Metall je Liter gekörnten Kontakt enthalten, sind verwendbar, ferner Synthesegase mit mehr als 1 Kohlenoxyd auf 2 Wasserstoff.

Bei dem vorbeschriebenen Verfahren kann man auch bei Temperaturen unter 170°, vorzugsweise unter 155°, bei Drucken über 5 at, besonders bei 10 bis 100 at arbeiten[1]. Dabei soll der Gasdurchsatz kleiner als 0,2 p Liter je Stunde und je Gramm Metall in der Kontaktmasse sein, wobei p den Druck in Atmosphären bedeutet. Ferner soll der Partialdruck der bei der Reaktionstemperatur erhaltenen Produkte im austretenden Gas unter $0,2 \sqrt{p}$ gehalten werden.

Die Ausbeuten an Paraffin kann man beim Arbeiten bei Drucken von 2 bis 50 at, besonders 5 bis 20 at und Verwendung von Kobalt-Katalysatoren steigern, wenn man die bei der Synthese unter Normaldruck ermittelte günstigste Verweilzeit der Gase proportional der Druckerhöhung erhöht[2]. Vorteilhaft hält man den Druck der Gase gleich dem Sättigungsdruck des Wasserdampfes bei der Synthese-Temperatur, damit die Wandungen der Reaktionsräume gegen das Kühlwasser nicht durch Druck beansprucht werden.

Man arbeitet z. B. bei 175 bis 205° unter 8 bis 17 at mit einer 8- bis 17-fachen Aufenthaltsdauer gegenüber der Synthese unter 1 at und erhält eine Ausbeute von 150 bis 160 g Synthese-Produkte je Kubikmeter Gas-Gemisch (1 Kohlenoxyd und 2 Wasserstoff), wovon 60 Prozent aus Paraffin, der Rest aus Öl und Gasol besteht.

Um bei der Kohlenwasserstoff-Synthese möglichst viel Paraffin zu erhalten, führt W. Heckel[3] die Synthese bei Drucken von 5 bis 50 Atmosphären über solchen gefällten Kobalt-Katalysatoren durch, die mindestens 200 g, besser 300 g Kobalt je Liter Kontaktmasse und 5 bis 25 Prozent, bezogen auf Kobalt, Mangan als Verstärker enthalten.

Die Katalysatoren werden aus Nitratlösungen bei Siedehitze mittels Alkalicarbonat gefällt.

Die günstigsten Synthese-Temperaturen liegen bei 160 bis 185°.

Bei einer Gesamtausbeute von etwa 120 g je Kubikmeter Reingas erhält man bis zu 60 Prozent Paraffin.

---

[1] Jug. P. 14629, Metallgesellschaft A.G.

[2] F.P. 840568, Ital. P. 363997, Studien- und Verwertungs G.m.b.H.

[3] Ital. P. 371909, Schwed. P. 104476, N.V. Internationale Koolwaterstoffen Synthese Mij.; International Hydrocarbon Synthesis Co.

Als besonders aktiv hat sich ein Kontakt erwiesen, der auf 100 Teile
Kobalt, 15 Teile Mangan und 12,5 Teile Kieselgur enthält[1]. Dieser
Kontakt gibt schon beim Arbeiten im Mitteldruckgebiet bei Temperaturen von 160 und 164° einen vollen Umsatz und dabei mehr als 80 Prozent über 320° siedende Paraffine.

Syntheseprodukte, die aus überwiegenden Mengen hochsiedender
Kohlenwasserstoffe, insbesondere Paraffin, bestehen, werden nach W.
Herbert[2] bei der unter erhöhtem Druck von mehreren Atmosphären,
z. B. von 2 bis 300 at, vorteilhaft 10 bis 50 at, durchgeführten Synthese
erhalten, wenn man eine Kontaktmasse verwendet, die mehr als 40 Prozent hydrierend wirkendes Metall enthält, und die Verweilzeit des Gases
in der Kontaktmasse auf über 1 Minute, beispielsweise 3 bis 10 Minuten,
bemißt.

Bei Kobalt-Katalysatoren liegen die Reaktionstemperaturen bei
etwa 200°.

Durch ständige Abführung des Paraffins aus der Kontaktmasse wird
die Paraffinkonzentration gering gehalten und die Paraffinbildungstendenz begünstigt. Man erhält auf diese Weise Paraffinausbeuten von
mehr als 50 Prozent vom Gehalt der flüssig anfallenden Produkte.

Eine weitere Steigerung des Paraffinanfalles erreicht man bei Anwendung von Gasgemischen mit mehr als 90 Prozent Kohlenoxyd und
Wasserstoff.

Ein an sich für die Benzinsynthese bekannter Kontaktofen mit eng beieinander
liegenden Kühlelementen, die auf konstanter Temperatur gehalten werden können,
wird mit 1 Kubikmeter eines körnigen Kontaktes, bestehend aus 100 Gewichtsteilen Kobalt, 18 Gewichtsteilen Thoriumoxyd und 80 Gewichtsteilen Kieselgur,
gefüllt und mit Synthesegas von der Zusammensetzung: Kohlenoxyd 40,8 Prozent,
Wasserstoff 49,5 Prozent, Kohlendioxyd 6,5 Prozent, Methan 0,3 Prozent, Stickstoff
2,9 Prozent betrieben. Die Gasbeaufschlagung beträgt 100 Normal-Kubikmeter je
1 Kubikmeter Kontaktmasse und Stunde. Der Betriebsdruck beträgt 12 Atm und
die Reaktionstemperatur 186°.

Hierbei erzielt man eine Ausbeute von 137 g Benzin, höhersiedende Öle und
Paraffin je Normal-Kubikmeter umgesetztes Kohlenoxyd und Wasserstoff im Ausgangsgas, bestehend aus 58 Prozent Paraffin, 22 Prozent höhersiedende Öle und
20 Prozent Benzin.

Wird jedoch der Kontaktofen mit einer Kontaktmasse gefüllt, die bei sonst
gleicher Zusammensetzung aus 35 Gewichtsteilen Trägermaterial auf 100 Gewichtsteile Kobalt enthält, so beträgt die Ausbeute bei sonst gleichgestellten Betriebsbedingungen 143 g Flüssigprodukte, bestehend aus 72 Prozent Paraffin, 16 Prozent
höhersiedenden Ölen und 12 Prozent Benzin.

Arbeitet man bei der Kohlenoxyd-Hydrierung unter erhöhtem Druck
in an sich bekannter Weise in Gegenwart von solchen Kobalt-Kontakten, die durch stufenweise Fällung der Kobaltsalze erhalten wurden,

---

[1] Roelen, O. u. Mitarbeiter, in K. Ziegler: Naturforschung und Medizin in
Deutschland, 1948, Bd. 36, 1. Teil, 163.
[2] D.R.P. 744077, Metallgesellschaft A.G.

wobei sich die Fällung über mindestens drei, vorteilhaft über zwölf Stunden erstreckt, so werden besonders hohe Ausbeuten an festen Kohlenwasserstoffen erhalten[1].

Hochmolekulare Paraffinkohlenwasserstoffe werden bei der Kohlenoxyd-Hydrierung ferner gewonnen, wenn man mit Katalysatoren arbeitet, die durch Fällung von Verbindungen der Eisengruppe auf Tonerde und anschließender Reduktion erhalten werden[2].

Man leitet z. B. über den durch Fällung von Kobalt- und Zinknitrat als Carbonat auf Tonerde erhaltenen Kontakt bei 180° ein Gas, das Kohlenoxyd und Wasserstoff im Verhältnis 1 zu 2 und 15 Prozent Inertgase enthält.

Man erhält 146 g Kohlenwasserstoffe je Kubikmeter inertfreies Gas; hiervon bei 1 at 76 Prozent und bei 6 at 92 Prozent Paraffin. Bei 10 at wird fast nur Paraffin gebildet.

Das Paraffin ist zu 70 Prozent löslich in Benzol (Schmelzpunkt 83°); zu 11 Prozent löslich in Toluol (Schmelzpunkt 100°) und zu 13 Prozent löslich in Xylol (Schmelzpunkt 108°). Der unlösliche Rest hat einen Schmelzpunkt von 138°.

Auch bei Verwendung von bestimmten Eisen-Katalysatoren kann man bei der Kohlenwasserstoff-Synthese bevorzugt feste Paraffinkohlenwasserstoffe erhalten.

Eine Katalysierung der Kohlenoxyd-Hydrierung in dem angedeuteten Sinne bewirken z. B. die von K. Meyer[3] beschriebenen alkalisierten und thermisch vorbehandelten Eisen-Kontakte (s. S. 84).

Besonders hohe Ausbeuten an Paraffin werden auch erhalten, wenn man die Synthese bei Temperaturen von 180 bis 350° und bei Drucken von 5 bis 20 at unter Verwendung der auf S. 71 beschriebenen Eisen-Träger-Katalysatoren durchführt und ein Synthesegas verwendet, bei dem das Kohlenoxyd-Wasserstoff-Verhältnis unter 2 zu 1, besonders 1 zu 1 beträgt und Gasdurchsätze unter 300 Normalliter Gas je Liter Kontakt und Stunde, besonders unter 100 Normalliter Gas verwendet[4] werden.

Bei Verwendung von Katalysatoren auf Eisen-Basis kann die Ausbeute an festen Paraffin-Kohlenwasserstoffen beträchtlich gesteigert werden, wenn man die Kontakte im flüssigen Medium verteilt zur Anwendung bringt[5]. Unter diesen Arbeitsbedingungen werden bis zu 72 Prozent feste Paraffine erhalten werden. Von diesen je Kubikmeter Kohlenoxyd-Wasserstoff erhaltenen 152 g Paraffinen (über 320° siedend) sind 95 g durch Kohlenoxyd-Hydrierung und 57 g durch Kettenverlängerung gebildet.

---

[1] Ital. P. 381276, N.V. Internationale Koolwaterstoffen Synthese Mij.; International Hydrocarbon Synthesis Co.

[2] Ital. P. 378208, N.V. Internationale Koolwaterstoffen Synthese Mij.; International Hydrocarbon Synthesis Co.

[3] D.R.P. 747398, Braunkohle-Benzin A.G.

[4] F.P. 870679, Metallgesellschaft A.G.

[5] Kölbel, H. und P. Ackermann: Angewandte Chemie 61 (1949) 38.

Höchstmolekulare Kohlenwasserstoffe in guten Ausbeuten werden nach F. Fischer und H. Pichler[1] ferner bei der Kohlenoxyd-Hydrierung erhalten, wenn man bei Drucken von 20 bis 100 Atmosphären in Gegenwart der auf S. 24 erwähnten Ruthenium-Kontakte arbeitet.

Über den frisch reduzierten Kontakt wird bei einer Temperatur von 195° und bei einem Druck·von 100 Atmosphären 1 Liter eines Kohlenoxyd-Wasserstoff-Gemisches (Verhältnis 1 zu 2) je Gramm Ruthenium und Stunde über den Kontakt geleitet. Es entstehen je Kubikmeter Gas 150 bis 160 g Kohlenwasserstoffe, von denen 2 Drittel aus festem, ölfreiem Paraffin, der Rest aus flüssigen Kohlenwasserstoffen bestehen. Das Gesamtparaffin ist schneeweiß und schmilzt bei 118 bis 120°.

Die Lebensdauer des Kontaktes ist unbegrenzt.

Durch Abänderung der Arbeitsbedingungen kann man die bei der Mitteldruck-Synthese über Eisen-Katalysatoren neben Kohlenwasserstoffen in geringen Mengen von etwa 2 bis 5 Prozent auftretenden sauerstoffhaltigen Reaktionsprodukte, vor allem aliphatische Alkohole, so anreichern, daß deren Gehalt in den Synthese-Produkten bis auf etwa 55 Prozent ansteigt.

Nach W. Wenzel[2] gelingt diese Synol-Synthese dann, wenn man die Kohlenoxyd-Hydrierung über aktiven und leistungsfähigen Eisen-Katalysatoren bei Drucken von 18 bis 25 at bei niedrigeren als zur Kohlenwasserstoff-Synthese erforderlichen Temperaturen, besonders bei etwa 180° zweckmäßig unter Kreislaufführung der Synthese-Gase vornimmt.

In der Abb. 30 ist ein Schema dieses Verfahrens wiedergegeben.

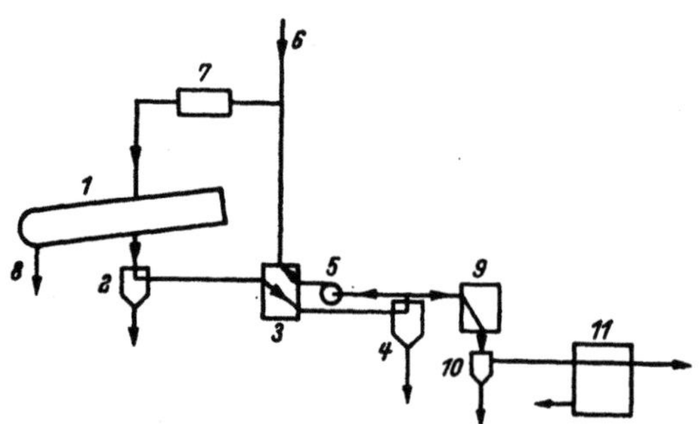

Abb. 30. Verfahrensschema der Synol-Synthese.

Das den Synthese-Ofen verlassende Gas wird auf etwa 45 bis 65° abgekühlt, passiert den Heißabscheider 2, den Wärmeaustauscher 3, den Flüssigkeitsab-

<hr>

[1] D.R.P. 705528, Studien- und Verwertungs G.m.b.H.
[2] Wenzel, W.: Angew. Chem. B. 20 (1948) 225.

scheider im Kreislauf 4 und wird durch das Gebläse 5 durch den Wärmeaustauscher 3 geführt, dort vorgeheizt und nach Zumischung von Frischgas 6 durch den Spitzenvorheizer 7 auf Synthese-Temperatur angeheizt.

Die bei der Synthese gebildeten Reaktionsprodukte werden zum Teil bei 8 durch direkten Ablauf aus dem Kontakt, dem Heißabscheider 2 dem Flüssigkeitsabscheider 4 und nach Durchlaufen des Abgaskühlers 9 im Abscheider 10 und schließlich vermittels der Aktivkohlenanlage 11 abgezogen.

Vierter Teil.

A. Synthese-Anlagen.

Zur Verwertung der Fischer-Tropsch-Synthese sind bis zum Jahre 1945 in Deutschland neun Anlagen errichtet und in Betrieb genommen worden, welche die in der Tab. 18 angegebene Jahreskapazität an Syntheseprodukten (Primärprodukte) hatten[1].

Tabelle 18. *Jahreskapazität*
der deutschen Fischer-Tropsch-Synthese-Anlagen.

Synthese-Anlage	Jahreskapazität in Tonnen
Ruhrchemie A.G., Holten	60000
Gewerkschaft Victor, Rauxel	40000
Krupp, Wanne-Eickel	50000—55000
Essener Steinkohle, Bergkamen ..	85000
Hoesch, Dortmund	50000—55000
Rheinpreußen, Moers	70000—75000
Brabag, Schwarzheide	180000
Lützgendorf	25000—30000
Schaffgotsch..................	40000

Von diesen Anlagen waren bis Mitte Mai 1948 folgende im Betrieb: Gewerkschaft Viktor, Krupp Treibstoffwerk, Brabag und Lützkendorf.

Fischer-Tropsch-Anlagen sind in den letzten Jahren auch in anderen Ländern errichtet worden bzw. in Errichtung begriffen.

So ist in den Vereinigten Staaten von Nordamerika mit dem Bau von Versuchsanlagen begonnen worden, von welchen die eine der Firma Standard Oil Louisiana auf Basis Erdgas und die zweite in Gemeinschaft mit der Firma Pittsburgh Consolide Coal Co. auf Kohle-Basis errichtet wird.

Die letztgenannte Firma plant die Errichtung eines Werkes, das die größte Anlage dieser Art in der Welt darstellen würde. In diesem Werk sollen jährlich 6 Millionen Tonnen Kohle verarbeitet werden und Primärprodukte liefern, deren Menge alle in Deutschland befindlichen Fischer-Tropsch-Anlagen, deren Kapazität mit 600000 bis 700000 Tonnen jährlich anzusetzen sind, um 50 Prozent überträfe.

---

[1] Heubaum, W.: Angew. Chem. B. 20 (1948) 81.

Eine Lizenz für die Fischer-Tropsch-Synthese will neuerdings auch die Firma Anglo-Transvaal Consolidated Investement beantragen und in Verbindung mit der Hydro Carbon Corp. of America unter Verwendung geringwertiger Kohle am Vaal-Fluß in der Nähe von Veeniging, eine Kohlenwasserstoff-Synthese-Anlage errichten. Die voraussichtliche Kapazität soll 227 Millionen Kubikmeter klopffestes Benzin und 34 Millionen Kubikmeter Dieselöl betragen.

Von großer Bedeutung für die Benzin-Gewinnung sind die neuerdings in den Vereinigten Staaten von Nordamerika geplanten oder im Bau befindlichen Synthese-Anlagen auf Basis von Naturgas.

Das auf S. 176 schematisch dargestellte „Hydrocol-Verfahren" soll z. B. bei einer täglichen Verarbeitung von 2,8 Millionen Kubikmeter Naturgas eine Jahresproduktion an flüssigen Fertigprodukten von etwa 365 000 Tonnen ergeben[1].

Diese auf Naturgas arbeitenden Synthese-Verfahren sollen die ohne Auffindung neuer Erdölvorkommen in etwa 11 Jahren zu erwartende Erschöpfung der natürlichen Erdölreserven um etwa 10 Jahre hinausschieben.

B. Synthese-Produkte.

Bei der katalytischen Kohlenoxyd-Hydrierung beträgt die theoretisch mögliche Ausbeute 208 g Synthese-Produkte je Kubikmeter inertfreies Synthese-Gas.

Diese theoretische Ausbeute wird aber bei der großtechnischen Durchführung der Kohlenwasserstoff-Synthese nicht erreicht.

Beim Arbeiten in einer Stufe werden nur etwa 150 g Synthese-Produkte erhalten, die einer mehr als 73 prozentigen Umsetzung des Gases entsprechen. Durch Anwendung der Stufen-Hydrierung oder Kreislaufführung der Synthese-Gase läßt sich der Umsatz auf 80 Prozent steigern.

Ebenso wie beim Arbeiten mit festangeordneten Katalysatoren auf Kobalt-Basis werden auch bei Verwendung von in Schwebe gehaltenen alkalisierten Eisen-Katalysatoren 165 g Kohlenwasserstoffe mit 3 und mehr Kohlenstoffatomen im Molekül je Kubikmeter Synthese-Gas erhalten.

Während jedoch beim festangeordneten Katalysator je Kubikmeter Kontakt und Stunde 16,5 kg Produkte erzeugt werden, werden beim flüssigkeitsähnlichen System je Kubikmeter Katalysator und Stunde etwa 500 kg erhalten[1].

Die höchsten Ausbeuten von 175 g je Kubikmeter Kohlenoxyd werden nach H. Kölbel und P. Ackermann[2] bei Durchführung der

---

[1] Pichler, H.: Brennstoff-Chem. 30 (1949) 105.
[2] Kölbel, H. und P. Ackermann: Angewandte Chemie 61 (1949) 38.

Synthese im flüssigem Medium erhalten, da hier die Methanbildung vollkommen unterdrückt werden kann.

Für die Gewinnung von 1 Tonne Primärprodukt müssen nach F. Martin[1] 4,9 kg Koks, 4,5 kg Kohle oder 6,8 kg Braunkohlenbriketts eingesetzt werden.

Die bei der Kohlenoxyd-Hydrierung erhaltenen Primärprodukte besitzen nach F. Fischer[2] die in Tab. 19 angeführte Zusammensetzung.

Tabelle 19
Zusammensetzung der Primärprodukte nach F. Fischer.

Primärprodukte	Gewichtsprozent	Olefingehalt
Gasol	8	55
Aktivkohle-Benzin	46	45
Schwelbenzin	14	25
Dieselöl	22	10
Paraffin aus Öl	7	—
Hartparaffin	3	—

Seit Veröffentlichung dieser Zahlenwerte sind mehr als 10 Jahre vergangen, innerhalb welcher gerade auf dem Gebiet der technischen Durchführung der Fischer-Tropsch-Synthese zahlreiche Fortschritte erzielt wurden.

Bei dem derzeitigen Stand der Technik der Synthese-Verfahren und angewandten Kobalt-Katalysatoren werden schon aus 4,2 Tonnen Koks rund eine Tonne Primärprodukte der in Tab. 20 wiedergegebenen Zusammensetzung erhalten[3].

Tabelle 20. *Zusammensetzung*
der Primärprodukte nach Wachs und Reitstötter.

Primärprodukte	Gewichtsprozent
Treibgas (C_3—C_4)	8
Benzin	35
Kogasin I	19
Kogasin II	18,5
Paraffin-Gatsch	15
Hartparaffin	4,5

Diese Ausbeute-Verhältnisse gelten naturgemäß nur für die Normal-Synthesen. Beim Arbeiten nach besonderen Synthese-Verfahren kann man die Zusammensetzung der Primärprodukte innerhalb eines beträchtlichen Spielraumes variieren.

Wirtschaftlicher als auf Kohle-Basis arbeiten die Synthese-Verfahren auf Basis von Naturgas.

---

[1] Martin, F.: Mitt. Forsch. Anst. GHH-Konzern 1937, 159.

[2] Fischer, F.: Ber. dtsch. chem. Ges. 71 (1938) 56.

[3] Wachs, W. u. J. Reitstötter; Angew. Chem. B. 20 (1948) 61.

Der chemischen Zusammensetzung nach handelt es sich bei den Primärprodukten um einheitliche Körper insofern als diese durchwegs aus aliphatischen Verbindungen aufgebaut sind; aromatische oder hydrierte cyclische Verbindungen fehlen ganz.

Von amerikanischen Forschern sind jedoch Spuren dieser Verbindungen mit empfindlichen Analysenmethoden nachgewiesen worden.

Bei der eigentlichen Fischer-Tropsch-Synthese werden sowohl beim Arbeiten unter Normaldruck als auch beim Arbeiten bei überatmosphärischen Drucken vorwiegend aliphatische Kohlenwasserstoffe erhalten.

Wie bereits der Tab. 18 zu entnehmen ist, sind die Kohlenwasserstoffe zum Teil ungesättigter Natur. Der Olefingehalt der Kohlenwasserstoffe hängt von den Synthese-Bedingungen ab; er ist besonders abhängig vom angewandten Synthese-Kontakt. Katalysatoren auf Eisen-Basis geben Primärprodukte mit höherem Olefingehalt.

Durch Anwendung höherer Strömungsgeschwindigkeiten, Kreislauf und wasserstoffreichen Synthesegasen können nach H. Kölbel auch an Eisenkontakten vorwiegend gesättigte Kohlenwasserstoffe erhalten werden, die keinen höheren Olefingehalt haben als die an Kobalt erhaltenen Produkte.

Dem Aufbau nach sind die erhaltenen Kohlenwasserstoffe geradkettig. Der Anteil an verzweigten Kohlenwasserstoffen (Isoparaffinen) ist sowohl bei der Normaldruck- als auch bei der Mitteldruck-Synthese gering. Bei der großtechnischen Durchführung der Kohlenoxyd-Hydrierung nach diesen Synthesen beträgt der Anteil an Isoparaffinen nur 0,5 bis 1 Prozent.

Innerhalb dieser Größenordnung liegt auch der Gehalt an verzweigten Kohlenwasserstoffen beim Hydrocol-Verfahren[2].

Den Gehalt an verzweigten Kohlenwasserstoffen kann man aber beträchtlich erhöhen, wenn man die Hydrierung von Kohlenoxyd bei Drucken über 30 at, vor allem zwischen 300 und 600 at und bei Temperaturen von 450° in Gegenwart der auf S. 80 genannten oxydischen Katalysatoren vornimmt[3]. Bei dieser Isosynthese werden beispielsweise von den C_4-Kohlenwasserstoffen 80 bis 90 Prozent in verzweigter Form erhalten.

Außer Kohlenwasserstoffen werden, besonders beim Arbeiten mit Eisenkatalysatoren auch noch geringe Mengen sauerstoffhaltiger Verbindungen erhalten, in der Hauptsache Alkohole, Aldehyde, Ketone, Säuren und Ester.

---

[1] Pichler, H. u. K.-H. Ziesecke: Brennstoff-Chem. 30 (1949) 13.

[2] Pichler, H.: Brennstoff-Chem. 30 (1949) 105.

[3] Fischer, F.: Öl u. Kohle u. Teer, Brennstoff-Chem. 39 (1943) 517; H. Pichler u. K.-H. Ziesecke: Brennstoff-Chem. 30 (1949) 13 und 60.

Die Bildung dieser sauerstoffhaltigen Verbindungen erfolgt dabei sowohl bei der Hydrierung von Kohlenoxyd in Gegenwart von fest angeordneten als auch suspendierten Katalysatoren[1]. Bei der Kohlenwasserstoff-Synthese mit im Synthese-Gas suspendierten Katalysatoren werden beispielsweise neben Benzinkohlenwasserstoffen, vornehmlich olefinischer Natur, höhersiedende Kohlenwasserstoffe, niedermolekulare Alkohole mit 1 bis 5 Kohlenstoffatomen im Molekül, niedermolekulare Säuren mit 2 bis 4 Kohlenstoffatomen im Molekül, sowie Acetaldehyd und Aceton erhalten.

Beim Arbeiten nach der Synolsynthese kann man den Anteil der sauerstoffhaltigen Verbindungen in den Primärprodukten, vor allem den Gehalt der Alkohole auf Kosten der Kohlenwasserstoffe beträchtlich erhöhen[2].

Aus einem Kubikmeter Synthese-Gas werden bei dieser Synthese etwa

15 g Gasol
155 g flüssiges Kohlenwasserstoff-Alkoholgemisch und
5 g wasserunlösliche Alkohole

erhalten.

Der größte Teil der neben Alkoholen vorhandenen sauerstoffhaltigen Verbindungen besteht aus Estern, die aus den spurenweise gebildeten Säuren und dem großen Überschuß an Alkoholen entstanden sind.

Die Menge der Kohlenwasserstoffe liegt etwa zwischen 30 und 50 Prozent. Es sind zum Teil Olefine; in den niederen Siedebereichen im allgemeinen mehr als in den oberen. Im ersteren Fall liegt der Gehalt um 30 Prozent, im letzteren Falle um 15 Prozent, bezogen auf die Gesamtfraktion.

Sauerstoffhaltige Synthese-Produkte, und zwar Dimethyläther, werden unter den Bedingungen der Isosynthese erhalten, wenn man den Synthese-Druck über die bereits genannten Werte weiter steigert[3].

I. Gewinnung.

Aus dem bei der Kohlenoxyd-Hydrierung erhaltenen Reaktionsgemisch müssen die einzelnen Primärprodukte gewonnen werden.

Infolge des überwiegend hohen Anteiles an Kohlenwasserstoffen erfolgt die Aufarbeitung des Reaktionsgemisches nach den in der Mineralölindustrie üblichen Verfahren. Allerdings ist hier die Aufarbeitung aber wesentlich einfacher, da die Primärprodukte im Reaktionsgemisch in reiner Form vorliegen und vor allem keine schädlichen und umständlich entfernbaren Verunreinigungen, insbesondere keine Schwefelverbindungen enthalten.

---

[1] Lee, J. A.: Chem. Engng. 54 (1947) 105.

[2] Wenzel, W.: Angew. Chem. B. 20 (1948) 225.

[3] Pichler, H. u. K.-H. Ziesecke: Brennstoff-Chem. 30 (1949) 60.

a) Von Kohlenwasserstoffen.

Die nach einem der in den früheren Abschnitten behandelten Synthese-Verfahren aus den Kontaktöfen der Kohlenoxyd-Hydrierung abziehenden Reaktionsgase enthalten neben den vorbeschriebenen Reaktionsprodukten einen Rest von nicht umgesetztem Ausgangsgas.

Während die Synthese-Produkte den Reaktionsgasen, z. B. beim Einstufen-Verfahren oder der Endstufe beim Mehrstufen-Verfahren schon aus wirtschaftlichen Gründen restlos entzogen werden müssen, ist die vollständige Entfernung der Reaktionsprodukte aus den Synthese-Abgasen, die wieder in den Kontakt-Öfen zurückgeführt werden, wie z. B. bei Kreislauf-Verfahren bzw. den Zwischenstufen bei Mehrstufen-Verfahren nicht immer erforderlich.

Zur Abscheidung der Reaktionsprodukte gehen die aus den Kontakt-Öfen austretenden Synthese-Endgase, nachdem dieselben eine Waschanlage passiert haben, über eine Vorlage, in der sich die bei Raumtemperatur festen Kohlenwasserstoffe abscheiden, dann über eine Kondensation, in der die hochsiedenden Öle niedergeschlagen werden. Anschließend werden Benzin- und gasförmige, leicht kondensierbare Kohlenwasserstoffe in Adsorptions- oder Absorptionsanlagen gewonnen.

Abweichend von diesem meist angegebenen Aufarbeitungsschema werden bei einem besonderen Verfahren[2] die aus dem zylindrischen Kontakt-Ofen mit einer Temperatur von etwa 95° oben abgeführten Reaktionsprodukte in einen beheizten Dephlegmator geleitet, in dem die im wesentlichen oberhalb 300° siedenden Anteile abgetrennt werden[1]. Der Rest wird nach Passieren eines Wärmeaustauschers und eines Kühlers in ein auf etwa 120° gehaltenes Trenngefäß geführt, aus dem ein Teil der flüssigen Kohlenwasserstoffe unten abgezogen und nach Passieren des Wärmeaustauschers und Aufheizen auf etwa 200° in den Synthese-Raum zurückgeführt wird. Die das Trenngefäß verlassenden Gase und Dämpfe werden nach Passieren eines Kühlers in einem weiteren Trenngefäß in Benzin und Wasser einerseits und Restgas andererseits zerlegt.

1. Waschanlage.

Neben den Kohlenwasserstoffen entstehen bei der Kohlenoxyd-Hydrierung auch geringe Mengen sauerstoffhaltiger Verbindungen, insbesondere Säuren, die zweckmäßig vor der Gewinnung der Kohlenwasserstoffe aus den Synthese-Endgasen entfernt werden.

Man kann diese Säuren entfernen, wenn man die heißen Endgase durch heiße Lauge führt[2].

---

[1] F.P. 860360, N.V. Internationale Koolwaterstoffen Synthese Mij.; International Hydrocarbon Synthesis Co.

[2] F.P. 846605, Dr. Otto & Co. G.m.b.H.

Im oberen Teil des Waschgefäßes gehen die Gase dann durch Schichten von Füllkörpern, um Laugentropfen zurückzuhalten, und werden dann mit Wasser berieselt, wodurch die Konzentration der Lauge aufrechterhalten wird.

Das Waschen erfolgt unter 10 bis 12 Atmosphären Druck. Anschließend werden die Synthese-Endgase unter Druck der Kondensation zugeführt.

2. Kondensation.

Die Kondensation der flüssigen Kohlenwasserstoffe wird durch direkte oder indirekte Kühlung bis auf gewöhnliche Temperatur vorgenommen.

Bei der direkten Kühlung wird die Kondensation der flüssigen Kohlenwasserstoffe dadurch bewirkt, daß man in das heiße Reaktionsgas-Gemisch eine mit dem Kondensat nicht mischbare Flüssigkeit, z. B. Wasser, einspritzt.

Nach Feststellungen von W. Herbert und H. W. Groß[1] hat es sich als zweckmäßig erwiesen, vor der eigentlichen Kondensation die Gase auf den Taupunkt bzw. bis nahe bis zum Taupunkt und auf einen hohen Wasserdampfgehalt zu bringen. Man erreicht dies dadurch, daß man die Reaktionsgase nach Abscheidung der hochsiedenden, flüssig aus den Kontakt-Öfen ablaufenden Produkte mit wäßrigen, gegebenenfalls Alkohol enthaltenden Laugen unter Absättigung mit Wasserdampf wäscht und dann wie üblich kondensiert.

Die Kühler werden entsprechend leistungsfähiger und ihr Betrieb wirtschaftlicher. Ferner werden durch die Behandlung der heißen Gase mit neutralisierenden Flüssigkeiten, z. B. Sodalösung, Kali- oder Natronlauge, sofort beim Beginn der Abkühlung der Gase die sauren Bestandteile, wie z. B. niedrigmolekulare Fettsäuren, die bei der Drucksynthese in geringen Mengen entstehen, ganz oder zum größten Teil gebunden, so daß sie ihre korrodierenden oder sonstigen Eigenschaften nicht mehr ausüben können.

Ferner können durch die Wasserdampfsättigung der aus den Kontakt-Öfen ausströmenden Gase bis zu ihrem Taupunkt in der Kondensationsanlage genau abgegrenzte Kühltemperaturen eingehalten werden; man kann dann stets in der ersten Kühlstufe mit Sicherheit alle höhersiedenden, bei Raumtemperatur festen Kohlenwasserstoffe abscheiden.

Ebenso werden Alkohole und Fettsäuren während der Wasserdampfsättigung in die überschüssige wäßrige Lösung übergeführt, wodurch man reinere Produkte erhält und Stoffe entfernt, die bei der nachfolgenden Kühlung als Emulsionsbildner wirken können.

Diese Behandlung der heißen Synthese-Gase kann in Wäschern oder Berieselungstürmen, die mit Füllkörpern versehen sein können, erfolgen.

---

[1] D.R.P. 747731, ohne Firmenangabe, wahrscheinlich Metallgesellschaft A.G.

In der Abb. 31 ist schematisch eine solche Vorrichtung zur Wäsche
der Reaktions-Gase dargestellt.

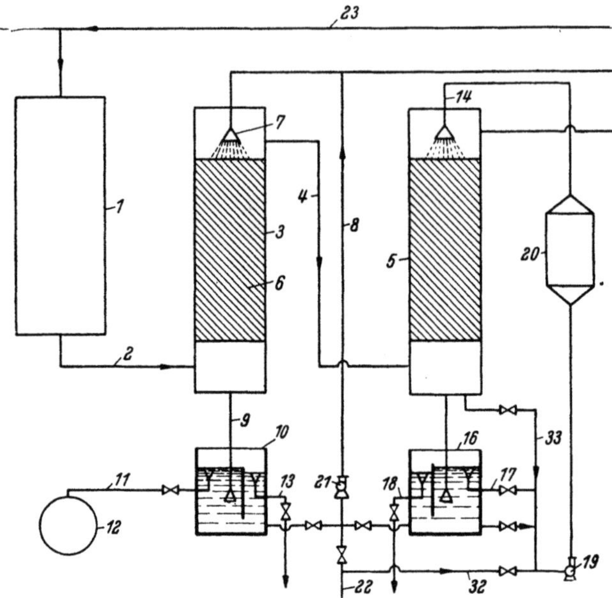

Abb. 31. Wäsche der Reaktionsgase.

1 ist der Kontaktofen, den die Gase nach der Reaktion durch die Leitung 2
verlassen. Sie gelangen in den Rieselturm 3, den sie von unten nach oben durchströmen, um durch die Leitung 4 unten in den Einspritzkühler 5 einzutreten. Der
Turm 3 ist mit Füllkörpern 6 ausgestattet und mit der Berieselungsvorrichtung 7
versehen, der die Behandlungslauge durch die Leitung 8 zugeführt wird. Das Gemisch aus wäßriger Lösung und Paraffin, das sich unten im Turm 3 sammelt,
fließt durch die Abscheider 9 in den Abscheider 10. In diesen trennen sich Lauge
und Paraffin. Letzteres wird durch die Leitung 11 in den Gatschbehälter 12 gebracht, während die Flüssigkeit durch die Leitung 13 abfließt.

Im Turm 3 können noch Elemente für eine gleichzeitige indirekte Kühlung
vorgesehen sein. Der Kühler 5 kann mit indirekter Kühlung arbeiten. Er kann
auch mit einer Berieselungsvorrichtung 14 versehen sein. Die nicht kondensierten
Gase und Dämpfe strömen aus dem Kühler 5 in eine Benzinabscheidungsanlage,
während das Gemisch von Öl und Wasser bzw. Öl und wäßrige Lösung in einen
Abscheider 15 gelangt, in dem die Trennung des Gemisches erfolgt. Das Öl verläßt
den Abscheider bei 17; der überflüssige Teil des Wassers oder der Lösung kann
durch die Leitung 18 abfließen.

Ferner wird Wasser oder Lösung aus dem Abscheider 15 mittels der Pumpe 19
durch einen Kühler 20 zur Berieselungseinrichtung 14 des Kühlers 5 zurückgeführt.
Ein weiterer Teil des Wassers fließt aus dem Abscheider der Pumpe 21 zu, von der
es dem Rieselturm 3 aufgegeben wird. Besonders zweckmäßig ist es, die Hauptmenge des aus dem Kühler 5 abfließenden Gemisches durch die Leitung 33 unmittelbar der Pumpe 19 zuzuführen, die das Gemisch dann durch den Kühler 20
wieder dem Kühler 5 aufgibt. Nur ein etwa den anfallenden Reaktionsprodukten

entsprechender Überschuß gelangt in den Abscheider 16. Durch die Leitung 22 kann der aus dem Abscheider 15 zum Berieselungsturm 3 fließenden Flüssigkeit noch frisches Neutralisierungsmittel zugesetzt werden. Eine Abzweigung 32 von der Leitung 22 dient dazu, das für den Kühler erforderliche Neutralisationsmittel in den Kühlmittelkreislauf des Kühlers zu führen.

Bei der direkten Kondensation durch Einspritzen von z. B. Wasser in das heiße Reaktionsgasgemisch zwecks Niederschlagung der kondensierbaren Bestandteile tritt häufig eine starke Nebelbildung ein, die die vollständige Abscheidung der kondensierbaren Bestandteile sehr erschwert, wenn nicht ganz unmöglich macht.

Diese Nebelbildung läßt sich nach H. Müller-Lucanus und E. A. Weingaertner[1] praktisch dadurch vollkommen vermeiden, daß man in das heiße Dampf-Gas-Gemisch vor der Einspritzung der Kühlflüssigkeit größere Mengen von Dämpfen von mit dem Kondensat mischbaren Flüssigkeiten, insbesondere von dem Kondensat selbst, einführt, ohne daß jedoch der Taupunkt des Gesamt-Öldampf-Gas-Gemisches erreicht wird. An Stelle der Dämpfe können auch die unverdampften Flüssigkeiten eingeführt werden, wenn der Wärmeinhalt des Gas-Dampf-Gemisches groß genug ist, um die eingespritzte Flüssigkeitsmenge zu verdampfen, ehe der Taupunkt des Gesamtgemisches erreicht ist.

Man verfährt nach diesem Verfahren z. B. in folgender Weise:

Aus den Synthese-Öfen tritt ein Öldampf-Gas-Gemisch mit etwa 10 bis 20 g bei 20 bis 30° kondensierbarer Reaktionsprodukte je Kubikmeter aus, das eine Temperatur von etwa 140 bis 150° besitzt. Kühlt man das Dampf-Gas-Gemisch durch Einspritzen von Wasser auf 20 bis 30° ab, so sind in dem entweichenden Gas etwa 8 g Öl je Kubikmeter in Form eines schwer niederschlagbaren Nebels vorhanden, die die Weiterverarbeitung des Restgases bzw. die Gewinnung der Benzinkohlenwasserstoffe mit Hilfe von Aktivkohle empfindlich stören.

Führt man dagegen in das heiße Öldampf-Gas-Gemisch vor der Einspritzung des Kühlwassers etwa 50 g oder auch mehr des erhaltenen Kondensats je Kubikmeter des Gemisches ein, so enthält das Restgas nach der Entfernung der kondensierbaren Bestandteile nur noch etwa 0,2 bis 0,02 g Öl je Kubikmeter und weniger in Nebelform, Mengen die bei der Weiterverarbeitung nicht mehr hindern. Dabei muß darauf geachtet werden, daß das zugeführte Öl vollständig verdampft ist, ehe der Taupunkt des ursprünglichen Gemisches, der bei etwa 125° liegt, erreicht ist.

Diese Arbeitsweise hat den weiteren Vorteil, daß die Abscheidung der leicht siedenden Bestandteile des Gemisches wesentlich vollständiger gelingt, da diese von den bei der Kühlwassereinspritzung sich bildenden Kondensaten mitgerissen und gelöst werden.

3. Adsorption und Absorption.

Die nach der Kondensation der höhermolekularen Kohlenwasserstoffe anfallenden Restgase werden zur Gewinnung der noch in diesen verbliebenen leichtsiedenden Benzinkohlenwasserstoffe und der leicht verflüssigbaren Kohlenwasserstoffe mit 3 und 4 Kohlenstoffatomen im Molekül über Aktivkohle geleitet oder mit Waschöl gewaschen.

---

[1] D.R.P. 733841, Braunkohle-Benzin A.G.

Die Abscheidung von Benzin und Gasol aus den Endgasen der Kohlenwasserstoff-Synthese bereitet jedoch infolge des hohen Kohlendioxyd-Gehaltes der Endgase große Schwierigkeiten[1].

Die Adsorption von Benzin- und Gasol-Kohlenwasserstoffen an Aktivkohle ist für Kohlenwasserstoffe mit bis zu 8 Kohlenstoffatomen im Molekül günstiger als die Absorption in Waschöl.

Die zur Abscheidung und Gewinnung der Benzinkohlenwasserstoffe und Flüssiggase erforderlichen Verfahren und apparativen Einrichtungen sind im Prinzip die gleichen wie sie z. B. bei der Aufbereitung von Erdgasen und dgl. Verwendung finden.

α) Adsorption.

Die Gewinnung der Benzin- und Gasol-Kohlenwasserstoffe durch adsorptive Bindung an Aktivkohle ist an Hand des nachstehenden Beispiels erläutert.

Zur Herstellung von flüssigen und festen Kohlenwasserstoffen werden z. B. 1000 Normal-Kubikmeter Synthesegas, das noch 0,5 g Harzbildner bzw. Harzbildner enthaltende Kohlenwasserstoffe und 0,01 g organischen Schwefel je Normal-Kubikmeter enthält, stündlich durch zwei hintereinander geschaltete Kontaktöfen geleitet, wobei sich stündlich 110 kg Benzin, höhersiedendes Öl und Paraffin bilden. Die Gaskontraktion in den Kontaktöfen beträgt 75 Prozent, d. h. es verbleiben nach Durchtritt durch die Kontaktöfen 250 Normal-Kubikmeter Endgas.

Bei Abkühlung des Restgases scheiden sich neben Reaktionswasser 75 kg höhersiedendes Öl und Paraffin je Stunde ab, während 35 kg Benzin und 15 kg gasförmige, leicht verflüssigbare C_3-C_4-Kohlenwasserstoffe im abgekühlten Restgas verbleiben, zu dessen Rückgewinnung das Gas in einer Aktivkohle-Anlage behandelt wird.

Bei der Entfernung von Benzin und leicht verflüssigbaren Kohlenwasserstoffen aus den Synthese-Endgasen mit Hilfe von Aktivkohle verfährt man in der Regel in der Weise, daß man die mit den Kohlenwasserstoffen beladene Aktivkohle zur Gewinnung der Kohlenwasserstoffe mit Wasserdampf ausdämpft und danach mit dem austretenden Austrittsgas trocknet und kühlt, worauf sie von neuem beladen wird.

In dem vorbeschriebenen Verfahrensbeispiel vollzieht sich der Vorgang wie folgt:

Die 4 Adsorber mit je 1 t Aktivkohle der Adsorptionsanlage sind hintereinander geschaltet, derart, daß das Austrittsgas zunächst durch den ersten in Beladung befindlichen Adsorber und von diesem in den zweiten Adsorber nach Aufheizung zum Trocknen und von diesem nach Abkühlung durch den dritten Adsorber zur Kühlung der Aktivkohle geführt wird, während der vierte Adsorber sich in Ausdämpfung befindet. Da Wert auf die Mitgewinnung der gasförmigen, leicht verflüssigbaren Kohlenwasserstoffe gelegt wird, kann die Aktivkohle nur mit maximal 5 Prozent ihres Gewichtes an Benzin und gasförmigen, leicht verflüssigbaren Kohlenwasserstoffen beladen werden. Die Umschaltung wird daher stündlich vorgenommen.

---

[1] Herbert, W. u. H. Rüping: Chem. Fabrik 13 (1940) 149.

Bei dieser Arbeitsweise stehen für die Trocknung und Kühlung der Aktivkohle nur geringe Gasmengen zur Verfügung. Aus diesem Grunde ist es erforderlich, das Gas zum Zwecke der Trocknung und Kühlung immerzu im Kreislauf zu führen, was besondere Kreislaufeinrichtungen, Aufheiz- und Kühlvorrichtungen usw. erforderlich macht.

Bei der beispielsweise erwähnten Aktivkohleanlage werden zum Trocknen bzw. zum Kühlen einer Tonne Aktivkohle rund 1000 Normal-Kubikmeter Gas benötigt, während aber stündlich nur 250 Normal-Kubikmeter Endgas zur Verfügung stehen, so daß man gezwungen ist, das Trocken- und Kühlgas im Kreislauf durch die zu trocknenden und kühlenden Adsorber zu führen.

Diese zusätzlichen Vorrichtungen sind jedoch nach W. Herbert[1] nicht erforderlich, wenn man zur Trocknung und Kühlung der Aktivkohle das Synthese-Ausgangsgas verwendet.

Dieses Synthesegas steht in ausreichenden Mengen zur Verfügung, so daß fast immer ein einfacher Durchgang durch die zu trocknende bzw. zu kühlende Aktivkohle genügt, um eine ausreichende Trocknung und Kühlung zu erreichen. In den Fällen, in denen ein einfacher Durchgang zur Trocknung und Kühlung nicht ausreicht, wird aber ein zwei- bis dreimaliger Wechsel genügen.

Diese Arbeitsweise bietet den weiteren Vorteil, daß neben der Trocknung und Kühlung der Aktivkohle noch gleichzeitig eine Feinreinigung des Synthesegases nach seinem Durchgang durch die Schwefelwasserstoff-Reinigung erfolgt, bei welcher noch die im Synthesegas zurückgebliebenen Reste von organischen Schwefel- und anderen Verunreinigungen entfernt werden (s. S. 138). Da es sich um relativ kleine Mengen aufzunehmender Verunreinigungen im Verhältnis zu der großen zu trocknenden bzw. zu kühlenden Aktivkohlenmenge handelt, erfolgt ihre Abscheidung auch bei hohen Temperaturen, wie sie praktisch üblicherweise beim Trocknen und Kühlen herrschen, praktisch vollkommen.

Auch ein Teil des im Synthese-Ausgangsgas enthaltenen Kohlendioxyds wird entfernt, so daß ein Gas von vermindertem Gehalt an inerten Bestandteilen zur Synthese gelangt. Die Folge hiervon ist weiter, daß der Synthese-Prozeß im günstigen Sinne beeinflußt wird. Die Lebensdauer der Kontakte wird ferner erheblich erhöht und ebenso die Ausbeute in der Synthese-Anlage.

Wird z. B. zur Trocknung und Kühlung der Aktivkohle ein Synthesegas mit dem angegebenen Gehalt an Verunreinigungen verwendet, so geht der Gehalt an organischem Schwefel bis auf 0,002 g je Normal-Kubikmeter herunter.

Eine Umführung des Gases im Kreislauf ist nicht notwendig, da 1000 Normal-Kubikmeter Synthese-Ausgangsgas je Stunde, an Stelle von 250 Normal-Kubikmeter Synthese-Endgas, zur Verfügung stehen, die genügen, die Aktivkohle bei einmaligem Durchgang zu trocknen bzw. zu kühlen.

Der Trocknung bzw. Kühlung mit Synthese-Ausgangsgas schließt sich sodann die Behandlung der 250 Normal-Kubikmeter Synthese-Endgas an, bei der die Kohle

---

[1] D.R.P. 737 620, F.P. 824 135, Carbo-Norit-Union-Verwaltungs G.m.b.H.

15*

zusätzlich mit dem im Endgas enthaltenden harzbildnerfreien Benzin und den gasförmigen, leicht verflüssigbaren Kohlenwasserstoffen beladen wird. Nach beendeter Beladung werden sodann die in den beiden vorangegangenen Arbeitsstufen adsorbierten Dämpfe durch Dampfbehandlung wieder von der Kohle abgetrieben und hierauf die ausgedämpfte Kohle wieder von neuem mit dem Synthese-Ausgangsgas getrocknet, gekühlt usw.

Die Lebensdauer der Aktivkohle ist wie bei der älteren Arbeitsweise bei Kreislaufführung der Synthese-Endgase vier Jahre; die Lebensdauer der Synthese-Kontakte erhöht sich jedoch von 2 auf 9 Monate. Gleichzeitig nimmt auch die Ausbeute in der Synthese-Anlage um rund 10 kg je Stunde, also um nahezu 10 Prozent zu.

Die bei dieser Arbeitsweise von der Aktivkohle aus dem Synthese-Ausgangsgas aufgenommenen und beim Ausdämpfen der Aktivkohle in das Austreibgemisch gelangenden Verunreinigungen verteilen sich beim Verflüssigen auf die verschiedenen flüssigen und gasförmigen Produkte. Ihre Menge ist jedoch so gering, daß sie bei der Verwendung dieser Produkte nicht stören.

Die Gewinnung der in den Synthese-Endgasen nach der Kondensation noch verbliebenen Benzin- und Gas-Kohlenwasserstoffe ist auch durch Adsorption an Aktivkohle bei höheren Drucken versucht worden. Allerdings wirkt sich der in diesen Endgasen vorhandene Gehalt an Kohlendioxyd bei dieser Druckadsorption hinderlich aus.

Nach K. Bratzler[1] kann man den bei der Druckadsorption schädlichen Einfluß des Kohlendioxyds dadurch beseitigen, daß man die Adsorption unter einem Druck vornimmt, der dem Kohlendioxyd-Gehalt des Gases umgekehrt proportional ist, wobei bei einem Kohlendioxyd-Gehalt von 5 Volumprozent ein Druck von maximal 6 atü als Vergleichswert zugrunde gelegt wird. Die Desorption kann unter dem gleichen oder unter einem niedrigeren Druck erfolgen.

Die nach erfolgter Ausdämpfung der mit Benzinkohlenwasserstoffen beladenen Aktivkohle erhaltenen Kohlenwasserstoffe müssen meist einer Rektifizierung unterworfen werden.

Nach einem Verfahren der Firma Carbo-Norit-Union-Verwaltungs G. m.b.H.[2] kann man die beim Austreiben der adsorbierten Stoffe aus der Aktivkohle mit Wasserdampf entweichenden Dämpfe unmittelbar einer Rektifizierung unterwerfen. Das so bis etwa 90° erhaltene Destillat ist praktisch frei von weniger flüchtigen Kohlenwasserstoffen.

Man kann z. B. das in die Kolonne einzuführende Dampfgemisch mit Kalkmilch waschen, um organische Sauerstoffverbindungen, wie Säuren, zu entfernen, deren Verbleib im Treibstoff unerwünscht ist.

Die Beladungsfähigkeit einer Aktivkohle, die zur Entfernung der leichten Kohlenwasserstoffe aus den Restgasen der Kohlenwasserstoff-Synthese aus Kohlenoxyd und Wasserstoff benützt wird, geht im Laufe einiger Zeit erheblich zurück.

---

[1] D.R.P. 724518, Aktivkohle-Union-Verwaltungs G.m.b.H.
[2] F.P. 824002, Carbo-Norit-Union-Verwaltungs G.m.b.H.

Dieser Rückgang der Adsorptionsleistung der Aktivkohle ist darauf zurückzuführen, daß sich auf der Aktivkohle hochsiedende Stoffe niederschlagen, die bei der gewöhnlichen Art der Ausdämpfung der beladenen Aktivkohle nicht mit den niedrig siedenden Kohlenwasserstoffen mitentfernt werden.

Eine solche, mit höhermolekularen Stoffen beladene, nicht mehr mit Wasserdampf unter üblichen Bedingungen vollständig regenerierbare Aktivkohle, läßt sich nach E. Weingaertner und W. Seemann[1] jedoch dadurch wiederbeleben, daß man die Aktivkohle mit Wasserdampf von verhältnismäßig hoher Temperatur behandelt und nach der Behandlung durch Besprühen mit kaltem Wasser rasch abkühlt.

Durch die Behandlung der mit höhermolekularen Stoffen teilweise beladenen Aktivkohle mit Wasserdampf bei Temperaturen von 300 bis 500° wird ein Teil der festgehaltenen Verunreinigungen fortgespült, ein anderer, insbesondere die Polymerisate niedermolekularer Verbindungen, unter Aufspaltung entfernt. Durch das plötzliche Abschrecken mit kaltem Wasser wird erzielt, daß Sekundärreaktionen, die zur Neubildung von Polymerisaten führen könnten, während der Abkühlzeit vermieden werden.

In einzelnen Fällen ist es vorteilhaft, dem zur Ausdämpfung benützten Wasserdampf kleine Mengen, etwa 2 bis 3 Prozent Luft beizumischen. Dadurch wird die Aktivität der wiederbelebten Kohle erheblich gesteigert. Es empfiehlt sich, den Zusatz von Luft erst gegen Ende der Wasserdampfbehandlung vorzunehmen.

Eine für die Gewinnung leichter Kohlenwasserstoffe aus den Restgasen der Kohlenwasserstoff-Synthese aus Kohlenoxyd und Wasserstoff nach Fischer-Tropsch längere Zeit benützte Aktivkohle wurde, nachdem sie einen erheblichen Teil ihrer Anfangsaktivität durch die Aufnahme von nicht mehr mit Wasserdampf bei üblichen Bedingungen, d. h. etwa 120 bis 130° austreibbaren Stoffen verloren hatte, bei einem Wassergehalt von etwa 3 bis 5 Prozent in einen turmartigen Schacht von 6 m Höhe und etwa 1 m Durchmesser eingefüllt. Die Aktivkohle ruht auf einem Siebboden. Der Schacht ist allseits isoliert und oben mit einer Zuführung von Schutzgas versehen. Unterhalb des Siebes, auf dem die Aktivkohle ruht, ist ein seitlicher Abgang für das austretende Gemisch von Wasserdampf und Paraffin- bzw. Öldampf, der über Kondensatoren auf einen Abscheider führt, in welchem sich das Paraffin vom Wasser trennt. Der Abscheider hat eine Entlüftung für etwa austretende Gase. Die Säule enthält unten eine Abfüllvorrichtung für die Kohle. Ein Extraktionsschacht der angegebenen Art enthält etwa 2,2 t trockene Aktivkohle.

Nach dem Einsetzen wird die Aktivkohle von oben nach unten zunächst mit etwa 1,5 t je Stunde Dampf von 125 bis 130° bespült. Danach wird der Dampf mittels eines Rekuperators auf 400 bis 430° überhitzt. Nach etwa 18 Stunden, gerechnet vom Beginn des Aufheizens auf 400 bis 430° an, wird die Dampfbeaufschlagung auf 1,25 Tonnen je Stunde zurückgenommen und die Temperatur um etwa weitere 20° erhöht. Die Beaufschlagung mit diesem Dampf dauert 8 Stunden.

---

[1] D.R.P. 749 793, ohne Firma, wahrscheinlich Braunkohle-Benzin A.G.

Danach wird der Dampf abgestellt und die Aktivkohle von oben her mittels Düsen mit Wasser berieselt, bis die Aktivkohle auf etwa 60 bis 80° abgekühlt ist. Sie fällt mit einer Feuchtigkeit von rund 60 bis 100 Prozent, bezogen auf trockene Aktivkohle, an und weist eine Aktivität von etwa 90 bis 95 Prozent der ursprünglichen auf.

Die in den Poren der Aktivkohle sich im Laufe der Zeit absetzenden Polymerisate oder Harze können auch durch Extraktion mit geeigneten Lösungsmitteln entfernt werden.

Eine Extraktion mit normalem Benzin führt jedoch nicht zum Ziele.

Nach W. Herbert[1] kann man eine zufriedenstellende Entfernung der auf den Adsorptionsmitteln niedergeschlagenen Polymerisationsprodukte erzielen, wenn man die geschädigten Adsorptionsmittel zunächst einer Behandlung mit schwerem Benzin mit einem Siedebereich zwischen 120 und 250° unterwirft, hierauf mit einem Benzin im Siedebereich zwischen 30 und 120° behandelt und die bei dieser Behandlung mit Adsorptionsmitteln verbliebenen Lösungsmittelreste anschließend durch Ausdämpfen austreibt.

Dabei ist Sorge zu tragen, daß die aufeinanderfolgende Extraktion mit schwerem und leichtem Benzin in der Nähe des Siedepunktes der Benzine durchgeführt wird. Zweckmäßig ist es, noch oberhalb des Siedepunktes der Benzine zu arbeiten, in welchem Falle die Extraktion natürlich unter entsprechend erhöhtem Druck durchgeführt werden muß.

Eine solche Schädigung der Aktivkohle tritt auch dann ein, wenn bei der Durchführung der Synthese in mehreren Stufen nach jeder Arbeitsstufe die in dieser Stufe gebildeten Reaktionsprodukte mittels fester Adsorbentien, besonders Aktivkohle oder Kieselgel, herausgenommen und gewonnen werden.

Bei dieser Arbeitsweise gelangen mit dem Reaktionsgas hochsiedende Reaktionsprodukte, wie Paraffin oder Öle, in Nebel- oder Dampfform in die Adsorptionsanlage und scheiden sich dort in den Poren des Adsorbens ab. Sie können infolge ihres geringen Dampfdruckes beim Ausdämpfen mit Wasserdampf nicht wieder ausgetrieben werden und reichern sich immer mehr an, wobei sie nach einer großen Anzahl von Beladungen das Adsorbens so schädigen, daß dasselbe einer Regeneration unterworfen werden muß.

Bei der Benzin-Synthese arbeitet man gewöhnlich mit zwei Synthese-Stufen. Hierbei ist die Schaltung die folgende:

Synthese-Stufe 1, Kondensations-Stufe 1, Aktivkohle-Anlage 1; Synthese-Stufe 2, Kondensations-Stufe 2 und Aktivkohle-Anlage 2.

Die Aktivkohle-Anlage 1 hat im wesentlichen die Aufgabe, Benzin zu adsorbieren, während die gasförmigen, leicht verflüssigbaren Kohlenwasserstoffe in der Hauptsache durchgelassen werden. In der Aktivkohle-Anlage 2 werden Benzin und Gasol gleichzeitig gewonnen.

---

[1] D.R.P. 710677, Carbo-Norit-Union-Verwaltungs G.m.b.H.

In einer solchen beispielsweise angeführten Anlage, die nach dem vorbeschriebenen Betriebsschema arbeitete, betrug die Anreicherung an Paraffin und anderen hochsiedenden Kohlenwasserstoffen nach sechsmonatiger Betriebszeit in der Aktivkohle-Anlage 1 etwa 3 Prozent, in der Aktivkohle-Anlage 2 etwa 15 Prozent. Die Adsorptionsfähigkeit der Aktivkohle-Anlage 2 war durch die abgeschiedenen hochsiedenden Kohlenwasserstoffe derart vermindert, daß von einer genügenden Gasolausbeute nicht mehr die Rede sein konnte.

Diese in dem Adsorbens festgehaltenen hochmolekularen Stoffe lassen sich durch eine Extraktion mit bekannten Lösungsmitteln nicht beseitigen, so daß man das Adsorbens einer thermischen Regeneration unterziehen muß, ein Vorgang, der an sich umständlich, aber auch kostspielig ist.

Von W. Herbert[1] wurde nun die Beobachtung gemacht, daß ein in einer nachgeschalteten Stufe geschädigtes Adsorptionsmittel bei Benützung in einer vorhergehenden Stufe und bei nachfolgender Extraktionsausdämpfung eine Regeneration erfährt. Dies ist darauf zurückzuführen, daß das in den vorgeschalteten Stufen adsorbierte Benzin sowohl auf die in der bzw. den ersten als auch in den nachgeschalteten Stufen abgelagerten Stoffen lösend wirkt.

Die Regenerationswirkung der in einer vorgehenden Stufe geschalteten Aktivkohle-Anlage einer ursprünglich nachgeschalteten Stufe ist darauf zurückzuführen, daß infolge der hohen Benzinkonzentration in der Kohle bei jedesmaligem Ausdämpfen eine Extraktionswirkung auftritt, unter deren Einfluß die hochsiedenden Stoffe aufgelöst, insbesondere die Harze entfernt werden, während in den nachfolgenden Stufen beim Ausdämpfen eine nur ungenügende Extraktionswirkung eintritt, weil in diesem das Adsorbens mit zu geringen Mengen Benzin beladen wird, die zur Herbeiführung einer ausreichenden Regeneration nicht genügen.

Auf Grund dieser Erkenntnisse wird jeweils ein bei der Behandlung der Gase aus einer nachgeschalteten Stufe des Synthese-Verfahrens geschädigtes Adsorptionsmittel zur Behandlung der Gase aus einer vorhergehenden Arbeitsstufe verwendet und der sich an die Adsorptionsbehandlung anschließende Ausdämpfprozeß derart geleitet, daß eine Verflüssigung der Syntheseprodukte während des Ausdämpfvorganges in dem Adsorptionsmittel stattfindet.

Bei dieser Arbeitsweise kann man das Adsorbens, bevor es in die vorhergehende Stufe eingesetzt wird, einer Zwischenregeneration unterwerfen. Diese kann in einer Lösungsmittel- oder Chemikalien-Behandlung bestehen, aber auch durch eine Behandlung mit Gasen, z. B. Wasserdampf, vorgenommen werden, und zwar bei Temperaturen zwischen 200 und 700°, insbesondere 350 und 500°, bei welcher ein Abbrand der Kohlesubstanz im Falle der Verwendung von Aktivkohle als Adsorbens nicht zu befürchten ist.

---

[1] D.R.P. 747399, Carbo-Norit-Union-Verwaltungs G.m.b.H.

Weiterhin kann es von Vorteil sein, das Adsorptionsmittel der Arbeitsstufen, in der die Regeneration erfolgen soll, nur zum Teil aus einem
geschädigten Adsorbens der nachfolgenden Stufe bestehen zu lassen. In
diesem Falle ist es zweckmäßig, das zu regenerierende Adsorptionsmittel
im unteren Teil des Adsorbens zu verwenden, da hier der stärkste Ex-
traktionseffekt und mit Sicherheit eine schnelle Regeneration gewährleistet ist.

Ebenso ist es möglich, aus der nachgeschalteten Stufe nur die hauptsächlich geschädigten Teile des Adsorptionsmittels zur Regeneration in
die vorhergehende Stufe überzuführen und die weniger geschädigten
Teile zunächst noch in der ersten Stufe bis zur völligen Schädigung zu
belassen.

Auf Grund dieser Erkenntnisse wurde bei der früher benützten und im vorhergehenden Beispiel beschriebenen Arbeitsweise, nachdem die Aktivkohle-Anlage 2
praktisch nicht mehr einsatzfähig war, die Aktivkohle-Anlage 1 und Aktivkohle-
Anlage 2 miteinander vertauscht, so daß nunmehr Aktivkohle-Anlage 2 im wesentlichen der Benzinadsorption diente, während Aktivkohle-Anlage 1 zur gleichzeitigen
Gewinnung von Gasol und Benzin entsprechend dem oben angegebenen Betriebsschema bestimmt war.

Nach dieser Schaltung ergab nunmehr die an zweiter Stelle arbeitende Aktivkohle-Anlage 1 sofort eine volle Leistung hinsichtlich Benzin- und Gasolgewinnung.
Die nunmehr an erster Stelle arbeitende Aktivkohle-Anlage 2 ergab zunächst keine
volle Leistung, sie belud sich jedoch trotz der Restbeladung an hochsiedenden
Stoffen noch ausreichend mit Benzin, so daß nennenswerte Benzinverluste nicht
auftraten.

Nach der ersten Ausdämpfung der stets an erster Stelle arbeitenden Aktivkohle-
Anlage 2 war deren Beladung an hochsiedenden Stoffen von 15 auf 14 Prozent
heruntergegangen und nach einigen Tagen betrug, infolge der häufigen Ausdämp-
fungen (drei- bis sechsmal täglich) die Beladung der Aktivkohle an hochsiedenden
Stoffen nur noch 5 bis 8 Prozent. Nach mehreren Wochen war sie auf das dieser
Synthesestufe typische Niveau von 4 Prozent heruntergegangen. Damit hatte die
Aktivkohle-Anlage 2 ihre Ausgangsaktivität zurückerhalten.

Die an zweiter Stelle arbeitende Aktivkohle-Anlage 1 wurde so lange beladen,
bis die Beladung der Kohle an hochsiedenden Stoffen etwa 15 Prozent betrug und
somit eine genügende Gasolausbeute nicht mehr möglich war. Nach diesem Zeitpunkt wurden die beiden Aktivkohle-Anlagen wieder umgeschaltet, derart, daß die
in ihrer Adsorptionsfähigkeit geschädigte Aktivkohle-Anlage 1 wieder an erster
Stelle zu stehen kam, die regenerierte Aktivkohle-Anlage 2 dagegen wieder an
die zweite Stelle geschaltet wurde.

In dieser Weise wurde die Anlage mehrfach wechselartig umgeschaltet und die
Aktivität der Kohle lange Zeit auf einheitlicher Höhe gehalten, so daß ein Kohle-
ersatz bzw. eine durchgreifende Regeneration über eine beträchtliche Zeitdauer
nicht erforderlich war.

β) Absorption.

Die in Synthese-Endgasen nach Abscheidung der festen und hochsiedenden Kohlenwasserstoffe noch zurückgehaltenen Benzin- und
Gasol-Kohlenwasserstoffe können auch durch Auswaschen der Endgase
mit Kohlenwasserstoffölen gewonnen werden.

Zum Auswaschen der Benzin- und Gasol-Kohlenwasserstoffe verwendet die Firma Steinkohlenbergwerk Rheinpreußen[1] im wesentlichen sauerstoffreie Kohlenwasserstoffgemische, wie solche bei der Kohlenoxyd-Hydrierung bei gewöhnlichem oder erhöhtem Druck anfallen. Die Harz-, Pech- und Asphaltstoffe, die gleichzeitig von den Waschölen aufgenommen werden, können aus dem Wäscher oder Abtreiber abgetrennt werden.

Zur besseren Abtrennung der Harzbildner kann man das Auswaschen der Synthese-Endgase zum Zwecke der Abscheidung der leichten Kohlenwasserstoffe stufenweise vornehmen, derart, daß man zunächst die Gase mit einem Öl der Siedegrenzen von etwa 260 bis 290° bei erhöhter Temperatur und dann in der zweiten Stufe bei Raumtemperatur mit möglichst reinparaffinischen Kohlenwasserstoffen, z. B. aus der Kohlenoxyd-Hydrierung vornimmt[2].

Bei dieser Stufenbehandlung werden die Harzbildner in der ersten Stufe entfernt.

Dieses stufenweise Auswaschen der Gasol- und Benzinkohlenwasserstoffe enthaltenden Synthese-Endgase nimmt W. Herbert[3] in der Reihenfolge vom niedrigstsiedenden zum höchstsiedenden Bestandteil getrennt vor, wobei in jeder Stufe mit einem anderen Waschöl gearbeitet wird, derart, daß zum Auswaschen der niedrigstsiedenden Bestandteile der in der nächsten Stufe zu gewinnende Kohlenwasserstoff dient.

Dieses stufenweise Auswaschen kann man dabei so durchführen, daß man in der ersten Stufe Äthylen oder die Kohlenwasserstoffe mit 3 und 4 Kohlenstoffatomen gewinnt. Im ersteren Falle arbeitet man in drei, im letzteren Falle in zwei Stufen.

Bei dreistufiger Arbeitsweise wird in der ersten Stufe das Gas-Gemisch z. B. mit flüssigem Propan oder Butan gewaschen. Die Waschflüssigkeit nimmt neben etwa vorhandenem Benzin hauptsächlich Äthylen auf und in das Austrittsgas dieser ersten Waschstufe gehen Propan und Butan über. In der zweiten Waschstufe wird nunmehr dieses Gas mit Benzin gewaschen, wodurch Propan und Butan abgeschieden werden, dagegen das Benzin sich bis zur Sättigung des Austrittsgases in diesem anreichert. Das Benzin wird nunmehr in einer Nachwäsche oder durch eine Aktivkohleanlage gewonnen.

Bei dieser Arbeitsweise werden in der Vorwäsche die die verschiedensten Störungen hervorrufenden Harzbildner ganz oder zum Teil entfernt. Infolgedessen werden die Absorptionsmittel in den nachgeschalteten Stufen geschont und behalten ihre Wirksamkeit längere Zeit praktisch unverändert bei.

Beim Auswaschen im Zweistufen-Verfahren werden die niedrigstsiedenden Kohlenwasserstoffe, wie Propan und Butan und gegebenenfalls das Methan mit einem niedrigviscosen Waschmittel, etwa Benzin von 0,3 Englergrad in starken Umlauf versetzt und vorteilhaft der Druck bei der Absorption möglichst hoch und die Temperatur möglichst niedrig gehalten. Die Austreibung des mit den Gasol-

---

[1] F.P. 872238, Steinkohlenbergwerk Rheinpreußen.
[2] F.P. 51588, Zusatz zu F.P. 872238, Steinkohlenbergwerk Rheinpreußen.
[3] D.R.P. 740347, Metallgesellschaft A.G.

Kohlenwasserstoffen angereicherten Benzins wird durch Erwärmen über dem Beladungsdruck oder lediglich durch Druckerniedrigung oder auch durch Vereinigung beider Maßnahmen vorgenommen.

Da die Endgase im allgemeinen an Benzindämpfen nahezu gesättigt sind, so wird die nachgeschaltete zweite Waschstufe nicht mit der Wiedergewinnung der Verluste an Waschmitteln in der ersten Stufe zusätzlich belastet.

Auf diese Weise ist der Benzingehalt in dem die erste Verfahrensstufe verlassenden Gas praktisch unverändert. Das in den Abgasen der ersten Waschstufe enthaltene Benzin kann nun in einer zweiten Waschstufe oder auch in einer Aktivkohleanlage gewonnen werden.

Die vom Waschöl aufgenommenen Benzin- und Gasolkohlenwasserstoffe müssen aus ersterem zur Gewinnung ausgetrieben werden.

Die Firma Metallgesellschaft A.G.[1] benützt zum Austreiben der flüchtigen Bestandteile aus dem mit diesen angereicherten Waschöl die heißen Synthese-Endgase selbst, die noch die kondensierbaren Kohlenwasserstoffe enthalten. Dabei wird das Synthese-Endgas im Gegenstrom zum herabrieselnden Waschöl geführt.

Das so wiederbelebte Waschöl wird hierauf zum Auswaschen des an flüchtigen Kohlenwasserstoffen angereicherten Endgases benützt, nachdem man es mittel- oder unmittelbar gekühlt hat. Zu diesem Zweck kann man es im Wärmeaustausch mit dem in der nachfolgenden Stufe der Ölwäsche angereicherten Öl bringen.

Als Waschmittel wird das bei der Abkühlung der heißen Gase abfallende Kondensat verwendet.

Bei der Gewinnung von Gasol muß man das Gas einer Tiefkühlung unterwerfen, bevor es der nachfolgenden Wäsche mit Öl zugeführt wird.

b) Von Kohlendioxyd.

Die nach Abscheidung der kondensierbaren Bestandteile und Adsorption der Kohlenwasserstoffe mit niederem Siedepunkt verbleibenden Restgase der Synthese werden zwecks Gewinnung eines an Kohlendioxyd reichen Gases in zwei Stufen mit Adsorptionsmitteln, z. B. aktive Kohle, behandelt[2].

Beim Regenerieren der zweiten Stufe, z. B. mit Wasserdampf, werden die zuerst entweichenden Gase getrennt aufgefangen. Sie enthalten etwa 97 Prozent Kohlendioxyd. Der Gasrest besteht nur aus inerten Gasen.

c) Von Alkoholen.

Bei der Kohlenwasserstoff-Synthese unter Mitteldruck und über Katalysatoren auf Eisen-Basis werden neben Paraffin- und Olefinkohlenwasserstoffen geringe Mengen von 2 bis 5 Prozent an sauerstoffhaltigen Verbindungen, wie Alkohole, Aldehyde, Säuren und Ester, erhalten.

---

[1] F.P. 851182, Metallgesellschaft A.G. — [2] F.P. 836701, Ruhrchemie A.G.

Diese zunächst als unerwünschte Nebenprodukte angesehenen sauerstoffhaltigen Synthese-Produkte stellen jedoch wertvolle Rohstoffe für die chemische Industrie dar. Es erscheint deshalb verständlich, daß man durch besondere Lenkung der Kohlenoxyd-Hydrierung den Anteil an diesen sauerstoffhaltigen Primärprodukten, besonders aber an Alkoholen, bewußt zu erhöhen versucht hat.

Eine Steigerung der Alkoholausbeute bis auf etwa 55 Prozent der Gesamtmenge der bei der Kohlenoxyd-Hydrierung anfallenden Primärprodukte wird bei der bereits mehrfach genannten Synol-Synthese erzielt.

Die bei diesem Verfahren neben Kohlenwasserstoffen anfallenden Alkohole stellen Gemische von aliphatischen Alkoholen mit 2 bis 20 Kohlenstoffatomen im Molekül dar. Eine Reihe dieser Alkohole sind in technischem Ausmaße bisher noch nicht hergestellt worden. Man kann somit nicht nur diese, sondern auch bekannte Alkohole in einfacher Weise im großtechnischem Umfange herstellen[1].

So ist z. B. als Folge der Fischer-Tropsch-Synthese der Mangel an Äthyl- und Butylalkohol, der besonders während des Krieges in den Vereinigten Staaten von Nordamerika fühlbar war, weitgehend behoben.

Die normalen Alkohole, wie Propyl- und Amylalkohol, die bisher nur in kleinen Mengen und nie technisch hergestellt wurden, können nunmehr in großtechnischem Umfange gewonnen werden.

Die niedrigmolekularen Alkohole sind in dem bei der Kohlenoxyd-Hydrierung gemäß der auf S. 8 angegebenen Gleichung gleichzeitig gebildeten Reaktionswasser gelöst und müssen aus diesem in bekannter Weise gewonnen werden.

Die höhermolekularen Alkohole liegen im Gemisch mit den gleichzeitig gebildeten Kohlenwasserstoffen vor.

Sofern diese Alkohol-Kohlenwasserstoff-Gemische als solche, z. B. als Schaumbekämpfungsmittel, Lösungsmittel und dgl., Verwendung finden, stören die gleichzeitig anwesenden Kohlenwasserstoffe nicht.

Im anderen Falle müssen die Alkohole aus dem Alkohol-Kohlenwasserstoff-Gemisch abgetrennt werden.

Die Trennung kann entweder durch Veresterung oder Extraktion der Alkohole aus dem Alkohol-Kohlenwasserstoff-Gemisch erfolgen.

Als Veresterungskomponente benützt man zweckmäßig Borsäure nach einem modifizierten Verfahren von Deppe und Zeitschel[2]. Nach erfolgter Veresterung werden die störenden Begleitstoffe abgetrieben und die Ester mit Wasser verseift.

Nach dieser Arbeitsweise[3] werden die kohlenwasserstoffhaltigen Alkohole und etwas mehr als die theoretisch nötige Menge Borsäure, berechnet auf Diester, in ein Veresterungsgefäß eingefüllt. Das Gefäß ist zweckmäßig als Abtreibekolonne

---

[1] Wenzel, W.: Angew. Chem. B. 20 (1948) 225.
[2] E.P. 252570, Deppe und Zeitschel.
[3] Wenzel, W.: Angew. Chem. B. 20 (1948) 225.

ausgebildet. Das Gemisch wird unter Rühren, z. B. starkem Umpumpen erhitzt, wobei die Alkohole verestern und das entstehende Wasser abdestilliert wird. Es nimmt geringe Mengen Borsäure mit und wird deshalb bei der Verseifung wieder in den Prozeß zurückgeführt, soweit nicht ein Wasserüberschuß im Kreislauf zu seiner Ausscheidung zwingt. Die Vertreibung des Wassers wird durch anschließende Überdestillation der Begleitkohlenwasserstoffe vervollständigt. Sie kann durch Vakuum, Zugabe von leichten Kohlenwasserstoffen oder Einleiten von Inertgasen beschleunigt werden, vor allem, wenn die letzten Teile überdestilliert werden sollen. Die Borsäureester sieden ganz wesentlich höher als die Begleitkohlenwasserstoffe. Es gelingt, die Ester weitgehend davon zu befreien und damit die Grundlage für eine erfolgreiche Isolierung der Alkohole zu schaffen.

Die reinen Ester gehen über ein Puffergefäß zur Verseifung, die mit Wasser von 95° sofort erfolgt. Die abgespaltene Borsäure verteilt sich zwischen dem Wasser und den Alkoholen als zwei nicht mischbaren Lösungsmitteln. Der Vorgang kann sehr gut in einer Glockenbodenkolonne durchgeführt werden. Dabei wird das Wasser von oben nach unten und der Ester in umgekehrter Richtung geführt. Es wird dann unten die heiße gesättigte Borsäurelösung und oben der freie Alkohol abgezogen. Er wird noch einmal mit heißem Frischwasser nachgewaschen und dann destilliert.

Die heiße Borsäurelösung wird abgekühlt, die auskristallisierte Säure abgefiltert und mit der anhängenden Feuchtigkeit in den Veresterungsprozeß zurückgeführt. Das Filtrat, bei Filtrationstemperatur mit Borsäure gesättigt, geht in den Verseifungsbehälter zurück.

Dank des sehr großen Löslichkeitsunterschiedes bei 15 und 95° läßt sich das Verfahren mit verhältnismäßig geringem Wasserkreislauf durchführen. Es wird noch wirtschaftlicher, wenn man noch unter die Temperatur des üblichen Kühlwassers abkühlt und durch Anwendung von Druck bei der verseifenden Extraktion höhere Temperaturen ermöglicht.

Nach einem anderen von H. Sonksen und H. Grasshof[1] angegebenen Verfahren werden die bei der Kohlenoxyd-Hydrierung unter höheren Drucken anfallenden höheren Alkohole aus dem Rohöl durch Extraktion gewonnen, wobei man zur Herabsetzung der Löslichkeit der Alkohole in Wasser Basen, wie Natriumhydroxyd oder Kaliumcarbonat, oder Salze, wie Natriumchlorid oder Natriumacetat, zusetzt.

Man kann auch die im Rohöl vorhandenen ungesättigten Kohlenwasserstoffe vorerst ebenfalls durch Extraktion abtrennen und erst dann die Alkohole unter Zusatz der genannten Stoffe extrahieren, und zwar unter Verwendung von Pentan, Isopentan, Hexan oder Propan als Lösungsmittel.

d) Von Säuren.

Bei der Hydrierung von Kohlenoxyd in Gegenwart von Katalysatoren auf Kobalt-Basis wird gemäß der Gleichung 11 (s. S. 8) neben den Kohlenwasserstoffen noch Reaktionswasser gebildet, das einen Teil der gleichfalls bei dieser Umsetzung entstehenden niedermolekularen Säuren gelöst enthält.

---

[1] Norweg. P. 63409, I.G. Farbenindustrie A.G.

H. Koch, H. Pichler und H. Kölbel[1] konnten aus diesem Reaktionswasser 0,35 Prozent, bezogen auf die Ausbeute an Kohlenwasserstoffen lösliche Säuren gewinnen, die zu etwa zwei Drittel aus Essigsäure bestanden; daneben wurden Ameisensäure, Propionsäure
und Buttersäure isoliert.

Ein weiterer Anteil von bei der Kohlenoxyd-Hydrierung gleichzeitig
gebildeten Säuren wird bei der Aufarbeitung der Kohlenwasserstoffe
gewonnen.

II. Anwendung.

Entsprechend dem ursprünglichen Zweck der Fischer-Tropsch-Synthese, vollwertige Ersatzstoffe für die in Deutschland in unzureichenden
Mengen vorhandenen Mineralöle zu schaffen, erfolgt nicht nur die bereits
behandelte Gewinnung der einzelnen Synthese-Produkte aus dem Reaktionsgemisch, sondern auch die Anwendung und Veredlung der einzelnen Primärprodukte nach den in der Mineralölindustrie üblichen
Gesichtspunkten.

Die besondere Reinheit der Primärprodukte ermöglicht jedoch nicht
nur deren Anwendung an Stelle der Erdölprodukte im ursprünglichen
Sinne, sondern auch auf den verschiedensten Gebieten der chemischen
Industrie.

a) Restgas.

Das bei der Kohlenoxyd-Hydrierung nach der Entfernung und Gewinnung von Gasol zurückbleibende Restgas wird ebenfalls technisch
verwertet.

Es dient zunächst zur Herstellung von frischem Synthese-Gas
(s. S. 125). Ferner wird bei mehreren deutschen Fischer-Tropsch-Anlagen die mit den Anlagen kombinierte Kokerei mit den Restgasen ver-
sorgt[2].

Nach Angaben der Firma Ruhrchemie[3] kann das Restgas auch als
Zusatz für Stadtgas dienen, da dieses Gas normgerecht ist. Mit der Inbetriebnahme der gesamten Synthese-Werke an der Ruhr könnte, ab-
gesehen von der Erhöhung der laufenden Gasdarbietung mit 10 Prozent,
die Winterspitze in Größenordnung von 20 bis 25 Prozent abgedeckt
werden.

b) Gasol.

Die bei der Kohlenwasserstoff-Synthese in den auf S. 219 angegebenen Mengen anfallenden Kohlenwasserstoffe mit drei und vier Kohlenstoffatomen im Molekül finden vornehmlich als Flüssiggase oder Gasol

---

[1] Koch, H., H. Pichler u. H. Kölbel: Brennstoff-Chem. 16 (1935) 382.

[2] Steinkohlenbergwerk Rheinpreußen, Essener Steinkohle, Krupp und Gewerkschaft Victor. — [3] Paul, H.: Chem.-Ing.-Technik 21 (1949) 110.

als Motortreibmittel oder als Verschnitt zu diesen Verwendung. Sie
fallen bei der Gewinnung aus den Primärprodukten in solcher Reinheit
an, daß eine weitere Veredlung im allgemeinen nicht erforderlich ist.

Dieser hohe Reinheitsgrad der Gasol-Kohlenwasserstoffe ermöglicht
auch deren Verwendung als Lösungs- oder Extraktionsmittel in der
Mineralöl- oder chemischen Industrie.

c) Benzin.

Die bis zu 200° siedenden Fraktionen der flüssigen Primärprodukte
besitzen Benzin-Charakter und finden gleichfalls Verwendung als Kraft-
stoff.

Niedrigsiedende Kohlenwasserstoffe vom Benzin-Charakter mit engem
Siedebereich dienen ferner in der Lack- und Farbenindustrie als Lösungsmittel.

Um den Synthese-Benzinen den mitunter anhaftenden scharfen Geruch zu nehmen, behandelt man diese Benzine zunächst mit Verbindungen die mehrere Hydroxylgruppen enthalten, wie Glyzerin oder Pyro-
gallol[1]. Hierbei werden die freien organischen Säuren als Ester gebunden.
Anschließend wäscht man mit Natronlauge und bzw. oder Wasser.

Zur Beseitigung der in den Synthese-Benzinen vorhandenen sauerstoffhaltigen Verbindungen, wie Aldehyde, Ketone, Säuren oder Ester,
behandeln W. Michael und A. Büttner[2] die bei der Umsetzung des
Kohlenoxyds mit Wasserstoff erhaltenen Benzine in Dampfform bei
Temperaturen zwischen etwa 300 und 400° über Erden, wie Tonerde
oder Bauxit, oder über Magnesia, Zinkoxyd oder Aluminiumphosphat.
Der in den sauerstoffhaltigen Verbindungen vorliegende Sauerstoff wird
dabei hauptsächlich in Form von Wasser entfernt, dabei wird gleichzeitig
die Octanzahl des Benzins um mehrere Einheiten erhöht.

Ein Gasgemisch, das 42 Prozent Kohlenoxyd, 57 Prozent Wasserstoff und
1 Prozent Stickstoff enthält, wird bei 20 Atmosphären und 330° über einen bei
850° gesinterten Eisenkatalysator geführt, wobei nach dem Umwälzverfahren[3] gearbeitet wird. Es wird ein zum größten Teil aus Kohlenwasserstoffen bestehendes
Öl erhalten, dessen Benzinfraktion etwa 3 bis 4 Prozent Sauerstoff enthält.

Die Benzinfraktion wird dampfförmig bei 400° unter gewöhnlichem Druck über
Tonerdegel mit einer stündlichen Durchsatzgeschwindigkeit von 0,5 Liter, als
Flüssigkeit gemessen, je Liter Katalysatorraum geleitet. Das Benzin ist siedegerecht
und hat eine Octanzahl von 84, während es unbehandelt eine solche von nur 80 besaß.

Die Entfernung der sauerstoffhaltigen Verunreinigungen gelingt nach
Feststellungen der gleichen Forscher[4] auch bei Temperaturen oberhalb
400 bis 450°, zweckmäßig bei etwa 430°.

---

[1] D.R.P. 719499, Krupp Treibstoffwerk G.m.b.H.

[2] D.R.P. 735276, I.G. Farbenindustrie A.G.; F.P. 860383, N.V. Internationale
Koolwaterstoffen Synthese Mij.; International Hydrocarbon Synthetis Co.

[3] F.P. 855136, N.V. Internationale Koolwaterstoffen Synthese Mij.; International Hydrocarbon Synthesis Co. — [4] D.R.P. 738709, I.G. Farbenindustrie A.G.

Die gemäß dem vorhergehenden Beispiel erhaltene Benzinfraktion wird dampfförmig bei 450° unter gewöhnlichem Druck über Tonerdegel mit einer stündlichen Durchsatzgeschwindigkeit von 0,5 Liter, als Flüssigkeit gerechnet, geleitet. Der Sauerstoff wird als Wasser bis auf weniger als 0,5 Prozent entfernt. Die Verluste an Gas betragen nur 2 Prozent. Das siedegerechte Benzin hat eine Octanzahl von 84, während es unbehandelt eine Octanzahl von nur 76 besitzt.

Neben sauerstoffhaltigen Verunreinigungen können in den bei der Kohlenoxyd-Hydrierung anfallenden Benzin-Kohlenwasserstoffen noch verharzende Bestandteile vorhanden sein. Zu deren Entfernung behandelt die Firma Ruhrchemie A.G.[1] das Synthese-Benzin bei etwa 150 bis 400° mit einer mit Säure aktivierten Bleicherde, der auch noch Aluminiumchlorid, Zinkchlorid, Borchlorid oder Phosphorsäure zugesetzt sein kann. Neben der Entfernung der Harzanteile wird noch eine Steigerung der Octanzahl bewirkt.

Von den nach den vorbeschriebenen Synthese-Verfahren erhaltenen Benzinen besitzen nicht alle die erforderliche Klopffestigkeit, die zur ausreichenden Steigerung der Motorkompression und damit der Motorenleistung notwendig ist.

Eine Verbesserung der Klopffestigkeit des bei der Kohlenoxyd-Hydrierung erhaltenen Benzins kann man schon erreichen, wenn man die beim Austreiben des an Aktivkohle adsorbierten Synthese-Benzins mit Wasserdampf entweichenden Benzin-Dämpfe unmittelbar einer Rektifizierung unterwirft, so daß das bei etwa 90° erhaltene Destillat praktisch frei von weniger flüchtigen Paraffinen ist[2]. Man kann ferner das in die Kolonne einzuführende Dampfgemisch mit z. B. Kalkmilch waschen, um organische sauerstoffhaltige Verbindungen zu entfernen, deren Verbleib im Trägerstoff unerwünscht ist.

Auch durch bestimmte Zusätze kann man aus weniger klopffesten Primärprodukten oder Teilfraktionen diese wertvollen Treibstoffe mit relativ hohen Octanzahlen erhalten.

So wird z. B. die Klopffestigkeit schon durch Zusatz von Bleitetraäthyl erhöht. Man kann die Bleiempfindlichkeit des Synthese-Benzins noch erhöhen, wenn man dem Benzin verflüssigtes Propan oder Butan zusetzt[3]. Der Anteil an diesen Flüssiggasen kann dabei 10 bis 20 Prozent betragen.

Eine Erhöhung der Klopffestigkeit des Synthese-Benzins wird ferner durch Zusatz von Benzol, Alkoholen usw. bewirkt. Um die Klopffestigkeit zu erhöhen, beläßt man deshalb von den sauerstoffhaltigen Verbindungen, die bei der Kohlenoxyd-Hydrierung mitgebildet werden, die Alkohole in dem Synthese-Benzin.

[1] Ital. P. 374759, Ruhrchemie A.G.
[2] F.P. 824002, Carbo-Norit-Union-Verwaltungs G.m.b.H.
[3] F.P. 871999, Julius Pinsch A.G.

Als Zusatz zu Synthese-Benzin verwendet man ferner einen Treibstoff, den man erhält, wenn man Acetondampf zusammen mit Wasserstoff oder einem wasserstoffhaltigen Gas bei Temperaturen zwischen 130 und 210°, zweckmäßig bei erhöhtem Druck über Kobalt oder Thoriumoxyd leitet[1].

Eine weitere Möglichkeit, die Klopffestigkeit der Synthese-Benzine zu erhöhen, besteht darin, daß man diese einer thermischen Nachbehandlung unter Druck, zweckmäßig in Gegenwart von Katalysatoren unterwirft.

Auf diese Weise gelingt es, die Octanzahl der im Benzin-Siedebereich liegenden Kohlenwasserstoff-Fraktionen auf 63 zu steigern, wobei aber gleichzeitig ein bedeutender Anteil der Benzin-Kohlenwasserstoffe in gasförmige Kohlenwasserstoffe, wie Methan, Äthan, Äthylen, übergeführt wird.

Eine wesentliche Erhöhung der Klopffestigkeit durch Erhitzen der Benzine der Kohlenoxyd-Hydrierung wird jedoch erreicht, wenn diese Erhitzung in Gegenwart von geringen Mengen von ganz oder teilweise von der Asche abgetrennten bituminösen Extrakten der Steinkohlen oder Braunkohlen durchgeführt wird[2]. Eine solche Verbesserung der Klopffestigkeit wird bereits erreicht, wenn die Kohlenextrakte in einer Menge von rund 10 Teilen, bezogen auf die Gesamtmischung, angewandt werden.

Es gelingt hierbei beispielsweise für die unter 200° übergehenden Anteile der Kohlenwasserstoffe eine Octanzahl von 70 und darüber zu erhalten, während beim Erhitzen der Primärprodukte in Abwesenheit von Kohlenextrakten höchstens eine Klopffestigkeit der im Siedebereich des Benzins liegenden Treibstoffe von 63 erhalten wird; dabei wird aber gleichzeitig die Menge der mitgebildeten gasförmigen Verbindungen ganz wesentlich herabgesetzt.

In einem Hochdruckbehälter wird eine Mischung von 10 Teilen feinstgepulvertem Kohlenextrakt und 90 Teilen eines Schwerbenzins vom Siedebereich von etwa 200 bis 250° mit dem spezifischen Gewicht von 0,760, das durch katalytische Hydrierung von Kohlenoxyd und Wasserstoff erhalten wurde, unter Zusatz von 5 Prozent Molybdänsäure-Kontakt gepumpt. Die Reaktionstemperatur wird auf 480 bis 500° gehalten und der Druck auf 80 at eingestellt. Nach der Entspannung und Entfernung des gebildeten und im Öl gelösten Gases wird das austretende grün fluoreszierende Ölgemisch destilliert. Das unter 200° übergehende Benzin hat eine Octanzahl von 70, während das ohne Extraktzusatz gewonnene Benzin eine Octanzahl von nur 63 liefert. Die über 200° siedenden Anteile gehen nach Zusatz von Frischmaterial im Kreislauf wieder durch den Autoklaven.

Es gelingt so, etwa 80 Prozent des eingeführten Schwerbenzins in ein unter 200° siedendes Produkt von der Octanzahl 70 überzuführen.

Nach Erschöpfung wird der gealterte Kontakt mit nichtumgesetzten Anteilen des Extraktes durch Filtrieren vom Öl getrennt und der Kontakt regeneriert.

---

[1] F.P. 858790, Synthesis Co. Ltd. und W. W. Middleton.
[2] D.R.P. 726197, Ruhrchemie A.G.

Um die Octanzahl von Synthese-Benzin zu verbessern, behandelt die Firma Ruhrchemie A.G.[1] letzteres bei Temperaturen zwischen 150 und 400° mit Kieselsäuregel oder aktivierten Bleicherden, besonders solchen, die mit Salz- oder Schwefelsäure aktiviert wurden, wie Granosil oder Tonsil. Auch Erden, auf die Chloride des Aluminiums, Bors oder Eisens bzw. Phosphorsäure aufgebracht sind, können verwendet werden. Wenn die Aktivität der Erden im Laufe der Behandlung der Kohlenwasserstoffe nachläßt, wird die Reaktionstemperatur erhöht.

Auch durch weitere, für die Aufarbeitung von Kohlenwasserstoffen anderer Herkunft entwickelte Verfahren, läßt sich die Klopffestigkeit der bei der Kohlenoxyd-Hydrierung erhaltenen Benzinkohlenwasserstoffe verbessern. Dies gelingt z. B. durch Dehydrierung, Isomerisierung oder Aromatisierung der Benzinkohlenwasserstoffe.

Die Aromatisierung der Benzinkohlenwasserstoffe erfolgt zweckmäßig in Gegenwart von Katalysatoren, die in wechselnder Menge Chromoxyd und Aluminiumoxyd und gegebenenfalls geringe Mengen von Manganoxyd und Thoriumoxyd enthalten. Besondere Vorteile bieten Katalysatoren, die weit über 10 Prozent, bis etwa 50 Prozent Chromoxyd, zweckmäßig etwa 30 Prozent Chromoxyd, enthalten.

Nach W. Rottig[2] kann man die Wirkung dieser Katalysatoren durch aktivierende Zusätze von Nickel, Kobalt oder ihren gegenseitigen Mischungen weitgehend verbessern. Zweckmäßig werden diese Zusatzmetalle in Form ihrer Nitrate der Chromnitratschmelze beigemischt. Als besonders zweckmäßig hat sich die Kombination Chrom-Nickel-Mangan von beispielsweise 5 Teilen Nickel und 0,5 Teilen Manganoxyd auf 100 Teile Chromoxyd erwiesen.

Zur Herstellung eines Kontaktes dieser Art wird ein aus Aluminiumnitratlösung durch Fällung gewonnenes Aluminiumoxydhydrat von verhältnismäßig hoher Reinheit und sehr geringem Alkaligehalt bei hohen Temperaturen, etwa 700°, calziniert und in eine auf etwa 50 bis 60° erhitzte wäßrige Schmelze von Chromnitrat eingetragen, welche auf 1000 g Chromoxyd etwa 50 g Nickel und 5 g Manganoxyd enthält. Hierbei wird ein Aluminiumoxyd-Chromoxyd-Verhältnis von etwa 2 zu 1 eingehalten. Die Mischung wird zu einer Paste angerührt und in einer Schichtdicke von etwa 2 bis 5 mm getrocknet. Die getrocknete Masse wird anschließend auf 600° erhitzt und 90 Minuten lang auf dieser Temperatur gehalten. Nach der Trocknung wird das entstandene hochporöse Material zerkleinert und auf eine Korngröße von etwa 1 bis 3 mm abgesiebt.

Mit dem vorbeschriebenen Kontakt erfolgt die Behandlung des Benzins in folgender Weise:

In einen senkrecht angeordneten Ofen wird über diesen Kontakt, der die Bestandteile Chromoxyd, Nickel und Manganoxyd im Verhältnis 10 zu 5 zu 0,5 enthält, bei 470° je Stunde und Liter Kontaktmasse, 0,1 Liter einer zwischen 100 und 200° siedenden Fraktion eines bei der katalytischen Kohlenoxyd-Hydrierung bei

---

[1] F.P. 866 308, Ruhrchemie A.G. — [2] D.R.P. 736 839, Ruhrchemie A.G.

gewöhnlichem Druck gewonnenen Benzins geleitet. Von dem eingesetzten Benzin werden über 90 Prozent in Form normalflüssiger Produkte mit einer Octanzahl von 60 bis 70 zurückgewonnen.

Das bei der Reaktion anfallende Gas besteht zu etwa 90 Prozent aus Wasserstoff und kann der katalytischen Benzinsynthese unmittelbar zugeführt werden, so daß es auf diese Weise gelingt, die erwähnten Kohlenwasserstoff-Fraktionen mit äußerst geringen Verlusten in hochwertige Treibstoffe überzuführen.

Vor der Inbetriebnahme des Reaktionsofens wird der Katalysator durch Überleiten von Wasserstoff reduziert. Anschließend leitet man während der Dauer von 60 bis 120 Minuten Benzindämpfe durch den Ofen. Hierauf verdrängt man die Benzindämpfe durch inerte Gase und brennt den auf dem Katalysator abgeschiedenen Kohlenstoff aus. Darauf wird die Verbrennungsluft durch ein inertes Gas verdrängt, der Katalysator kurzfristig mit Wasserstoff reduziert und anschließend die Aromatisierung von neuem begonnen. Der Katalysator kann ohne Abfall seiner Aktivität im Dauerbetrieb verwendet werden.

Nach A. Hagemann[1] kann man hochwertige Kraftstoffe aus den Primär-Produkten auch erhalten, wenn man von den durch Kohlenoxyd-Hydrierung gewonnenen Kohlenwasserstoff-Gemischen die C_3- bis C_6-Fraktion polymerisiert und gegebenenfalls hydriert, während die C_7- bis C_{10}-Fraktion einer aromatisierenden Behandlung unterworfen wird. Die so vorbehandelten Fraktionen werden sodann im bestimmten Verhältnis wieder zusammengemischt. Man kann auf diese Weise jede Fraktion der ihrer Siedelage entsprechenden, am besten geeigneten Behandlung unterwerfen und hierdurch hohe Klopffestigkeit bei geringsten Verarbeitungskosten erzielen.

Besonders vorteilhaft ist dieses Veredlungsverfahren, wenn es auf Synthese-Produkte angewendet wird, die mit Wassergas und Arbeiten im Kreislauf erhalten werden.

Weitere Vorteile ergeben sich, wenn man die zur Verwertung kommenden Fraktionen einer isomerisierenden Vorbehandlung unterwirft.

Die Herstellung eines solchen Treibstoffes mit verbesserter motorischer Leistung kann z. B. in folgender Weise erfolgen:

Die aus den Synthese-Produkten durch Destillation abgetrennte C_3- bis C_6-Kohlenwasserstoff-Fraktion, die je nach der Art der Synthese-Bedingungen bis zu 70 Prozent Olefine enthält, wird in Gegenwart von Phosphorsäure-Kontakten einer polymerisierenden Behandlung unterworfen. Das hierbei erhaltene, zwischen 50 bis 175° siedende Polymerbenzin kann dann mit Hilfe von Nickel-Kontakten hydriert werden.

Die oberhalb der zur Polymerisation verwendeten niedrigsiedenden Fraktion herausgeschnittene C_7- bis C_{10}-Fraktion wird der Aromatisierung unterworfen, indem man die Dämpfe dieser bei etwa 450 bis 500° über einen Aluminiumoxyd-Chromoxyd-Kontakt leitet. Aus dem entstehenden Gemisch werden die gebildeten Aromaten durch Feindestillation herausgelöst.

Zur Erzielung des Hochleistungskraftstoffes mischt man etwa 60 bis 80 Prozent des durch Polymerisation mit gegebenenfalls anschließender Hydrierung erhaltenen Polymerbenzins mit 20 bis 40 Prozent der bei der Aromatisierung erhaltenen Aromaten zusammen.

---

[1] D.R.P. 733749, Ruhrchemie A.G.

Die Aromaten können hierbei zu etwa 50 bis 60 Prozent mit Flugzeugmotorenbenzol verschnitten werden.

Die durch das vorbeschriebene Veredlungsverfahren erzielbare Verbesserung des Benzintreibstoffes geht aus nachstehendem Vergleichsversuch hervor:

Wird die Kohlenoxyd-Hydrierung in der üblichen Weise mit geradem Durchgang des Synthesegases unter Verwendung eines Kobalt-Thoriumoxyd-Kieselgur-Kontaktes durchgeführt, so besitzt das dabei gewonnene Benzin der Siedegrenzen 50 bis 200° den Octanwert von etwa 20 bis 30.

Bei Verwendung von Wassergas und Kreislaufführung des Synthesegases (Rücklaufverhältnis 1 zu 1) steigt der Octanwert auf 30 bis 40 an.

Behandelt man demgegenüber die C_3- bis C_6-Fraktion und die C_7- bis C_{10}-Fraktion in der oben angegebenen Weise und mischt die Behandlungsprodukte zusammen, so erhält man nach der Hydrierung im ersten Fall eine Octanzahl von 60 bis 70, während im zweiten Falle, d. h. bei Wassergas-Verwendung und Kreislaufführung des Synthesegases, eine Octanzahl von 70 bis 80 erzielbar ist.

Besonders hervorzuheben ist die hohe Bleiempfindlichkeit der beiden letzten, vollkommen gesättigten Benzine. Nach Zugabe von 0,9 ccm Bleitetraäthyl je Liter steigt die Octanzahl um etwa 15 bis 20 Einheiten.

Neben hohen Klopfwerten zeigen die durch Polymerisation der C_3- bis C_6-Fraktion und Aromatisierung der C_7- bis C_{10}-Fraktion erhaltenen Mischbenzine eine bemerkenswerte hohe Überladefähigkeit, die auf dem bisherigen Wege nicht erreichbar ist.

Bei einem weiteren von der Firma Standard Oil Development Co.[1] beschriebenen Verfahren werden die flüssigen Kohlenwasserstoffe der Synthese aus Kohlenoxyd und Wasserstoff nach Fischer-Tropsch in einer ersten Kolonne in Benzin (bis zu etwa 216° siedend) und Gasöl (Siedebereich 226 bis 343°) fraktioniert.

Das Benzin wird in Gegenwart von Wasserstoff (56 bis 112 Liter auf je 159 Liter Benzin) bei etwa 496 bis 510° und 10,5 bis 28 at über oxydische Katalysatoren reformiert. Die reformierten Benzine werden in einer zweiten Kolonne in drei Benzinfraktionen mit den Siedegrenzen 54 bis 99°, 99 bis 121° und über 121° fraktioniert. Die erste und dritte Fraktion werden vermischt und einem Sammelbehälter zugeführt.

Die Gasölfraktion wird bei etwa 440 bis 496° katalytisch über Bleicherde oder synthetischen Silikatkontakten unter Gewinnung von etwa 35 bis 40 Prozent Benzin gespalten. Die Spaltprodukte werden in einer dritten Kolonne auf Spaltgase, Benzin und Rückstandöl, das erneut der Spaltzone zugeführt wird, fraktioniert. Dieses Benzin wird in einer vierten Kolonne in drei Fraktionen zerlegt, die hinsichtlich Siedegrenzen denen des reformierten Benzins entsprechen. Von diesen Fraktionen werden die niedrigste und höchste Benzinfraktion mit den entsprechenden Fraktionen des reformierten Benzins gemischt und auf Lager genommen. Die Mittelfraktionen beider Benzine werden vermischt und dann selektiv mit im Gegenstrom zueinander geführten Pentan und flüssigem Schwefel-

---

[1] F.P. 921 299, Standard Oil Development Co.

16*

dioxyd extrahiert. Aus der Extraktlösung wird das Schwefeldioxyd in einer fünften Kolonne abgetrieben. In einer sechsten Kolonne werden Reste von Pentan entfernt. Dann wird das so gewonnene Toluol als Mittelfraktion und Olefinpolymere als Bodenfraktion fraktioniert. Die Bodenfraktion geht direkt in die Benzinlagerbehälter, während die Raffinatlösung der Selektivextraktion in einer achten Kolonne erst nach Entfernung des Pentans dem Benzinlagerbehälter zugeführt wird.

Man kann auch aus dem reformierten Benzin noch eine Xylol enthaltende Fraktion herausschneiden, diese zusammen mit Benzol über Aluminiumchlorid zu Toluol konvertieren und dieses mit der Toluolfraktion weiterverarbeiten. Die anfallenden Spaltgase können in bekannter Weise auf Polymerbenzin verarbeitet werden.

Bei dieser katalytischen Umwandlung der Benzinkohlenwasserstoffe, die im allgemeinen bei etwa 0,05 bis 20 kg/qcm im Temperaturbereich von 400 bis 650° erfolgt, belegen sich die Kontakte mit Kohlenstoff oder höhermolekularen Polymerisaten. Die Entfernung dieser kontaktschädigenden Abscheidungen erfolgt durch Ausbrennung mit Luft oder sauerstoffhaltigen Gasen. Eine katalytische Kohlenwasserstoffumwandlungsanlage arbeitet daher stets in zwei verschiedenen Arbeitsperioden, von der die eine der eigentlichen Kohlenwasserstoffumwandlung und die andere der Kontakt-Regenerierung dient. Zwischen diesen Perioden werden die Reaktionsräume kurzzeitig mit Inertgasen ausgeblasen, um ein Zusammentreffen brennbarer Kohlenwasserstoffdämpfe mit sauerstoffhaltigen Gasresten zu vermeiden.

Bei der Ausbrennung der abgeschiedenen Kohlenstoff-Niederschläge entstehen erhebliche Wärmemengen, welche auf Grund übermäßiger Temperatursteigerung zu gefährlichen Kontaktschädigungen führen können. Neben Kühlsystemen, die unmittelbar innerhalb des Kontaktmaterials liegen und beispielsweise mit Druckwasser oder Salzschmelzen betrieben werden, hat man die Kontaktapparate zur Abführung der Ausbrennwärme auch bereits mit sehr großen Gasmengen durchgeblasen.

So sind beispielsweise je Raumteil Kontakt stündlich 3000 bis 30000 Raumteile Luft durch die Reaktionsapparate geleitet worden.

Die Beförderung derart großer Luftmengen bedingt einen außerordentlich hohen Kraftverbrauch. Außerdem besteht dabei die Gefahr, daß das Kontaktbett in Bewegung gerät, was einen erheblichen Abtrieb der einzelnen Kontaktkörner zur Folge hat. Der dadurch entstehende Staub verlegt die Rohrquerschnitte so weitgehend, daß sich eine wesentliche Steigerung des Gasdurchgangswiderstandes bemerkbar macht.

Nach H. Tramm und H. Kolling[1] gelingt eine bessere Kontaktreinigung, wenn man einerseits die eigentliche Kontaktperiode höchstens so lange ausdehnt, daß die abgeschiedene Kohlenstoffmenge bei der Regenerierung eine nur geringe und nicht über 60 bis 80° hinausgehende

---

[1] D.R.P. 740535, Ruhrchemie A.G.

mittlere Kontakterhitzung bewirken kann, und andererseits bei der Regenerierung je Raumteil Kontakt stündlich nur etwa 385 bis 855 Raumteile Luft, gemessen unter Normalbedingungen, durch die Kontaktapparatur leitet. Bei einem Reaktionsgefäß von 1 m Durchmesser und 2 m Höhe entsprechen diese Gasmengen einer Strömungsgeschwindigkeit, welche auf freien Querschnitt des Reaktionsgefäßes berechnet, zwischen 0,4 und 1,2 m je Minute liegt. Bei Anwendung überatmosphärischer Drucke können die Geschwindigkeiten beibehalten oder etwas verkleinert werden. Unter vermindertem Druck arbeitet man zweckmäßig mit etwas höheren Strömungsgeschwindigkeiten, bleibt jedoch innerhalb der oben angegebenen Grenze.

Die Ausbrennung der abgelagerten Kohlenstoffmengen wird mit Luft oder anderen sauerstoffhaltigen Gasen vorgenommen. Nach der Ausbrennung leitet man die angegebenen, annähernd auf die spätere Reaktionstemperatur vorerhitzten Luftmengen über den Kontakt. Die Gase strömen von oben nach unten durch die Kontaktmasse. Durch die aufgeblasene Luft entsteht zuerst eine Verbrennungswärme, die das Kontaktbett über die für die Reaktion notwendige Temperatur hinaus erhitzt. Beim Durchblasen mit Luft stellt sich dann von selbst ein von der Gaseintritts- nach der Austrittsseite gerichtetes Temperaturgefälle ein. Dieses Temperaturgefälle ist für die Reaktion sehr erwünscht.

Durch ein Reaktionsgefäß von 1 m Durchmesser und 2 m Höhe, das mit 1400 Liter eines aus Aluminiumhydrosilikat bzw. aktivierter Bleicherde von beispielsweise 2 bis 3 mm Korngröße bestehenden Kontaktes gefüllt war, leitete man in der Reaktionsperiode 90 Liter einer auf Reaktionstemperatur vorgewärmten Dieselölfraktion, deren Siedepunkt zwischen 180 und 225° lag. Gleichzeitig wurden 90 kg Dampf bei annähernd Atmosphärendruck durchgeleitet. Die Temperaturen im Reaktionsgefäß lagen bei Beginn der Reaktion oben bei etwa 450° und unten im Apparat bei etwa 500°. Nach etwa 30 Minuten wurde die Reaktion unterbrochen. Die Temperaturen waren in Richtung des Benzindurchflusses infolge der verbrauchten Reaktionswärme auf etwa 410 bis 460° gesunken. Die Aufspaltung belief sich auf etwa 50 Prozent.

Zur Ausspülung der Reaktionsprodukte wurde dann zwei Minuten lang nur Dampf durchgeblasen. Anschließend erfolgte die Ausbrennung des auf dem Kontakt abgeschiedenen Kohlenstoffs. Hierzu wurde Luft mit einer Strömungsgeschwindigkeit von 620 cbm/Stunde zusammen mit Dampf, der in einer Menge von 180 kg je Stunde beigegeben war, über den Kontakt geleitet. Auch hier stiegen alle Temperaturmeßstellen gleichmäßig an, und zwar um den Betrag von etwa 60 bis 65°. Zur Wiederherstellung der zu Beginn der Reaktion erforderlichen Temperatureinstellung von 450 bis 500° mußte insgesamt etwa 25 Minuten lang mit Luft-Wasserdampfgemisch gefahren werden. Nach abermaliger kurzer Dampfzwischenblasung war nach einer insgesamt 30 Minuten dauernden Regenerierung der Kontakt für den Reaktionsbeginn wieder fertig.

d) Dieselöl.

Die Kohlenwasserstoff-Fraktion, die zwischen 200 und 300° siedet, entspricht vielfach allen Anforderungen, die an gute Dieselöle gestellt werden[1]. Eine besondere Aufbereitung dieser Kohlenwasserstofföle kann in den meisten Fällen entfallen. Sie beschränkt sich meist auf die Entfernung der in den Ölen vorhandenen geringen Säuremengen.

Diese aus der Synthese stammenden organischen Säuren müssen entfernt werden, weil sie zerstörend auf Metalle wirken.

Zur Entfernung dieser organischen Säuren hat man zunächst diese Kohlenwasserstoff-Fraktionen mit wäßrigen Lösungen von Alkalien oder mit Kalk behandelt. Hierbei treten jedoch sehr leicht störende, schwer zu trennende Emulsionen auf.

Einfacher läßt sich die Entsäuerung nach A. Pranschke[2] durchführen, wenn man die Kohlenwasserstofföle bei etwa 120 bis 125° mit eisenoxydhaltigen Massen, besonders Gasreinigungsmassen, durchführt. Das in diesen Massen enthaltene Eisenoxyd und Alkali ist bei der angegebenen Temperatur reaktionsfähig genug, um mit den sauren Bestandteilen des Dieselöls zu schwer löslichen Verbindungen zusammenzutreten. Nach Erschöpfung lassen sich die gebildeten Eisen- und Alkaliseifen durch Behandlung mit Wasserdampf bei erhöhter Temperatur aus der Gasreinigungsmasse herauslösen, die dann, zur Reinigung weiterer Ölmengen geeignet ist.

Beispielsweise wird eine zwischen 175 und 320° siedende Fraktion von Produkten der Kohlenwasserstoff-Synthese aus Kohlenoxyd und Wasserstoff, deren Säurezahl zwischen 0,16 bis 0,37 g KOH je 1000 g Öl liegt, bei 150° mit einer eisenoxydhaltigen Masse behandelt, und zwar so, daß durch 1 Volumteil dieser Masse stündlich etwa 2 bis 4 Volumteile Öl geleitet werden.

14 Liter = 12 kg Reinigungsmasse können dabei 2250 Liter Öl auf eine Säurezahl von 0,05 g KOH je 1000 g Öl reinigen.

Nach Erschöpfung wird die Reinigungsmasse mit Wasserdampf regeneriert.

Durch eine besondere Nachbehandlung der zwischen 180 und 330° siedenden Kohlenwasserstoff-Fraktion kann man Dieselöle mit guter Cetenzahl erhalten. Diese Nachbehandlung besteht darin, daß man diese Kohlenwasserstoff-Fraktion in Gegenwart von Wasserstoff oder einem wasserstoffhaltigen Gas noch einmal den Synthese-Bedingungen unterwirft[3]. Meist verfährt man aber so, daß man die genannte Fraktion in einen zwischen 180 und 250° und einen zwischen 250 und 330° siedenden Anteil zerlegt, nur den leichter siedenden Anteil noch einmal den Synthese-Bedingungen in Gegenwart von Wasserstoff oder wasserstoffhaltigen Gasen aussetzt und das erhaltene Reaktionsprodukt mit dem höhersiedenden Anteil dann vermischt.

Diese Nachbehandlung der zwischen 200 und 300° siedenden Synthese-Kohlenwasserstoffe ist jedoch im allgemeinen gar nicht erforderlich, da diese Fraktion an sich schon hervorragende Dieselöl-Qualitäten be-

---

[1] Kölbel, H.: Brennstoff-Chem. 20 (1939) 253, 365.
[2] D.R.P. 716836, Braunkohle-Benzin A.G.
[3] F.P. 859686, E.P. 519722, Synthetic Oils Ltd. und W. W. Middelton.

sitzt. Die Verkokungsneigung ist praktisch gleich Null, ebenso der Schwefelgehalt. Die Cetenzahl liegt über 100. Eine Durchschnittsmaschine kann diese Vorzüge gar nicht ausnützen. Der einzige Nachteil liegt in dem höheren Preis dieser Öle.

Die hervorragende Qualität der Synthese-Dieselöle gestattet aber einen Verschnitt mit anderen als Dieselöl weniger geeigneten Kohlenwasserstoffölen, wodurch diese Mischdieselöle auch praktisch innerhalb der Handelsspanne der aus Mineralölen erhaltenen Dieselöle zu liegen kommen.

Zur Herstellung eines Mischdieselöles setzen F. Martin, O. Roelen und P. Schaller[1] dem zwischen 200 und 300° siedendem Synthese-Öl wasserstoffarme Kohlenwasserstoffe zu.

Als solche eignen sich wasserstoffarme Produkte der Hydrierung von Kohlen, Teeren, Ölen[2].

Von diesen wasserstoffarmen Ölen ungesättigten Charakters setzt die Firma Gewerkschaft Mathias Stinnes[3] dem Synthese-Dieselöl 20 bis 50 Prozent zu.

Die wasserstoffarmen Kohlenwasserstofföle scheiden sich jedoch leicht aus dem Ölgemisch aus. Die Firma Ruhrchemie A.G.[2] setzt daher dem Kohlenwasserstoff-Gemisch Lösungsvermittler zu oder fällt die wasserstoffärmsten Anteile zunächst mit Gasöl aus, trennt sie ab und vermischt die Restöle mit den Produkten aus der Kohlenwasserstoff-Synthese.

Die Gemische weisen eine gute Zündwilligkeit und sehr tiefe Stockpunkte (etwa —20°) auf.

Zum Verschnitt mit den Synthese-Dieselölen eignen sich auch Teeröle[2], wobei die Menge der Komponenten so gewählt wird, daß möglichst keine Ausscheidungen erfolgen und das Gemisch die Dichte von handelsüblichem Dieselöl aufweist.

Die Herstellung derartiger Mischdieselkraftstoffe aus Kogasin und Steinkohlenteeröl wurde im großtechnischen Maßstab nach dem Verfahren von H. Kölbel[4] bei der Firma Steinkohlenbergwerk Rheinpreußen durchgeführt. Die Kapazität der Anlage betrug 1500 moto.

40 bis 55 Prozent Kogasin wurden mit 40 bis 60 Prozent Steinkohlenteeröl gemischt und mit Hilfe von etwa 20prozentiger Schwefelsäure zu Mischdieselkraftstoffen für höchste Beanspruchung raffiniert. Die Mischdieselkraftstoffe zeichnen sich durch hohe Verkokungsfestigkeit, restlose Verbrennung, hohe Energieausnutzung und äußerst geringen Kohlenoxyd-Gehalt im Auspuffgas aus. Die raffinierten Mischdieselkraftstoffe sind absolut lagerbeständig.

---

[1] A.P. 2243760, Ruhrchemie A.G. — [2] F.P. 818056, Ruhrchemie A.G.

[3] F.P. 838841, Gewerkschaft Mathias Stinnes.

[4] Kölbel, H.: Öl und Kohle, 14 (1938) 1042; Brennstoff-Chem. 20 (1939) 352, 365; D.R.P. 747401; D.R.P. (Zweigstelle Österreich) 160848, Steinkohlenbergwerk Rheinpreußen.

Ein anderes Verfahren, um die Düsenverstopfung bedingenden
Asphalt- und Pechstoffe zu entfernen, besteht nach H. Kölbel[1] darin,
die Gemische von Teerölen und die innerhalb 180 bis 320° siedenden
Kohlenwasserstoff-Fraktionen der Fischer-Tropsch-Synthese einer Extraktion mit Essigsäure bei gewöhnlicher Temperatur zu unterziehen.
Die Extraktion kann in unterbrochener oder ununterbrochener Arbeitsweise erfolgen.

Nach der Extraktion bilden sich nach kurzem Absitzen zwei Schichten, von denen die obere Schicht das Raffinat enthält. Dieses kann durch
Waschen mit Lauge oder Wasser bzw. Behandlung mit Bleicherde weiter
gereinigt werden.

Ähnliche Raffinationseffekte erzielt man ferner nach H. Kölbel[2],
wenn man die Gemische aus Synthese- und Teer-Ölen mit gasförmigem
Schwefeldioxyd bei gewöhnlichem Druck behandelt und die hierbei abgeschiedenen Asphaltstoffe, Peche und Harze abtrennt.

Weitere Reinigungsmöglichkeiten für derartige Gemische bestehen
nach H. Kölbel in der Extraktion mit Essigsäure[1], in der Behandlung
mit 0,2 bis 10 Prozent wasserfreiem Aluminiumchlorid[3] und in der Behandlung mit Salzen von Zink, Zinn und Eisen[4].

Nach der gegebenenfalls weiteren Reinigung und Bleichung erhält
man helle, lagerfähige Dieselöle, die frei von Asphalten, Harzen und
phenolischen Ölen sind und eine geringe Verkokungsneigung besitzen.

e) Lösungsmittel.

Die zwischen 220 und 300° siedenden Fraktionen der Synthese-
Kohlenwasserstoffe sind nicht nur hochwertige Dieseltreibstoffe, sondern
auch brauchbare Lösungsmittel.

Sie eignen sich z. B. zur Druck-Extraktion von Kohlen.

Zur Erhöhung der mit diesen Synthese-Ölen erzielbaren Extrakt-
Ausbeute verwenden H. Kaufmann und H. J. Waldmann[5] diese
Synthese-Öle gemeinsam mit von 160 bis 360° siedenden aromatischen,
gegebenenfalls auch Phenole enthaltenden Kohlenwasserstoffölen.

100 Teile Ruhrsteinkohle werden mit einem Gemisch von 92 Teilen zwischen
220 und 300° siedendem Steinkohlenteerdestillat und 8 Teilen synthetischem, aus
Kohlenoxyd und Wasserstoff, erhaltenem Öl vom Siedebereich 220 bis 300° in
Gegenwart von 7 Gewichtsteilen Wasserstoff bei 410° unter Druck extrahiert. Die
erhaltene Aufschlußmasse läßt sich bei 160° mit einer Leistung von 220 kg durch-
gesetzter Kohle je 1 qm Filterfläche und Stunde filtrieren. Dabei liegt die Extrakt-
ausbeute bei 78 Prozent.

[1] D.R.P. 724054, Steinkohlen-Bergwerk Rheinpreußen.
[2] D.R.P. 730853, Steinkohlen-Bergwerk Rheinpreußen.
[3] D.P.R. 720830, Steinkohlen-Bergwerk Rheinpreußen-
[4] D.R.P. 828/40, Steinkohlen-Bergwerk Rheinpreußen.
[5] D.R.P. 725608, I.G. Farbenindustrie A.G.

f) Paraffin.

Die bei der Kohlenwasserstoff-Synthese erhaltenen Paraffine entsprechen allen Anforderungen des Handels, vor allem auch da, wo besonders hochwertige Produkte verlangt werden[1].

Das synthetische Paraffin kann selbstverständlich z. B. für die Kerzenfabrikation, für das Imprägnieren von Papier, Stoffen usw. und für die kosmetische Industrie Verwendung finden.

Die niedrigschmelzenden Gatsch-Paraffine (Schmelzpunkt nicht höher als 30 bis 40°) eignen sich als Grundstoffe für Haarpflegemittel[2].

Man schmilzt z. B. 60 Teile Weichparaffin und 40 Teile Gatsch zusammen, gibt etwas Paraffin hinzu und preßt in Stangenform.

Das Reaktionsprodukt kann auch mit 1 bis 5 Prozent Dodecansulfat in Wasser emulgiert werden, wobei man je nach der angewandten Wassermenge ein flüssiges oder pastenförmiges Produkt erhält.

Den Gatschparaffinen können auch Vaseline, Mineralöl, Fette oder fette Öle, aliphatische Alkohole, Wachse, Lanolin, sowie Farb- und Duftstoffe zugesetzt werden, wobei brillantineähnliche Massen entstehen, die nicht am Kamme haften.

Technische Verwendung finden jedoch nicht nur die bei der Kohlenoxyd-Hydrierung anfallenden Weichparaffine, sondern auch die hochschmelzenden paraffin- oder ceresinartigen Produkte. Sie eignen sich überall dort, wo Paraffine mit hohen Schmelzpunkten verlangt werden. In dieser Hinsicht übertreffen sie alle bisher bekannten Produkte.

Die hoch- bzw. höchstmolekularen Paraffine der Fischer-Tropsch-Synthese dienen vielfach als Ersatz für Ozokerit in der chemischen Industrie.

So eignen sich z. B. die an Isoparaffin reichen Kontaktparaffine, die zwischen 60 und 66° schmelzen, als Alterungs- und Lichtschutz-Mittel für Weichkautschukmassen[3].

Ein Gemisch aus 100 Gewichtsteilen Kautschuk, 1 Teil Stearinsäure, 2,6 Teilen Schwefel, 5 Teilen Zinkweiß, 1 Teil Mercaptobenzothiazol, 0,2 Teilen Hexamethylentetramin, 60 Teilen Kreide, 10 Teilen Lithopone, 5 Teilen Titanweiß und 3 Prozent Farbstoff wird mit 3 Teilen Paraffin, Schmelzpunkt 60 bis 66°, versetzt. Gibt man noch 2 bis 3 Teile Staubzucker zu, so erhält man ein sehr abriebfestes, besonders für die Herstellung von Fahrradreifen geeignetes Vulkanisat.

Die oberhalb 100° schmelzenden Fraktionen von Synthese-Paraffinen, die reich an Isoparaffinen sind, werden den Paraffinkerzen zur Verbesserung der Biege- und Tropffestigkeit zugesetzt[4].

Zum Beispiel werden in 95 Prozent Paraffin vom Schmelzpunkt 50 bis 52° 5 Prozent Kontaktparaffin vom Schmelzpunkt 112° gelöst.

Obwohl man bei der Fischer-Tropsch-Synthese Hartparaffine erhält, deren Schmelzpunkte weit über den z.B. aus Mineralölen oder Braunkohle

---

[1] Fischer, F. u. H. Pichler: Brennstoff-Chem. 20 (1939) 41.
[2] F.P. 892152, Byk-Guldenwerke Chem. Fabrik A.G.
[3] F.P. 893372, Belg. P. 450170, P. Kümmel. — [4] F.P. 893371, P. Kümmel.

gewonnenen Paraffinen liegen, kann man in besonderen Fällen den Schmelzpunkt der Synthese-Paraffine noch durch eine Extraktion erhöhen.

Zu diesem Zwecke erwärmt man Hartparaffin der Kohlenoxyd-Hydrierung gerade über die Schmelztemperatur, gemessen am rotierenden Thermometer, trennt von den noch festen Teilen ab, läßt erkalten unter Bildung von großoberflächigen Teilchen und extrahiert diese bei Raumtemperatur mit Leichtbenzin[1]. Das ungelöst bleibende Hartparaffin dient u. a. zur Herstellung von Schuhcreme, Metallpolituren und Überzugsmasse.

Synthese-Hartparaffine stellen auch hochwertige Isoliermassen für die elektrische Industrie dar.

Die bei der Fischer-Tropsch-Synthese neben Paraffin anfallenden ceresinartigen Produkte enthalten vielfach noch olefinische Kohlenwasserstoffe, die nach H. Koch und R. Billig[2] mit Wasserstoff bei etwa 190° und einem Anfangsdruck von 80 at in Gegenwart eines aktiven Nickel-Kieselgur-Kontaktes hydriert werden können.

g) Alkohole.

Für die bei der Kohlenwasserstoff-Synthese bzw. der Synol-Synthese oder bei der Oxo-Synthese erhaltenen Alkohole ergeben sich eine Reihe von Anwendungsmöglichkeiten, vor allem in der chemischen und verwandten Industrie.

Sie können in diesen Industrien als Lösungsmittel Verwendung finden.

Nach O. Roelen und K. Lachmann[3] eignen sich die Synthese-Alkohole mit mindestens 5 Kohlenstoff-Atomen im Molekül als Lösungsvermittler bei aus Benzin und Milchsäureäthylester bestehenden Lösungsmittelgemischen. Die hierbei erhaltenen Lösungsmittel-Gemische finden als Verdünnungs- und Spritzmittel für Nitrocellulose- und Acetylcelluloselacke Verwendung.

Zur Bereitung eines Lösungsmittel-Gemisches der vorbeschriebenen Art werden zu etwa 80 bis 85 Teilen einer Mischung von Milchsäureäthylester und Schwerbenzin im Verhältnis von 1 zu 1 z. B. 15 bis 20 Teile Heptylalkohol zugesetzt.

Bei dieser Mischung liegt der Trübungspunkt bei — 25°.

III. Verarbeitung.

Die bei der Kohlenoxyd-Hydrierung anfallenden Kohlenwasserstoffe können in gleicher Weise wie die aus Erdöl oder durch Druck-Hydrierung von Kohle gewonnenen Kohlenwasserstoffe chemischen Reaktionen unterworfen werden.

---

[1] F.P. 888604, E. Schliemanns-Export Ceresin Fabrik.
[2] Koch, H. u. R. Billig: Brennstoff-Chem. 21 (1940) 157.
[3] D.R.P. 727750, Ruhrchemie A.G.

Die ungesättigten Anteile der Kohlenwasserstoffe können durch eine polymerisierende Behandlung in höhermolekulare Glieder und umgekehrt hochmolekulare Kohlenwasserstoffe durch eine thermische oder katalytische Behandlung in niedermolekulare Glieder aufgespalten werden.

Durch Einwirkung von Halogen werden die entsprechenden halogenierten Kohlenwasserstoffe und durch Sulfochlorierung Sulfochloride und deren Abkömmlinge erhalten.

Schließlich können die Kohlenwasserstoffe der Fischer-Tropsch-Synthese durch Einwirkung von oxydierenden Mitteln in Fettsäuren übergeführt werden.

Ebenso können die bei der Kohlenwasserstoff-Synthese in geringen bzw. bei der Synol-Synthese in größeren Mengen anfallenden Alkohole in bekannter Weise verestert oder zu Carbonsäuren oxydiert werden.

In den folgenden Abschnitten sind die wichtigsten dieser Umsetzungs-Reaktionen behandelt, ohne daß hierdurch Wert auf eine vollständige Darstellung gelegt wird.

a) Kohlenwasserstoffe.

1. Polymerisieren.

Die in den Primärprodukten der Kohlenoxyd-Hydrierung vorhandenen ungesättigten Kohlenwasserstoffe werden durch Polymerisation in höhermolekulare Kohlenwasserstoffe übergeführt.

Auf diese Weise kann man z. B. gasförmige Olefine enthaltende Kohlenwasserstoff-Fraktionen in solche von Benzin-Charakter, und höhere Olefine enthaltende Synthese-Kohlenwasserstoffe in Schmieröle überführen.

α) Polymerbenzin.

Die Überführung der gasförmigen Gasol-Kohlenwasserstoffe, die Olefine mit drei bis vier Kohlenstoffatomen im Molekül enthalten, in Kohlenwasserstoffe mit einem Siedebereich von 80° und einer Octanzahl von 81 bis 98 gelingt bei Temperaturen von 190 bis 210° unter 100 at Druck in Gegenwart eines Katalysators[1].

Man mischt eine Lösung von Wasserglas mit einer Lösung von Natriumaluminat, filtriert, wäscht den Niederschlag, läßt ihn in einer Säure, wie Salzsäure, Schwefelsäure, Salpetersäure, gelatinieren, wäscht und trocknet das Gel und erhitzt es auf etwa 400°.

Bei dieser katalytischen Polymerisation der Gasol-Kohlenwasserstoffe unter Anwendung von Druck müssen unnötige Temperatursteigerungen innerhalb des Reaktionsraumes vermieden werden, da sie zur Bildung von unerwünschten hochmolekularen Polymerisaten führen.

Zur Vermeidung dieses Nachteiles wird die Polymerisation der Olefine nach A. Hagemann und H. Tramm[2] so geleitet, daß im unteren Teil

---

[1] F.P. 892365, I.G. Farbenindustrie A.G.
[2] D.R.P. 730995, Ruhrchemie A.G.

des Reaktionsraumes die Olefinumsetzung nur unvollständig verläuft und erst beim Durchströmen der oberen Teile des Reaktionsraumes vervollständigt wird. Dies wird dadurch erreicht, daß man die Kohlenwasserstoff-Strömungsgeschwindigkeit von der Eintritts- zur Austrittsstelle der Apparatur fortschreitend verkleinert, indem der Strömungsquerschnitt in gleicher Richtung ständig, z.B. stufenweise, erweitert wird.

Eine zur Ausführung dieser Arbeitsweise geeignete Vorrichtung geht aus der Abb. 32 hervor.

Die Anlage besteht aus einer Anzahl übereinander und jeweils sich vergrößernder Abteilungen A, B, C und D, die am Boden jeweils ein Gaseintrittsrohr E_1, E_2, E_3 und E_4 haben und mit einem Abflußrohr F_1, F_2, F_3 bzw. F_4 versehen sind. Die Reaktionsräume A, B, C und D sind mit einem Kontakt ausgefüllt. Die zu polymerisierenden Olefine treten bei G in die Anlage ein, durchströmen die im Reaktionsraum befindliche Katalysatormasse und gelangen jeweils über das nächsthöhere Gaseintrittsrohr in den nächsthöheren Reaktionsraum von größerem Querschnitt. Die sich kondensierenden Kohlenwasserstoffe werden durch die Rohre F_1, F_2, F_3 und F_4 abgezogen, während die nicht kondensierten Kohlenwasserstoffe die Anlage bei H verlassen. Im nachgeschalteten Kühler K werden die Reaktionsgase kondensiert. Die den Umsetzungsprozeß verlassenden Gase, welche gegebenenfalls noch nicht umgesetzte Olefine enthalten, können zusammen mit frischen Olefingasen bei G in den Verfahrenskreislauf zurückkehren.

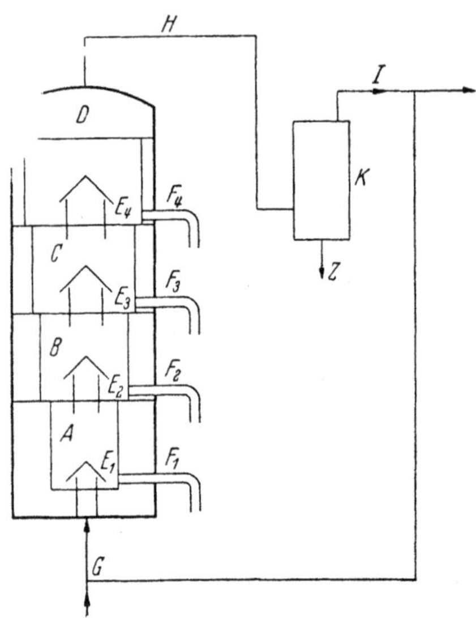

Abb. 32. Vorrichtung zur katalytischen Polymerisation von Gasol-Olefinen.

In der vorbeschriebenen Apparatur kann die Polymerisation der Olefine der Gasol-Fraktion in folgender Weise erfolgen:

Durch einen 100 kg Phosphorsäure-Kontakt enthaltenden Reaktionsapparat, der aus 4 Einzelabschnitten besteht, und an der Kohlenwasserstoffaustrittsstelle (Abteilung D) einen viermal größeren Querschnitt besaß als an der Kohlenwasserstoffeintrittsstelle (Abteilung A) werden bei 200° und 60 atü stündlich 200 kg Gasol geleitet, das die Zusammensetzung hatte:

CO_2	2,1 Prozent
$C_3H_6 + C_4H_8$	30,7 Prozent
C_2H_4	1,6 Prozent
O_2	0,5 Prozent
CO	0,3 Prozent
H_2	0,5 Prozent
C_nH_{2n+2}	49,7 Prozent
N_2	14,2 Prozent

Das dem Reaktionsraum entweichende Abgas hatte folgende Zusammensetzung:

CO_2	2,0 Prozent
$C_3H_6 + C_4H_8$	2,8 Prozent
C_2H_4	1,8 Prozent
O_2	0,8 Prozent
CO	0,4 Prozent
H_2	0,8 Prozent
C_nH_{2n+2}	69,5 Prozent
N_2	21,0 Prozent

Die vorhandenen Olefine wurden also zu annähernd 94 Prozent umgesetzt, während mit demselben Ausgangsmaterial beim Arbeiten in einem Reaktionsraum, der in seiner ganzen Länge den gleichen Querschnitt hatte, eine nur etwa 80prozentige Polymerisation zu erzielen war.

Neben dem Restgas entstanden stündlich 60 kg Polymerbenzin.

Nach einem anderen Verfahren der Firma Ruhrchemie A.G.[1] arbeitet man bei erhöhtem Druck und erhöhter Temperatur in Abwesenheit von Katalysatoren und verringert mit fortschreitender Polymerisation die Größe des Reaktionsraumes oder man steigert die Polymerisationstemperatur oder man verwendet beide Maßnahmen gleichzeitig.

Man kann z. B. mehrere aus parallel angeordneten Röhren bestehende Erhitzer benutzen, wobei die erste Stufe 100 Röhren enthält und die Olefine zu 50 bis 60 Prozent umgewandelt werden. In der zweiten Stufe ordnet man 60 bis 70 Röhren an und wandelt nochmals 50 bis 60 Prozent der vorhandenen Olefine in Motortreibmitteln um. Das Restgas wird in einer dritten Stufe mit 30 bis 40 Röhren völlig umgewandelt.

Ändert man die Temperatur, so kann man zunächst bei 450 bis 460°, dann bei 500° und schließlich bei 525° polymerisieren.

β) Isolieröle.

Aus den bei der Kohlenoxyd-Hydrierung anfallenden olefinhaltigen Gasen können auch hochwertige Isolieröle hergestellt werden.

Nach H. Häuber und J. Hirschbeck[2] geht man zweckmäßig von solchen Gasen aus, die mindestens 30 Prozent Olefine, und zwar vorwiegend Propylen, Butylene und Amylene enthalten. Diese olefinhaltigen Gase werden mittels Halogeniden des Aluminiums, Zinks, Eisens oder Bors, z. B. bei 10 bis 15° polymerisiert. Die hierbei anfallenden Kohlenwasserstoffe werden dann katalytisch hydriert und mit überhitztem Wasserdampf in Gegenwart einer geringen Menge, z. B. 5 Prozent, Alkali behandelt.

Man erhält so Isolieröle mit Säure-, Verseifungs- und Jod-Zahlen von Null mit guter Dielektrizitätskonstante und Viskosität. Daneben werden auch Benzin und Dieselöl erhalten.

---

[1] F.P. 820576, Ruhrchemie A.G.

[2] F.P. 839874, E.P. 498526, A.P. 2159148, I.G. Farbenindustrie A.G.

γ) Schmieröl.

Die in den synthetischen Kohlenwasserstoffen enthaltenen Olefine können mit Hilfe von wasserfreiem Aluminiumchlorid zu Schmierölen polymerisiert werden[1].

Die Viscositätspolhöhe dieser Schmieröle ist abhängig vom Siedepunkt der Ausgangsfraktion und beträgt bei den aus der zwischen 200 und 250° Kogasin-Fraktion erhaltenen Schmierölen etwa 1,7.

Zur Herstellung dieser Schmieröle trennt man zunächst das bis 100° oder wenig darüber siedende Leichtbenzin ab und entfernt aus den höhersiedenden Produkten das feste Paraffin durch Destillation, Abkühlung, Herauslösen oder thermische Behandlung. Anschließend polymerisiert man die in dieser Fraktion enthaltenen Olefine z. B. durch die Einwirkung von wasserfreiem Aluminiumchlorid zu Schmierölen[2].

Hierauf destilliert man, vorzugsweise im Vakuum, bis Transformatoren- und Spindelöle noch übergehen, Schmieröle dagegen im Rückstand bleiben.

Ebenso können aus den hochsiedenden Ölen durch polymerisierende Behandlung der in diesen Ölen vorhandenen Olefine mit Aluminiumchlorid als Katalysator hochwertige Schmieröle erhalten werden[3].

Die Polymerisation der olefinhaltigen Kogasin-Fraktion ergibt Schmieröle mit niedriger Viskositätspolhöhe und tiefem Stockpunkt; die Schmieröle zeichnen sich weiterhin durch eine hohe Alterungsbeständigkeit und geringen Verkokungswert nach Conradson aus[4].

Bei einer durchschnittlichen Molekülgröße der verwendeten Olefine von $C_{10}H_{20}$ werden Schmieröle mit einem Molekulargewicht von 450 erhalten, so daß angenommen wird, daß mindestens drei Olefinmoleküle der genannten Art zu einem Schmierölmolekül zusammengetreten sind.

Zur Herstellung von Schmierölen eignen sich als Ausgangsstoffe vor allem solche Synthese-Produkte, die aus Wassergas über Kobalt-Kontakten mit hohem Gehalt an inerten Kontakt-Trägern und unter Kreislaufführung der Reaktionsgase bei einem Verhältnis von Frischgas zum Kreislaufgas von 1 zu 3 bis 1 zu 5 erhalten werden.

Die Ausgangskohlenwasserstoffe sollen über 150°, vorteilhaft über 280° sieden. Nach der kondensierenden und polymerisierenden Behandlung dieser Fraktion mit Hilfe von Aluminiumchlorid erhält man Schmieröle mit sehr niedriger Polhöhe von 1,75 bis 1,48 und sehr tiefen Stockpunkten von etwa —30°.

Die bei der Polymerisation mit Aluminiumchlorid aus olefinhaltigen Kohlenwasserstoff-Fraktionen der Fischer-Tropsch-Synthese erhaltenen

---

[1] Fischer, F., H. Koch u. K. Wiedking: Brennstoff-Chem. 15 (1934) 229.
[2] F.P. 792021, Studien- und Verwertungs G.m.b.H.
[3] Ital. P. 389688, Ruhrchemie A.G.
[4] Fischer, F.: Brennstoff-Chem. 16 (1938) 1.

Schmieröle enthalten geringe Mengen von Chlor, welches bei der Verwendung von Schmierölen mitunter stört.

Man kann diese letzten Spuren von Chlor aus den Schmierölen dadurch entfernen, daß man letztere kurze Zeit mit Magnesiumoxyd, Zinkoxyd oder Fullererde auf etwa 130 bis 150° erhitzt[1].

Die Herstellung von synthetischem Schmieröl durch Kondensation von chlorierten Fischer-Tropsch-Kohlenwasserstoffen mit Naphthalin wurde im großtechnischen Maßstab nach einem von H. Kölbel[2] bei der Firma Steinkohlen-Bergwerk Rheinpreußen ausgearbeiteten Verfahren durchgeführt. Hierauf wird auf Seite 270 noch besonders eingegangen werden.

δ) Schmierölzusatz.

Die bei der Kohlenoxyd-Hydrierung anfallenden, ungesättigte Anteile enthaltenden Kohlenwasserstoffe können auch zusammen mit anderen eine polymerisierbare Doppelbindung aufweisenden Verbindungen, wie z. B. Isobutylen oder Styrol, mischpolymerisiert werden[3].

Bei dieser in Gegenwart von anorganischen Halogeniden oder großoberflächigen Stoffen durchgeführten Mischpolymerisation werden viscose Massen erhalten, die sich als Zusatz zu Schmierölen eignen.

2. Kondensieren.
Motortreibstoffe.

Die niedrig siedenden Synthese-Kohlenwasserstoffe können sowohl mit gasförmigen Kohlenwasserstoffen als auch mit aromatischen Kohlenwasserstoffen zu hochwertigen Treibstoffen kondensiert werden.

Nach einem Verfahren der Firma Process Management Co. Inc.[4] werden die bei der Kohlenoxyd-Hydrierung gewonnenen Benzinkohlenwasserstoffe zusammen mit den gasförmigen polymerisierbaren Kohlenwasserstoffen, besonders den aus den gasförmigen Anteilen der Synthese-Produkte abgetrennten Kohlenwasserstoffen mit 3 und 4 Kohlenstoffatomen im Molekül bei 510 bis 650° unter 28 bis 210 at zu klopffesten Treibstoffen kondensiert.

Man kann auch die gasförmigen Kohlenwasserstoffe allein durch eine Spalt- oder Polymerisationszone bei 400 bis 595° unter 52 bis 210 at oder bei 650 bis 915° unter 0 bis 14 at schicken und dann mit den vorwiegend flüssigen Kohlenwasserstoffen mischen, worauf das Gemisch gegebenenfalls einige Zeit auf der Reaktionstemperatur gehalten wird.

---

[1] F.P. 837002, Ruhrchemie A.G.

[2] Kölbel, H.: Erdöl und Kohle 1 (1948) 308; [D.R.P. 190/40, D.R.P. 33/41, D.R.P. 375/41, D.R.P. 709667, D.R.P. 1200/43, Steinkohlen-Bergwerk Rheinpreußen; Cios-Bericht XXIV—9 (1945); Cios-Bericht XXII—68 (1945); Cios-Bericht XXX—5 (1945); Report on the Petroleum and Synthetic Oil Industry of Germany, London 1947, 118. — [3] Ital. P. 363468, Belg. P. 428938, I.G. Farbenindustrie A.G.

[4] F.P. 834686, Process Management Co. Inc.

Hochwertige Motortreibstoffe können auch erhalten werden, wenn man die bei der Kohlenoxyd-Hydrierung unmittelbar oder nach einer vorangegangenen Spaltung erhaltenen Kohlenwasserstoffe mit aromatischen oder hydroaromatischen Kohlenwasserstoffen kondensiert.

Nach einem Verfahren der Firma I.G. Farbenindustrie A.G.[1] geht man von Spaltprodukten der Fischer-Tropsch-Synthese mit einem Siedebereich von etwa 150 bis 300° aus, die in der Dampfphase über Katalysatoren mit einkernigen aromatischen Kohlenwasserstoffen kondensiert werden.

Um die entstehenden niedrigsiedenden Anteile ebenfalls in Benzin überzuführen, leitet man entweder die Reaktionsprodukte direkt über einen zweiten polymerisierend wirkenden Kontakt oder versieht den Kontakt in der ersten Stufe in der Nähe der Austrittsstelle der Reaktionsprodukte mit Polymerisations-Katalysatoren.

Klopffeste Motortreibstoffe werden nach einem zweiten Verfahren der gleichen Firma[2] erhalten, wenn man bei der Reduktion von Kohlenoxyd mit Wasserstoff erhaltene flüssige oder gasförmige Kohlenwasserstoffe zusammen mit Benzol oder seinen niedrigsiedenden Homologen und bzw. oder leichtsiedenden hydroaromatischen Kohlenwasserstoffen in der Dampfphase in Gegenwart von Katalysatoren und gegebenenfalls in Anwesenheit von Wasserstoff auf Temperaturen zwischen 300 und 700°, vorzugsweise 450 bis 650°, erhitzt.

Der Gehalt an Benzol oder seinen Homologen oder hydroaromatischen Kohlenwasserstoffen in dem Ausgangsgemisch kann 10 bis 15 Prozent betragen.

Als Katalysatoren eignen sich die Metalle der zweiten bis achten Gruppe des periodischen Systems oder ihre Verbindungen, z. B. Sulfide, Oxyde, Phosphate, Halogenide, Sulfate des Eisens, Kobalts, Nickels, Chroms, Aluminiums, Zinks, Mangans, Magnesiums, Wolframs und Molybdäns.

Die Reaktion kann bei Atmosphärendruck oder höheren Drucken von 20 bis 200 at und mehr durchgeführt werden.

3. Spalten.

Die Kohlenwasserstoffe der Fischer-Tropsch-Synthese können in gleicher Weise wie natürliche Mineralöle oder Kohlenwasserstofföle der Kohle-Hydrierung thermisch oder katalytisch gespalten werden, wobei je nach den Arbeitsbedingungen entweder gasförmige Olefine oder Spaltbenzin neben anderen Spaltprodukten erhalten werden.

---

[1] E.P. 503602, Belg. P. 429755, I.G. Farbenindustrie A.G.
[2] E.P. 507999, I.G. Farbenindustrie A.G.

α) Gasförmige Olefine.

Zur Herstellung von gasförmigen Olefinen werden flüssige, aliphatische Kohlenwasserstoffe der Kohlenoxyd-Hydrierung nach einem Verfahren der Firma I.G. Farbenindustrie A.G.[1] zusammen mit Sauerstoff oder diesen enthaltenden Gasen, wie Luft, einer thermischen Behandlung bei Temperaturen von etwa 750 bis 950° unter einem Höchstdruck von 300 mm Quecksilber unterworfen.

Die Menge des Sauerstoffes wird so gewählt, daß die bei dieser Umsetzung mit den Ausgangs-Kohlenwasserstoffen erzeugte Reaktionswärme zur Spaltung ausreicht, ohne daß eine Wärmezufuhr von außen während der Reaktion notwendig ist. Im allgemeinen beträgt die erforderliche Sauerstoffmenge 15 bis 35 Gewichtsprozent.

Dieses Verfahren kann auch in Gegenwart von Katalysatoren durchgeführt werden. Ebenso ist es vorteilhaft, den Reaktionsraum mit Füllkörpern aus einem Material, das keine Kohlenstoffabscheidung bewirkt, zu beschicken. Die Aufheizung der Reaktionsteilnehmer wird entweder getrennt oder gemeinsam vorgenommen, wobei im ersteren Falle Metallrohre verwendet werden.

Zur Herstellung gasförmiger Olefine, besonders Äthylen, unterwirft die gleiche Firma[2] die Hydrierungsprodukte von Kohlenoxyd zunächst einer katalytischen Hydrierung bei etwa 200°, z. B. über Nickel auf Aluminiumoxyd, und die hierbei erhaltenen Produkte dann einer Spaltung oder Dehydrierung, z. B. bei etwa 750°. Hierzu werden besonders Vorrichtungen verwendet, die mit Chromstählen überzogen sind oder aus ihnen bestehen.

Aus den Spaltprodukten trennt man die Homologen des Äthylens ab, hydriert sie zu gesättigten Kohlenwasserstoffen und unterwirft sie erneut der Spaltung oder Dehydrierung auf gasförmige Olefine.

β) Spaltbenzin.

Bei der Kohlenoxyd-Hydrierung fallen nach der auf S. 219 gegebenen Aufstellung etwa 35 Gewichtsprozent der Primärprodukte als Kohlenwasserstoffe im Siedebereich des Benzins an.

Man kann den Anteil der Benzin-Kohlenwasserstoffe, wie vorher beschrieben, durch Polymerisation der gasförmigen Olefine der Gasol-Fraktion, allerdings nur in beschränktem Umfange, erhöhen.

Eine wesentliche Steigerung der Benzin-Ausbeuten bei der Kohlenoxyd-Hydrierung kann man jedoch dadurch erzielen, daß man die bei der Reaktion gleichzeitig mitgebildeten höhersiedenden Kohlenwasserstoffe durch eine entsprechende Aufspaltung der größeren Kohlenwasserstoffmoleküle in solche von Benzin-Charakter zerlegt.

---

[1] F.P. 852 170, I.G. Farbenindustrie A.G.

[2] E.P. 507 567, I.G. Farbenindustrie A.G.

17 Kainer, Kohlenwasserstoff-Synthese.

Bei dieser Aufspaltung der hochsiedenden Synthese-Öle erhält man aber neben dem Benzin auch einen mehr oder weniger großen Koksanfall. Man kann letzteren wesentlich vermindern, wenn man die Kohlenwasserstoff-Öle vorher auf bekannte Weise entparaffiniert und darauf mit Schwefelsäure, Chloriden, Adsorptionserden oder selektiven Lösungsmitteln behandelt[1]. Auf diese Weise kann man den Koksanfall von 14 auf 0,5 Prozent vermindern.

Diese Spaltung der höhermolekularen Synthese-Kohlenwasserstoffe kann durch eine thermische oder katalytische Behandlung erfolgen. Durch Mitverwendung von Katalysatoren können die bei der Spaltung der höheren Kohlenwasserstoff-Fraktionen der Kohlenoxyd-Hydrierungsprodukte die Eigenschaften der entstehenden Benzine, insbesondere deren Klopfwert erheblich verbessert werden.

Die bei der katalytischen Spaltung der höhersiedenden Primärprodukte gebildeten Mengen an Benzinkohlenwasserstoffen und der gleichzeitig entstehenden gasförmigen Kohlenwasserstoffen hängt in hohem Grade von der Art des verwendeten Katalysators ab.

Durch Verwendung besonderer Kontakte kann man bei einer gleichzeitigen Steigerung der Benzinausbeute die durch Bildung gasförmiger Kohlenwasserstoffe entstehenden Verluste herabsetzen.

Eine derartige Führung der Spaltreaktion wird erreicht, wenn man als Katalysator einen kieselsäurehaltigen Stoff verwendet, der durch Fällen von Wasserglas mit wasserlöslichen Metallsalzen und teilweises Herauslösen des Metalls hergestellt ist[2]. Einen solchen Katalysator erhält man in folgender Weise:

1,5 kg einer 28prozentigen Wasserglaslösung werden mit Wasser auf 10 Liter verdünnt und dann unter Rühren mit einer Lösung von 650 g Ferrichlorid krist. in 2 Liter Wasser versetzt. Der erhaltene Niederschlag wird durch Filtrieren abgetrennt, gewaschen, durch Erhitzen bis auf etwa 400° getrocknet und dann mit 10prozentiger Salzsäure so lange gewaschen, bis keine Gelbfärbung der Säure mehr eintritt. Der kieselsäurehaltige Rückstand wird dann mit viel Wasser säurefrei nachgewaschen, durch Erhitzen bis etwa 100° getrocknet, geformt und dann einer Temperatur von 400° ausgesetzt.

Wird mit diesem Katalysator ein bei der Kohlenoxyd-Hydrierung erhaltenes Mittelöl gespalten, so ist die Bildung an C_3- und C_4-Kohlenwasserstoffen um etwa 30 bis 40 Prozent geringer als z. B. in Gegenwart von Aluminiumhydrosilikaten als Katalysatoren.

Man erhält ein Reaktionsprodukt mit etwa 35 Prozent Benzin.

Verwendet man an Stelle des im vorhergehenden Beispiel einen solchen Katalysator, der nicht mit 10prozentiger Salzsäure gewaschen wurde, aus dem also nichts von dem Eisen herausgelöst wurde, so erhält man ein Produkt, das nur etwa 25 Prozent Benzin enthält.

---

[1] F.P. 823262, Ital. P. 352074, I.G. Farbenindustrie A.G.
[2] D.R.P. 711316, I.G. Farbenindustrie A.G.

Arbeitet man mit einem Katalysator, der durch Trocknen von mit Salzsäure schwach angesäuerter Kieselsäure mit Aluminiumnitratlösung, Erhitzen auf etwa 450° erhalten wurde, so erhält man unter Einhaltung der gleichen Spaltbedingungen bei Verwendung der gleichen Mittelölfraktion ein Spaltprodukt mit nur 21 Prozent Benzin.

Einen zum Spalten von bei der Fischer-Tropsch-Synthese erhaltenen Kohlenwasserstoffen geeigneten Kontakt kann man nach Angaben der gleichen Firma[1] in folgender Weise erhalten.

Man mischt die Lösungen von einem oder mehreren Salzen der Elemente der dritten oder vierten Gruppe des periodischen Systems, die Gele zu bilden vermögen, mit einem oder mehreren Metallsalzen, führt die Gelbildung durch Stehenlassen, Erwärmen oder Zusatz eines Fällungsmittels herbei, trennt das Gel ab und erhitzt es nach Trocknung auf etwa 400 bis 800°.

Man kann auch die Metallsalze zu bereits vorliegenden, aber noch feuchten Gelen zusetzen; ferner können die Metallsalze selber als Fällungsmittel dienen.

Man erhält auf diese Weise Katalysatoren, die aus Verbindungen von Silicium und Magnesium, Silicium und Aluminium, Aluminium und Magnesium oder Silicium, Aluminium und Magnesium bestehen, gegebenenfalls zusammen mit Verbindungen von Zink, Zinn, Titan, Vanadin, Chrom, Molybdän, Wolfram, Eisen, Nickel und Kobalt.

Zur Spaltung von höhersiedenden Spaltprodukten der Kohlenoxyd-Hydrierung eignen sich nach W. Schneider[2] ferner solche Katalysatoren, die durch Vermischen von Calciumsilikat mit Aluminium- oder Magnesiumsalzlösungen bei erhöhter Temperatur, Abfiltrieren, Waschen und Trocknen und gegebenenfalls weiteres Erhitzen hergestellt sind.

Bei der Bereitung dieser Katalysatoren verfährt man in der Weise, daß man in Wasser aufgeschlämmtes Calciumsilikat, das z. B. durch Zusammenbringen einer Wasserglaslösung mit einer Calciumsalzlösung hergestellt ist, bei Temperaturen von z. B. 90 bis 100° mit einer Aluminium- oder Magnesiumsalzlösung vermischt, das gebildete Silikat von der Flüssigkeit abtrennt, wäscht und trocknet.

Der Kieselsäuregehalt im fertigen Katalysator kann in weiten Grenzen schwanken. Zum Beispiel gibt man einem Kieselsäure und Aluminiumoxyd enthaltenden Katalysator einen Kieselsäuregehalt, der zwischen 10 bis 98 Prozent, zweckmäßig 30 bis 98 Prozent, liegt.

Bei Kieselsäure und Magnesiumoxyd enthaltendem Katalysator wählt man vorteilhaft einen Gehalt von etwa 0,5 bis 40 Prozent Magnesiumoxyd.

Aus den Katalysatoren kann man darin enthaltene Metallverbindungen, z. B. die Aluminiumverbindung ganz oder teilweise durch Säurebehandlung wieder herauslösen.

Man kann diesen Kontakten ferner während oder nach der Herstellung in feuchtem oder getrocknetem Zustand Metallverbindungen von Titan, Eisen, Nickel, Kobalt, Wolfram, Vanadium oder Mangan zusetzen und diese Verbindungen als Oxyde oder Sulfide niederschlagen.

---

[1] F.P. 841898, Belg. P. 429626, E.P. 504614, I.G. Farbenindustrie A.G.
[2] D.R.P. 712505, I.G. Farbenindustrie A.G.

17*

Gute Benzinausbeuten bei verhältnismäßig geringer Gasbildung werden ferner erhalten, wenn man zur Spaltung der bei der Kohlenoxyd-Hydrierung erhaltenen Mittelöl-Fraktionen Katalysatoren verwendet, die durch Vermischen eines aus einer Wasserglaslösung erhaltenen noch feuchten Kieselsäuregels mit einer Magnesiumsalzlösung unter gleichzeitiger oder nachträglicher Zugabe eines Fällungsmittels für das Metallsalz hergestellt werden[1].

Zur Bereitung eines solchen Katalysators werden z. B. 50 Liter Natriumsilikatlösung vom spez. Gewicht 1,32 mit Wasser auf etwa 300 Liter verdünnt und unter Rühren langsam mit 14 Liter konz. Salzsäure versetzt. Zu dem gebildeten Gel gibt man unter Rühren eine Lösung von 102 kg krist. Magnesiumchlorid in 100 Liter Wasser, fällt mit konzentriertem Ammoniakwasser und erhitzt zum Kochen. Der gebildete Niederschlag wird abfiltriert, mit heißem Wasser ausgewaschen und bei 120° getrocknet.

Werden über den in vorbeschriebener Weise gewonnenen, auf Erbsengröße zerkleinerten Kontakt bei 460° und gewöhnlichem Druck die Dämpfe eines durch Umsetzung von Kohlenoxyd mit Wasserstoff gewonnenen Kohlenwasserstoffgemisches, das etwa von 200 bis 330° siedet, geleitet, so erhält man bei einmaligem Überleiten etwa 20 Gewichtsprozent Benzin, bezogen auf das angewandte Kohlenwasserstoff-Gemisch, und etwa 1,5 Gewichtsprozent hauptsächlich Propan und Butan enthaltende Gase neben Spuren niedriger molekularer Kohlenwasserstoffe.

Das erhaltene Benzin besitzt die Octanzahl 75.

Wird unter sonst gleichen Bedingungen ein Katalysator verwendet, der durch Tränken von schwach mit Salzsäure angesäuertem, käuflichem Kieselsäuregel mit Magnesiumchlorid-Lösung, Trocknen und Erhitzen auf 450° hergestellt ist, und der die gleiche Menge Magnesium enthält wie der obige Katalysator, so erhält man bei einmaligem Überleiten des obenerwähnten Kohlenwasserstoffgemisches nur 11 Prozent Benzin mit der Octanzahl 60, dabei entstehen 1 Prozent gasförmige Kohlenwasserstoffe.

Als Katalysator zur Aufspaltung von höhersiedenden Kohlenwasserstoff-Fraktionen der Kohlenoxyd-Hydrierung eignet sich auch Grudekoks. Nimmt man die Aufspaltung der Kohlenwasserstofföle in Gegenwart dieses Kontaktes unter Zusatz einer Wasserdampfmenge entsprechend einem Kohlenwasserstoffpartialdruck von $1/20$ at vor, so erhält man wenig Olefin enthaltende Benzinkohlenwasserstoffe.

Hochwertige Spaltprodukte, die möglichst viel ungesättigte Kohlenwasserstoffe mit 4 Kohlenstoffatomen im Molekül enthalten, werden nach F. Dahm und H. Tramm[2] jedoch erhalten, wenn man die Spaltung der Kohlenwasserstofföle bei Kohlenwasserstoffpartialdrucken zwischen $1/10$ und $1/40$ kg je Quadratzentimeter in Gegenwart von solchen Spaltkatalysatoren vornimmt, die aus durch Säureaufschluß aktivierter und mit Borsäure-Phosphorsäure-Mischungen oder nur mit Phosphorsäure imprägnierter Bleicherde bestehen.

---

[1] D.R.P. 745 634, I.G. Farbenindustrie A.G. — [2] D.R.P. 716 239, Ruhrchemie A.G.

Besonders günstig ist es, wenn man die Bleicherde mit einer Lösung behandelt, die auf 10 bis 30 Teile Wasser etwa 3,2 Teile Borsäure und 4,8 Teile Phosphorsäure enthält. Zweckmäßig wird dabei so viel Lösung angewandt, daß die Bleicherde 1 bis 5 Prozent Phosphorsäure und Borsäure enthält.

Gute Katalysatoren ergeben sich auch, wenn man an Stelle der Phosphorsäure-Borsäure-Mischung eine reine Phosphorsäureimprägnierung verwendet.

Des weiteren haben kleine Zusätze von Kobaltsalzen oder Eisen-, Nickel- oder Mangansalzen zuweilen eine günstige Wirkung.

Bei der Aufspaltung der höhermolekularen Synthese-Kohlenwasserstoffe auf hochwertige Benzine arbeitet man zweckmäßigerweise bei überatmosphärischen Drucken.

Zur Katalysierung dieser Druckspaltung von Kohlenwasserstoffölen der Kohlenoxyd-Hydrierung eignen sich nach Angaben der Firma I.G. Farbenindustrie A.G.[1] solche Kontakte, die vorher in der spaltenden Druckhydrierung wasserstoffarmer Öle bei hoher Temperatur in der flüssigen oder gasförmigen Phase bereits verwendet worden waren und hierbei in ihrer Aktivität bereits geschwächt sind.

Die Druckspaltung der Synthese-Kohlenwasserstofföle soll dabei bei über 10 Atmosphären und bei einer Temperatur erfolgen, die etwa 50 bis 100° über der optimalen Spaltung der Öle liegt.

Kohlenwasserstofföle aus der Kohlenoxyd-Hydrierung werden besonders vorteilhaft auf klopffeste Benzine gespalten, durch Behandlung ersterer bei Temperaturen über 350° und mindestens 15, besser über 20 Atmosphären und Katalysatoren aus Kieselsäure oder Silikaten oder diese Stoffe enthaltenden Katalysatoren[2].

Beispielsweise spaltet man ein Gasöl aus der Kohlenwasserstoffsynthese aus Kohlenoxyd und Wasserstoff bei 460° und 30 at über Bleicherde mit einem Durchsatz von 1 Liter Gasöl über 2 Liter Katalysator je Stunde.

Das Spaltprodukt enthält 45 Prozent bis 200° siedendes Benzin mit einer Octanzahl von 69,5, die durch Zusatz von 0,09 Volumprozent Tetrableiäthyl auf 84 gesteigert werden kann.

Nach einem anderen Spaltverfahren[3] wird der Druck allmählich oder stufenweise um mindestens 5, besser um 10 Atmosphären oder mehr, und gegebenenfalls auch die Temperatur um mindestens etwa 10° erhöht. Diese Druck- und Temperatursteigerungen werden in dem Maße des Abklingens des verwendeten Spaltkatalysators vorgenommen, jedoch soll die Temperatursteigerung 100° nicht übersteigen.

Als Katalysatoren werden besonders vorteilhaft natürliche oder künstliche Aluminiumsilikate, Tonerde, Aktivkohle, gegebenenfalls zusammen mit Oxyden von Chrom, Molybdän, Wolfram, Mangan, Zink oder Magnesium, verwendet.

---

[1] F.P. 852269, I.G. Farbenindustrie A.G.

[2] F.P. 855122, I.G. Farbenindustrie A.G.

[3] F.P. 857177, E.P. 521687, I.G. Farbenindustrie A.G.

Man erhält auf diese Weise besonders klopffeste Benzine, die sich durch eine hohe Bleiempfindlichkeit auszeichnen.

Gute Ausbeuten an hochwertigen Benzinkohlenwasserstoffen werden erhalten, wenn man die Spaltung der Primärprodukte mit feinverteilten Katalysatoren unter Druck vornimmt. In die flüssigen Spaltprodukte werden hierbei die fein gemahlenen Katalysatoren in einer Menge von 1 bis 30 Prozent, vorzugsweise 2 bis 10 Prozent, zugemischt, worauf das Gemisch unter Druck und Aufrechterhaltung der Öl-Katalysator-Suspension durch eine erhitzte Schlange geleitet wird.

Als Katalysatoren eignen sich bei diesen Spaltverfahren Oxyde oder Silikate der Metalle der zweiten, dritten und achten Gruppe des periodischen Systems.

Beim Spaltvorgang überzieht sich der Katalysator mit Koks oder hochmolekularen Kohlenwasserstoffen und verliert dadurch den größten Teil seiner Wirksamkeit. Er wird deshalb nach der Spaltung zusammen mit den Reaktionsprodukten ausgetragen, von diesen abgetrennt und mit sauerstoffhaltigen Gasen wiederbelebt.

Der Druck beim Spalten muß mindestens so hoch sein, daß unbedingt ein Teil der Kohlenwasserstoffe während der Spaltung sich in flüssiger Phase befindet. Die Temperatur soll dabei stets unter der kritischen Temperatur der flüssigen Kohlenwasserstoff-Fraktion liegen.

Die Vorteile des katalytischen Spaltens in flüssiger Phase lassen sich nach H. Kaufmann und H. Welz[1] noch steigern, wenn man die Spaltung bei ungewöhnlich hohem Durchsatz und bei entsprechend hoher Temperatur in Gegenwart von Katalysatoren durchführt. Man arbeitet mit Durchsätzen von 20 bis 40 kg je Liter Raum und Stunde sowie bei Temperaturen von 460° und darüber, vorwiegend 480 bis 520°, stellt jedoch so ein, daß sich ein Teil der Kohlenwasserstoffe in flüssiger Phase befindet.

Hochklopffeste Benzine aus Ölen der Kohlenoxyd-Hydrierung werden auch erhalten, wenn man letztere einer katalytischen Spaltung bei sehr hohen Drucken, vorzugsweise solchen über 400 Atmosphären, in Gegenwart von Katalysatoren, unterwirft, die arm an Schwermetallen sind[2]. Hierbei erhöht man bei Nachlassen der Aktivität der Kontakte vorübergehend den Wasserstoffpartialdruck oder läßt kurze Zeit nur Wasserstoff über den Kontakt strömen. Als Kontakt kommen vor allem Bleicherden, natürliche oder künstliche Silikate, besonders Aluminiumsilikate, ferner Aktivkohle, besonders aktivierte Braunkohlenkokse oder Kokse aus Kohlenextrakten in Betracht.

---

[1] D.R.P. 736094, I.G. Farbenindustrie A.G.

[2] F.P. 855381, N.V. Internationale Hydrogeneeringsoctroien Mij.; International Hydrogenation Products Co.

Diese Hochdruckspaltung von Kohlenwasserstoffölen der Kohlenoxyd-Hydrierung kann man zusammen mit wasserstoffärmeren Kohlenwasserstoffölen, wie Teermittelöl, über Katalysatoren bei Drucken über
350, besonders bei etwa 400 bis 600 Atmosphären und Temperaturen
über 400°, besonders bei 450 bis 550° vornehmen[1]. Man erhält klopffeste
Benzine, in wesentlich besseren Ausbeuten als bei niedrigeren Drucken.

Beispielsweise werden bei 450 Atmosphären 40 Prozent Benzin, bei 300 Atmosphären aber nur 25 Prozent Benzin erhalten.

Außerdem erlahmen die Katalysatoren bei Verwendung niedrigerer Drucke
schneller als bei höheren.

Bei dieser Arbeitsweise sinkt die Ausbeute zwar auf 20 bis 30 Prozent,
bezogen auf das eingeführte Primärprodukt, jedoch werden die Eigenschaften des Benzins bedeutend verbessert.

So konnte bei einem durch Kohlenoxyd-Hydrierung erhaltenen Kohlenwasserstofföl bei einem Durchsatz von 40 kg je Liter Raum und Stunde und 500° eine
Octanzahlverbesserung um 26 Einheiten gegenüber dem nicht katalytischen Spalten
erreicht werden.

Außerdem wird die je Liter Kontaktraum erzielbare Benzinmenge
auf über das Zehnfache gegenüber der bei Durchsätzen von 2 kg je Liter
Raum und Stunde erreichbaren gesteigert; dabei wird die Bildung gasförmiger Nebenprodukte herabgesetzt.

Da sich die nicht aufgespaltenen Ölanteile unter fast denselben Bedingungen bei geringer Temperaturerhöhung aufspalten lassen, kann man
die Ausgangsstoffe einer zweimaligen Behandlung unterwerfen.

Ein synthetisch aus Kohlenoxyd und Wasserstoff gewonnenes Mittelöl mit dem
Siedebereich 230 bis 360°, der Dichte 0,76 und dem Anilinpunkt 94° wird unter
Zumischung von feingemahlenem, natürlichen Aluminiumhydrosilikat (Bleicherde
Frankonit) vermischt und mittels einer Einspritzpumpe durch eine auf 490° erhitzte
Rohrschlange 6 mm lichte Weite, 32 m Länge, 0,9 Liter Inhalt, geleitet. Es werden
stündlich 37 kg des Öl-Katalysatorgemisches durch die Schlange geschickt. Aus
dieser treten die Reaktionserzeugnisse mit dem beigemischten Katalysator in einen
unbeheizten Abscheider. Der Druck in der Apparatur wird durch Entspannungs-
ventile auf 100 Atmosphären gehalten. Die Menge der erhaltenen Produkte sowie
die Eigenschaften des Benzins sind der Tab. 21 zu entnehmen.

Tabelle 21. *Spalten von Syntheseölen bei
490° und 40 kg Durchsatz je Liter Raum und Stunde.*

Spaltprodukte	Gewichtsprozent vom Einsatz
Benzin bis 200° Octanzahl 67,5 . .	20,3
Gasbenzin	2,1
Gas	1,0
Koks	0,2
Restöl	76,4

Unter sonst üblichen Bedingungen erhält man dagegen die in Tabelle 19 zu-
sammengestellten Ergebnisse.

---

[1] F.P. 854502, N.V. Internationale Hydrogeneeringsoctroien Mij.

Tabelle 22. *Spalten von Syntheseöl bei*
460° und 2 kg Durchsatz je Liter Raum und Stunde.

Spaltprodukte	Gewichtsprozent vom Einsatz
Benzin bis 200° Octanzahl 60 . . .	34,5
Gasbenzin	8,3
Gas	2,7
Koks	1,1
Restöl	53,4

Die Spaltung von höhersiedenden Kohlenwasserstoffen zu hochwertigen Benzinen nimmt die Firma I.G. Farbenindustrie A.G.[1] in Gegenwart von paraffinbasischen Erdölen oder deren Fraktionen in der Dampfphase in Gegenwart von Katalysatoren, wie natürlichen oder künstlichen Silikaten, vor. Durch die gemeinsame Spaltung der genannten Kohlenwasserstofföle wird die Bildung gasförmiger Spaltprodukte weitgehend zurückgedrängt und dabei hochklopffeste Benzine erhalten.

Bei der Spaltung von Produkten der Kohlenwasserstoff-Synthese aus Kohlenoxyd und Wasserstoff kann man die Bildung von unerwünschten gasförmigen Produkten verhindern, wenn man die Spaltung der Synthese-Öle in Gegenwart von cyclischen Ölen, die unter den Reaktions-Bedingungen teilweise verdampfen, vornimmt[2]. Der Zusatz dieser cyclischen Öle kann auch stufenweise oder nur zeitweise erfolgen.

Nach einem anderen Verfahren[3] wird die Aufspaltung der Synthese-Öle zu klopffesten Benzinen in Gegenwart von Kohlenwasserstoffen mit 4 bis 6 Kohlenstoffatomen im Molekül, besonders von unverzweigten Olefinen, und von Wasserdampf in Gegenwart von Katalysatoren, besonders Tonerdehydraten, durchgeführt. Hierbei soll der Partialdruck des Wasserdampfes mindestens das Drei- bis Vierfache der Partialdrucke aller Kohlenwasserstoffe betragen. Die Ausbeute an nach Zusatz von Bleitetraäthyl als Flugkraftstoff verwendbaren Benzinen mit einer Octanzahl von 97 ist wesentlich besser, als wenn die Spaltung allein in Gegenwart von den genannten Olefinen oder allein in Gegenwart von Wasserdampf durchgeführt wird. Gleichzeitig werden die unverzweigten gasförmigen Olefine zu etwa 50 Prozent in verzweigte Olefine übergeführt.

Die bei der katalytischen Spaltung von Synthese-Ölen über Bleicherde-Kontakten erfolgte kohlenstoffhaltige Ablagerung auf den Katalysator beseitigt die Firma Ruhrchemie A.G.[4] dadurch, daß sie den Kontakt einer periodischen oxydierenden Regenerierung unterwirft. Dabei werden Spaltungsperioden und Regenerierperioden so aufeinander abgestimmt, daß ein Wärmegleichgewicht herrscht, d. h. der

---

[1] F.P. 859121, I.G. Farbenindustrie A.G.
[2] E.P. 519613, I.G. Farbenindustrie A.G.
[3] F.P. 899045, Ruhrchemie A.G. — [4] F.P. 899044, Ruhrchemie A.G.

Wärmebedarf in der Spaltungsperiode gerade so groß ist, wie die bei der Regenerierung freiwerdende Oxydationswärme.

Hochwertige Treibstoffe können aus den bei der Kohlenoxyd-Hydrierung erhaltenen flüssigen Kohlenwasserstoffen auch erhalten werden, wenn man die Einzelfraktionen dieser Kohlenwasserstoffe in einer ihrer spezifischen Eigenart am besten entsprechenden Weise in Benzinkohlenwasserstoffe überführt und die hierbei aus den einzelnen Kohlenwasserstoff-Fraktionen erhaltenen Benzinkohlenwasserstoffe miteinander vermischt.

Nach einem Verfahren der Ruhrchemie A.G.[1] können nach diesem Prinzip die bei der katalytischen Kohlenoxyd-Hydrierung erhaltenen Kohlenwasserstoffe in ihrer Gesamtheit in einen Treibstoff von hoher Octanzahl durch folgende Behandlung übergeführt werden. Die anfallenden Kohlenwasserstoffe werden in eine bis etwa 120° siedende Leichtöl-, eine von etwa 120 bis 200° siedende Mittelöl-, sowie eine von etwa 210 bis 360° siedende Schwerölfraktion aufgeteilt. Von den beiden letzteren wird das Mittelöl bei Temperaturen von etwa 500 bis 700° und Drucken von etwa 2 bis 11 at auf vornehmlich olefinische Kohlenwasserstoffe gespalten und das Schweröl in der Dampfphase unter teilweiser Rückführung der für sich auf oberhalb Spalttemperatur liegenden Temperatur aufgeheizten Spaltgase im Temperaturbereich von etwa 500 bis 700° und bei Drucken von 7 bis 15 at in ein an aromatischen Kohlenwasserstoffen reiches Benzin übergeführt. Die bei den Spaltreaktionen erhaltenen Spaltgase werden, gegebenenfalls zusammen mit den bei der Kohlenoxyd-Hydrierung primär anfallenden Olefingasen, durch Säurebehandlung und anschließendes Verseifen der hierbei erhaltenen Säureester in ein Alkoholgemisch übergeführt, worauf das Leichtöl mit den Spaltbenzinen und dem Alkoholgemisch vermischt wird. Auf diese Weise wird ein klopffester Treibstoff erhalten, welcher z. B. nach dem Zusammenmischen sämtlicher Anteile eine Octanzahl von etwa 75 aufweist.

Der bei der Aufteilung von bei der katalytischen Kohlenoxyd-Hydrierung erhaltenen flüssigen Kohlenwasserstoffen gewonnene bis etwa 120° siedende Anteil wies z. B. eine Octanzahl von 63 auf. Er fiel in einer Menge von etwa 35 Prozent der Gesamtproduktion an flüssigen Kohlenwasserstoffen an, während das Mittelöl und das Schweröl je 30 und 35 Gewichtsprozente der erhaltenen flüssigen Kohlenwasserstoffe ausmachten. Ferner fielen bei der Kohlenoxyd-Hydrierung noch etwa 8 Prozent, bezogen auf die insgesamt erhaltenen Kohlenwasserstoffe, an gasförmigen Kohlenwasserstoffen an, die etwa zur Hälfte aus gesättigten und ungesättigten Kohlenwasserstoffen bestanden.

Bei der Spaltung des Mittelöls bei den angegebenen Bedingungen fallen etwa 50 Prozent Benzinkohlenwasserstoffe von der Octanzahl 68, 45 Prozent gasförmige Olefine und 5 Prozent gasförmige Paraffinkohlenwasserstoffe an. Die gasförmigen Olefine bestanden zu etwa zwei Drittel aus Propylen und Butylen und zu etwa ein Drittel aus Äthylen. Die gasförmigen Kohlenwasserstoffe wurden zusammen mit

---

[1] D.R.P. 725000, Ruhrchemie A.G.

den bei der katalytischen Hydrierung des Kohlenoxyds und den im weiteren Verfahrensverlauf anfallenden Olefingasen gemeinsam in der weiter unten angegebenen Weise in Alkohole übergeführt.

Bei der Dampfphasenbehandlung des Schweröls entstand bei Anwendung der hierfür obengenannten Bedingungen mit einer Ausbeute von etwa 80 Prozent ein weitgehend aromatisches Benzin mit einer Octanzahl von 75.

Die insgesamt angefallenen Olefine wurden unter Verwendung einer etwa 75prozentigen Schwefelsäure in die entsprechenden Säureester übergeführt, die anschließend durch Einleiten von Wasserdampf verseift wurden. Die Umwandlung der Olefine in Säureester, die durch Kobalt- oder Silbersalze beschleunigt werden kann, erfolgt zweckmäßig bei Temperaturen von nicht über 40°, vorzugsweise 10 bis 30°.

Aus den primär anfallenden Olefingasen wurden, bezogen auf die Gesamtmenge der erhaltenen Treibstoffe, etwa 4 Prozent Alkohole gewonnen, während die bei der Spaltreaktion der zweiten oder dritten Fraktion erhaltenen Spaltgase etwa 9 bzw. 12 Prozent Alkohole, zusammen also etwa 15 Prozent Alkohole, ergaben. Dieses Alkoholgemisch, welches vorwiegend aus Propyl- und Butylalkohol bestand, zeigte in Verbindung mit den anderen nach dieser Arbeitsweise anfallenden Treibstoffen den hohen Misch-Octanwert von 110.

Durch Vermischen der ersten Benzinfraktion mit einer Octanzahl von etwa 63 mit dem aus der zweiten Kohlenwasserstoff-Fraktion erhaltenen Spaltbenzin mit einer Octanzahl von etwa 68, dem aus der dritten Kohlenwasserstoff-Fraktion erhaltenen, an aromatischen Kohlenwasserstoffen reichen Spaltbenzin mit einer Octanzahl von 75 und den aus dem Olefin erhaltenen Alkoholen wurde beispielsweise ein Treibstoffgemisch mit einer Octanzahl von 75 erhalten, wenn man 38,5 Teile Benzin (Octanzahl 63) mit 16,5 Teilen Benzin (Octanzahl 68), 28 Teilen Benzin (Octanzahl 75) und 16,5 Teilen Alkohol (Octanzahl 110) vermischt.

Verarbeitet man die Olefine nicht wie vorbeschrieben auf Alkohole, sondern auf Polymerbenzin, so erhält man zunächst nur 11,5 Teile Polymerbenzin. Das Benzin hat nach Zugabe des Polymerbenzins jedoch nur eine Mischoctanzahl von 68,4.

Eine besonders hohe Ausbeute an Polymerbenzin erhält man nach H. Kölbel und P. Ackermann[1], wenn man unter Verwendung von Eisen-Katalysatoren mit mindestens 99,5 Prozent Eisen die Synthese mit dem Ziele der vorwiegenden Bildung von ungesättigten C_3-, C_4-Kohlenwasserstoffen fährt und dieselben dann anschließend zu hoch klopffestem Benzin polymerisiert.

γ) Schmieröle.

Bei der thermischen oder katalytischen Spaltung von hochmolekularen Synthese-Kohlenwasserstoffen werden olefinhaltige Spaltdestillate erhalten, die gleichfalls in hochwertige Schmieröle übergeführt werden können.

Diese Polymerisation der olefinischen Spaltdestillation aus Kogasinparaffin und synthetischem Ceresin mit Aluminiumchlorid als Katalysator haben H. Koch und R. Billig[2] studiert.

Durch Polymerisation des unter 250° siedenden Spaltdestillates mit 5 Gewichtsprozent Aluminiumchlorid entsteht ein viscoses Schmieröl in einer Ausbeute von

---

[1] D.R.P. 743569, Steinkohlen-Bergwerk Rheinpreußen.
[2] Koch, H. u. R. Billig: Brennstoff-Chem. 21 (1940) 169.

65 bis 75 Gewichtsprozent. Die Polhöhen-Werte der Öle liegen zwischen 1,57 und 1,83. Die Viscosität bei 50° entspricht 32 bis 108° E.

Bei der technischen Durchführung dieser Polymerisation der durch Spaltung von hochmolekularen Kohlenwasserstoffen erhaltenen olefinhaltigen Produkte wird das als Katalysator benützte Aluminiumchlorid mehrmals verwendet[1].

Dabei setzt man dem Aluminiumchlorid nach jeder Benützung etwa 10 Prozent frisches Chlorid zu und verwendet den so aufgefrischten Katalysator für die weitere Polymerisation. Gleichzeitig wird der Olefingehalt der zur Polymerisation gelangenden Kohlenwasserstoffe von Mal zu Mal erhöht[2].

Nach einem weiteren Verfahren der Firma Ruhrchemie A.G.[3] werden olefinhaltige Kohlenwasserstoffe mittels Aluminiumchlorid zu Schmierölen kondensiert, wobei die Temperatur während der Reaktion erhöht wird. Man beginnt z. B. bei 0 bis 30° und erhöht, wenn hochviscose Öle gewonnen werden sollen, die Temperatur bis auf 100 bis 120°. Dabei kann die Reaktionstemperatur durch Zusatz indifferenter leichter Öle, wie Propan, Butan, oder die entsprechenden Olefine, die unter den Reaktionsbedingungen verdampfen, geregelt werden.

Die ausgebrauchten Kontakte können unter Zusatz von frischen Kontaktmengen wieder für die Kondensation bei niederen Temperaturen verwendet werden.

Die Oxydationsbeständigkeit der durch polymerisierende oder kondensierende Behandlung von olefinischen Spaltprodukten von Synthese-Kohlenwasserstoffen erhaltenen Schmieröle kann durch eine Nachbehandlung mit etwa 1 Prozent Aluminiumchlorid bei Temperaturen über 140°, besonders bei etwa 180°, wesentlich verbessert werden[4].

4. Anlagerung von Kohlenoxyd und Wasserstoff.

An die bei der Kohlenoxyd-Hydrierung erhaltenen Olefine oder Olefin-Fraktionen kann man unter bestimmten Voraussetzungen Kohlenoxyd und Wasserstoff anlagern, wobei sauerstoffhaltige Produkte erhalten werden.

Bei dieser von O. Roelen[5] entwickelten und als Oxo-Synthese bekanntgewordenen Arbeitsweise erfolgt die Anlagerung von Kohlenoxyd und Wasserstoff an Olefine[6] bei Drucken von mehr als 20 at und Kontakten auf Kobalt-Basis aber auch Eisen-Kontakten unter

---

[1] F.P. 809226, Ruhrchemie A.G.
[2] F.P. 47841, Zusatz zu F.P. 809226, Ruhrchemie A.G.
[3] F.P. 813766, Ruhrchemie A.G. — [4] F.P. 840980, Ruhrchemie A.G.
[5] F.P. 860289, Ruhrchemie A.G.
[6] Sinngemäß können natürlich auch Olefine anderer Herkunft umgesetzt werden.

Bildung von Aldehyden oder Ketonen gemäß den Gleichungen

$$R — CH = CH_2 + CO + H_2 \longrightarrow R — \underset{\underset{O = C — H}{|}}{CH} — CH_3 \qquad (18)$$

und

$$2\,R — CH = CH_2 + CO + H_2 \longrightarrow R — CH_2 — CH_2 — CO — CH_2 — CH_2 — R \qquad (19)$$

Die Reaktionstemperaturen liegen unterhalb 200° und sind um so niedriger, je reaktionsfähiger die Olefine sind.

Mit Kobalt-Kontakten beginnt die Umsetzung mit Äthylen schon bei 50° und verläuft optimal bei etwa 115°, bei höheren, sterisch nicht behinderten Olefinen bei etwa 130 bis 140°.

Eisen-Kontakte sind weniger wirksam, auch noch bei Temperaturen von 180°. Nickel-Kontakte sind unwirksam.

Kobalt-Kontakte werden verwendet in festangeordneter, körniger Form oder als Aufschlämmung in Hilfsflüssigkeiten oder in den Olefinen selbst bzw. in Gemischen beider.

Symmetrische Olefine liefern nur einen Aldehyd, unsymmetrische können zwei isomere Aldehyde geben.

Die bei der Oxo-Synthese erhaltenen Produkte stellen wertvolle Rohstoffe für die chemische und Kunststoff-Industrie dar.

Die Aldehyde können z. B. zur Herstellung von Phenol-, Alkyd-Harzen usw. verwendet werden[1].

Die Aldehyde der Oxo-Synthese können ferner leicht gemäß der Gleichung

$$\underset{\underset{O = C — H}{|}}{R — CH} — CH_3 \quad + H_2 \longrightarrow \quad \underset{\underset{CH_2OH}{|}}{R — CH} — CH_3 \qquad (20)$$

zu α-alkylverzweigten Alkoholen reduziert werden.

Auf diese Weise werden eine Reihe von neuartigen Alkoholen in technischem Umfange in einfachster Weise hergestellt.

In den Vereinigten Staaten von Nordamerika beabsichtigt man mit Hilfe der Oxo-Synthese die Herstellung folgender Alkohole:

2-Methyl-1-pentanol, 2-Äthyl-1-hexanol, 2-Methyl-1-butanol, 2-Äthyl-1-butanol, 2-Äthyl-1-pentanol und 2-Methyl-1-hexanol[2].

Die katalytische Einwirkung von Kohlenoxyd und Wasserstoff auf die Olefine der Fischer-Tropsch-Synthese kann auch so gelenkt werden, daß unmittelbar Alkohole entstehen[3].

Man erhält nach F. Martin und O. Roelen[4] diese α-alkylverzweigten Alkohole, wenn man höhermolekulare Olefine oder ein Kohlenwasserstoffgemisch aus den Kohlenwasserstoffen der Kohlenoxyd-Hydrierung, die das zur Herstellung der erstrebten Alkohole geeignete Olefin oder

---

[1] Ital. P. 389594, Ruhrchemie A.G.
[2] Angew. Chem. B. 20 (1948) 317. — [3] Ital. P. 389594, Ruhrchemie A.G.
[4] D.R.P. 736702, Ruhrchemie A.G.

Olefingemisch enthalten, bei Temperaturen über 150° mit Kohlenoxyd und Wasserstoff unter Verwendung von Katalysatoren, wie Eisen, Nickel oder Kobalt, zweckmäßig in Mischung mit aktivierenden Stoffen, z. B. Aluminiumoxyd, im Hochdruckgebiet umsetzt.

Die bei der Oxo-Synthese erhaltenen Alkohole finden Verwendung als Lösungsmittel, besonders in der Lackindustrie und geben nach Veresterung mit Phthalsäureanhydrid oder Phosphorsäure hochwertige Weichmacher, besonders für Polyvinylchlorid oder Vinylchlorid-Vinylacetat-Mischpolymerisate[1].

5. Chlorieren.

Die bei der Kohlenoxyd-Hydrierung nach Fischer-Tropsch erhaltenen Kohlenwasserstoffe können ebenso wie die aus Mineralölen oder durch Druckhydrierung von Kohlen usw. gewonnenen Kohlenwasserstoffe durch Chlorierung in Chlorkohlenwasserstoffe übergeführt werden.

Es wird noch später gezeigt, daß man auch auf andere Weise aus Synthese-Kohlenwasserstoffen chlorierte Produkte erhalten kann[2].

Einer solchen Chlorierung können sowohl die niedrig siedenden, hochsiedenden Kohlenwasserstoffe als auch feste Paraffinkohlenwasserstoffe unterworfen werden.

In bestimmten Fällen können die Synthese-Kohlenwasserstoffe vor der Chlorierung einer Dehydrierung und Hydrierung unterworfen werden[3].

Diese chlorierten Kohlenwasserstoffe finden eine vielseitige Verwendung.

Sie dienen z. B. als Lösungsmittel in der Lack- oder Kunststoffindustrie.

Kohlenwasserstoffe, die z.B. mindestens 8 Kohlenstoffatome im Molekül enthalten, geben nach Chlorierung hochwertige Weichmacher für Kunststoffe, wie Polyvinylchlorid, Polyvinylacetat oder Polystyrol[4].

In gleicher Weise können auch die festen Paraffinkohlenwasserstoffe der Fischer-Tropsch-Synthese chloriert werden.

Das Hartparaffin der Kohlenoxyd-Hydrierung wird nach H. Kölbel und D. Ullmann[5] durch Chlorierung in Stoffe von öliger, zähflüssiger oder wachsartiger Konsistenz übergeführt, die als Weichmacher, besonders für Nitrocelluloselacke und feuerhemmende Anstriche und Kombinationen gute Dienste leisten[6].

[1] Sparks, W. J. u. D. W. Young: Kunststoffe 39 (1949) 126.
[2] Siehe S. 275. — [3] F.P. 842219, I.G. Farbenindustrie A.G.
[4] F.P. 882450, I.G. Farbenindustrie A.G.
[5] D.R.P. 750018, D.R.P. 602/43, Steinkohlen-Bergwerk Rheinpreußen.
[6] Wagner, H.: Farben, Lacke, Anstrichstoffe, 1 (1947) 56.

Hochchlorierte Paraffine der Kohlenoxyd-Hydrierung mit einem Erweichungspunkt von mindestens 82° dienen nach H. Kölbel und D. Ullmann[1], gegebenenfalls in Mischung mit Weichmachern, Füllstoffen und Harzen, als Kunstharz, z. B. zur Herstellung von Fäden, Filmen, Folien, Imprägnierungs-, Textilveredlungsmitteln, Oberflächenschutzmitteln, Isolationsmaterialien oder Werkstoffen für die Elektrotechnik.

Aus chlorierten Synthese-Kohlenwasserstoffen lassen sich hochwertige Schmieröle herstellen.

Nach F. Fischer und H. Koch[2] werden z. B. Schmieröle erhalten, wenn man Synthese-Gasöl, das ein bis zwei Chloratome im Durchschnittsmolekül enthält, mit aktiviertem Aluminium kondensiert. Die erhaltenen Schmieröle haben eine Viscositätspolhöhe von durchschnittlich 1,6 bis 1,8.

Zu ähnlichen Produkten gelangt man auch, wenn man die bei der Chlorierung von Kohlenwasserstoffen der Kohlenoxyd-Hydrierung erhaltenen Chlorkohlenwasserstoffe mit aromatischen Kohlenwasserstoffen kondensiert.

Ein von H. Kölbel[3] entwickeltes und bei der Firma Steinkohlen-Bergwerk Rheinpreußen in großtechnischem Umfang durchgeführtes Verfahren zur Herstellung von synthetischen Schmierölen bedient sich der Synthesefraktion 280 bis 320°, die chloriert und in Gegenwart eines Lösungsmittels mit Naphthalin kondensiert wird. Die so hergestellten Schmieröle übertreffen die Naturöle in Bezug auf Schmierfähigkeit, thermische Beständigkeit und Oxydationsbeständigkeit. Es können alle Arten von Schmierölen auf diese Weise hergestellt werden. Besonders interessant sind Heißdampfzylinderöle mit einem Flammpunkt von über 350°.

Diese Kondensation der höhersiedenden Kohlenwasserstoffe (Kogasin II-Fraktion) mit aromatischen Kohlenwasserstoffen, wie Benzol, Toluol, Naphthalin, α-Methylnaphthalin und Tetrahydronaphthalin, haben F. Fischer und H. Koch[2] studiert. Bei dieser nach der Friedel-Craftschen Synthese durchgeführten Kondensation werden viscose Produkte erhalten, die in ihren schmierölähnlichen Eigenschaften um so besser sind, je weniger das Kohlenwasserstoff-Gemisch vorher chloriert wurde.

F. Fischer, H. Koch und K. Wiedeking[4] haben später gefunden, daß man die Temperaturabhängigkeit der Viscosität des durch Kondensation von chlorierten Kohlenwasserstoffen der Fischer-Tropsch-Synthese (Kogasin) erhaltenen Schmieröles durch Erhöhung des paraffinischen Anteils wesentlich verbessern kann.

[1] D.R.P. 750018, Steinkohlenbergwerk Rheinpreußen.

[2] Fischer, F. u. H. Koch: Brennstoff-Chem. 14 (1933) 463.

[3] H. Kölbel, Erdöl und Kohle 1 (1948) 308; D.R.P. 190/40, D.R.P. 33/41, D.R.P. 375/41, D.R.P. 709667, D.R.P. 1200/43, Steinkohlen-Bergwerk Rheinpreußen; Cios-Bericht XXIV—9(1945; Cios-Bericht XXII—67 (1945); Cios-Bericht XXX—5 (1945); Report on the Petroleum and Synthetic Oil Industry of Germany, London 1947, 118. - [4] Fischer, F., H. Koch u. K. Wiedeking: Brennstoff-Chem. 15 (1934) 229.

Aus diesen chlorierten Kohlenwasserstoffen werden bei der Kondensation mit aromatischen Kohlenwasserstoffen dann gute Schmieröle erhalten, wenn man das Verhältnis der paraffinischen Ketten zu aromatischen Ringen richtig bemißt[1].

Durch katalytische Druckhydrierung dieser synthetischen Schmieröle werden spezifisch leichtere, wasserhelle Schmieröle von hoher Stabilität gegen Oxydationswirkungen, geringem Verkokungsrückstand und großer Kältebeständigkeit gewonnen[2].

Bei dieser nachträglichen Hydrierung der aromatischen Ringsysteme werden also paraffinisch-naphthenische Kohlenwasserstoffe erhalten. Diese Hydrierung bewirkt eine starke Herabsetzung der Zähigkeit der Schmieröle[2].

Diese erstmalig von F. Fischer und Mitarbeitern vorgeschlagene Kondensierung von chlorierten Kohlenwasserstoffen der Kohlenoxyd-Hydrierung mit aromatischen Kohlenwasserstoffen, wie Benzol, Monochlorbenzol, ist neuerdings auch von französischer Seite vorgeschlagen worden[3].

Zur Herstellung eines solchen Kondensationsproduktes wird z. B. ein zu 13 Prozent chloriertes Fischer Tropsch-Gasöl in Gegenwart von Aluminiumchlorid mit Monochlorbenzol im Überschuß kondensiert.

Halogensulfosäurechloride.

Die bei der Einwirkung von Halogen, besonders Chlor auf Kohlenwasserstoffe, die aus der Kohlenoxyd-Hydrierung stammen, erhaltenen Halogenkohlenwasserstoffe können unter Bestrahlung mit kurzwelligem Licht in flüssiger Phase mit Schwefeldioxyd und Chlor in Halogensulfosäurechloride übergeführt werden[4].

Diese Reaktion wird zweckmäßig unterhalb 0°, vorzugsweise bei —20 bis —30° ausgeführt[5].

6. Sulfochlorieren.

In gleicher Weise wie halogenierte, besonders chlorierte Kohlenwasserstoffe können auch die keiner vorangegangenen Halogenierung unterworfenen Kohlenwasserstoffe der Kohlenoxyd-Hydrierung durch gleichzeitige Einwirkung von Schwefeldioxyd und Chlor in Sulfochloride übergeführt werden[6].

Zur Gewinnung dieser unter der Bezeichnung Mersol H bekanntgewordenen Sulfochloride dient eine Kogasin-Fraktion, aus der durch Hydrierung und Abscheidung ein Kohlenwasserstoff mit 15 Kohlenstoff-

[1] Fischer, F.: Arch. Eisenhüttenwesen 12 (1939) 533.
[2] Fischer, F. u. H. Koch: Brennstoff-Chem. 14 (1933) 463.
[3] F.P. 924035, Comp. Française de Raffinage.
[4] F.P. 865251, E.P. 516214, I.G. Farbenindustrie A.G.
[5] F.P. 52993, Zusatz zu F.P. 865251, I.G. Farbenindustrie A.G.
[6] F.P. 882450, I.G. Farbenindustrie A.G.

atomen erhalten wird[1]. Dieser Kohlenwasserstoff wird dann durch gleichzeitige Einwirkung von Schwefeldioxyd und Chlor unter dem Einfluß kurzwelliger Strahlen sulfochloriert.

Die Einwirkung von Schwefeldioxyd und Chlor auf die flüssigen Kohlenwasserstoffe der Kohlenoxyd-Hydrierung kann nach einem weiteren Verfahren der Firma I.G. Farbenindustrie A.G.[2] in Gegenwart einer zur Radikalbildung fähigen organischen Verbindung, wie Bleitetramethyl, Zinkmethyl, Diazomethan usw., erfolgen. Diese radikalbildenden Stoffe werden zweckmäßig in Dampfform oder mit Hilfe eines Trägergases, wie Stickstoff, in die Reaktionszone eingeführt. Die Sulfochlorierung erfolgt bei normaler oder ganz wenig erhöhter Temperatur und normalem Druck.

α) Sulfonate.

Durch Verseifung der Sulfochloride werden Sulfonate, sogenannte Mersolate erhalten, die schon heute eine große Bedeutung, insbesondere als Wasch- und Emulgiermittel usw., erlangt haben.

Setzt man während oder nach der Verseifung der Sulfochloride Reduktionsmittel zu, so erhält man gelbliche bis farblose Sulfonate[3].

Sulfonate oder die diesen zugrunde liegenden Sulfonsäuren besitzen eine gute emulgierende Wirkung und finden aus diesem Grunde vielfach Anwendung als Emulgiermittel.

Beispielsweise dienen die synthetischen paraffinischen Kohlenwasserstoffe des Siedebereiches 240 bis 320°, teilweise sulfochloriert und anschließend mit einer alkalischen Lösung verseift als Emulgator bei der Polymerisation von Verbindungen mit einer oder mehreren Kohlenstoffdoppelbindungen[4].

Diese Sulfonate sind jedoch in Mineralölen nicht oder nicht klar löslich. Aus diesem Grunde eignen sie sich nach K. Smeykal und F. Asinger[5] zum Zerstören von Mineralöl-Emulsionen.

Als Deemulgiermittel zum Spalten von Mineralölemulsionen kommen z. B. Sulfonate oder Sulfonsäuren in Betracht, die aus etwa 190 bis 240° siedenden Kohlenwasserstoffen der Kohlenoxyd-Hydrierung durch Behandeln mit Halogen und Schwefeldioxyd mit anschließender Verseifung erhalten werden.

Für den gleichen Zweck eignen sich nach W. E. Currie, E. Vogt und K. Smeykal[6] Sulfonierungsprodukte von polymerisierten Olefinen mit verzweigter Kohlenstoffkette, wie man sie durch Dehydrierung und Polymerisation der zwischen 145 und 165° oder 165 und 170° siedenden sauerstoffhaltigen Produkte der Hydrierung von Kohlenoxyd erhält.

---

[1] Kainer, F.: Kunststoffe 38 (1948) 163.
[2] F.P. 892978, I.G. Farbenindustrie A.G.
[3] Belg. P. 450757, I.G. Farbenindustrie A.G.
[4] F.P. 883454, I.G. Farbenindustrie A.G.
[5] D.R.P. 727289, I.G. Farbenindustrie A.G.
[6] Holl. P. 49782, A.P. 2216257, I.G. Farbenindustrie A.G.

Sulfonierungsprodukte höhermolekularer Olefine aus den Synthese-Ölen können nach H. Haussmann, F. Färhäuser und J. Sattler[1] gemeinsam mit schwerflüchtigen Kohlenwasserstoffölen der Kohlenoxyd-Hydrierung als Schmälzmittel für Wolle dienen.

β) Sulfonsäureamide.

Durch eine Behandlung der bei der Sulfochlorierung langkettiger Synthese-Kohlenwasserstoffe erhaltenen Sulfochloride mit Ammoniak oder seinen organischen Abkömmlingen können Amidierungsprodukte, wie Sulfamide, Sulfacylamide oder Disulfimide, erhalten werden.

Als Amidierungsmittel werden nach einem Verfahren der Firma I.G. Farbenindustrie A.G.[2] Ammoniak, primäre oder sekundäre Amine, z. B. Methyl-, Butyl-, Dodecyl-, Diisobutyl-, Diäthanolamin, Anilin, Oxäthyl-anilin, Naphthylamin, 1,6-Hexylendiamin, Triäthylentetramin, Phenyl-lendiamin, Benzidin oder Amingemische, wie man sie aus bei der Paraffin-oxydation als Nebenprodukt gebildeten aliphatischen Säuren mit 4 bis 11 Kohlenstoffatomen über die Nitrile bzw. Ketone und anschließender Hydrierung erhält.

Je nach dem Grade der Sulfochlorierung erhält man Gemische von Sulfamiden mit unveränderten Kohlenwasserstoffen, Mono- oder Poly-sulfamide.

Die Produkte sind geruchlose, farblose bis gelbliche, mehr oder weniger viscose, luft- und lichtbeständige Öle oder Wachse, die als Textilöle, zur Lederfettung, in der Papier- und Lackindustrie und als Schmier- und Bohröle verwendet werden können; sie können auch als Zusatz zu anderen Schmier- und Fettungsmitteln dienen. Vorteilhaft werden diese Sulfamide in Form von Emulsionen angewendet.

Ein durch Kohlenoxyd-Hydrierung hergestelltes Kohlenwasserstoff-Gemisch mit 12 bis 14 Kohlenstoffatomen wird in Sulfochloride übergeführt, die noch etwa 35 Prozent unveränderte Kohlenwasserstoffe enthalten.

Die hieraus mit Ammoniak erzeugten Sulfamide dienen nach der Extraktion in Wasser löslicher Stoffe, wie Ammoniumchlorid, mit höhermolekularen Alkoholen oder Wasser als Schmiermittel.

Diese Amidierungsprodukte der Sulfochloride können u. a. auch als Zusatz zu den als Emulgiermittel dienenden Sulfonaten verwendet werden. Durch den Zusatz von Sulfamiden, Sulfacylamiden oder Disul-fimiden werden nach K. Brodersen und M. Quaedvlieg[3] in Mineral-ölen und fetten Ölen klar lösliche Emulgiermittel erhalten, mit einer gegenüber den Sulfonaten erhöhten Wirksamkeit.

Die klaren Gemische der Öle mit diesen Emulgatoren sind wasser-löslich und finden als Bohröl, Lederfettungsmittel, Schmälz- und Reißöle Verwendung.

[1] D.R.P. 748836, I.G. Farbenindustrie A.G.
[2] F.P. 866256, I.G. Farbenindustrie A.G.
[3] D.R.P. 747403, I.G. Farbenindustrie A.G.

66 Teile eines Emulgiermittels, das 40 Prozent eines durch Sulfochlorierung langkettiger Paraffinkohlenwasserstoffe der Siedegrenzen 230 bis 360° und nachfolgende Behandlung mit überschüssigem Ammoniak erhaltenen Sulfamids, 40 Prozent eines durch Sulfochlorierung von Paraffinkohlenwasserstoffen und nachfolgender Verseifung mit Natronlauge erhaltenen Sulfonats sowie 20 Prozent Wasser enthält, werden mit 34 Teilen Paraffinöl gemischt. Die ölig klare Lösung ist in jedem Verhältnis mit Wasser mischbar. Dabei entstehen klare bis opaleszierende Lösungen.

γ) Sulfonsäureester.

Die bei der Einwirkung von Schwefeldioxyd und Chlor auf Kohlenwasserstoffe der Kohlenoxyd-Hydrierung erhaltenen Sulfochloride können nach P. Herold, K. Smeykal, F. Asinger und H. D. Frh. v. d. Horst[1] mit Phenolen oder Alkoholen verestert werden.

Ein durch Kohlenoxyd-Hydrierung erhaltener Kohlenwasserstoff wird mit Schwefeldioxyd und Chlor bis zum Dichteanstieg auf 1,02 (bei 10°) behandelt und bei Unterdruck vom gelösten Chlor befreit.

100 Teile des Produktes werden mit 21 Teilen Phenol in 77 Teilen wäßriger Natronlaugelösung (15prozentig) bei nicht über 66° umgesetzt. Nach Stehenlassen und eingetretener Schichtenbildung wird die obere ölige Schicht mit Natriumchloridlösung gewaschen.

Man erhält mit 96 Prozent Ausbeute ein als Weichmacher für Nitrocellulose, Chlorkautschuk, Polyvinylchlorid usw. geeignetes Produkt.

Bei Verwendung von Methylalkohol als Alkoholkomponente erhält man ein für Polyvinylverbindungen geeignetes Weichmachungsmittel.

Diese Umsetzung der bei der Einwirkung von Halogen und Schwefeldioxyd auf Kohlenwasserstoffe der Fischer-Tropsch-Synthese erhaltenen Sulfochloride mit Phenolen nimmt H. D. Frh. v. d. Horst[2] in Gegenwart von säurebindenden Mitteln, wie Ammoniak oder Aminen, vor.

Beispielsweise mischt man 2 kg eines 10 Prozent Schwefel und 12 Prozent hydrolysierbares Chlor enthaltenden Erzeugnisses, das durch Behandeln eines bei 240 bis 370° siedenden Kohlenoxyd-Hydrierungsproduktes mit Schwefeldioxyd und Chlor unter Bestrahlung mit kurzwelligem Licht hergestellt ist, mit 830 g eines Phenol-Kresol-Xylenol-Gemisches und leitet bei 40° während 2 Stunden 243 g gasförmiges Ammoniak ein. Beim Aufarbeiten erhält man ein geruchloses Öl.

Statt Ammoniak können Methylamin oder Piperidin verwendet werden.

Die entstandenen Verbindungen, bei denen es sich wahrscheinlich um Sulfonsäurearylester handelt, können als Weichmacher für Polymerisate oder Celluloseabkömmlinge dienen.

Über die technische Herstellung dieser Sulfonsäureester in Deutschland sind aus englischen Mitteilungen[3] weitere Einzelheiten bekannt geworden.

Zur Herstellung dieser als Mesamolle bezeichneten Ester-Weichmacher geht man von dem Sulfochlorid Mersol H aus. Dieses wird mit Phenol in Gegenwart von Ammoniak, wie vorbeschrieben, verestert.

---

[1] D.R.P. 715846, I.G. Farbenindustrie A.G.

[2] D.R.P. 719059, I.G. Farbenindustrie A.G.

[3] British Plastics, 19 (1947) 40; H. D. Frh. v. d. Horst: Modern Plastics 24 (1947) 154, 192.

Neben diesem als Mesamoll I bezeichneten Produkt wurde durch Herabsetzung des hydrolysierbaren Chlor- und Disulfochlorid-Gehaltes auf den halben Wert nach gleicher Veresterung der Weichmacher Mesamoll H erhalten.

Beide Weichmacher eignen sich in hervorragender Weise zum Weichstellen von Polyvinylchlorid[1].

Mit Mesamoll verwandte Ester-Weichmacher mit sehr guter Kältebeständigkeit werden erhalten, wenn man das Sulfochlorid Mersol H mit aliphatischen Alkoholen mit einer Kohlenstoffkette von 6 bis 16 Kohlenstoffatomen verestert. Diese Alkylsulfonsäureester werden meist in Mischung mit Mesamoll verwendet.

δ) Chlorkohlenwasserstoffe.

Die bei der Einwirkung von Schwefeldioxyd und Chlor auf höhermolekulare Synthese-Kohlenwasserstoffe erhaltenen Sulfochloride können unter Abspaltung von Schwefeldioxyd in Chlorkohlenwasserstoffe übergeführt werden. Man erreicht diese Abspaltung von Schwefeldioxyd durch Erhitzen der Sulfochloride auf Temperaturen von 100 bis 200°[2]. Um eine gleichzeitige Chlorwasserstoff-Abspaltung zu verhindern, arbeitet man zweckmäßig in Gegenwart eines Lösungsmittels, wie Toluol, Xylol, Mesitylen, Ausgangskohlenwasserstoffe für die Sulfochloride oder die bei der Reaktion selbst erhaltenen Chlorkohlenwasserstoffe.

Katalysatoren, wie Aktivkohle, Aluminiumoxyd, Eisenoxyd, Kupfersalze, Dimethylamin- oder Anilinchlorhydrat, beschleunigen die Reaktion. Um ihre chlorwasserstoffabspaltende Wirkung zu unterdrücken, wird vorteilhaft unter Zusatz von Chlorwasserstoff gearbeitet; unter diesen Bedingungen können sogar z.B. Zink oder Wismutchlorid als Katalysatoren verwendet werden. Nicht geeignet sind hingegen die die Polymerisation von Olefinen begünstigenden Friedel-Crafts-Katalysatoren.

Je nach dem Grade der Sulfochlorierung können aus den Sulfochloriden Mono-, Di- oder Trichlorkohlenwasserstoffe erhalten werden.

500 Teile eines Gemisches von Monosulfochloriden (mit 12 Prozent hydrolysierbarem Chlor und 10,3 Prozent Schwefel) aus zwischen 230 und 320° siedenden, von ungesättigten und sauerstoffhaltigen Verbindungen befreiten, durch Kohlenoxyd-Hydrierung hergestellten Kohlenwasserstoffen werden in 500 Teilen Xylol gelöst und bis zur beendigten Schwefeldioxydentwicklung zum Sieden (d. h. auf Temperaturen von 138 bis 140°) erhitzt. Nach dem Abdestillieren des Xylols erhält man 370 Teile Monochlorkohlenwasserstoffe mit einem Chlorgehalt von 15 Prozent.

---

[1] Kainer, F.: Kunststoffe, 38 (1948) 163.
[2] Ital. P. 390187, I.G. Farbenindustrie A.G.

7. Sulfonieren.

Nach einem bereits behandelten Verfahren (s. S. 272) werden Sulfonsäuren in der Weise erhalten, daß man die bei der Fischer-Tropsch-Synthese erhaltenen Kohlenwasserstoffe sulfochloriert, die Sulfochloride verseift und aus den erhaltenen sulfonsauren Salzen die Sulfonsäuren in Freiheit setzt.

Die Firma Schaffgotsch Benzin A.G.[1] hat später gefunden, daß man in einem einzigen Arbeitsgang zu Sulfonsäuren dadurch gelangen kann, daß man die Synthese-Kohlenwasserstoffe gleichzeitig mit Schwefeldioxyd und Sauerstoff oder Luft unter Aktivierung durch geringe Mengen Halogen umsetzt.

8. Oxydieren.

Sowohl gasförmige als auch hochmolekulare Kohlenwasserstoffe der Fischer-Tropsch-Synthese können durch eine oxydative Behandlung in sauerstoffhaltige Derivate, wie Aldehyde, Ketone oder Fettsäuren übergeführt werden.

Von diesen Oxydationsreaktionen hat besonders die Herstellung von Fettsäuren aus Synthese-Paraffin die größte technische Bedeutung erlangt.

α) Aldehyde und Ketone.

Nach J. Behrens[2] lassen sich die gasförmigen Reduktionsprodukte der Kohlenoxyd-Hydrierung, die neben Äthylen wechselnde Mengen Propylen, Butylen usw., enthalten, mit sauerstoffhaltigen Gasen in Aldehyde und Ketone überführen.

Man verfährt hierbei so, daß man die Kohlenwasserstoff-Gase gemeinsam mit sauerstoffhaltigen Gasen unter zeitweiliger Unterbrechung der Sauerstoff-Zufuhr im Kreislauf führt und jeweils nur kurze Zeit auf die Reaktionstemperatur erhitzt; dabei verwendet man aktive Kohle als Kontakt und setzt die Reaktions-Temperatur bis auf etwa 225° herab.

β) Fettsäuren.

Das bei der Kohlenwasserstoff-Synthese anfallende Weichparaffin ist infolge seiner chemischen Struktur und wegen des Fehlens schädlicher Fremdstoffe besser als alle bisher zur Verfügung gestandenen Paraffine zur Herstellung synthetischer Fettsäuren geeignet[3].

Die Oxydation dieses Weichparaffins kann nach verschiedenen Verfahren erfolgen. Als Oxydationsmittel kommen neben molekularem Sauerstoff auch nitrose Gase in Betracht. Mit den zuletzt angeführten Oxydationsmitteln gelingt z. B. die Überführung der Paraffine von mehr als 16 Kohlenstoffatomen in Fettsäuren, wenn man die nitrosen Gase in

---

[1] F.P. 901 555, Schaffgotsch Benzin A.G.

[2] D.R.P. 722 707, Ruhrchemie A.G.

[3] Imhausen, A.: Fette und Seifen, 44 (1937) 411.

Gegenwart von Schwefelsäure auf die Paraffine einwirken läßt[1]. Die nitrosen Gase werden im Kreislauf geführt und durch reinen Sauerstoff wieder regeneriert.

Die Herstellung hochmolekularer Fettsäuren durch Oxydation der bei der Kohlenoxyd-Hydrierung erhaltenen Kohlenwasserstoffe mit molekularem Sauerstoff in Gegenwart von Oxydationsbeschleunigern nimmt die Firma Märkische Seifen Industrie[2] in zwei Stufen in der Weise vor, daß in der ersten Stufe bei Temperaturen um 115° und in der zweiten Stufe bei Temperaturen um 100° gearbeitet wird. Als Oxydationsbeschleuniger kommen sauerstoffabgebende Verbindungen wie Kaliumpermanganat, aber auch andere sauerstoffabspaltende Verbindungen, wie z. B. Peroxyde, Persäuren und deren Salze, in Betracht. Bei dieser Arbeitsweise wird die Bildung von unerwünschten Oxysäuren gehemmt.

Durch mehrmalige Oxydation unter Verwendung von schwefelsauren Lösungen von Alkalibichromaten oder anderen Oxydationsmitteln stellt auch die Firma Ruhrchemie A.G.[3] aus Hartparaffin hochmolekulare Fettsäuren her.

200 g Hartparaffin werden bei 125° mit 2500 g 55prozentiger Schwefelsäure und 250 g Natriumbichromat innerhalb 4 Stunden oxydiert.

Nach dem Ablassen der Oxydationslösung wird die Oxydation 3mal wiederholt. Man erhält als Ausbeute 150 g Fettsäure.

Nach einem weiteren Verfahren[4] erfolgte die Oxydation von flüssigen Paraffinkohlenwasserstoffen unter Verwendung von Salzen der Metalle der 6., 7. und 8. Gruppe des periodischen Systems zusammen mit Fett-, Harz- oder Naphthensäuren als Katalysatoren.

150 kg Rohparaffin werden bei 120° mit einem Katalysator behandelt, der 78,5 Prozent einer fettlöslichen Mangan-, Magnesium- und Alkalimetallverbindung und 21,5 Prozent Stearinsäure enthält.

Zu Beginn der Oxydation wird mit einer geringeren Katalysatormenge angefangen und nach 12 Stunden die Menge erhöht; nach 27 Stunden beträgt die Säurezahl des Reaktionsproduktes 175,3.

Bei dieser Oxydation von Synthese-Kohlenwasserstoffen von Paraffincharakter entstehen neben den eigentlichen Fettsäuren auch andere Oxydationsprodukte, insbesondere Alkohole und Ketone, die aus den gleichzeitig erhaltenen Fettsäuren abgeschieden werden müssen.

Die Abtrennung der bei der Oxydation von Hydrierungsprodukten von Kohlenoxyd neben Fettsäuren anfallenden Nebenprodukte, insbesondere Alkohole mit 3 bis etwa 10 Kohlenstoffatomen im Molekül,

---

[1] Belg. P. 452595, Ruhrchemie A.G.
[2] D.R.P. 714775, Märkische Seifen Industrie.
[3] F.P. 872069, Ruhrchemie A.G.
[4] E.P. 507521, Vereinigte Oelfabriken Hubbe & Farenholtz, W. Ad. Farenholtz, G. Hubbe, H. Hubbe u. K. Blas.

nimmt die Firma Märkische Seifen Industrie[1] dadurch vor, daß sie aus dem mit den Oxydationsgasen flüchtigen Anteil des Umsetzungsgemisches, nach dessen Kondensation, zunächst in bekannter Weise die sauren Bestandteile durch Verseifung entfernt, darnach die Aldehyde und Ketone durch Umwandlung in ihre Additionsprodukte abscheidet und schließlich die Alkohole durch Sulfonierung von den Kohlenwasserstoffen trennt.

1000 kg eines Hydrierungsproduktes von Kohlenoxyd mit einem Verflüssigungspunkt von 32° und einer Siedegrenze zwischen 290 und 390° werden auf 110° erhitzt. Durch ein Luftverteilungssystem wird Luft eingeblasen, nachdem vorher als Reaktionsbeschleuniger 900 g Kaliumpermanganat hinzugegeben wurden. Die abdestillierten Anteile werden kondensiert und aufgefangen. Das so erhaltene Gemisch (Kühleröl), etwa 50 g, werden mit 10 kg Natronlauge von 36° Bé verseift, wobei sich die vornehmlich aus Alkoholen, Aldehyden, Ketonen und Kohlenwasserstoffen bestehenden und verseifbaren Anteile abtrennen. Die Seifenlösung wird abgezogen und mit Schwefelsäure zersetzt. Nach dem Auswaschen erhält man 15 kg eines Gemisches von Carbonsäuren mit 2 bis 10 Kohlenstoffatomen im Molekül, das durch fraktionierte Destillation in die einzelnen Säuren zerlegt wird. Aus dem unverseifbaren Anteil werden Aldehyde und Ketone durch Einrühren von 5 kg technischer Bisulfitlauge durch Zentrifugieren von den übrigen Bestandteilen abgetrennt. Beim Ausarbeiten erhält man 1,5 kg eines Gemisches von Carbonylverbindungen mit der CO-Zahl von 390. Aus dem übrigen Rest werden noch 10 kg eines Alkoholgemisches gewonnen.

Die durch Oxydation von Paraffinkohlenwasserstoffen der Kohlenoxyd-Hydrierung nach dem einen der hier beispielsweise beschriebenen oder nach einem anderen Verfahren erhaltenen Fettsäuren stellen wertvolle Rohstoffe für alle fettsäureverarbeitenden Industrien dar.

Während des Krieges wurden durch Veresterung der von Oxysäuren befreiten Fettsäuren mit Glyzerin synthetische Fette erhalten, welche aber infolge ihres Gehaltes an Isofettsäuren vorerst den natürlichen Fetten in physiologischer Hinsicht nicht ganz gleichwertig sind.

Aus diesem Grunde empfiehlt G. Schiller[2] die aus synthetischen Fettsäuren hergestellten Fette nicht allgemein für die Ernährung und hält es für ratsamer, synthetische Fette als solche im technischen Sektor einzuführen oder als Salbengrundlage zu verwenden.

Ester niederer Fettsäuren finden in der Kunststoff-Technik als Weichmachungsmittel Verwendung.

Durch Verseifung werden aus den Fettsäuren hochwertige Seifen und hochwertige Reinigungsmittel und Putzmittel erhalten.

Für den gleichen Zweck, nämlich für die Herstellung von Schuhpflegemittel und Bohnermaterial dienen die bei der Paraffin-Oxydation anfallenden hochmolekularen Fettsäuren. Diese, sowie die Oxydationsrückstände, stellen brauchbare Rohstoffe für die Lack- und Anstrichmittel-Industrie dar.

---

[1] D.R.P. (Zweigstelle Österreich) 160381, Märkische Seifen Industrie.
[2] Schiller, G.: Z. Lebensmittel-Unters. u. -Forsch. 88 (1948) 174.

Die bei der Paraffin-Oxydation gleichzeitig anfallenden niedermolekularen Fettsäuren können an Stelle von Wachs und dgl. bei der Herstellung von Zeichen- und Schreibminen, in der Gerberei und dgl. mehr, verwendet werden.

Die sogenannten Nachlauf-Fettsäuren der Paraffinoxydation wurden nach einem Verfahren von H. Kölbel und D. Ullmann[1] zusammen mit den sogenannten Vorlauf-Fettsäuren zu hochwertigen Schmierfetten technisch in großem Umfang verarbeitet. Diese Schmierfette übertreffen die auf natürlicher Fettbasis hergestellten Produkte durch ihre Schmierfähigkeit und durch hohe, bis über 200° gehende Tropfpunkte. Trotzdem sind diese Fette bei Zimmertemperatur von vaselinartiger Konsistenz.

Mit der erfolgten Aufzählung sind die technischen Anwendungsmöglichkeiten der synthetischen Fettsäuren keineswegs erschöpft.

Synthetische Fette und Seifen. Als Ausgangsmaterial für die Herstellung von synthetischen Fettsäuren dient meist Paraffin-Gatsch der Fischer-Tropsch-Synthese.

Ein geeignetes Ausgangsmaterial für die Herstellung von Fettsäuren für die Seifenindustrie stellt die Firma Henkel & Cie.[2] durch Spalten von Paraffin aus der Kohlenoxyd-Hydrierung her.

Nach diesem Verfahren werden die hochmolekularen Paraffine einer milden Spaltung und die hierbei anfallenden zwischen 320 bis 450° siedenden Produkte einer Hydrierung, z. B. bei 20 at und 50 bis 150° über Nickel unterworfen.

Die technische Herstellung der für die Seifenfabrikation wertvollen Fettsäuren erfolgt nach dem Verfahren einer Arbeitsgemeinschaft, der die Firmen I.G. Farbenindustrie A.G., Henkel & Cie. und Märkische Seifen-Industrie angehörten, und zwar durch Oxydation einer Kohlenwasserstoff-Fraktion mit 20 bis 30 Kohlenstoffatomen im Molekül[3], und zwar ohne Überdruck bei Temperaturen um 100° in Gegenwart eines Katalysators mit Luftsauerstoff.

In das erwärmte flüssige Paraffin, das sich in hohen zylindrischen Reaktionstürmen aus Aluminium befindet, wird durch Filterkerzen oder engmaschige Siebe feinst verteilt die Luft durch Kompressoren gedrückt. Die Oxydation verläuft derart, daß es während der ersten Phase der Oxydationszeit bis zur Überwindung der Induktionsperiode notwendig ist, Wärme zur Aufrechterhaltung der Arbeitstemperatur zuzuführen, daß aber nach Überwindung der Inkubationszeit durch die

---

[1] D.R.P. 150/41; D.R.P. 1051/41; D.R.P. 1052/41; D.R.P. 1053/41; D.R.P. 1215/41; D.R.P. 441/42; Steinkohlen-Bergwerk Rheinpreußen; Erdöl und Kohle 3 (1950) im Druck; Vortrag gehalten auf der Tagung der Deutschen Gesellschaft für Mineralölwissenschaft und Kohlenchemie, Düsseldorf 20. Okt. 1949.

[2] F.P. 850756, Henkel & Cie.

[3] Wachs, W. u. J. Reitstötter: Angew. Chem. B. 20 (1948) 61.

Oxydation selbst mehr Wärme erzeugt wird, als zur Aufrechterhaltung der Arbeitstemperatur erforderlich ist. Während der zweiten Phase müssen daher sogar die Öfen gekühlt werden.

Während der Induktionsperiode findet die Anlagerung von molekularem Sauerstoff an die Paraffinmoleküle unter Bildung von Peroxyden statt. Durch die Gegenwart von Metallverbindungen wird die Bildung der Peroxyde beschleunigt. Erst beim Zerfall der sauerstoffhaltigen Verbindungen, der mit der Bildung der Fettsäuren verknüpft ist, tritt Reaktionswärme auf, die zur Konstanthaltung der Arbeitstemperatur abgeführt werden muß.

Um eine Überoxydation, d. h. Weiteroxydation der gebildeten Fettsäuren zu verhindern, muß die Oxydation bei einem bestimmten Oxydationsgrad unterbrochen werden. Dieser ist erreicht, wenn 35 bis 40 Prozent der eingesetzten Paraffine oxydiert sind.

Während der Oxydation werden die mit der Abluft flüchtigen niedermolekularen Oxydationsprodukte in Form eines wäßrigen und öligen Kondensates abgeschieden, während die besonders leicht flüchtigen Verbindungen größtenteils in der Abluft verbleiben.

Bei einer Kohlenstoffausbeute von 55 bis 60 Prozent an Seifenfettsäuren und höhermolekularen Fettsäuren entfallen 20 bis 25 Prozent des eingesetzten Kohlenstoffs auf die niedermolekularen Fettsäuren des Kohlenstoffbereichs von 1 bis 9. Etwa die Hälfte dieses Betrages kommt dabei auf die Säuren der Ameisensäure bis Buttersäure. Rund 10 Prozent des Kohlenstoffs erscheinen in Form von Verbrennungsgasen, und zwar in überwiegender Menge als Kohlendioxyd neben geringen Mengen Kohlenoxyd. Der Rest des Kohlenstoffs findet sich in den wasserlöslichen Oxy- und Bicarbonsäuren, die vor allem durch die Wäsche des Oxydats gewonnen werden.

Aus dem Oxydationsgut werden durch Waschen mit Wasser oder Säure die wasserlöslichen niedrigmolekularen Mono- sowie Dicarbonsäuren sowie andere Oxydationsprodukte und der Katalysator entfernt.

Die so vorgereinigten Fettsäuren, die noch nicht oxydiertes Paraffin enthalten, werden bei 90° mit Lauge verseift und aus der Seife das Unverseifbare und gleichzeitig die Geruchsstoffe entfernt.

Aus der erhaltenen Rohseife müssen die Salze der zu niedrig- oder hochmolekularen Fettsäuren entfernt werden. Hierzu wird die Rohseife gespalten und das anfallende Fettsäuregemisch durch Vakuumdestillation zerlegt.

Zur Abtrennung der niedermolekularen verseiften Fettsäuren salzen M. Luther und W. Leithe[1] das rohe Verseifungsgemisch mit Salzlösungen bei einem p_H-Wert von 5,5 bis 7,5 aus. Entweder geht man hierbei von unvollständig verseiften Fettsäuren aus oder man setzt die zum Aussalzen verwendeten Natriumchloridlösungen Schwefelsäure zu, so daß praktisch im Aussalzungsgemisch nur 80 bis 90 Prozent vollverseifte Fettsäuren und 10 bis 20 Prozent freie Fettsäuren vorhanden sind.

Die Abtrennung der unverseifbaren Anteile kann durch Druckerhitzung des Verseifungsgemisches und Expandieren der Masse unter Versprühen in der Weise erfolgen, daß die Expansion und das Versprühen

---

[1] D.R.P. 708125, I.G. Farbenindustrie A.G.

in zwei getrennte, hintereinander geschaltete Gefäße erfolgt[1]. In dem ersten Gefäß fällt die Seife als feines Pulver aus und wird dann durch ein beheiztes Transportband, Förderschnecken oder dgl. durch das zweite Gefäß geführt, wo das restliche Unverseifbare verdampfen soll.

Zur Herstellung von Seife wird die entsprechende Fettsäurefraktion wieder in bekannter Weise verseift.

Aus der Fettsäurefraktion, welche die Säuren mit 12 bis 18 Kohlenstoffatomen im Molekül enthalten, können durch Verestern mit Glycerin synthetische Fette gewonnen werden, die zur Entfernung der Spuren von Begleitstoffen, wie Aldehyde, Ketone usw., einer Dampfbehandlung im Vakuum und anschließend einer Entsäuerung und Bleichung unterworfen werden. Das erhaltene synthetische Fett ist geruch- und geschmacklos und besitzt die Konsistenz von Schweineschmalz. Es ist nach Ansicht vieler Forscher auf Grund nahrungsphysiologischer Untersuchungen als Nahrungsmittel geeignet.

In Witten an der Ruhr befinden sich Anlagen, welche die Verarbeitung von 40000 Tonnen Paraffin-Gatsch im Jahr ermöglichen und 30000 Tonnen synthetische Fettsäuren zu gewinnen gestatten. Eine weitere Anlage mit der halben Kapazität steht in Oppau zur Verfügung.

Fettsäurehaltige Reinigungsmittel. Die aus den oxydierten Erzeugnissen von Kohlenwasserstoffen entstammenden Verseifungsmittel können zusammen mit Reibstoffen auch auf Putzmittel verarbeitet werden.

Nach Feststellungen der Firma Märkische Seifen Industrie[2] kann man zur Herstellung von Reinigungsmitteln auch von dem bei der Oxydation von Kohlenwasserstoffen anfallenden Rohprodukt ausgehen, welches nach der Verseifung neben den gebildeten Seifen noch die anderen Oxydationsprodukte in emulgierter Form in der Seife enthält.

Wie L. Mannes und W. Seifert[3] gefunden haben, geben auch die bei der Paraffinoxydation erhaltenen unverseifbaren Bestandteile mit wäßrigen Lösungen anorganischer, alkalisch reagierender Alkalisalze haltbare Reinigungsmittel in Gestalt von Emulsionen, die zum Gebrauch mit Wasser beliebig verdünnt werden können.

Diese Emulsionen besitzen eine starke Reinigungswirkung in der Kälte, die Entfettung bis zur Wasserbenetzbarkeit bringen, und nicht feuergefährlich sind.

Ein Reinigungsmittel aus 5 Teilen einer von 200 bis 300° siedenden Rück-Gatsch-Fraktion, die aus dem bei der Verarbeitung eines Oxydationsproduktes aus Fischer-Tropsch-Gatsch mit der Verseifungs-Zahl 130 auf Fettsäuren anfallenden

[1] D.R.P. 706951, Zusatz zu D.R.P. 704428, Märkische Seifen Industrie.
[2] D.R.P. 725113, Märkische Seifen Industrie. — [3] D.R.P. 735569, Henkel & Cie.

Gemisches unverseifbarer Anteile durch Destillation gewonnen ist, und 5 Teile Wasserglas (35° Bé) wird mit Wasser im Verhältnis 1 zu 2 verdünnt, und entfettet im Rührwerk die gewalzten Bleche in 8 Minuten so, daß sie mit Wasser netzen.

Bohner- und Schuhpflegemittel. Die bei der Oxydation von hochmolekularen Paraffinkohlenwasserstoffen erhaltenen Fettsäuren vom Charakter der Montanwachssäuren eignen sich besonders für die Herstellung von Bohner-, Polier- und Schuhpflegemitteln. Diese Fettsäuren kann man in folgender Weise erhalten[1].

Man unterwirft die bei der Kohlenoxyd-Hydrierung erhaltenen Paraffine oberhalb ihres Schmelzpunktes einer Oxydation mit sauerstoffabgebenden Mitteln, besonders mit schwefelsauren Alkalibichromatlösungen, in mehreren Stufen.

Besonders zweckmäßig ist es, wenn man die Ausgangsstoffe zunächst einer Chlorierung unterwirft und dann einer Halogenwasserstoffabspaltung und diese Produkte dann oxydiert.

Aus den Oxydationsprodukten synthetischer Paraffine und Ceresine werden verseifte Pasten oder Wassercreme, Schuhcreme oder Bohnermassen hergestellt. Einwandfreie Produkte erhält man aber nur dann, wenn die Oxydationsprodukte keinen oder einen Zusatz bis höchstens 50 Prozent artfremder unverseifter Stoffe enthalten. Ist der Anteil der Zusätze dagegen höher als 50 Prozent, so erhält man Erzeugnisse, die nur schlecht gebunden sind und bald Wasser abscheiden.

Nimmt man jedoch die Verseifung der Oxydationsprodukte synthetischer Paraffine oder Ceresine mit überschüssigem Alkali in Gegenwart von Salzen der Alkalimetalle vor, so lassen sich nach A. Lührs[2] auch über 50 Prozent artfremde unverseifbare Stoffe verarbeiten.

34 Teile hellgelbes Oxydationsprodukt (Säurezahl 32, Verseifungszahl 80) eines synthetischen Paraffins und 66 Teile Paraffin werden geschmolzen und zu der Schmelze eine heiße Lösung von 20 Teilen Pottasche und 20 Teilen Kochsalz in 400 Teilen Wasser unter Rühren hinzugefügt. Nach dem Abkühlen entsteht eine schöne, weiße, glatt gebundene Paste, die als Polierpaste verwendet werden kann.

Ohne Salzzusatz entsteht dagegen nur eine schlecht gebundene, mehr oder weniger flüssige Masse.

Lederindustrie. In der Lederindustrie finden Oxydationsprodukte von Kohlenwasserstoffen der Fischer-Tropsch-Synthese Verwendung zum Entkalken geäschter Blößen und als Lederfettungsmittel.

Zum Entkalken geäschter Blößen verwenden H. Bertsch und F. Schmitt[3] den Vorlauf der durch Paraffinoxydation gewonnenen Fettsäuren des Siedebereichs 140 bis 200° in Form einer wäßrigen Emulsion. Man kann auch den Vorlauf des aus der Kohlenoxyd-Hydrierung stammenden und oxydierten Paraffingatsches verwenden.

---

[1] Norweg. P. 65 700, Ruhrchemie A.G. — [2] D.R.P. 744 713, J. Schlickum & Co.
[3] D.R.P. 716 747, Böhme Fettchemie G.m.b.H.

Ein von letzterem stammender Vorlauf (Siedebereich 140 bis 200°, Säurezahl 215, Verseifungszahl 534) wird unter Zusatz von ca. 5 Prozent Fettalkoholsulfonat mit Wasser emulgiert. Man verwendet 1 Prozent Fettsäurevorlauf auf das Blößengewicht.

Als Emulgator kann man an Stelle von Fettalkoholsulfonat auch die durch Zusatz von organischen Basen gebildeten Salze der Vorlauffettsäuren verwenden.

Nach F. Schmitt[1] kann man das Fett in üblichen Lederfettungsmitteln ganz oder teilweise durch Estergemische ersetzen, die durch Veresterung des verseifbaren mit dem unverseifbaren Anteil aus Kühleröl der Paraffinoxydation nach Abtrennung der unter 130° bei 2 mm Quecksilber siedenden Anteile erhalten werden.

1200 Teile der über 170° siedenden Anteile (Säurezahl 106, Verseifungszahl 187, Jodzahl 2,8, Hydroxylzahl 550) werden in Gegenwart von 50 Teilen konzentrierter Schwefelsäure mit 300 Teilen Unverseifbarem verestert. Das in 94,2 Prozent Ausbeute anfallende Rohestergemisch wird bei einem Druck von 2 mm Quecksilber fraktioniert, und in 25,6 Prozent Ausbeute eine schmalzartige Fraktion erhalten.

Für die Fettung von Leder dient z. B. eine Mischung aus 45 Prozent Talg, 44 Prozent Tran und 11 Prozent der schmalzartigen Fraktion.

Für den gleichen Zweck kann man die mittels Triäthanolamin aus dem Kühleröl der Paraffinoxydation abgetrennten Erzeugnisse verwenden.

Nach E. Machon geb. Demelius und F. Schmitt[2] kann man diesen Produkten noch die über 200° siedenden Anteile der nach der Triäthanolbehandlung gebildeten oberen Schicht und bzw. oder die über 200° siedenden Anteile des Destillats, das beim Eindampfen der unteren Schicht entsteht, zusetzen.

Lacke und Anstrichmittel. Oxydationsprodukte der Fischer-Tropsch-Paraffine sind wertvolle Rohstoffe für Lacke und Anstrichmittel.

Zur Herstellung von Trockenstoffen eignen sich z. B. die aus der Extraktionslauge mit Säuren abgeschiedenen rohen synthetischen Säuregemische[3]. Die aus diesen hergestellten Sikkative bilden keine Haut, wie etwa Linoleate. Sie sind trotz hohen Metallgehaltes leicht löslich und bilden beständige konzentrierte Lösungen.

Zur Bereitung dieser Trockenstoffe werden 16 Teile Leinöl, 6,5 Teile Haitran und 8 Teile des aus der Extraktionslauge mit Säure abgeschiedenen rohen synthetischen Säuregemisches von dunkler Farbe und einer Säurezahl von etwa 260 mit 20 Teilen Bleiglätte in üblicher Weise verschmolzen.

Man erhält 50 Teile eines festen Bleitrockners mit 35 Prozent Blei.

Als Ausgangsmaterial zur Gewinnung von Sikkativfettsäuren verwenden Cl. Bauschinger[4] solche aus den Fischer-Tropsch-Paraffin-

---

[1] D.R.P. 748312, Böhme Fettchemie G.m.b.H.
[2] D.R.P. 749079, Zusatz zu D.R.P. 743089, Böhme Fettchemie G.m.b.H.
[3] D.R.P. 698654, Dr. F. Wilhelmi Fabrik chem. Produkte.
[4] D.R.P. 744220, I. G. Mouson & Co.

oxydationsprodukten abgetrennten Fettsäuren, deren Natronseifen in wäßriger Lösung beim Aussalzen des Seifenleims von den zugesetzten Elektrolyten, wie Natriumchlorid, nicht ausgeschieden werden.

Aus diesen Fettsäuren werden mit den zur Herstellung von Trockenstoffen verwendeten Metallen wertvolle Trockenstoffe erhalten, die sich durch einen hohen Metallgehalt auszeichnen und infolgedessen gegenüber den bekannten Trocknern entweder in geringerer Menge angewendet werden können oder die Trocknungszeit gegenüber diesen wesentlich herabsetzen. Diese Metallseifen sind besser öllöslich als die aus den Gesamtfettsäuren der Paraffinoxydation erhaltenen Sikkative.

Die aus sehr hochmolekularen Säuren und unverseifbaren Destillationsrückständen von Oxydationsprodukten der Kohlenoxyd-Hydrierung bestehenden Gemische lassen sich nach H. Rebs[1] in Gegenwart von Kontaktmetallen filmartig verfestigen und können deshalb allein oder mit anderen trocknenden oder halbtrocknenden Ölen zur Herstellung von Firnissen, Lacken und Anstrichfarben verwendet werden.

100 Teile Destillationsrückstände von der Aufbereitung der Oxydationsprodukte der Kohlenoxyd-Hydrierung mit Verbindungen von mehr als 20 Kohlenstoffatomen im Molekül werden mit 3 Teilen Bleioxyd und 0,5 Teilen Kobaltoxydhydrat bei 80 bis 90° eine Stunde verrührt. Der erhaltene Firnis wird mit Eisenoxydhydrat angerieben und gibt auf Eisen und Holz einen in wenigen Stunden trocknenden und dauernd elastischen Schutzanstrich von hoher Wetterbeständigkeit.

In der Anstrichtechnik können nach K. Daimler[2] auch die pechartigen Rückstände, die bei der Destillation von durch Oxydation von Synthese-Paraffin erhaltenen Fettsäuren, und zwar gemeinsam mit Naphtholpechen zur Herstellung von Lack- und Anstrichemulsionen verwendet werden.

100 Gewichtsteile zerkleinertes Naphtholpech und 100 Gewichtsteile Destillationspech synthetischer Fettsäuren werden einige Stunden auf 130 bis 150° gehalten, bis die Masse einheitlich ist, worauf man auf eine Temperatur von 100° zurückgeht und dann eine etwa 90° warme Mischung von 75 Gewichtsteilen Ammoniakwasser (28 prozentig) und 72 Gewichtsteilen Wasser rasch einrührt. Nach dem Abkühlen erhält man eine braune, gleichmäßige Emulsion, die beim Aufstreichen einen braunen, nach dem Trocknen praktisch wasserfesten Anstrich ergibt und in beliebiger Farbe angefärbt werden kann.

Schreib- und Zeichenminen. Oxydationsprodukte von Synthese-Paraffinen können in Form von Erdalkali- oder Zinkseifen das früher als Bindemittel zur Herstellung von Schreib- und Zeichenminen verwendete Wachs völlig oder teilweise ersetzen.

Für diesen besonderen Verwendungszweck eignen sich nach G. Hofmann[3] solche Oxydationsprodukte von Fischer-Tropsch-Paraffinen mit

---

[1] D.R.P. 742666, Dr. K. Herberts & Co. vorm. O. L. Herberts.
[2] D.R.P. 737351, I.G. Farbenindustrie A.G.
[3] D.R.P. 736617, Dr. K. Herberts & Co. vorm. O. L. Herberts.

vorzugsweise 8 bis 14 Kohlenstoffatomen im Molekül, und zwar in Form ihrer Zinksalze.

Ein geeigneter Ansatz zur Herstellung von Schreibminen, Zeichenkreide usw. oder Zeichenstiften besteht aus 45 Gewichtsteilen Kaolin, 1,8 Gewichtsteilen Ultramarinblau, 2 Gewichtsteilen Hartwachs und 11 Gewichtsteilen des wachsartigen Erzeugnisses, das durch Verschmelzen von Oxydationsprodukten mit 3 bis 36 Kohlenstoffatomen von Kohlenoxyd-Hydrierungsprodukten mit Zinkcarbonat erhalten wird.

Geeignete Bindemittel für Farbstifte sind nach K. Lauer und H. Gärtner[1] ferner die durch Umfällen der Natriumseifen der Fettsäuren aus der Paraffin-Oxydation mit Erdalkali in Gegenwart von adsorptiv wirkenden Stoffen, wie kolloiden Aluminiumsilikaten, Kaolin, Bentonit, Bolus oder Grünerde usw., erhaltenen Massen. Die Adsorptionsmittel kommen zweckmäßig in mit Wasser angepasteter Form zur Anwendung.

Zur Herstellung eines für Buntstiftminen geeigneten Bindemittels werden in 600 Teilen Wasser, 9,3 Teilen Natriumhydroxyd, 40 Teile Oxydat mit 8 bis 14 Kohlenstoffatomen im Molekül und 1,2 Teilen Kaolin, der mit 5 Teilen Wasser angeschlämmt wurde, eingerührt und die Mischung zum Kochen erhitzt. Dann setzt man eine 80° warme Lösung von 18,5 Teilen Calciumacetat in 200 Teilen Wasser zu. Der Niederschlag wird abgenutscht, mit Wasser gewaschen und getrocknet.

Schmiermittel zum Trockenziehen. Die bei der Oxydation der Synthese-Paraffine erhaltenen Fettsäuren verdrängen in Form ihrer Seifen auch die bisher zum Schmieren von Metallflächen, die unter Druck aufeinander gleiten, insbesondere die zum Schmieren von Eisen- und Stahldrähten bisher unersetzliche getrocknete Kernseife.

Nach W. Pape[2] kann man nämlich einwandfreie Drahtziehseifen erhalten, wenn man aus den bei der Paraffin-Oxydation anfallenden Vorlauffettsäuren die niederen Fettsäureanteile mit etwa 4 bis 5 Kohlenstoffatomen im Molekül durch fraktionierte Destillation abtrennt und die zurückbleibenden Fettsäuren mit etwa 6 bis 10 Kohlenstoffatomen im Molekül in die Alkali- oder Erdalkaliseifen überführt. Mitunter ist es zweckmäßig und vorteilhaft, den Säuren einen geringen Anteil höherer Fettsäuren bzw. Wachssäuren zur Erhöhung des Schmelzpunktes der Seifen vor der Verseifung hinzuzusetzen.

Aus einer Vorlauffettsäure, aus der vorher die niedriger molekularen Säuren abgetrennt werden, werden die Säuren mit 7 bis 10 Kohlenstoffatomen mit Ätznatron verseift. Die Seife wird entweder in Zerstäubungsapparaten zu Pulver versprüht oder nach dem Trocknen gemahlen. Das erhaltene Seifenpulver dient zum Ziehen der Drähte.

Von H. Schrader und L. Havestadt[3] ist ferner gezeigt worden, daß ausgezeichnete Schmiermittel zum Trockenziehen aus solchen Fett-

---

[1] D.R.P. 719539, Dr. K. Herberts & Co. vorm. O. L. Herberts.
[2] D.R.P. 745919, Henkel & Cie. — [3] D.R.P. 744022, Th. Goldschmidt A.G.

säuren hergestellt werden, die unmittelbar bei der Kohlenwasserstoff-Synthese entstehen und beim Auswaschen der Kohlenwasserstoffe mit Alkalisalzen in Form ihrer Seifen anfallen. Beim Eindampfen dieser Waschlaugen werden die flüchtigen unverseiften Anteile entfernt. Der Rückstand wird nach dem Eindampfen spröde und durch Zerkleinern in Pulverform übergeführt.

Schmier‹ und Kühlmittel. Wäßrige Lösungen von Ammoniak- oder Ammoniakkaliseifen von 5 bis 11 Kohlenstoffatome aufweisenden Fettsäuren oder Fettsäuregemischen, die als Vorlauf bei der Destillation von synthetischen Paraffinoxydationsprodukten erhalten werden, eignen sich nach K. Daimler[1] als Schmier- oder Kühlmittel für die spanabhebende Behandlung von Metallen.

Kautschukhilfsmittel. Nach A. Beck und H. Klein[2] kann man die bei der Paraffinoxydation erhaltenen Fettsäuren als solche oder in Form ihrer Zinksalze als Aktivatoren für Vulkanisationsbeschleuniger bei der Herstellung von Kautschukvulkanisaten aus natürlichem oder synthetischem Kautschuk verwenden.

Man vermischt auf einer Walze 100 Teile eines aus Butadien mit Hilfe von Natrium hergestellten Polymerisationsproduktes, 7 Teile eines Hartparaffinoxydationsproduktes, 70 Teile Gasruß, 1,5 Teile Schwefel und 1,5 Teile dicyclohexylamindithiocarbaminsaures Dicyclohexylamin.

Die außerordentlich leicht und gut herstellbare Mischung wird alsdann 120 Minuten lang bei 141° vulkanisiert.

Man erhält Vulkanisate mit besseren Festigkeitseigenschaften als sie unter Verwendung von Stearinsäure hergestellte Vulkanisate zeigen.

Weichmacher. Die bei der Paraffin-Oxydation anfallenden Fettsäuren geben nach der Veresterung mit ein- oder mehrwertigen Alkoholen Ester, die sich vorzüglich als Weichmacher für Kunststoffe, besonders Polyvinylverbindungen, z. B. Polyvinylchlorid, eignen[3].

Als Ausgangsmaterial für diese Esterweichmacher hat man verschiedentlich die sogenannten „Vorlauffettsäuren" herangezogen. Die nach der Veresterung dieser Fettsäuren erhaltenen Ester kommen hinsichtlich ihrer weichmachenden Eigenschaften denen der Phthalsäureester sehr nahe.

Als Weichmacher hat die Firma Deutsche Hydrierwerke A.G.[4] die durch Veresterung von Vorlaufsäuren mit 7 bis 9 Kohlenstoffatomen im Molekül mit zwei- oder mehrwertigen Alkoholen, wie Glycerin, Trimethylolmethan, Trimethylolpropan, Erythrit und Pentaerythrit, erhaltenen Produkte vorgeschlagen.

---

[1] D.R.P. 738461, I.G. Farbenindustrie A.G.
[2] D.R.P. 536383, I.G. Farbenindustrie A.G.
[3] Kainer, F.: Chem. Technologie d. Kunststoffe, Band Polyvinylchlorid, 1950, (in Vorbereitung). — [4] F.P. 874890, Deutsche Hydrierwerke A.G.

Die Firma I.G. Farbenindustrie A.G.[1] verwendet als Weichmacher
wieder Ester, die aus Vorlauffettsäuren mit 5 bis 14 Kohlenstoffatomen
im Molekül und einem wenigstens dreiwertigen Alkohol erhalten werden.

Es kommen die vollständigen oder Teilester von Glycerin, Trimethy-
loläthan, Pentaerythrit oder Hexantriol zur Anwendung.

Als Weichmacher benützt die gleiche Firma[2] ferner Ester aus Vorlauffettsäuren der Paraffinoxydation und Glykolen, deren Hydroxylgruppen
voneinander durch eine Kette von mindestens 4 und höchstens 6 Kohlenstoffatomen getrennt sind.

Geeignete Weichmacher sind ferner Veresterungsprodukte von Säuren
der Paraffinoxydation mit 7 bis 9 Kohlenstoffatomen im Molekül mit
Thioäthern, wie Di-(β-oxypropyl)sulfid, γ, γ'-Dioxypropylsulfid[3]. Diese
Carbonsäureester von Polyoxyverbindungen mit mindestens einer Thio-
äthergruppe können auch als Quellungs- oder Lösungsmittel bei solchen
Polymerisationsprodukten Verwendung finden, die mindestens eine Vinyl-
gruppe enthalten.

Vorlauffettsäureester mehrwertiger Alkohole sind Weichmacher, die
sich nicht nur bei Polymerisatkunststoffen, wie Polyvinylchlorid, sondern
auch bei Nitrocellulose sehr gut bewährt haben[4]. Die mit diesen Weichmachern hergestellten Nitrokunstlederqualitäten sind jenen überlegen,
die unter Verwendung von Ricinusöl hergestellt werden und zwar nicht
nur dadurch, daß das lästige Ausschwitzen des Ricinusöls sowie das Steif-
werden bei längerer Lagerung oder Gebrauch wegfällt, und ranziger
Geruch nicht mehr auftritt, sondern auch dadurch, daß das Kunstleder
eine bessere Gebrauchstüchtigkeit aufweist. Ebenso ist die Kältebeständigkeit des Kunstleders eine bessere.

Eine weitere Verwendung haben die Vorlauffettsäuren als Weichmacher in der Kunststoffindustrie dadurch erlangt, daß man diese durch
Hydrierung in die entsprechenden Alkohole übergeführt und letztere
mit zweiwertigen Säuren, insbesondere Phthalsäure verestert hat. Diese
Weichmacher nähern sich in ihren Eigenschaften den aus Kokosöl aufgebauten Phthalsäureestern des Laurylalkohols.

γ) Fettalkohole.

Aus den bei der Oxydation von Synthese-Kohlenwasserstoffen erhaltenen Oxydationsprodukten werden neuerdings die als Reinigungsmittel wertvollen Fettalkohole gewonnen.

---

[1] D.R.P. 748016, Schwz. P. 223963, Norweg. P. 66363, I.G. Farbenindustrie A.G.
[2] F.P. 889079, I.G. Farbenindustrie A.G.
[3] F.P. 875150, Deutsche Hydrierwerke A.G.
[4] Werner, K.: Kunststoffe 39 (1949) 121.

Nach einem Verfahren der Firma Henkel & Cie. [1] werden diese Fettalkohole erhalten, wenn man die Oxydationsprodukte von Synthese-
Kohlenwasserstoffen reduziert, z.B. mittels Alkalimetallen und Alkoholen.

δ) Wachs- oder vaselineartige Stoffe.

Aus den Destillationsrückständen der Fettsäuren aus der Paraffin-
Oxydation werden wertvolle wachs- oder vaselineartige Stoffe gewonnen,
die sich besonders gut als Salbengrundlage und ferner als Mittel zum
Schutz von Metallteilen oder anderen empfindlichen Stoffen gegen die
Einwirkung von schädlichen Gasen eignen.

Man erhält diese vaselineartigen Produkte aus den Destillationsrückständen der Paraffinoxydations-Fettsäuren nach G. Schwarte und
M. Jahrstorfer [2] in der Weise, daß man die Destillationsrückstände in
Gegenwart von kohlendioxydabspaltenden Katalysatoren, wie Eisen,
Nickel, durch Erhitzen auf Temperaturen oberhalb 200° in Ketone überführt und diese mit Wasserstoff in Gegenwart von auf Trägerstoffen, wie
aktive Kohle, Kieselgur, niedergeschlagenen Metallkontakten bei Temperaturen zwischen 100 und 500° und unter Drucken von 10 bis 250 at
reduziert.

Ein Rohfettsäuregemisch, das bei der Oxydation von durch katalytische Behandlung von Kohlenoxyd mit Wasserstoff hergestelltem Paraffin mit Luft gewonnen worden ist, wird unter vermindertem Druck mit Wasserdampf destilliert.
Man erhält dabei einen dunklen Rückstand von folgenden Kennzahlen: Säurezahl
103,6, Verseifungszahl 156,8, Schmelzpunkt 53°.

Dieser Rückstand wird mit 4 Prozent seines Gewichtes an Carbonyleisenpulver
20 Stunden lang unter Rühren auf 300 bis 320° erhitzt, wobei man ein Erzeugnis
mit den Kennzahlen: Säurezahl 8,4, Verseifungszahl 15,4 und Schmelzpunkt 59°
erhält. Es wird vom Eisenpulver abfiltriert und dann in einem Hochdruckgefäß
bei 390 bis 400° unter 300 at Druck in Gegenwart von 7 Prozent eines Nickel-
Kieselgur-Kontaktes, der 20 Prozent metallisches Nickel enthält, mit strömendem
Wasserstoff behandelt; dabei wird es zweimal nacheinander durch den Umsetzungs-
raum geführt.

Man erhält so ein farbloses, gut streichbares, vaselineartiges Erzeugnis, das die
Haut nicht reizt. Es hat die folgenden Kennzahlen: Säurezahl 0, Verseifungszahl 0,
Schmelzpunkt 61°.

ε) Trocknende Öle und plastische Massen.

Aus Synthese-Kohlenwasserstoffen, die sowohl aus Paraffinen als auch
aus Olefinen bestehen können, stellte die Firma I.G. Farbenindustrie
A.G. [3] trocknende Öle oder plastische Massen durch Kondensation dieser
Kohlenwasserstoffe mit Diolefinen in Gegenwart von Borfluorid und
chlorierten Kohlenwasserstoffen, z. B. Tetrachlorkohlenstoff, als Verdünnungsmittel her.

<hr>

[1] D.R.P. (Zweigstelle Österreich) 155472, Henkel & Cie.
[2] D.R.P. 713627, I.G. Farbenindustrie A.G.
[3] Holl. P. 52418, I.G. Farbenindustrie A.G.

Die zur Kondensation geeigneten Mischungen aus den genannten Kohlenwasserstoffen kann man aus den Synthese-Kohlenwasserstoffen selbst dadurch herstellen, daß man diese bei höheren Temperaturen, z. B. über 470° spaltet oder erstere zunächst halogeniert und aus den 15 bis 25 Prozent und mehr Halogen enthaltenden Halogenkohlenwasserstoffen Halogenwasserstoff abspaltet.

Bei dieser Kondensation werden trocknende Öle dann erhalten, wenn man die Umsetzung der Ausgangsstoffe bei Temperaturen zwischen 10 und 150°, vorzugsweise 30 bis 80° vornimmt. Arbeitet man bei Temperaturen unter 10°, z. B. bei −10 bis −40° und tiefer, so werden bei der Kondensation plastische Massen erhalten.

b) Alkohole.

Synthese-Alkohole sind auch wertvolle Ausgangsstoffe zur Herstellung von anderen chemischen Verbindungen.

Durch Verestern dieser Alkohole erhält man Ester, die für verschiedene Zwecke Verwendung finden.

Durch Oxydation dieser Alkohole können ferner höhermolekulare Fettsäuren erhalten werden.

1. Verestern.

Die durch Veresterung mit Essigsäure aus niedermolekularen Synthese-Alkoholen erhaltenen Ester sind hervorragende Lacklösungsmittel.

Hochsiedende Ester aus höhermolekularen Alkoholen und aliphatischen einbasischen und zweibasischen Säuren scheinen das Problem hochsiedender Lösungsmittel zu lösen[1].

Ester aus Alkoholen der Kohlenoxyd-Hydrierung, die zwischen 140 und 200° sieden, und Dicarbonsäuren eignen sich nach H. Wohlers und H. Persiel[2] zur Herstellung von Pigmentpasten mit hohem Pigmentgehalt.

Zur Herstellung dieser Pasten werden z. B. 80 Teile Zinkweiß, 20 Teile Titanweiß mit 100 Teilen eines Estergemisches aus Phthalsäure und der von 140 bis 165° siedenden Alkoholfraktion verrieben.

An Stelle der Phthalsäure kann man auch Oxal-, Malon-, Bernstein- oder Adipinsäure verwenden.

Die bei der Kohlenoxyd-Hydrierung anfallenden Alkohole ergeben nach Veresterung mit Phthalsäure oder Sebacinsäure Ester, die als Weichmacher für Kunststoffe Verwendung finden.

Ester aus Alkoholen mit 7 bis 9 Kohlenstoffatomen im Molekül und Phthalsäure geben z. B. den als Palatinol F bekannten Weichmacher für Kunststoffe, insbesondere Polyvinylchlorid[3].

---

[1] Angew. Chem. B. 20 (1948) 317.

[2] D.R.P. 704775, I.G. Farbenindustrie A.G.

[3] Modern Plastics 24 (1947) 389; F. Kainer: Kunststoffe 38 (1948) 163.

Diese nach der Oxo-Synthese aus Olefinen und Kohlenoxyd und Wasserstoff hergestellten Oxoalkohole, wie z. B. Octyl- und Nonylalkohole können auch mit Phosphorsäure zu Weichmacher für Polyvinylchlorid oder Vinylchlorid-Vinylacetat (95 Prozent zu 5 Prozent)-Mischpolymerisaten verestert werden. Sie zeigen die gleiche Wirksamkeit wie Di-2-äthylhexylphthalat oder Di-2-äthylhexylphosphat[1].

Die bei der Oxo-Synthese erhaltenen hochmolekularen Alkohole lassen sich nach F. Martin und O. Roelen[2] ferner mit hochmolekularen Fettsäuren, die aus Kohlenwasserstoffen der Kohlenoxyd-Hydrierung durch Oxydation erhalten wurden, zu hochmolekularen synthetischen Wachsen verestern.

2. Oxydieren.

Durch Oxydation können aus den Synthese-Alkoholen Säuren der Fettsäure-Reihe hergestellt werden.

Nach einem Verfahren der Firma Märkische Seifen Industrie[3] erfolgt die Herstellung höhermolekularer Fettsäuren durch Oxydation entsprechender Alkohole mit Luft oder anderen molekularen Sauerstoff enthaltenden Gasen bei erhöhter Temperatur in der Weise, daß man eine aus Alkoholen im Gesamtsiedebereich von 180 bis 350° hervorgegangene Fraktion mit einem Siedebereich von etwa 30 bis 80° in Abhängigkeit von ihren steigenden Siedegrenzen bei entsprechend gesteigerter Temperatur im Bereich von etwa 80 bis 135° oxydiert.

100 Teile eines vornehmlich Alkohole enthaltenden Erzeugnisses aus der katalytischen Reduktion von Kohlenoxyd mit einem Siedepunkt von 180 bis 220° werden in einem zylindrischen Gefäß bei 80° unter Zusatz von 0,3 Teilen Kaliumpermanganat als Beschleuniger mit Luft oxydiert, die durch einen Verteiler in die Masse eingeleitet wird. Nachdem etwa 40 Prozent oxydiert sind, wird das Reaktionsprodukt verseift und die unverseifbaren Anteile von der Seife abgetrennt. Ein Teil scheidet sich mechanisch aus, während der Rest des Unverseifbaren abdestilliert wird. Die Seife wird mit Schwefelsäure zerlegt und die Säuren werden mit Wasser gewaschen und wenn nötig destilliert. Die erhaltene Fettsäure besitzt eine Verseifungszahl von 340 und einen Gehalt an Petrolätherunlöslichem von etwa 0,9 Prozent.

Die zu oxydierenden Alkohole stellt die Firma Ruhrchemie A.G.[4] aus den nach einem besonderen Verfahren hergestellten Kohlenwasserstoffen mit Siedegrenzen unterhalb 200° her.

Diese Kohlenwasserstoffe werden direkt oder nach Fraktionierung einer mäßigen Zersetzung unterworfen, zweckmäßig durch Zusatz von reichlichen Mengen Wasserdampf bei Temperaturen zwischen 400 und 500°. Die erhaltenen Zersetzungsprodukte bestehen größtenteils aus Olefinkohlenwasserstoffen vom Siedebereich 180 bis 300°. Sie werden mit Kohlenoxyd und Wasserstoff bei 800° unter 50 bis 150 at in Gegenwart eines Metallkatalysators der achten Gruppe des periodischen Systems behandelt, wobei Alkohole und Aldehyde gebildet werden.

---

[1] Sparks, W. J. u. D. W. Young: Kunststoffe 39 (1949) 126.

[2] D.R.P. 736702, Ruhrchemie A.G.

[3] D.R.P. 729962, Märkische Seifen Industrie.

[4] F.P. 869162, Ruhrchemie A.G.

Die erhaltenen Alkohole werden mit Luft, der Sauerstoff oder sauerstoffabgebende Stoffe zugesetzt werden, in Gegenwart von Manganoxyden oder Kobaltoxyden oxydiert.

Man erhält höhermolekulare Fettsäuren, die eine starke Löslichkeit besitzen.

3. Sulfonieren.

Die direkt oder indirekt bei der Fischer-Tropsch-Synthese anfallenden Alkohole können nach dem Verfahren der Firma Schaffgotsch Benzin G.m.b.H.[1] in Sulfonsäuren dadurch überführt werden, daß man die Alkohole mit Schwefeldioxyd und Luft unter Zusatz geringer Mengen Halogen umsetzt.

Man behandelt z. B. diese Alkohole mit einem Gasgemisch aus 2 Teilen Schwefeldioxyd, 1 Teil Luft und 0,1 Teil Chlor.

Von der Firma Märkische Seifen Industrie[2] werden wieder Alkohole enthaltende Oxydationsprodukte des bei der Hydrierung von Kohlenoxyd anfallenden Paraffingatsches oder hieraus gewonnene Alkoholfraktionen sulfoniert, wobei Alkoholsulfonate gebildet werden.

Das Ausgangsgut kann zuvor zwecks Anreicherung des Alkoholanteiles durch Reduktion der sauren Anteile hydriert werden.

Man kann das Oxydationsprodukt zuvor auch durch Alkalibehandlung von verseifbaren Anteilen befreien, wonach man die im Unverseifbaren enthaltenen Alkohole abdestilliert.

Zur Herstellung der Schwefelsäureester werden beispielsweise aus durch Kohlenoxyd-Hydrierung erhaltene Kohlenwasserstoffe des Siedebereiches 180 bis 350° nach Zusatz von 0,5 Prozent clupanodonsaurem Mangan durch Lufteinblasen innerhalb 60 Stunden oxydiert.

100 kg des Oxydationsproduktes werden mit 10 kg Schwefelsäure sulfoniert; unveränderte Anteile können von dem gebildeten Ester durch Destillation entfernt werden.

Als Ausgangsmaterial zur Herstellung vollsynthetischer Fettalkoholsulfonate durch die Oxo-Synthese dienen Dieselöle mit mindestens 30 Prozent Olefingehalt oder Spaltprodukte von Paraffin-Gatsch, die als Dieselöl mit 11 bis 17 Kohlenstoffatomen mit 60 bis 70 Prozent Olefin anfallen.

---

[1] F.P. 53488, Zusatz zu F.P. 901555, Schaffgotsch Benzin G.m.b.H.
[2] D.R.P. 722591, Märkische Seifen Industrie.

Patentverzeichnis.

Deutsche Patente.

254437 Badische Anilin & Soda Fabrik 22.
293787 Badische Anilin & Soda Fabrik 1.
295202 Badische Anilin & Soda Fabrik 1.
295203 Badische Anilin & Soda Fabrik 1.
463772 I.G. Farbenindustrie A.G. 139.
484337 F. Fischer und H. Tropsch 2, 16, 17.
505319 I.G. Farbenindustrie A.G. 13, 17, 72.
531004 F. Fischer und H. Tropsch 2, 10, 16.
536383 I.G. Farbenindustrie A.G. 286.
571898 F. Fischer 53, 55.
581123 F. Krczil 34.
596093 F. Krczil 34.
597515 Gewerkschaft Viktor 15, 21.
630824 I.G. Farbenindustrie A.G. 198.
630828 I.G. Farbenindustrie A.G. 201.
651462 Studien- und Verwertungs G.m.b.H. 142.
672731 Studien- und Verwertungs G.m.b.H. 168.
677222 H. Koppers G.m.b.H. 137.
679601 I.G. Farbenindustrie A.G. 128.
679919 Studien- und Verwertungs G.m.b.H. 173.
679961 Braunkohlen- und Brikett-Industrie A.G. Bubiag 113.
681979 Gewerkschaft Viktor, Stickstoffwerke 169.
683691 Ruhrchemie A.G. 110.
685291 F. Fischer 121.
686761 Wintershall A.G. und H. Schmalfeldt 118.
693370 Wintershall A.G. 130.
695925 I.G. Farbenindustrie A.G. 34, 35.
698654 Dr. F. Wilhelmi Fabrik Chem. Produkte 283.
699843 Ruhrchemie A.G. 144.
701501 Braunkohlen & Brikett-Industrie A.G. Bubiag 113.
701846 Ruhrchemie A.G. 95.
701758 I.G. Farbenindustrie A.G. 138.
702605 I.G. Farbenindustrie A.G. 139.

703101 I.G. Farbenindustrie A.G. 157, 174.
703225 Ruhrchemie A.G. 174.
704428 Märkische Seifen Industrie 281.
704775 I.G. Farbenindustrie A.G. 289.
705311 Ruhrchemie A.G. 111.
705528 Studien- und Verwertungs G.m.b.H. 24, 71, 216.
706951 Märkische Seifen Industrie 281.
708125 I.G. Farbenindustrie A.G. 280.
708512 I.G. Farbenindustrie A.G. 14, 23, 156, 162.
708889 Studien- und Verwertungs G.m.b.H. 170.
709667 Steinkohlenbergwerk Rheinpreußen 255, 270.
710128 Braunkohle Benzin A.G. 90.
710963 Braunkohle Benzin A.G. 91.
710677 Carbo-Norit-Union Verwaltungs G.m.b.H. 230.
711316 I.G. Farbenindustrie A.G. 258.
712505 I.G. Farbenindustrie A.G. 259.
713627 I.G. Farbenindustrie A.G. 288.
713913 H. Schmalfeldt 120.
714755 Märkische Seifen Industrie 277.
715759 W. Baumann 103.
715846 I.G. Farbenindustrie A.G. 274.
716239 Ruhrchemie A.G. 260.
716747 Böhme Fettchemie G.m.b.H. 282.
716836 Braunkohle Benzin A.G. 246.
716853 Studien- und Verwertungs G.m.b.H. 202.
717693 Ruhrchemie A.G. 105.
719059 I.G. Farbenindustrie A.G. 274.
719499 Krupp Treibstoffwerk G.m.b.H. 238.
719539 Dr. K. Herberts & Co. vorm. O. L. Herberts 285.
720107 Ruhrchemie A.G. 89, 90.
720685 Mannesmannröhren Werke 172.
720830 Steinkohlenbergwerk Rheinpreußen 248.
721603 Braunkohlen und Brikett-Industrie A.G. Bubiag 113.
722553 Braunkohle Benzin A.G. 106.

722591 Ruhrchemie A.G. 276.
722706 Märkische Seifen Industrie 291.
722707 Ruhrchemie A.G. 98.
724054 Steinkohlenbergwerk Rheinpreußen 248.
724518 Aktivkohle-Union Verwaltungs
G.m.b.H. 228.
724873 K. Bergfeld 121.
724911 Braunkohle Benzin A.G. 139.
725000 Ruhrchemie A.G. 265.
725113 Märkische Seifen Industrie 281.
725488 Mannesmannröhren Werke 170.
725608 I.G. Farbenindustrie A.G. 248.
726197 Ruhrchemie A.G. 240.
727289 I.G. Farbenindustrie A.G. 272.
727750 Ruhrchemie A.G. 250.
727676 H. Koppenberg 120.
728217 Steinkohlenbergwerk Rheinpreußen 85.
729059 Ruhrchemie A.G. 107.
729060 Ruhrchemie A.G. 37.
729290 I.G. Farbenindustrie A.G. 75.
729729 Ruhrchemie A.G. 84, 143, 144.
729962 Märkische Seifen Industrie 290.
730853 Steinkohlenbergwerk Rheinpreußen 248.
730968 K. Bergfeld 121.
730995 Ruhrchemie A.G. 251.
731295 Studien- und Verwertungs
G.m.b.H. 211.
732684 Braunkohle Benzin A.G. 92.
733749 Ruhrchemie A.G. 242.
733841 Braunkohle Benzin A.G. 225.
734218 I.G. Farbenindustrie A.G. 83,
166.
734993 Metallgesellschaft A.G. 43, 44,
179, 188, 190, 194.
735276 I.G. Farbenindustrie A.G. 238.
735569 Henkel & Cie. 281.
735662 Carbo-Norit-Union Verwaltungs G.m.b.H. 141.
736094 I.G. Farbenindustrie A.G. 262.
736528 I.G. Farbenindustrie A.G. 100.
736617 Dr. K. Herberts & Co. vorm.
O. L. Herberts 284.
736701 Metallgesellschaft A.G. 76, 179.
736702 Ruhrchemie A.G. 268, 290.
736839 Ruhrchemie A.G. 241.
736844 Metallgesellschaft A.G. 187, 196.
736922 Metallgesellschaft A.G. 43, 179,
190.
736977 Metallgesellschaft A.G. 64.
736992 Metallgesellschaft A.G. 179.
737351 I.G. Farbenindustrie A.G. 284.
737620 Carbo-Norit-Union Verwaltungs G.m.b.H. 227.
738090 Deutsche Gold- & Silber-
Scheideanstalt vorm. Roessler
26.

738091 Studien- und Verwertungs
G.m.b.H. 86, 149, 154, 156, 160.
738368 Braunkohle-Benzin A.G. 15, 16,
210.
738461 I.G. Farbenindustrie A.G. 286.
738709 I.G. Farbenindustrie A.G. 238.
738813 Braunkohle-Benzin A.G. 101.
739445 I.G. Farbenindustrie A.G. 128.
739569 Braunkohle-Benzin A.G. 150,
208.
740347 Metallgesellschaft A.G. 233.
740535 Ruhrchemie A.G. 244.
740634 I.G. Farbenindustrie A.G. 25.
740734 H. Koppers G.m.b.H. 121.
741280 Krupp A.G. 172.
741826 I.G. Farbenindustrie A.G. 166.
742154 Julius Pinsch K.G. 120.
742272 Vergasungs-Industrie A.G. 121.
742376 Metallgesellschaft A.G. 31, 70,
196.
742666 Dr. K. Herberts & Co. vorm.
O. L. Herberts 284.
743089 Böhme Fettchemie G.m.b.H.
283.
744022 Th. Goldschmidt A.G. 285.
744076 Metallgesellschaft A.G. 152.
744077 Metallgesellschaft A.G. 154, 214.
744078 Metallgesellschaft A.G. 62, 73,
77, 181.
743569 Steinkohlenbergwerk Rheinpreußen 266.
744184 Ruhrchemie A.G. 147, 148, 196.
744185 Ruhrchemie A.G. 202.
744220 I.G. Mouson & Co. 283.
744224 Julius Pinsch K.G. 134.
744713 J. Schlickum & Co. 282.
744970 Julius Pinsch A.G. 116.
745069 Metallgesellschaft A.G. 123.
745242 Metallgesellschaft A.G. 137.
745444 Metallgesellschaft A.G. 68, 156.
745557 Ruhrchemie A.G. 108.
745634 I.G. Farbenindustrie A.G. 260.
745919 Henkel & Cie. 285.
746818 Wintershall A.G. und
H. Schmalfeldt 119.
746887 Metallgesellschaft A.G. 191.
747398 Braunkohle Benzin A.G. 215.
747399 Carbo-Norit-Union Verwaltungs G.m.b.H. 231.
747401 Steinkohlenbergwerk Rheinpreußen 247.
747484 I.G. Farbenindustrie A.G. 141.
747403 I.G. Farbenindustrie A.G. 273.
747730 Metallgesellschaft A.G. 148,
150, 180, 188, 192, 195, 208.
747731 Metallgesellschaft A.G. 223.
748016 I.G. Farbenindustrie A.G. 287.
748156 Metallgesellschaft A.G. 5, 209.
748287 ohne Patentinhaberangabe 96.

748312 Böhme Fettchemie G.m.b.H. 283.
748373 Braunkohle-Benzin A.G. 164.
748374 ohne Patentinhaberangabe 97.
748836 I.G. Farbenindustrie A.G. 273.
749079 Böhme Fettchemie G.m.b.H. 283.
749793 Braunkohle-Benzin A.G. 229.
750018 Steinkohlenbergwerk Rheinpreußen 268, 270.
752480 Steinkohlenbergwerk Rheinpreußen 78.
755822 Steinkohlenbergwerk Rheinpreußen 66.
763307 Steinkohlenbergwerk Rheinpreußen 17.
765189 Steinkohlenbergwerk Rheinpreußen 78.
765512 Steinkohlenbergwerk Rheinpreußen 78, 161.
766149 Steinkohlenbergwerk Rheinpreußen 18.
190/40 Steinkohlenbergwerk Rheinpreußen 255, 270.
828/40 Steinkohlenbergwerk Rheinpreußen 248.

33/41 Steinkohlenbergwerk Rheinpreußen 255, 270.
375/41 Steinkohlenbergwerk Rheinpreußen 255, 270.
150/41 Steinkohlenbergwerk Rheinpreußen 279.
1051/41 Steinkohlenbergwerk Rheinpreußen 279.
1052/41 Steinkohlenbergwerk Rheinpreußen 279.
1053/41 Steinkohlenbergwerk Rheinpreußen 279.
1215/41 Steinkohlenbergwerk Rheinpreußen 279.
441/42 Steinkohlenbergwerk Rheinpreußen 279.
602/43 Steinkohlenbergwerk Rheinpreußen 269.
1200/43 Steinkohlenbergwerk Rheinpreußen 255, 270.

Deutsche Patente (Zweigstelle Österreich).

155472 Henkel & Cie. 288.
160381 Märkische Seifen Industrie 278.
160848 Steinkohlenbergwerk Rheinpreußen 247.

Amerikanische Patente.

2067729 Atmospheric Nitrogen Corp. 126, 127.
2148299 Koppers Co. 115.
2151121 Koppers Co. 115.
2159148 I.G. Farbenindustrie A.G. 253.
2185989 M. W. Kellog Co. 131.
2198553 M. W. Kellog Co. 133.
2209190 Standard-I.G. Co. 150.
2216257 I.G. Farbenindustrie A.G. 272.
2220357 Koppers Co. 129.
2220849 M. W. Kellog Co. 131.
2224048 American Lurgi Corp. 150, 187.
2224049 American Lurgi Corp. 194.
2225487 Hydrocarbon Synthesis Corp. 95.
2234246 Celanese Corp. of America 14, 16.
2234941 P. C. Keith jr. 133.

2239000 Celanese Corp. of America 137.
2243760 Ruhrchemie A.G. 247.
2243869 M. W. Kellog Co. 132.
2244573 M. W. Kellog Co. 41.
2248734 Standard Oil Development Co. 158.
2256622 Standard Oil Development Co. 158.
2256969 Standard Oil Development Co. 204.
2258511 Applied Chemical Inc. 132.
2266161 Standard Oil Development Co. 201.
2406851 Standard Catalytic Co. 206.
2409235 Texas Co. 14.
2418899 Texas Co. 146.
2448290 Texas Co. 131.

Australische Patente.

103630 Ruhrchemie A.G. 34, 36.
105659 A. Ahrens 124.

106295 Metallgesellschaft A.G. 212.
106931 Ruhrchemie A.G. 179.

Belgische Patente.

418406 I.G. Farbenindustrie A.G. 21, 22.
424926 Metallgesellschaft A.G. 196.
424929 Metallgesellschaft A.G. 182, 192.
427233 I.G. Farbenindustrie A.G. 22.
428938 I.G. Farbenindustrie A.G. 255.
429626 I.G. Farbenindustrie A.G. 259.

429755 I.G. Farbenindustrie A.G. 256.
429795 Ruhrchemie A.G. 105.
430164 Ruhrchemie A.G. 48.
430870 Ruhrchemie A.G. 89, 90.
435849 Synthetic Oils Ltd. und W. W. Middleton 89.

440411 N. V. Internationale Koolwaterstoffen Synthese Mij.; International Hydrocarbon Synthesis Co. 19.

450170 P. Kümmel 249.
450757 I.G. Farbenindustrie A.G. 272.
452595 Ruhrchemie A.G. 277.

Englische Patente.

252570 Deppe und Zeitschel 235.
255818 F. Fischer und H. Tropsch 2.
449274 I.G. Farbenindustrie A.G. 200.
458022 Studien- und Verwertungs G.m.b.H. 121.
464308 I.G. Farbenindustrie A.G. 94.
465668 I.G. Farbenindustrie A.G. 23.
468434 I.G. Farbenindustrie A.G. 199.
473932 I.G. Farbenindustrie A.G. 21, 22, 64.
484962 Ruhrchemie A.G. 104.
490090 I.G. Farbenindustrie A.G. 22.
495575 Robinson Bindley Process, Ltd und W. W. Middleton 152.
496880 I.G. Farbenindustrie A.G. 22.
498526 I.G. Farbenindustrie A.G. 253.
500182 Ruhrchemie A.G. 34, 36, 107, 111.
502542 I.G. Farbenindustrie A.G. 20, 199.
502771 Ruhrchemie A.G. 179.
503602 I.G. Farbenindustrie A.G. 256.
504614 I.G. Farbenindustrie A.G. 20, 259.
504700 Ruhrchemie A.G. 105.
505121 H. Dreyfus 200.
506604 I.G. Farbenindustrie A.G. 20.
507521 Vereinigte Oelfabriken Hubbe & Farenholtz, W. Ad. Farenholtz, G. Hubbe, H. Hubbe und K. Blas 277.
507567 I.G. Farbenindustrie A.G. 257.

507999 I.G. Farbenindustrie A.G. 256.
509325 W. W. Middleton 45.
513778 London Testing Laboratory Ltd und M. Steinschläger 127.
515037 London Testing Laboratory Ltd. und M. Steinschläger 189.
516160 I.G. Farbenindustrie A.G. und N.V. Internationale Koolwaterstoffen Mij.; International Hydrocarbon Synthesis Co. 95.
516214 I.G. Farbenindustrie A.G. 271.
516352 I.G. Farbenindustrie A.G. 199.
516403 I.G. Farbenindustrie A.G. und N.V. Internationale Koolwaterstoffen Synthese Mij.; International Hydrocarbon Synthesis Co. 199.
518605 I.G. Farbenindustrie A.G. 200.
519613 I.G. Farbenindustrie A.G. 264.
516555 A. I. E. Enderwood 124.
517794 Synthetic Oils Ltd. und W. W. Middleton 89.
519722 Synthetic Oils Ltd. und W. W. Middleton 246.
521687 I.G. Farbenindustrie A.G. 261.
526814 N.V. Internationale Koolwaterstoffen Synthese Mij.; International Hydrocarbon Synthesis Co. 140.
575377 Overseas Finance & Commerce Ltd. und M. Steinschläger 130.

Französische Patente.

47841 Ruhrchemie A.G. 267.
49333 I.G. Farbenindustrie A.G. 22.
50928 E.A. Ocon 130.
51588 Steinkohlenbergwerk Rheinpreußen 233.
51974 Metallgesellschaft A.G. 63, 77.
52993 I.G. Farbenindustrie A.G. 271.
53200 N.V. Internationale Koolwaterstoffen Synthese Mij.; International Hydrocarbon Synthesis Co. 21.
53488 Schaffgotsch Benzin A.G. 291.
613200 F. Fischer und H. Tropsch 2.
653554 H. Dreyfuß 1.
748584 F. Krczil 34.
792021 Studien- und Verwertungs G.m.b.H. 254.
809226 Ruhrchemie A.G. 267.

812290 I.G. Farbenindustrie A.G. 23.
812598 I.G. Farbenindustrie A.G. 199.
813766 Ruhrchemie A.G. 267.
814636 I.G. Farbenindustrie A.G. 21, 22, 25, 64.
814853 I.G. Farbenindustrie A.G. 94.
815894 Braunkohlen- & Brikett-Industrie A.G. Bubiag 114.
818056 Ruhrchemie A.G. 247.
819591 Vergasungsindustrie A.G. 117.
819592 Vergasungsindustrie A.G. 117.
819701 Ruhrchemie A.G. 24, 34, 36, 73, 77, 111.
820576 Ruhrchemie A.G. 253.
822636 Ruhrchemie A.G. 174.
823262 I.G. Farbenindustrie A.G. 258.
824002 Carbo-Norit-Union-Verwaltungs G.m.b.H. 228, 239.

860383 N.V. Internationale Koolwaterstoffen Synthese Mij.; International Hydrocarbon Syn-
thesis Co. 238.
861745 N.V. Internationale Hydro-
geneeringsoctrooien Mij.; International Hydrogenation Patents
Co. 98.
862105 N.V. Internationale Hydro-
geneeringsoctrooien Mij.; International Hydrogenation Patents
Co. 33, 34.
862171 N.V. Internationale Koolwaterstoffen Synthese Mij.; International Hydrocarbon Syn-
thesis Co. 186.
862586 N.V. Internationale Koolwaterstoffen Synthese Mij.; International Hydrocarbon Syn-
thesis Co. 185.
862870 N.V. Internationale Koolwaterstoffen Synthese Mij.; International Hydrocarbon Syn-
thesis Co. 20, 21, 63, 76.
863311 N.V. Internationale Koolwaterstoffen Synthese Mij.; International Hydrocarbon Syn-
thesis Co. 40.
863473 N.V. Internationale Koolwaterstoffen Synthese Mij.; International Hydrocarbon Syn-
thesis Co. 18.
863687 N.V. Internationale Koolwaterstoffen Synthese Mij.; International Hydrocarbon Syn-
thesis Co. 183.
865251 I.G. Farbenindustrie A.G. 271.
866256 I.G. Farbenindustrie A.G. 273.
866308 Ruhrchemie A.G. 241.
869192 Ruhrchemie A.G. 209.
869341 Soc. Internationale des Carburants et des Industrie, Chimiques Brevet Consalvo 125, 138,
201.
870212 N.V. Internationale Koolwaterstoffen Synthese Mij.; International Hydrocarbon Syn-
thesis Co. 167.
870213 N.V. Internationale Koolwaterstoffen Synthese Mij.; International Hydrocarbon Syn-
thesis Co. 163.
870679 Metallgesellschaft A.G. 71, 73,
77, 215.

871536 Metallgesellschaft A.G. 19, 63,
77.
871999 Julius Pinsch A.G. 239.
872069 Ruhrchemie A.G. 277.
872238 Steinkohlenbergwerk Rheinpreußen 233.
873645 N.V. Internationale Koolwaterstoffen Synthese Mij.; International Hydrocarbon Syn-
thesis Co. 201, 210.
874890 Deutsche Hydrierwerke A.G.
286.
875150 Deutsche Hydrierwerke A.G.
287.
877792 Kohle- und Eisenforschungs
G.m.b.H. 127, 151.
879959 I. Elian und Syndicat d'Etude
& d'Exploitation des Carburants de Synthese 14.
882450 I.G. Farbenindustrie A.G. 269,
271.
883454 I.G. Farbenindustrie A.G. 272.
885784 Metallgesellschaft A.G. 93.
888604 E. Schliemanns-Export Ceresin
Fabrik 250.
889079 I.G. Farbenindustrie A.G. 287.
890980 Metallgesellschaft A.G. 187.
892152 Byk-Guldenwerke Chemische
Fabrik A.G. 249.
892365 I.G. Farbenindustrie A.G. 251.
892978 I.G. Farbenindustrie A.G. 272.
893371 P. Kümmel 249.
893372 P. Kümmel 249.
899044 Ruhrchemie A.G. 264.
899045 Ruhrchemie A.G. 264.
901555 Schaffgotsch Benzin A.G. 276,
291.
915583 Standard Oil Development Co.
201.
915586 Standard Oil Development Co.
204.
918720 Standard Oil Development Co.
204.
921299 Standard Oil Development Co.
243.
922493 Standard Oil Development Co.
204, 207.
924035 Comp. Française de Raffinage
271.
924909 M. W. Kellog Co. 73, 156, 206.
925684 Standard Oil Development Co.
207.
923930 Standard Oil Development Co.
133.

Holländische Patente.

49782 I.G. Farbenindustrie A.G. 272.
51930 N. V. Internationale Hydro-
geneeringsoctrooien Mij.; Inter-

national Hydrogenation Patents
Co. 134.
52418 I.G. Farbenindustrie A.G. 288.

Indische Patente.

22776 Ruhrchemie A.G. 88.
24210 Ruhrchemie A.G. 174.
25177 Ruhrchemie A.G. 179.

25273 Metallgesellschaft A.G. 180, 190, 194.
25835 Ruhrchemie A.G. 105.

Italienische Patente.

342549 Braunkohlen- & Brikett-Industrie A.G., Bubiag 114.
345471 I.G. Farbenindustrie A.G. 199.
345513 I.G. Farbenindustrie A.G. 23.
345671 I.G. Farbenindustrie A.G. 21, 22, 25.
349478 Ruhrchemie A.G. 77.
351291 Wintershall A.G. und H. Schmalfeldt 119.
351470 Ruhrchemie A.G. 174.
351674 Wintershall A.G. und H. Schmalfeldt 119.
352074 I.G. Farbenindustrie A.G. 258.
352319 Ruhrchemie A.G. 210.
352611 Studien- & Verwertungs G.m.b.H. 211.
360289 Ruhrchemie A.G.
361595 I.G. Farbenindustrie A.G. 22.
363486 I.G. Farbenindustrie A.G. 255.
363948 Studien- und Verwertungs G.m.b.H. 18, 19, 86, 149, 154.
363997 Studien- und Verwertungs G.m.b.H. 213.
364629 Metallgesellschaft A.G. 122.
366213 H. Koppers Industrinle Mij., N.V. 186.
371909 N.V. Internationale Koolwaterstoffen Synthese Mij.; International Hydrocarbon Synthesis Co. 213.
373277 I.G. Farbenindustrie A.G. und N.V. Internationale Koolwaterstoffen Synthese Mij.; International Hydrocarbon Synthesis Co. 199.
373532 N.V. Internationale Koolwaterstoffen Synthese Mij.; International Hydrocarbon Synthesis Co. 94.
374024 N.V. Internationale Koolwaterstoffen Synthese Mij.; International Hydrocarbon Synthesis Co. 140.
374226 N.V. Internationale Koolwaterstoffen Synthese Mij.; International Hydrocarbon Synthesis Co. 107.
374244 N.V. Internationale Koolwaterstoffen Synthese Mij.; International Hydrocarbon Synthesis Co. 193.
374321 I.G. Farbenindustrie A.G. 199.

374615 I.G. Farbenindustrie A.G. und N.V. Internationale Koolwaterstoffen Synthese Mij.; International Hydrocarbon Synthesis Co. 95.
374759 Ruhrchemie A.G. 239.
378208 N.V. Internationale Koolwaterstoffen Synthese Mij.; International Hydrocarbon Synthesis Co. 74, 215.
379250 N.V. Internationale Koolwaterstoffen Synthese Mij.; International Hydrocarbon Synthesis Co. 20.
379797 N.V. Internationale Koolwaterstoffen Synthese Mij.; International Hydrocarbon Synthesis Co. 186.
379825 Koppers N.V. 128.
380045 N.V. Internationale Koolwaterstoffen Synthese Mij.; International Hydrocarbon Synthesis Co. 163.
381276 N.V. Internationale Koolwaterstoffen Synthese Mij.; International Hydrocarbon Synthesis Co. 215.
381315 N.V. Internationale Koolwaterstoffen Synthese Mij.; International Hydrocarbon Synthesis Co. 173.
382921 N.V. Internationale Koolwaterstoffen Synthese Mij.; International Hydrocarbon Synthesis Co. 18.
383206 I.G. Farbenindustrie A.G. 14.
384203 F. Fierelli 122.
384545 N.V. Internationale Koolwaterstoffen Synthese Mij.; International Hydrocarbon Synthesis Co. 23.
386631 I.G. Farbenindustrie A.G. 100.
386654 L. Marziam 126.
387040 Metallgesellschaft A.G. 122, 129.
388779 Vergasungsindustrie A.G. 117.
389201 N.V. Internationale Koolwaterstoffen Synthese Mij.; International Hydrocarbon Synthesis Co. 201, 210.
389594 Ruhrchemie A.G. 268.
389688 Ruhrchemie A.G. 254.

390152 N.V. Internationale Koolwaterstoffen .Synthese Mij.; International Hydrocarbon Synthesis Co. 200.
390187 I.G. Farbenindustrie A.G. 275.
390547 N.V. Internationale Koolwaterstoffen Synthese Mij.; International Hydrocarbon Synthesis Co. 194.
392831 I. Elian und Syndicat d'Etude
& d'Exploitation des Carburants de Synthese 14.

Jugoslaw. Patent.

14629 Metallgesellschaft A.G. 213.

Norwegische Patente.

62414 N.V. Internationale Koolwaterstoffen Synthese Mij.; International Hydrocarbon Syn-
thesis Co. 105.
63292 N.V. Internationale Koolwaterstoffen Synthese Mij.; International Hydrocarbon Syn-
thesis Co. 33.
63409 I.G. Farbenindustrie A.G. 236.
65700 Ruhrchemie A.G. 282.
66363 I.G. Farbenindustrie A.G. 287.

Russische Patente.

47287 M. M. Oscherowa 16, 75.
58699 N. N. Rjabow 173.

Schwedische Patente.

95639 Ruhrchemie A.G. 48.
101635 N.V. Internationale Koolwaterstoffen Synthese Mij.; International Hydrocarbon Syn-
thesis Co. 186.
104113 N.V. Internationale Koolwaterstoffen Synthese Mij.; International Hydrocarbon Syn-
thesis Co. 201, 210.
104476 N.V. Internationale Koolwaterstoffen Synthese Mij.; International Hydrocarbon Synthesis Co. 213.

Schweizer Patent.

223963 I.G. Farbenindustrie A.G. 287.

Spanisches Patent.

129625 F. Krczil 34.

Tschech. Patente.

60124 F. Krczil 34.
64264 Robinson Prindley Process Ltd.
51.

Sachverzeichnis.